Electronic Commerce

電子商務與網路行銷

Internet Marketing

林建睿、林慧君 著

電子商務與網路行銷

作　　者／林建睿、林慧君

發 行 人／簡女娜

發行顧問／陳祥輝、竇丕勳

總 編 輯／古成泉

編　　輯／曾婉玲

國家圖書館出版品預行編目資料

電子商務與網路行銷 / 林建睿, 林慧君著. -- 初版. -- 新北市 : 博碩文化, 2012.05
面 ； 公分
ISBN 978-986-201-566-7(平裝)
1.電子商務 2.網路行銷
490.29　　101002540

Printed in Taiwan

出　　版／博碩文化股份有限公司

網　　址／http://www.drmaster.com.tw/

地　　址／新北市汐止區新台五路一段112號10樓A棟

TEL / 02-2696-2869 • FAX / 02-2696-2867

郵撥帳號／17484299

律師顧問／劉陽明

出版日期／西元2012年5月初版
西元2018年3月初版9刷

建議零售價／560元

I S B N／978-986-201-566-7

博碩書號／EU31203

P R E F A C E

序言

有鑑於坊間大專教科用書艱澀難懂，偏重理論而遠離實務，每每要教授電子商務與網路行銷課程時，卻遍尋不到適用的教科用書，幾經考量之下，決定撰寫一本包含「淺顯易懂」的理論說明、輔助快速理解的「圖示說明」、網際網路經典的「案例研究」、實際應用的「商業實戰」四大區塊之教科用書。

撰寫本書困難度相當高，尤其是壹頁文與壹頁圖的編輯方式，更讓參與編輯的成員吃盡苦頭，歷經數月的痛苦折磨與披荊斬棘之下，終於完成本書。

首先，感謝林慧君小姐協同撰寫與設計圖示說明，在她兩肋插刀的協助之下，才能使本書的內容更加豐富與完備。其次，感謝博碩文化出版社產品行銷處古成泉經理不惜成本重金投入，才使得本書更加美觀更易閱讀，也感謝曾婉玲、盧佳宜技術編輯的慧眼識英雄，才能讓筆者撰寫本書得以順利出版。

筆者是致力於研究電子商務與網路行銷領域的專業講師，如各位讀者對本書有任何的問題，歡迎與筆者 Facebook 互動交流 http://www.playidea.com.tw

最後，再次感謝所有參與本書製作的相關人士，感恩，感恩。

林建睿 筆

C O N T E N T S

目錄

Chapter 01 電子商務的基本概念

1.1 何謂電子商務 1-2
1.2 電子商務的特性 1-4
1.3 電子商務的發展演進 1-6
案例分析與討論 沃爾瑪 1-14
實戰案例問題 有機蔬果希望透過網路拓展商機 1-22
重點整理 1-24
習題 1-25

Chapter 02 電子商務的經營模式

2.1 企業對企業 2-2
2.2 企業對消費者 2-4
2.3 消費者對消費者 2-6
2.4 消費者對企業 2-8
案例分析與討論 亞瑪遜書店 2-10
實戰案例問題 打造虛擬與實體整合的二手書店 2-17
重點整理 2-19
習題 2-20

Chapter 03 電子商務的構面及架構

3.1 電子商務的七大構面 3-2
3.2 電子商務的架構 3-8

案例分析與討論 GODIVA Chocolatier 3-16
實戰案例問題 傳產礦石工廠的下一步 3-21
重點整理 3-23
習題 3-24

Chapter 04 電子付款系統及交易安全機制

4.1 電子商務的交易形式及付費方式 4-2
4.2 電子付款系統 4-8
4.3 電子商務交易安全機制 4-14
案例分析與討論 淘寶網 4-19
實戰案例問題 建立商務網站拓展全台市場 4-26
重點整理 4-27
習題 4-28

Chapter 05 電子商務策略

5.1 何謂電子商務策略 5-2
5.2 影響電子商務策略的因素 5-4
5.3 電子商務策略的擬定步驟 5-8
案例分析與討論 BlueNile 5-12
實戰案例問題 台中團體服工廠透過商務網站增加營收 5-18
重點整理 5-19
習題 5-20

Chapter 06 行動商務

6.1 何謂行動商務 6-2
6.2 行動商務的應用型態 6-4
6.3 企業 M 化 6-8
案例分析與討論 愛評網 6-12
實戰案例問題 美食旅遊作家拓展行動商務 6-18

重點整理 6-20
習題 6-21

Chapter 07 企業電子化

7.1 何謂企業電子化 7-2
7.2 企業電子化的架構 7-4
7.3 協同商務 7-8
案例分析與討論 戴爾股份有限公司 7-12
實戰案例問題 傳統學術出版社希望透過經營網路書店增加獲利 7-18
重點整理 7-20
習題 7-21

Chapter 08 電子商務的道德及社會議題

8.1 竊取個資 8-2
8.2 網路詐騙 8-4
8.3 侵犯著作權與智慧財產權 8-6
8.4 電子商務常見的安全防護措施 8-8
案例分析與討論 阿里巴巴 8-10
實戰案例問題 希望徹底解決工廠的資安問題 8-17
重點整理 8-19
習題 8-20

Chapter 09 網路行銷的基本概念

9.1 何謂網路行銷 9-2
9.2 網路行銷的組合 4P+4C 9-4
9.3 網路行銷的趨勢 9-12
案例分析與討論 電影海角七號 9-18
實戰案例問題 柚農希望透過網路拓展銷售商機 9-24
重點整理 9-25
習題 9-26

Chapter 10 網路行銷規劃

10.1 網路行銷規劃的程序 10-2
10.2 網路消費者行為 10-16
10.3 網路行銷績效評估 10-20
案例分析與討論 DHC VS e 美人網 10-30
實戰案例問題 童話屋希望透過網路行銷增加客源 10-36
重點整理 10-37
習題 10-38

Chapter 11 電子商務網站的建立與成效評估

11.1 網站規劃須知 11-2
11.2 網站建置方式 11-8
11.3 關鍵字優化 11-12
11.4 網站成效評估 11-14
案例分析與討論 階梯數位學院 11-16
實戰案例問題 房仲業者導入 M 化拓展商機 11-23
重點整理 11-25
習題 11-26

社群及部落格行銷

12.1 網路集客的關鍵 12-2
12.2 網路社群行銷 12-4
12.3 部落格行銷 12-8
案例分析與討論 Facebook 12-16
實戰案例問題 如何透過口碑行銷拓展醃梅商機 12-23
重點整理 12-25
習題 12-26

Chapter 13 其他常見行銷手法

13.1 病毒式行銷 13-2
13.2 口碑行銷 13-10
13.3 資料庫行銷 13-18
案例分析與討論 豬哥亮復出行銷宣傳戰 13-26
實戰案例問題 鹿港香包希望拓展更大市場 13-32
重點整理 13-34
習題 13-35

Chapter 14 網路廣告與關鍵字廣告

14.1 網路廣告 14-2
14.2 關鍵字廣告 14-12
14.3 其他廣告模式 14-22
案例分析與討論 歐巴馬網路選戰 2.0 14-32
實戰案例問題 哺乳實體商店希望拓展網路商機 14-39
重點整理 14-40
習題 14-41

Chapter 15 網路公關

15.1 網路公關的基本概念 15-2
15.2 網路活動 15-4
15.3 網路危機管理 15-18
案例分析與討論 世界上最理想的工作：澳洲大堡礁保育員 15-20
實戰案例問題 該如何經營 Yahoo 拍賣並超越夜市營業額 15-28
重點整理 15-30
習題 15-31

C H A P T E R

01 電子商務的基本概念

電子商務是利用Internet、電腦或遠端技術等各種數位方式，實現商務買賣的過程，它所涉及的活動包括產品與服務的網路化、數位資料的傳遞、物流與金流系統的配合。本章帶您了解電子商務的意義、特性和發展演進等基本概念。

1.1 何謂電子商務

1.2 電子商務的特性

1.3 電子商務的發展演進

案例分析與討論 沃爾瑪

實戰案例問題 有機蔬果希望透過網路拓展商機

1.1 何謂電子商務

電子商務是利用 Internet、電腦或遠端技術等各種數位方式，實現商務買賣的過程，它所涉及的活動包括產品與服務的網路化、數位資料的傳遞、物流與金流系統的配合。人們所面對的不是可觸摸、可感覺的物品，或是一手交錢、一手交貨的實體環境，而是利用電子技術來進行商業活動的交易。

關於電子商務的定義，特德海恩斯（Ted Haynes）於 1995 年時提出：「透過電腦和網路來處理企業溝通與交易的方式，即是電子商務。」同年，阿里塞格夫（Arie Segev）等人則是將電子商務的定義訂為：「透過公共或私人的數位網路，並在該數位網路上做產品購買、銷售、服務和資金交易的活動。」另外，邁克爾布洛赫（Michael Bloch，1996 年）等人則是這樣解釋的：「電子商務藉由數位電子設備來支援企業進行商業的交易活動。」而 1997 年時，卡拉科頓（Kalakota）和惠斯頓（Whinston）也提出不同的看法，亦即：「兩方或多方用戶透過電腦與某種形式的網路來從事商務活動的過程。」他們認為，電子商務必須具備以下的結構：

❶ 共同標準協定：如 TCP/IP 通訊協定、電子簽章等。

❷ 商業基礎設施：如認證系統、安全機制、電子錢包等。

❸ 資料基礎設施：如電子資料交換、EMAIL、文件傳送等。

❹ 多媒體網頁語言：如 javascript、html、xml 等。

❺ 網路基礎設施：如 Internet 基礎建設、光纖、ADSL 等。

總和而論，以狹義的定義來說，電子商務是指在網路上、或企業內部網路中進行電子交易，也就是將所有傳統商務活動予以數位化、電子化，但從廣義的定義來說，電子商務則是指應用資訊技術，依照一定的標準，以電子化工具來實現整個商業或貿易的全部過程。

以交易的本質來論，電子商務的層面包括賣方、買方或買賣雙方同時進行的線上交易；以交易個體來分，可分為企業對企業、企業對消費者、與消費者對消費者、消費者對企業等四種形式；而就應用面的本質來說，它則是資訊流、物流、金流、商流、設計流和服務流、人才流的所有結合。

電子商務最大的特徵，就是消費者掌握了主導權，是否要購買、是否要搜尋產品資訊，完全都由消費者在自由的環境中決定並完成。而對企業來說，則是負責提供各種產品、服務的銷售方式給消費者，再讓消費者做出最後的選擇。

圖 1-1 電子商務的概念

電子商務是現代科技加上傳統商業活動的集合體。

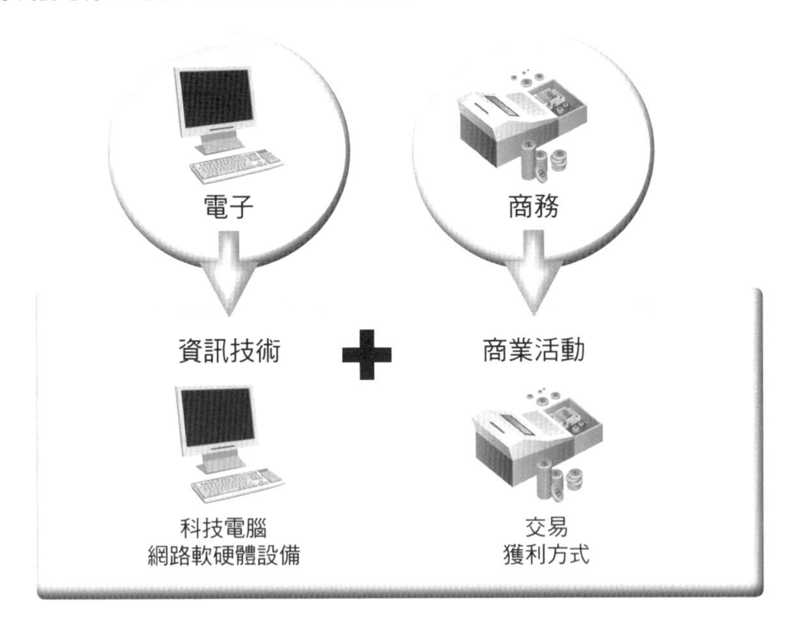

圖 1-2 電子商務的基礎

電子商務能提供線上交易與商業活動管理的功能，服務範圍超過傳統的市場範圍，這是基於以下幾個基礎而建立的：

電子商務的特性

電子商務是可以直接在網路上面對客戶，進行服務與溝通，又能在客戶未能接觸商品的情形下而交易的商業性活動，對賣家來說，它提供了一個新的管道銷售商品，對消費者來說，則是有了一個便利且多樣化的購物管道，只要動動滑鼠，商品就能送上門，因此綜括來說，電子商務具有以下幾個特性：

1. 商務特性

電子商務的基礎就是商務，而在網路上購物就是提供企業與顧客一個方便的管道來買、賣商品，透過電子商務，企業能夠擴張市場範圍、增加銷售量、使客戶群更多，且能將顧客的交易資料記錄下來，利用資料庫行銷更貼近顧客的需求。

2. 技術性

電子商務利用了大量的資訊技術，使企業與用戶皆能更有效的利用，加速服務的流程與便利性，且在人力、物力或各部門的配合之下，網路購物彈指之間即可完成。

3. 無時空限制性

由於網路的無遠弗屆，任何地方都可能成為顧客的來源，電子商務打破了疆域的限制，即使遠在天邊的用戶，都可以透過電子商務來購買產品。另外，電子商務也沒有時間性，用戶二十四小時都可以上網訂購，毋須像實體商店需要等到營業時間才能購買。

4. 可擴充性

電子商務的每一台伺服器，都有一定的負荷量，例如企業所使用的等級是一台每天只能容納五十萬人訪問量的伺服器，一旦訪問人數增多時，也能藉由伺服器的擴充與升級，使系統得以繼續運行，而不會因此流失客戶。

5. 安全性

電子商務的安全性，往往會成為客戶能否信任企業的關鍵之一，如果安全機制做得不夠完善，病毒、駭客入侵、資料外洩等問題層出不窮，即使商品再吸引人，客戶仍不會冒險去購買，但是當企業增強了安全性後，例如採用 SSL、SET 協定，那麼客戶的信心也會跟著提高。

6. 相互配合性

電子商務需要生產面、運送面、金流面、供貨面與客戶面…等各個層面的配合，在共同協定之下來運行，以加速工作的效率與瞭解彼此的落差。

圖 1-3　電子商務的七大特點

勞頓（Laudon）和崔維茲（Traver）也曾在 2002 年時，提出了電子商務具有以下幾個特點：

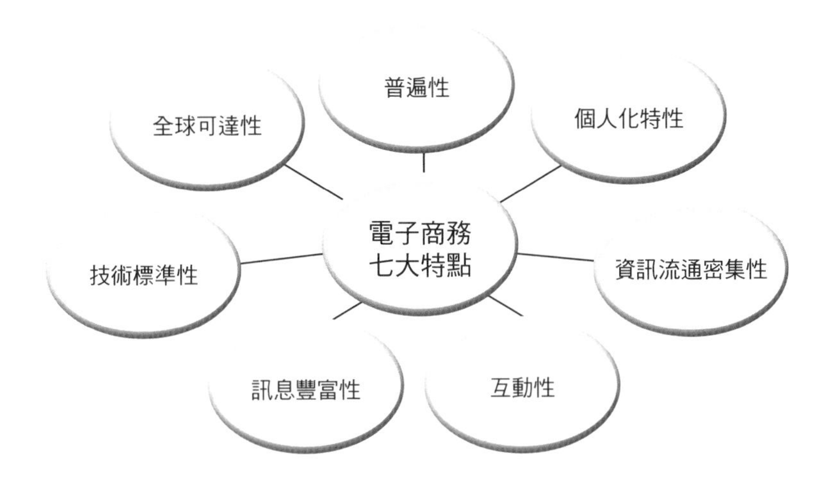

圖 1-4　電子商務的功能

電子商務可以提供一個良好的交易環境與商業服務管理，而使用多樣化的系統實現電子商務後，它就具有以下幾個功能：

1.3 電子商務的發展演進

網際網路的發展，使電子商務成為突破時間和空間的巨大市場，成為地球另一個新大陸一第七大洲虛擬洲，企業在這個虛擬洲之上，建構各式各樣的商務網站，面對全球 1.8 億以上的網路用戶，讓電子商務的市場正不斷地擴張著。

全球發展歷程

電子商務從 1960 年開始崛起，而 1997 年時，卡拉科頓（Kalakota）和惠斯頓（Whinston）提出全球電子商務的發展，可分為五個階段：

1. 第一階段：電子資金轉換期

從 1970 年代開始，銀行利用了自身的網路系統，進行電子資金轉換的業務，讓不同銀行間的匯款更為方便，如今有許多便利性的應用，如：ATM 轉帳、電子貨幣、電子銀行…等，都是基於此發展出來的。

2. 第二階段：電子資料交換期

在 1970 年代末期到 1980 年代初期，企業界很風行用電子資訊技術來交換訊息，像是傳遞電子郵件，所謂的電子資料交換技術，就是透過電腦與電腦間的內部區域連線，或是利用網際網路，在標準的傳送協定格式之下，相互傳遞訊息或檔案，如公司的採購單、型錄、出貨單…等，藉由資料傳輸的方式，可以節省書信往來的時間，增加溝通效率。

3. 第三階段：地球村時代

到了 1980 年代中期，網路已從原來封閉的學術網路，擴及到了企業、家庭，因此有許多線上服務形式紛紛推出，如 BBS、聊天室、討論板、新聞群組等，讓用戶可以彼此互動、分享知識，並造就了虛擬社區的雛形產生，成為一個網路地球村的時代。

4. 第四階段：工作流程電子化階段

在 1980 年代末期到 1990 年代，企業為了要提高員工工作效率，節省每天花費於 60% 以上的時間在作業流程上，因此制訂了工作流程電子化的制度，讓所有的作業趨近於無紙化，而員工與員工之間也能快速地進行溝通、討論、分享資訊，並相互合作。

圖 1-5 全球電子商務的發展

全球電子商務的演變發展，從 1970 年代開始，直到 1990 年，共歷經了五個階段：

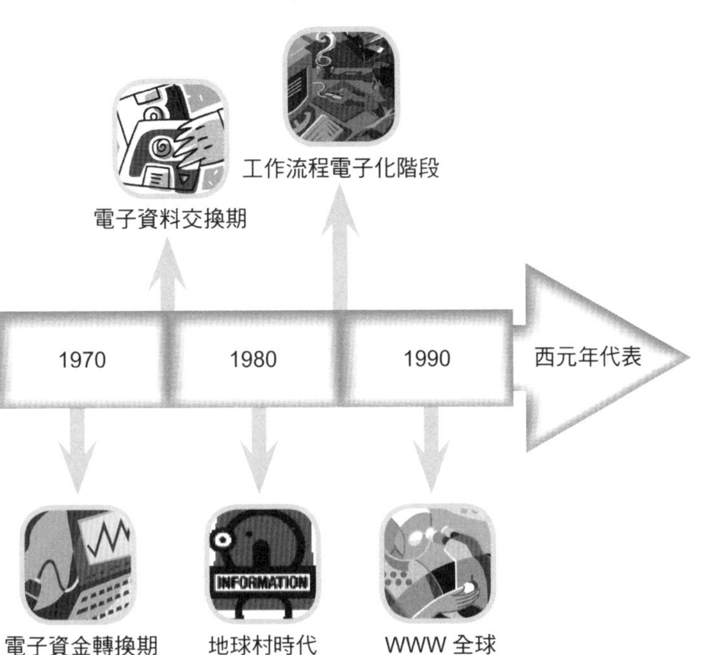

圖 1-6 電子商務消費者特性演變過程

新一代的消費族群竄起，消費者特性也隨之明顯起來，在不同的年代，消費趨勢也有所不同。

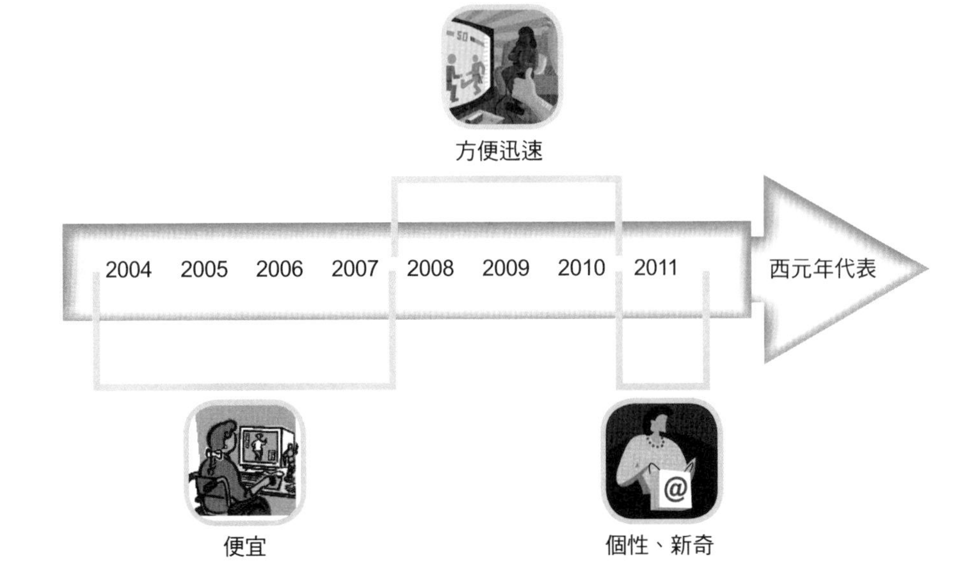

5. 第五階段：WWW 全球資訊網階段

1990 年代，WWW（World Wide Web）全球資訊網出現了，網際網路不再像過去一樣，只侷限於某些區域中才能使用，而是真正地擴及到了全世界，這也使得電子商務有了重大的發展，所謂的全球資訊網，是指利用彼此互相連結的主機，以 HTML 語言等容易讓使用者操作的介面，而這個介面可以將文字、圖片、影片、聲音以超連結的方式結合在一起，讓使用者便於存取主機上面的資訊。全球資訊網的出現，使中小企業可以用較低的成本，提供與大企業相抗衡的規模經濟，也創造了不少新穎的商業模式，使得競爭力提升，迫使傳統的企業不得不改變成本結構，來回應這些競爭。

電子商務在全球資訊網的發展是全面而迅速的，不論是金融、食品、3C、運輸、政府、公益…等各行各業，都紛紛朝著創意十足的電子商務網站邁進，交織構成一個繽紛多彩的虛擬商務世界。

國內發展歷程

而反觀國內，在 ADSL 大幅降價、以及光纖的高速發展之下，網路用戶急遽攀升，電子商務的發展也在軟硬體、通訊、內容和社群的整合之下，逐漸朝豐富性的方向發展，綜觀國內的電子商務發展歷程，可以分為以下幾個階段：

1. 第一階段：文書資料處理階段

在 1980 年以前，企業的資料作業是以紙張或電腦 Key-in 為主，系統資訊彼此是互不相連的，而是朝著個別獨立化的方向發展，電腦主機著重在大型資料的處理與應用，如會計系統、人事薪資系統、存貨系統等。

2. 第二階段：作業流程合理化階段

到了 1980 年代中期，企業為了使作業流程更加合理化，普遍採用資訊系統作為輔助，而以中、大型電腦作為工作站也成了企業的主流，這使得 MIS、CAD、CAM 的應用興起，另外，企業更以資訊技術來分析大量資料，因而也開始導入物資需求規劃系統（MRP）、電子資料交換系統（EDI）、人力資源規劃系統（HRIS）和會計資訊系統（AIS）等。

3. 第三階段：資訊策略規劃階段

至 1990 年時，全球化資訊網出現了，這使得網路技術和其他相關的應用有了關鍵性的變化，全球開始以電腦系統作為監控中心，將資訊策略應用在排程預測、物料規劃，並採用資訊分析作為決策上的參考，積極導入現場監控系統（SFC）、製造資源規劃系統（MRP II）…等。

圖 1-7 台灣電子商務的發展

台灣電子商務的演變發展，從 1980 年代開始，直到 2000 年，也是歷經了五個階段：

作業流程合理化階段

企業再造階段

文書資料處理階段

資訊策略規劃階段

電子商務階段

圖 1-8 企業作業流程資訊系統

企業為了使作業流程更加合理化，普遍採用資訊系統作為輔助，如：

物料需求規劃系統 (Material Requirement Planning; MRP)	主要是應用於製造業的物料規劃與管理
電子資料交換系統 (Electronic Data Interchange; EDI)	是以標準的資訊格式傳送，以達到電腦和電腦之間資料交換的目的，主要作為商業交易的工具
人力資源資訊系統 (Human Resource Information System; HRIS)	把人力資源相關的業務以電腦、網路之技術、資料庫、或系統去執行
會計資訊系統 (Accounting Information System; AIS)	主要為蒐集、處理企業的交易資料，並將財務資訊輸入、處理，所儲存的資料則做必要的管理與控制
財務管理系統 (Financials Management System; FMS)	主要為蒐集、處理企業財務、以及財務資源的分配與控制事項

4. 第四階段：企業再造階段

至 1990 年代中期時，由於企業的製造系統和經營決策系統普遍的應用，使得資訊流、物流、金流能全面地整合起來，企業積極推動流程再造工作，產業電子化的發展重點以 PDM、ERP、MES、SCM 為主，各種應用系統，如企業資源規劃（ERP）、電子產業交換（EDI）、產品資料管理（PDM）和 E-commerce 也隨之興起。

5. 第五階段：電子商務階段

到了 2000 年時，在全球運籌管理的觀念風行之下，電子商務市集逐漸成形，這時候電子商務是以跨國經營為主，許多企業已具備國際市場的競爭優勢，為了跟上這股前所未有的挑戰，產業界也開始大量應用 B2B，以 XML 作為資料交換的標準，並導入供應鏈管理（SCM）、顧客關係管理（CRM）、知識管理（KM）、企業應用系統整合（EMI）等系統。

電子商務的現在

如今，電子商務已成為社會經濟發展的重要一環，電子商務重新塑造了商務生態，並持續改變著，在變革的力量和消費者需求的影響下，電子商務進入了 2.0 的時代，和過去的電子商務相較之下，電子商務 2.0 利用低成本的網路技術，結合網路社群，形成一個互動的新消費社會，消費者能和企業直接溝通，使得消費者的信任度和忠誠度得以提高，隨之而來產生的改變就是電子商務對品牌的需求降低，企業不需要非得擁有知名品牌不可，不具知名度的新品牌也能藉由電子商務快速竄起。而在電子商務 2.0 的時代中，也歷經了幾個階段的成長途徑，才能夠有今日的發展：

1. 聚合新平台階段

聚合新平台就是以資訊或服務為本質，利用資訊技術所有的服務資源整合在一起，發展成一個新的方向，像是將數以百計的廠商聚集在平台上，而會員可以在這個商務平台中交易、買賣、比價或競價，同時在購物後又能獲得積分、折價券、折上加折等優惠，而對廠商來說，不需要具備任何電子商務技術，或是開發大型商務網站，只要提供產品，消費者便可以利用比價搜尋的功能來找到產品、進而購買。聚合平台是一個讓買家、賣家、平台商三方互利的模式，提供資訊的整合、服務商與消費者需求的聚合，以及服務商本身的聚合，在共贏的模式下經營成長。

圖 1-9 政府推動電子商務措施政策

在不同的發展階段中，政府也推動不少政策來提振電子商務產業。

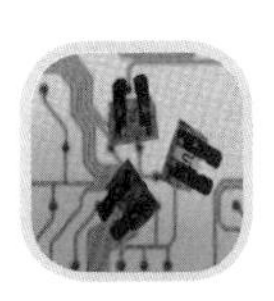

圖 1-10 電子商務 2.0 顛覆性的改變

電子商務 2.0 為企業與消費者所帶來的改變，顛覆了過去電子商務的模式。

電子商務代表的不是一個新的行業，而是一個新的商業時代

消費者積極主動的參與，使企業不得不正視消費者強大的力量

企業按消費者的需求生產，由消費者決定產品的生產方向與生產量

2. 共同聯盟推廣階段

廣告和行銷推廣的費用，是很多電子商務企業的最大成本之一，但透過聯盟的方式，整合賣家或中小企業網站的力量，不但可以使廣宣費用降低、目標受眾的數量提高，就像 Google AD Sense 廣告的出現，形成「搜尋 + 廣告」的新模式，企業透過廣告平台的發布，將對象擴及至整個搜尋引擎用戶的範圍，且效果更為精準。

3. 積分商機階段

傳統的積分，只是用來兌換商家本身所提供的贈品，或折抵消費金額，但在電子商務 2.0 時代中，積分不但是促銷工具，還具有長尾效應，像是與其他廠商合作，使消費者手上的積分可以用來旅遊、購書、訂雜誌、換手機…等，可運用的範圍更大，並衍生出無限的可能。

4. 團購致勝階段

將消費者的需求聯合起來，形成一股強大的力量，再以這股力量對廠商進行優惠談判，取得最有利的價格，便是團購網站最主要的營運精神，雖然團購表面上賣的是產品，但實際上卻是以服務會員為主軸，因為必須要有大量、具社交能力的會員，針對這些會員特定的需求，才能迅速地將會員的力量凝聚起來，而對商家來說，賣的也不只是產品，更是廣宣的管道，在有所獲利的原則下，於消費者心中精準地曝光，並促使消費者更有意願提起行動。

5. 需求為王階段

在消費者個性化需求的主導之下，傳統的生產模式有了改變，過去的商業模式是由企業設計、生產、製造，最後再賣給消費者，但新興的電子商務時代是反過來，先在網站或社交媒體中匯集消費者的意見，再根據意見設計、生產、修改，而後才賣給消費者，也就是先有需求，才有產品。

圖 1-11 電子商務 2.0 時代中的代表網站

在電子商務 2.0 的時代中，國、內外有許多代表性的網站以創新的模式，創造了驚人的利潤。

聚合新平台階段：
聯嘉網 http://www.5a360.com/
技術與服務聚合

共同聯盟推廣階段：
淘寶聯盟 http://www.alimama.com/
聯盟廣告

積分商機階段：
返利網 http://www.51fanli.com.cn/
積分商機無限可能

團購致勝階段：
GROUPON http://www.groupon.com.tw/
團購力量大

需求為王階段：
麥包包 http://www.mbaobao.com/
以需求來設計

沃爾瑪

沃爾瑪官網網址：http://www.walmart.com/、http://walmartstores.com/

個案背景

由美國零售業傳奇人物山姆 · 沃爾頓（Sam Walton），1962 年在美國阿肯色州羅傑斯城開設第一家沃爾瑪百貨商店至今，沃爾瑪已發展成為全世界最大的零售業巨頭。

1987 年，在美國建立了最大的私人衛星網路系統。1990 年，沃爾瑪成為美國最大的零售商。1991 年 11 月，沃爾瑪在墨西哥開設第一家美國本土以外的商店。1997 年，成為美國最大的私人僱員公司。沃爾瑪取代沃爾沃思（Woolworth），成為道瓊斯工業平均指數股票。同年沃爾瑪的營業額第一次突破 1000 億美元。1999 年，沃爾瑪擁有 114 萬名僱員，成為全世界最大的私人僱員公司。2001 年，首次進入《財富》雜誌全球 500 強企業首位 。

2011 年 3 月，沃爾瑪美國商店總數 4418 家，沃爾瑪國際部商店總數 4587 家，沃爾瑪全球商店總數 9005 家。美國員工總數超過 140 萬人，國際部員工總數 73 萬人，全球員工總數超過 210 萬人。沃爾瑪百貨公司（紐交所：WMT）在 15 個國家開設商場，有 55 個品牌，每週為客戶和會員提供服務超過 2 億次。2010 年第 4 季度銷售額達到 1128 億美元，比去年同期增加 4.6%，截至 2010 年 1 月 31 日，年度銷售額達到 4050 億美元，比去年增加 1%，重返 2010 美國財富雜誌全球 500 強首位，也成為本世紀以來佔據榜首時間最長的企業，囊括 2001 至 2005、2007、2008 和 2010 年的首位，在 2000、2006 和 2009 年的第二位。

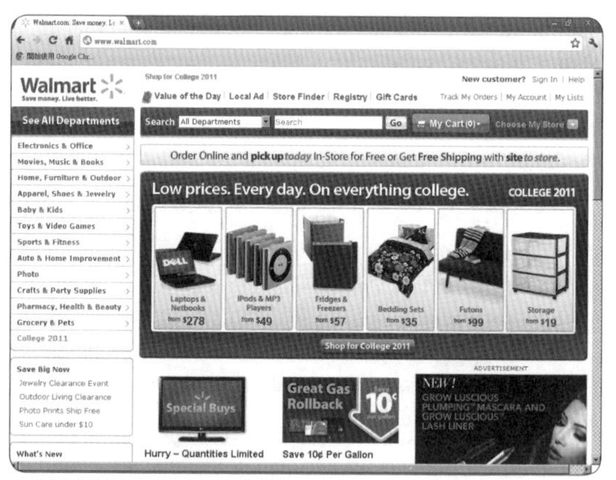

▲ 資料來源：Walmart官網

▲ 資料來源：Walmartstores官網

簡易分析：沃爾瑪成功之道

沃爾瑪的聚焦經營策略

鄉村包圍城市的聚焦經營策略

聚焦戰略指企業把最優勢的資源，集中於某一個特定的市場，建立比競爭對手更好的服務，來服務該特定市場中的顧客，用以獲取高的收益率。

沃爾瑪在開創之初，就已經展現出獨特「鄉村包圍城市」的聚焦戰略，沃爾瑪選擇避開「都市」同業間的割喉殊死之戰，改目標整體消費市場中最狹小最具挑戰的「鄉村」。因鄉村並不是同業競爭對手的聚焦之地，通常認為無利可圖，甚至被嚴重忽略掉，事實上鄉村的消費者已具備強大購買力，但生活環境周遭的機能性嚴重不足，而且鄉村每單位營業成本遠低於都市。當沃爾瑪出現之後，卻能吸引方圓百里的消費者前來購買商品，讓沃爾瑪成功搶灘。沃爾瑪在之後十幾年間，繼續進軍各「城鎮」，逐漸包圍各個競爭最慘烈的都市，最後卻佔領了全國零售的消費市場。

因地制宜的聚焦經營策略

當沃爾瑪在 1990 年成為美國最大的零售商之後，開始著手進軍國際零售消費市場。雖然沃爾瑪已經與美國多家重要的跨國性商品供應商，保持良好合作關係，並取得最低的採購成本，當沃爾瑪進軍國際市場時，一樣享有最低採購成本和最快速供貨服務。但在國際市場上，沃爾瑪卻無法擁有在美國全面化的優勢競爭力，除了原有本土化的強大競爭對手之外，各國還有著不同的經濟狀況、生活習慣和文化背景等搶佔國際市場的困難度更高。如：歐洲市場有零售業的霸主家樂福、人力成本高、強硬派的工會、環境管制嚴格等問題，南美各國有經濟狀況不佳、購買力較弱等問題，日本和加拿大等國有本土化勢力強大的競爭對手等問題。

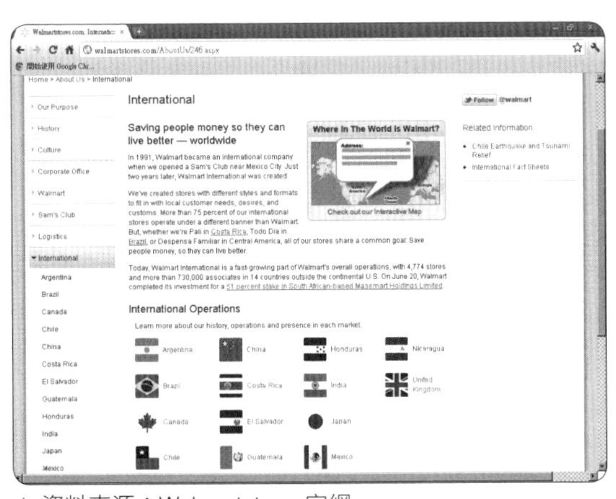

▲ 資料來源：Walmartstores官網

沃爾瑪針對不同國家的消費市場，改採取「因地制宜」的聚焦經營策略，依照不同國情、文化、習俗、經濟、消費者特性…等等因素，以差異化的聚焦經營策略，集中資源提供給消費者特殊的商品與服務，來滿足當地顧客的需求，以差異化的優勢來切入各國零售消費市場。如：在日本市場增加生鮮食品，在德國市場增加數十種啤酒商品，南美市場增加肉食商品…等等方式。

雖然沃爾瑪在各國的銷售額，未能達到原先預期的營業目標，但單以拓展全球市場而言，沃爾瑪是相當成功。據分析師表示，沃爾瑪進軍日本促使日本零售業革命，協助抑制墨西哥通貨膨脹的問題，降低英國人生活開銷…等等問題，這都是沃爾瑪採取「因地制宜」的聚焦經營策略成功奏效之故。

沃爾瑪的優勢

超過 3800 家供貨商串連的供應鏈體系

沃爾瑪在 70 年代就建立配銷管理系統，從下訂單到商品上架，平均比競爭對手快了 3 天，節省 2.5%的成本，而且各分店商品庫存率低，架上商品充實率高，這都是競爭對手所望塵莫及。

沃爾瑪串連超過 3800 家的商品供貨商，形成一個完備且同步的供應鏈體系，實現即時銷售與即時生產，不但緊縮產品的時間成本，還可以隨時掌控 4000 多家沃爾瑪商店，任一商店和商品在銷售、訂貨、庫存和供貨…等的狀況。當顧客在沃爾瑪購買一件商品，店員掃瞄商品條碼之後，該筆資料立即透過沃爾瑪供應鏈管理系統，傳送到原商品製造商的系統中，自動完成該商品訂貨的動作，並且製造商的資訊系統，會立即分析該筆資料，進而排入商品的生產計畫、或物料調度、或安排供貨…等作業流程中，兩天後，相同品項的商品又會出現在沃爾瑪貨架上。

▲ 資料來源：Walmartstores官網

沃爾瑪在 2004 年設計一套針對沃爾瑪員工和供應商的「零售業供應鏈證書」培訓課程，培訓課程 2005 年推出之後，在供應商的共同努力下，沃爾瑪供應鏈的預測與配送精確度提高，保持最低庫存，貨架供應的準確率達到 95%至 99%。目前沃爾瑪在全球的供應商已經超過 6 萬家以上。

建立美國最大私有衛星系統

1987 年，沃爾瑪在美國建立了最大的私人衛星網路系統。該衛星主要是傳遞全球 9000 多家沃爾瑪商店的資訊，以及所有物流車輛的定位與聯繫之用。所有物流車輛加裝衛星定位系統之後，可以清楚掌控每部車輛運送貨品的各種即時狀況，可以更有效安排貨運量和路程。

以資訊技術提升物流管理系統

沃爾瑪是物流行業的領先者，擁有比競爭對手進步 10 年，快捷且高效率的物流系統，這就是沃爾瑪成功的一個重要關鍵點。沃爾瑪是全球第一位企業內部擁有 24HR 電腦網路物流監控系統，將採購、庫存、訂購、配送和銷售串連為一個完善的體系。

1960 年，沃爾瑪在租來的車庫裡，就開始規劃物流系統。1970 年，沃爾瑪第一個物流配送中心開始運作，到目前有 147 個物流配送中心。每 1 個物流配送中心設立在 100 多家沃爾瑪商店的中心位置，物流配送輻射半徑平均以 320-400 公里為一個主要銷售市場的商圈，即設立一個物流配送中心。

物流配送中心一端是卸貨平台，可同時提供 135 輛大型卡車卸貨，另一端是裝貨平台，可同時提供 130 輛大型卡車裝貨，物流配送中心是 24HR 持續不停運作著，每天裝卸貨的大型卡車超過 200 輛以上。每個物流配送中心有雇員 800-1000 人，負責 24HR 輪班配送 100 多家沃爾瑪商店所需商品，物流配送中心的自動傳輸帶長約 20 公里，1 日可傳輸超過 20 萬箱貨物，商品從物流配送中心運到任何一家沃爾瑪商店的時間不超過 48 小時。

每家沃爾瑪商店每天補貨一次，競爭對手平均 5-7 天補貨一次，如此可以減少沃爾瑪商店裡的商品庫存量，相對可以降低銷售場地和人力管理的營運成本。沃爾瑪物流配送成本只佔銷售額的 2%，而競爭對手平均卻在 10%～ 30%之間。沃爾瑪是將 90%多的商品集中配送到沃爾瑪商店，只有少數商品是由製造工廠直接配送，然而競爭對手只有 50%左右的商品是集中配送，相對沃爾瑪物流成本當然比競爭對手降低很多。

沃爾瑪為了將商品從供應商手中，快捷且高效率抵達各沃爾瑪商店，共配備了牽引車 7200 輛、拖車 53000 輛、3 萬個大型貨櫃集散場、運輸辦公室 51 個、司機 7950 人，24 小時無時無刻不分晝夜都在轉運商品，沃爾瑪運輸車隊的司機，每年總行程遠超過 8 億英里，平均每人每年行程近 10 萬英里，運輸總量超過 80 億箱。沃爾瑪在美國市場也計畫整合供應商的運輸業務，如此一來，更能降低運輸成本和產品的運輸成本，直接產生更多的盈利。

沃爾瑪也採用節能新技術，在貨運車中安裝小型電腦，對車輛的行車路線進行即時優化，也使用雙聯拖車和鐵路運輸等多種方法，來進行節能和有效增加運輸效能，如此一來，不但減少空車行程率，也減少數千萬英里的行程，更節省數千萬加侖的柴油損耗，可以有效降低物流成本，避免浪費。

無所不包的零售銷售網站

2000 年，成立 Walmart.com 電子商務網站，在全球網路零售網站中曾掉落到 43 名，當亞瑪遜網路書店衝破 100 萬用戶時，Walmart 只有幾萬個用戶數，Walmart 銷售額只佔總銷售額 3%。直到 2006 年，Walmart 成為僅次於 eBay、亞瑪遜的第三大網路零售網站。

沃爾瑪推行「一站式（One—Stop Shopping）」購物概念，要讓顧客在最短的時間內，以最快的速度購齊所有需要的商品。Walmart.com 提供數以百萬件的商品和服務，建立成一個無所不包的銷售網站，有如亞瑪遜網路書店一般，計有：數十萬部數位音樂專輯的下載服務，超過 700 萬冊以上的圖書商品等等應有盡有，各種商品還在不斷新增中。

Walmart.com 將各式商品劃分為 31 個大類別，其下又細分出 188 個小分類，顧客可以依照各分類，逐項往下搜尋所需的商品，也可以在每頁上方搜尋功能輸入關鍵字搜尋商品。Walmart.com 與亞瑪遜網路書店一樣，著重在提供顧客各種詳盡的商品和服務資訊，針對個別商品也都有「顧客產品評論」和「客戶問答交流」的多方互動區，讓顧客對於欲購買的商品，可以再有更進一步的認識。

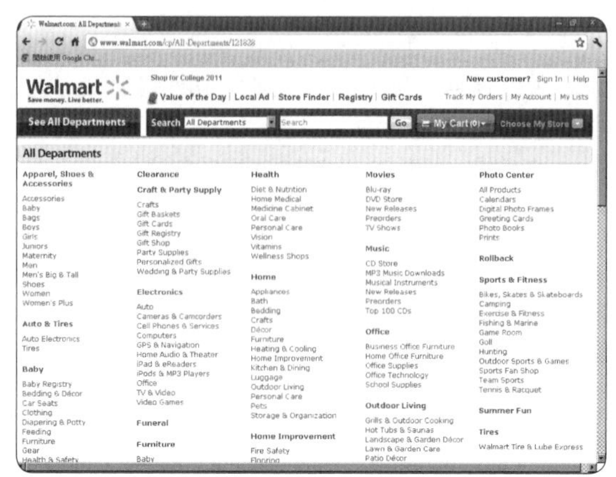

▲ 資料來源：Walmart官網

Walmart.com 也採用「在線跟蹤技術」和「篩選技術」，將使用者所瀏覽過的目錄、商品、仔細瀏覽的類別、隨便點閱的類別、最後購買的商品…等等行為軌跡進行追蹤和紀錄，接續針對這些數據資料進行分析，再推薦相關商品來滿足顧客的需求。透過「篩選技術」，把用戶的購物習慣與喜好，和其他用戶的數據資料加以分析比較，用以分析出用戶再次到訪可能會選購的商品，再利用「匹配技術」分析用戶和商品之間的關聯性，用以提供最能滿足用戶需求的商品資訊。因此，當顧客再次登入 Walmart.com，或是進入個性化服務中，網頁上就會出現推薦給顧客建議購買的商品訊息。每當顧客選購新商品之後，系統就會依據上述分析流程，再給予顧客全新的建議與推薦。

天天平價的優勢

Walmart.com 所提供的商品與服務，堅持「天天平價、始終如一」的口號，在 1962 年創業之初，沃爾瑪就標榜「幫顧客節省每一分錢」的宗旨，「每天所有商品都提供最低價，具全國性的品牌商品最多可打 50% 折扣」，沃爾瑪之所以能有如此的低廉價格，主要是靠大量採購，其次是商品直接由製造商進貨，再加上完善的供應鏈體系，以及完備的物流系統，才能造就天天平價的強大競爭優勢。

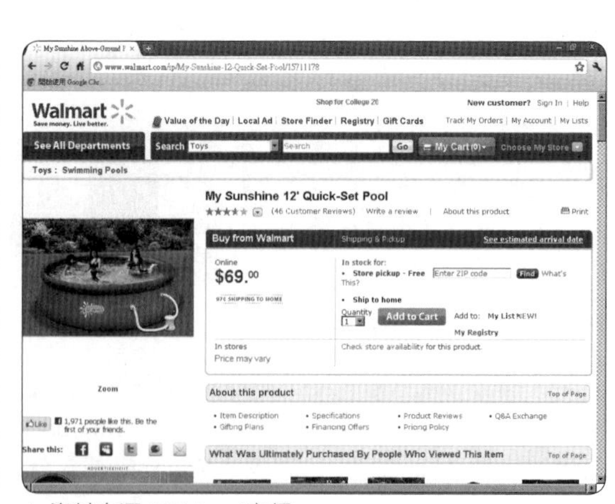

▲ 資料來源：Walmart官網

連線上 Walmart.com 購買商品的消費者，和直接前往各地沃爾瑪商店裡購物的買家，同樣都享有物廉價美的優惠服務。沃爾瑪每週都進行數次的市場調查，隨時觀察競爭對手商品價格、促銷活動…等等，最快甚至會在第二日，立即調整沃爾瑪的商品價格，Walmart.com 一樣保有沃爾瑪商店最優惠的商品價格。

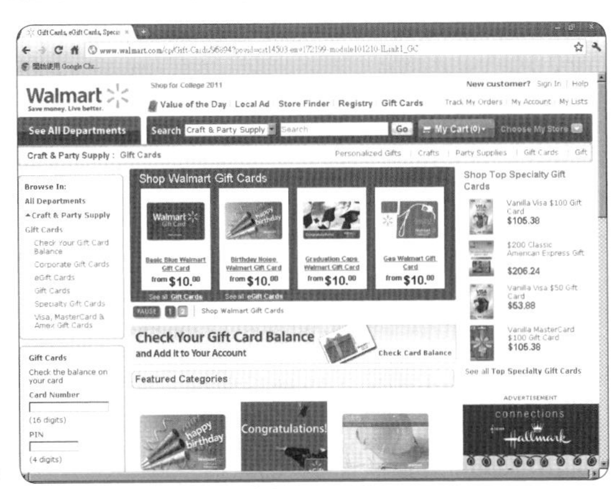

▲ 資料來源：Walmart官網

經歷 2008 年國際金融危機之後，大多數的消費者收入降低，購買力薄弱，沃爾瑪「天天平價為顧客省錢」的策略，更是一路過關斬將，讓競爭對手難有喘息的機會，這是因為沃爾瑪不斷在各項作業流程中，持續創新與改進，不斷在各個環節中進一步降低成本，因此，雖然同在經濟不景氣的年代裡，還是能持續保有同行所難以比擬的超低折扣價。

顧客不滿意任你退

消費者只要在 Walmart.com 購買到不滿意的商品，在一個月內都可以辦理退貨。消費者可以帶著商品和收據，到全美距離最近的 3000 多家沃爾瑪商店的客戶服務中心辦理退貨，或是直接寄送到 Walmart.com 退換貨中心免費辦理退貨。

造就沃爾瑪王朝的血汗工廠

沃爾瑪的供應商被指為血汗工廠遭工會起訴

沃爾瑪先因涉嫌性別歧視，曾遭受 150 萬女工的集體起訴。原告指控沃爾瑪長期性別歧視，使她們得不到與男職員同等的薪水和升職機會。

《法新社》報導，國際勞工權益基金會（the International Laborights Fund, ILFR）將沃爾瑪訴至美國加州高等法院，指沃爾瑪在非洲、亞洲、拉丁美洲的供應商工作環境為「血汗工廠」。沃爾瑪允許其供應商迫使工人們每周超時間工作 7 天，且不提供假期，並不允許這些地區的工人組成工會，沃爾瑪試圖向公眾隱瞞真相。

▲ 資料來源：沃爾瑪：低價格的高代價網

ILFR 認為沃爾瑪在與供應商簽署協議的時候，有義務監督供應商的工作環境，沃爾瑪也曾向美國公眾承諾將監督其供應商按照公司制定的規章制度辦事。事實上服務於沃爾瑪在孟加拉國、印尼、尼加拉瓜、斯威士蘭以及中國等地供應商的工人都遭受著超時工作、低收入的不公正待遇。

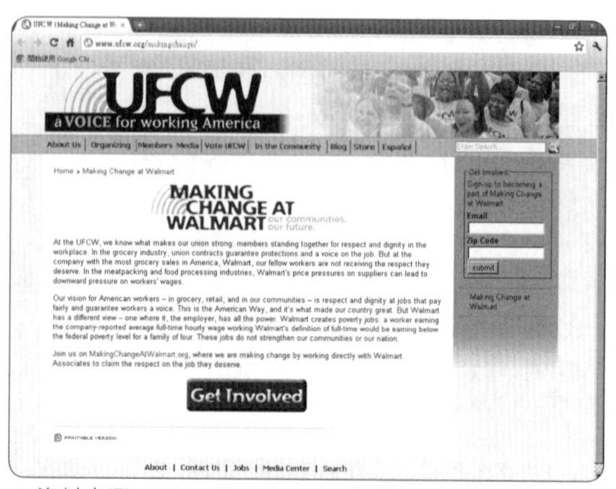

▲ 資料來源：Wake Up Wal-Mart官網

《紐約時報》報導，紐約的美國勞工委員會（National Labor Committee, NLC）發布一份報告。NLC 指責沃爾瑪沒有採行更有效的措施保護中國勞工。中國環亞(Huanya) 工廠招募約 500 名年僅 16 歲的高中生，一星期工作 7 天，每天 15 個小時，以供應沃爾瑪公司對聖誕商品的需求。環亞工人表示每天從早上 6 點工作到晚上 6 點，每週工作 6 天，每個月的薪資大概折合 100 多美元左右。

▲ 資料來源：Wal-Mart Watch官網

《華爾街日報》報導，在廣東惠州超霸電池廠工作的民工，經醫生診斷有腎衰竭症狀，罪魁禍首是工廠的含鎘粉塵，該工廠的 400 名員工都被查出體內鎘含量超過正常值。惠州超霸電池廠是為美泰（Mattel Inc.）、玩具反斗城（Toys 'R' Us）和沃爾瑪（Wal-Mart Stores）等美國公司生產含鎘電池的中國工廠。

沃爾瑪實際上也在為改善其供貨工廠工作環境做了不少努力，沃爾瑪曾表示在公司所到之處都將遵守當地法律，2004 年沃爾瑪表示一年共派出 1.2 萬名觀察員抽查了全球 7600 個工廠，並因為雇用童工，停止了與其中 108 個工廠的業務關系。(第一財經日報 / 惠正一)

反對沃爾瑪的浪潮

反對沃爾瑪的批判浪潮，數年來一直未曾中斷過，主要是在沃爾瑪供貨商對於員工的剝削，如在非洲、亞洲、拉丁美洲等地所設立「血汗工廠」慘無人道的問題。其次，在於生態環境和傳統社區生活方式的破壞，諸多社區群體、宗教團體和環保組織等反對沃爾瑪的營運策略和手段。但沃爾瑪認為商品和服務之所以能低價銷售，主因是不斷改善整體作業流程中各個關鍵環節下，所創造出來降低營運成本所導致，但沃爾瑪供貨商在非洲、亞洲、拉丁美洲等地設立的「血汗工廠」是不爭的事實，以血汗工廠造就沃爾瑪全球500強企業首位的寶座，是否違背企業應有的社會道德與良知呢？

問題討論

1. 為何沃爾瑪不在中國建立中文版的 Walmart.com，來服務中國的零售消費市場？
2. 為何 Walmart.com 選擇以大眾化的日常消費商品為主，而避開大宗生鮮商品？
3. 顧客在 Walmart.com 購買到不滿意的商品，在一個月內都可以免費辦理退貨，但為何在台灣大多數的商務網站，無法做到一個月內不滿意任你退的服務？
4. 沃爾瑪若徹底排除「血汗工廠」的供貨商，是否將會失去長久以來所保有天天平價的優勢？
5. 沃爾瑪供貨商在非洲、亞洲、拉丁美洲等地設立「血汗工廠」是不爭的事實，以血汗工廠造就沃爾瑪全球 500 強企業首位的寶座，是否違背企業應有的社會道德與良知？

參考資料

1. 沃爾瑪，網址：http://walmartstores.com/。
2. Walmart.com，網址：http://www.walmart.com/。
3. 蘋果日報，網址：http://tw.nextmedia.com。
4. 新浪全球新聞網，網址：http://dailynews.sina.com。
5. 維基百科，網址：http://zh.wikipedia.org/wiki。
6. 沃爾瑪：低價格的高代價，網址：http://www.walmartmovie.com/。
7. 覺悟吧沃爾瑪（Wake Up Wal-Mart），網址：http://www.ufcw.org/makingchange/。
8. 沃爾瑪圍觀團（Wal-Mart Watch），網址：http://walmartwatch.org/。
9. 新紀元，網址：http://mag.epochtimes.com/。
10. 人民網，網址：http://finance.people.com.cn/。

實戰案例問題　有機蔬果希望透過網路拓展商機

個案背景

謝先生有一個女兒患有先天性的疾病，耗費鉅資求遍名醫，都沒有辦法治癒女兒的問題，女兒經常抓破皮，每日都無法安穩入眠。有一天謝太太在超市遇見一位太太凝視著女兒的雙手，她說：「我家小孩以前也是和妳女兒一樣，這種看醫生幫助不大，後來我查遍美國醫學專刊，發現問題可能是在食物上，如果蔬果有太多農藥的話，小孩吃了病情會加重，改吃有機食物可以改善這種問題，我家改吃有機食物一年以後，小孩就比較少再有復發的狀況。」因此，謝太太也嘗試改讓小孩吃有機食物，三個月後，發現小孩狀況似乎有改善的跡象，而且晚上也可以睡安穩點。

但有機食物花費很高，採買又不容易，蔬果可選擇性又少，買來買去常是固定幾樣蔬果。於是謝先生乾脆全家搬回貓坑的老家，謝先生依照有機蔬果的栽培書籍，依樣畫葫蘆，在住家 500 坪的土地上蓋起溫室，開始著手種植有機蔬果。經過一年多無數次的失敗中，不斷累積種植經驗，終於從第二年開始，謝先生所種植的有機蔬果，不但可以自給自足，還可以供應山下兩家超市販賣有機蔬果。

第二年底，謝先生的野菜園也通過行政院農委會輔導之驗證機構所檢驗合格具「台灣有機農產品 CAS」雙標章認證資格。於是在第三年又承租隔壁親戚 500 坪的土地，擴大有機蔬果的種植面積。謝先生會想增加種植面積，主因是過去每天供給超市的有機蔬果批價較低，盈餘不多，難以養家活口。謝先生參加職訓局委訓的電子商務課程之後，計畫改從網際網路來銷售有機蔬果，因為採直接銷售給顧客端，少了中間商的剝削，可以再提高 20%～ 30%的獲利率。再加上北部人忙於工作，職業婦女常常無暇天天採購全家一天所需的蔬果量，而且北部人文明病較多，比較重視養身，收入也較高，所以謝先生計畫要滿足顧客的特別需求，為顧客全家量身訂做每天健康所需的有機蔬果量，直接宅配到府。

謝先生是負責有機蔬果的種植，網路銷售的工作打算交給謝太太負責，但萬事起頭難，謝太太最頭痛的問題，是家裡的有機蔬果該如何在網路上拓展開來，招募到這些需要有機蔬果的顧客群來訂購？

問題討論

1. 依照謝先生「為顧客全家量身訂做每天健康所需的有機蔬果量」的商務構想，是直接使用兩大入口網站的拍賣系統即可？還是獨立經營一家有機蔬果的電子商務網站？還是根本不需要建立任何電子商務系統？
2. 您覺得謝太太可以單靠經營部落格，就可以來拓展有機蔬果的網路商務嗎？
3. 謝太太想主攻像她女兒患有先天性疾病的家庭，您覺得只單打這塊顧客群，是否能收支平衡並創造高收益？其商務網站架構為何？

4. 如果依照謝先生想主攻北部職業婦女的顧客群，那該如何規劃整體商務網站和網路行銷策略？
5. 依照謝先生的想法，如果直接進駐各大企業內部員工商務服務平台，會不會是最佳的選擇，根本無須自己再建置專屬的電子商務網站？
6. 您覺得謝家有機蔬果的網路商務，除了要煩惱社群經營與網路行銷之外，還有哪些重要的議題是更需要投入心力之處？

重點整理

電子商務是利用 Internet、電腦或遠端技術等各種數位方式，實現商務買賣的過程，它所涉及的活動包括產品與服務的網路化、數位資料的傳遞、物流與金流系統的配合。

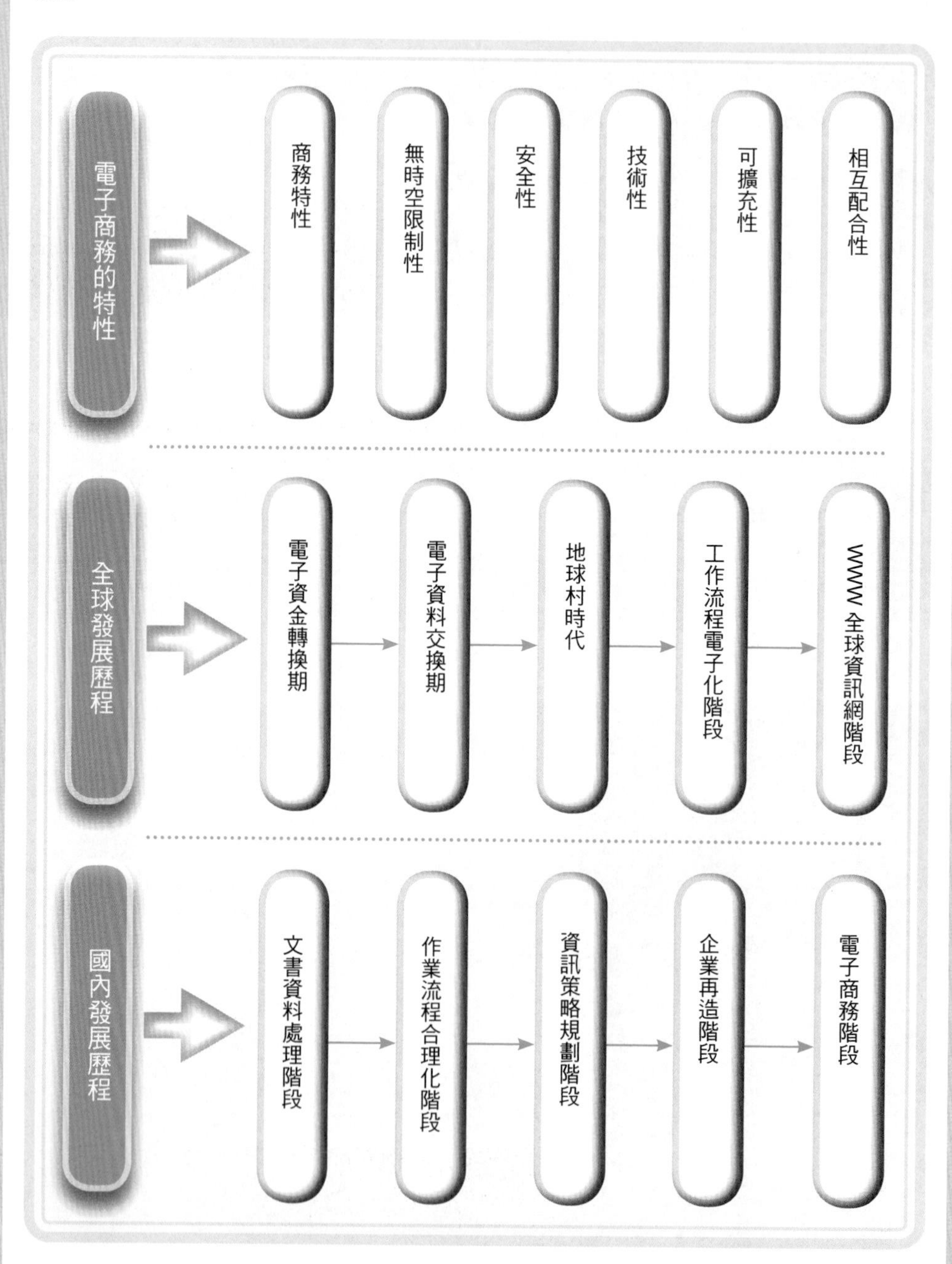

1. 請問特德海恩斯對電子商務的定義是如何下定義的？
2. 請問卡拉科頓（Kalakota）和惠斯頓（Whinston）認為電子商務必須具備哪些結構？
3. 請問電子商務具有哪些特性？
4. 請問全球電子商務的發展可分為哪五個階段？
5. 請問電子商務在國內發展的歷程可分為哪五個階段？

NOTE

C H A P T E R

02 電子商務的經營模式

電子商務的經營模式依買賣雙方而有所不同，企業對企業的經營模式，是企業與企業之間，藉由網際網路來進行商品、訊息或服務的交易活動。企業對消費者的電子商務模式，是指企業藉由網際網路，成立一個購物平台，讓消費者可以在上面購買商品、支付金額。消費者對消費者的電子商務，是消費者藉由網路拍賣平台，將服務或產品賣給另一個消費者。消費者對企業的電子商務模式，是將消費者聚集起來，在具有一定的規模後，與企業進行議價，從而得到最大優惠。

2.1 企業對企業

2.2 企業對消費者

2.3 消費者對消費者

2.4 消費者對企業

案例分析與討論 亞瑪遜書店

實戰案例問題 打造虛擬與實體整合的二手書店

2.1 企業對企業

企業對企業的經營模式，又可稱作為 B2B（Business To Business），是企業與企業之間，藉由網際網路來進行商品、訊息或服務的交易活動。

以雷格梅森公司（Legg Mason）對 B2B 的定義來說，即是「任何企業間，只要經由網路的協定，以電子化的方式去處理或產生商業行為的話，就可稱為 B2B 電子商務。」另外，高盛集團（Goldman Sachs）則提出，「B2B 電子商務是可以匯集買賣雙方在網路上進行溝通、分享意見、刊登廣告、交易、管理與庫存等商業行為的虛擬市集。」在哈佛商業評論中，認為「B2B 電子商務是經由聚集買賣雙方的自動化交易過程，使買方可以拓展選擇服務或產品的空間，而賣方則多了一個可以拓展市場與客戶的管道，並使雙方的交易成本降低。」

在傳統的企業交易中，買賣雙方往往要花費許多時間和資源，但 B2B 的發展，使企業間的交易更具效率，從最初的比價、議價、簽單、付款與交貨，一連串的流程都在系統化的流程中進行。

B2B 電子商務是目前電子商務模式中，最具規模、也最易成功的經營模式，B2B 不同於 B2C 或 C2C 的經營模式，它具有以下幾個特點：

❶ 交易頻率低，但交易金額高。

❷ 所交易的產品十分廣泛，可以是原料，也可以是成品、半成品。

❸ 交易的過程最複雜，規範也是最嚴格的。

此外，B2B 電子商務也可以分為兩種交易形式，亦即與特定企業的電子商務，以及非特定企業的電子商務。

1. 特定企業的電子商務

是指雙方維持長久的合作關係，為了共同的利益，以網路科技來進行銷售、管理的商務活動，企業兼有一定的供銷鏈。

2. 非特定企業的電子商務

不特別與某家企業合作，而是有需要時，即在網路中進行比價、購買與交易，當該筆訂單結束之後，關係也就結束了。

而若是以線上交易市場來區分的話，B2B 也可以分為兩種模式：

❶ 企業與企業之間，直接進行電子商務的交易，像是在線上直接透過製造商的平台採購產品。

❷ 經由第三方的交易平台，在平台上匯集了各家相近的行業，無論是採購方或供應方，都要藉由這個平台來交流、諮詢與採購。

圖 2-1 B2B 電子商務的優勢

B2B 電子商務對企業而言，可以降低成本，並提高企業的收入，具有以下幾個優勢：

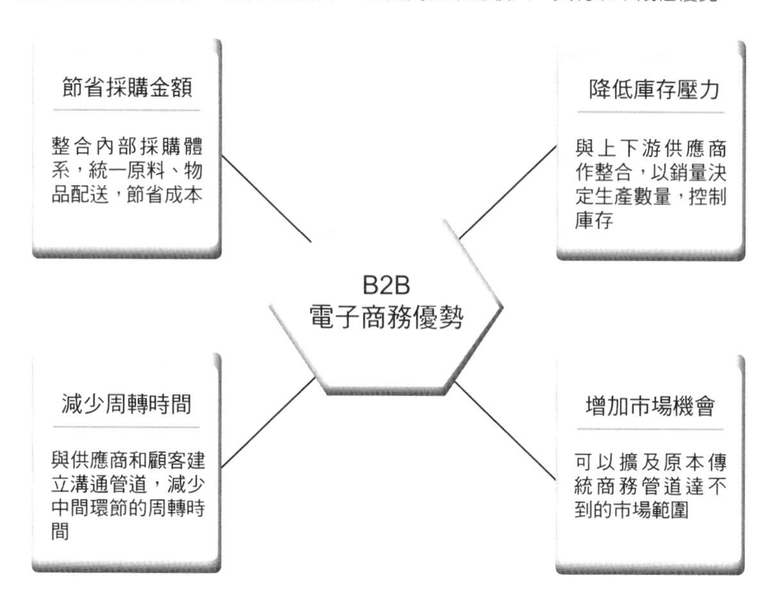

圖 2-2 B2B 典型商務網站

B2B 是企業對企業的商務模式，典型的商務網站有：

資料來源 中國製造網 http://big5.made-in-china.com/

資料來源 Ecplaza.Net http://ecplaza.net/

資料來源 阿里巴巴 http://www.alibaba.com/

2.2 企業對消費者

企業對消費者的電子商務模式，也稱為 B2C（Business To Customer），是指企業藉由網際網路，成立一個購物平台，讓消費者可以在上面購買商品、支付金額，而後即可以在家中等待商品送上門，大大地縮減了時間與空間的浪費。

B2C 形式的電子商務，多以零售業為主，所出售的商品，從早期不需要太多的觸摸、聽、看、聞等感官體驗的特殊性商品，如：書籍、CD，一直到大眾所熟悉的生活用品，如：水、咖啡、蛋糕…等，消費者願意接受的幅度越來越廣，甚至只要新奇、好玩、KUSO 的玩意，即使消費者沒聽過、沒看過，也是能常常獲得青睞，創造佳績。

B2C 電子商務網站依照企業所提供給消費者的產品與規模、種類來說，可以分為以下幾種網站模式：

1. 多企業的綜合型商城

商城中有許多企業進駐，有穩定安全的金流、物流系統配合，無論消費者是跟哪一家企業購買商品，購買流程與支付方式、收件方式都是一樣的，並且也都以商城平台商為購物的窗口，如「Yahoo 奇摩購物中心」即使屬於此種類型的商城。

2. 單一企業式的百貨型商城

由一家企業提供各式各樣的商品，通常這是因為企業有自己的產品線、配送系統或自己的品牌，像「大潤發網路購物網站」即是屬於此一類型。

3. 單一線的垂直商城

以滿足某一群體的特殊需求為主，提供相關的產品販售，如：「台灣裝潢網」，提供與室內設計裝潢相關的產品、器材等。

4. 單一品牌商城

商城只有單一性的產品，如：蛋糕，或只販售由自家所生產的產品，如：「白木屋」網站。

5. 服務型商城

以提供服務為主，而非販售實體的商品，像是代客排隊、代客採購、代客訂票…等網站即是屬於者這種類型。

6. 導購型商城

這類型的商城是以向客戶推薦好用的商品為主，並不侷限於某一品牌或產品，而是著重於資訊的分享，藉以牽動消費者的購買慾，如：「名品導購網」即是屬於這種類型。

圖 2-3　三大系統組成 B2C 電子商務

一般 B2C 電子商務需要具備三大系統機制，才能提供給客戶完整的購物功能：

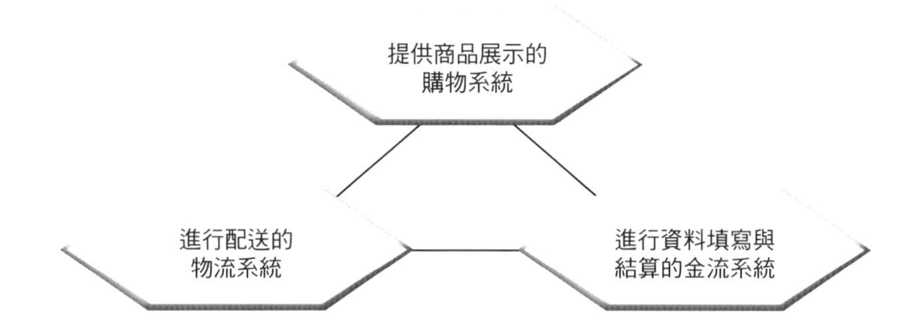

圖 2-4　B2C 典型商務網站

B2C 是企業對消費者的商務模式，典型的商務網站有：

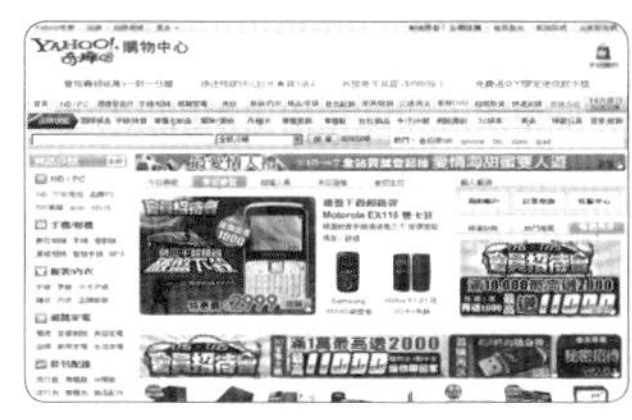

資料來源 多企業的綜合型商城
Yahoo 奇摩購物中心
http://buy.yahoo.com.tw/

資料來源 單一企業式的百貨型商城
大潤發網路購物網站
https://www.rt-drive.com.tw/

資料來源 單一線的垂直商城
台灣裝潢網
http://www.twdeco.com.tw/

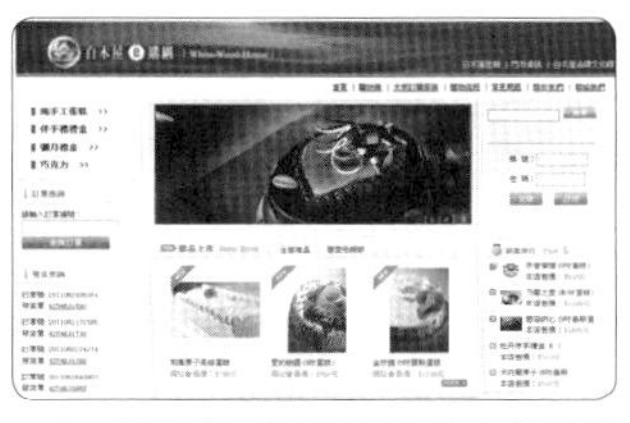

資料來源 單一品牌商城
白木屋 e 購網
http://www.wwhouseshop.com/

資料來源 服務型商城
79door 即決門
http://www.79-door.com/

資料來源 導購型商城
名品導購網
http://www.mpdaogou.com/

2.3 消費者對消費者

消費者對消費者間的電子商務，又稱為 C2C（Consumer To Consumer）。就像是網路上的跳蚤市場一樣，消費者藉由網路拍賣平台，將服務或產品賣給另一個消費者。由於在 C2C 當中，買賣雙方都是消費者，不見得有過人的資訊技術，因此提供平台的供應商就扮演了很重要的角色。

首先，C2C 的電子交易平台，必須是知名的、且受到買賣雙方的信任，才能在平台中進行交易，因此，平台的安全機制是十分重要的。另外，平台商還需要負起監督和管理的責任，對商家嚴格把關，以避免詐騙事件產生，並確認買家的權利。

而不管是商家或買家，資訊化的能力可能沒那麼好，因此為了讓一般普羅大眾也能使用，供應商還要能支援商家與賣家的技術服務，像是幫助商家成立店鋪、上架商品，幫助買家搜尋商品、進行比價…等，且隨著 C2C 的發展日趨成熟，還要能提供買賣雙方保險可靠的金流服務，所以說，平台供應商可說是決定了 C2C 商務前景發展的關鍵者。

以 C2C 的發展潛力來說，它最能表現網路的優勢，因為人數眾多、數量龐大，時間、地點不受限制的特點，使賣方能夠透過平台與合適的買家交易，這種情形在現實生活中幾乎是很少見的，而若是以操作面來說，C2C 商務模式具有以下四個優勢：

1. 可以為消費者帶來實質的優惠

在拍賣網站中，消費者可以有議價的能力，藉由消費者之間相互的競價，在價格上也可以很優惠、很有彈性，使消費者可以得到真正的實惠。

2. 可以吸引用戶駐足

由於拍賣網站時常有特惠、打折的產品出現，比起一般的電子商務平台來說，消費者常常可以在上面挖到寶，因此也多了一份樂趣，對消費者而言，上網尋寶也成了另一項休閒娛樂。

3. 大幅降低開店費用

在現實生活中，想要賣東西一定要有個攤位或店面，才能擺放商品供客人挑選，而開一家店所包含的成本包括：租金、水電費、庫存成本、人事成本、廣告宣傳費用等，但是網路拍賣平台卻可以讓賣家很輕鬆地開一家店，更不用耗費過多的成本。

4. 買賣雙方都可以設定交易的條件

過去只有消費者可以挑賣家，但賣家是無法挑選顧客的，但是在網路拍賣中，因為有了顧客滿意調查表、評論和留言版 ... 等機制，使得賣家也可以對買家進行評估，甚至設定「黑名單」的對象，以免碰到不肖買家。

圖 2-5 C2C 所面臨的問題

C2C 電子商務經營模式，雖說已廣泛運用在拍賣平台中，但仍有許多問題存在，影響消費者的購買意願。

法律制度不夠完善	交易過程風險高	支付方式仍有安全疑慮	仍侷限於某些特定族群的消費者
現階段的法律無法百分百保護消費者，致使發生問題時會無法可管	由於虛擬的特性，使得詐騙案件容易發生在 C2C 當中，消費者發生已付款卻無法收到商品的情形	大部分消費者仍會使用匯款、貨到付款或劃撥的方式，因此對於線上支付或信用卡支付方式，仍會有安全上的顧慮	受限於電腦能力，以及是否能接受線上交易的限制，消費群以勇於嘗試新事物的年輕族群為主

圖 2-6 C2C 平台供應商的獲利來源

C2C 在廣泛的應用之下，所產生的獲利是相當可觀，一般來說，獲利來源來自於以下幾個地方：

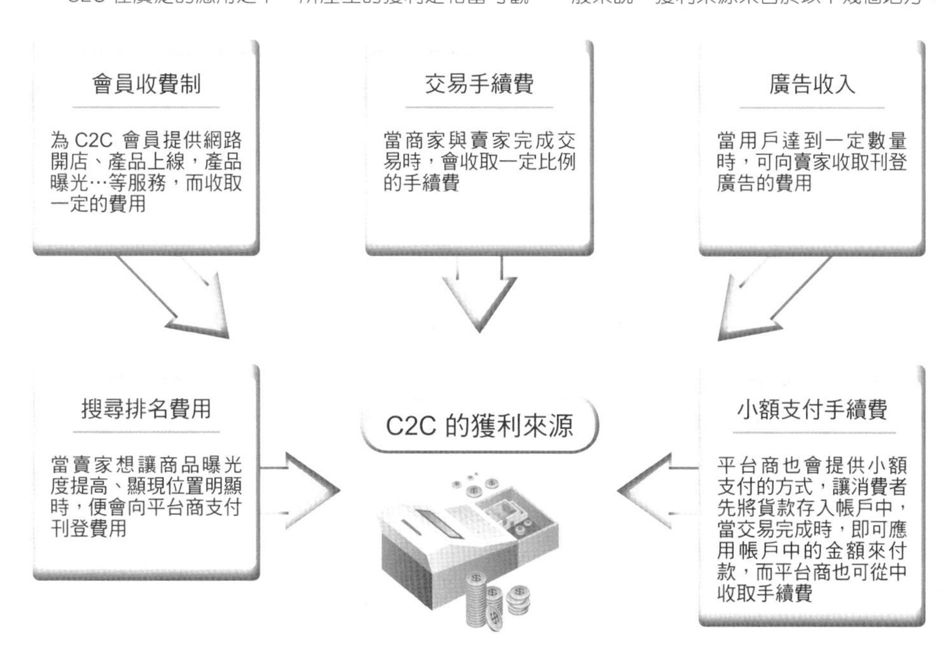

2.4 消費者對企業

消費者對企業的電子商務模式，又可以稱為 C2B（Customer To Business），是一種近幾年才崛起的創新模式，也就是將消費者聚集起來，在具有一定的規模後，與企業進行議價，從而得到最大優惠。與其他的商務模式不同，C2B 讓價格的主導權掌控在消費者身上，而不再由廠商完全主導。

C2B 被視為打破傳統的逆向商業模式，由消費者集結團體的力量，反過來與企業爭取優惠的價格，C2B 的出現，主要是因為網際網路的環境歷經了幾個大轉變，像是：

❶ 社區媒體的興起，使消費者在匯集人脈上更為迅速，只要有共同的興趣、議題，往往就能號召一大群人一起參與。

❷ 網路平台提供越來越便利的操作介面，消費者已毋須具備高深的技術，就能在平台上交流、販售、或集結成群。

C2B 最早是由美國帶動起來的，它是一項革命性的新嘗試，在過去認為當產品的需求量越高，價格彈性就越低，然而 C2B 打破這樣的觀念，只要透過社群聚集越多的消費者，手上所握有的籌碼就越多，所能與企業談判的空間也就越大，以量制價的結果，更能得到較多的利益。

C2B 也是一種把需求匯集起來，反過來要求企業的新模式，充分利用網際網路的特性，使原本分散各地的消費者或需求整合起來，憑藉著數量的優勢，爭取到最大的空間，得到以往只有批發商才能取得的價格，對企業來說，不但有助於節省成本，對消費者來說，更可以獲得較一般市面上便宜的價格，可說是雙贏的局面。

C2B 的電子商務模式在網路上逐漸普遍起來，像團購網也是採用此種形式，這種模式可以提高企業的知名度與銷售量，使中小企業得以獲得生機，也因為集結虛擬用戶，使市場產生無限大的可能，因此可以用以下兩種定律來解釋其價值性：

❶ 梅特卡夫定律（Metcalf's Law）：價值＝ nxn（網站參與成員 × 網站參與成員）。

網站的價值是參與成員數的平方，所加入的會員可以增加所有會員的價值，代表著在 C2B 的模式裡，每一位成員雖然單一的價值有限，但聚集起來後，就可以帶來巨大的力量。

❷ 報酬遞增定律（Law of Increasing Returns）：當產品、服務的使用單位越多時，每一單位的價值性和獲利度就越高。

網站的價值會隨著會員的增加而提升，而價值的提升又會吸引到更多的會員，表示在 C2B 商務模式中，當網站能夠凝聚人氣時，價值性就會增高，對企業所能爭取的利益空間也就越大，而當會員能得到更多優惠時，便會吸引其他的會員一同參與其中。

圖 2-7　C2B 電子商務模式的優勢

C2B 被視為一種逆向的商務模式，以消費權決定產品的內容和價格，並具有以下的優勢：

圖 2-8　C2B 典型商務網站

C2B 是消費者對企業的商務模式，典型的商務網站有：

資料來源　ihergo 愛合購 http://www.ihergo.com/

資料來源　紅人團 http://www.hongrentuan.com/changsha

資料來源　GROUPON http://www.groupon.com

案例分析與討論　亞瑪遜書店

亞瑪遜官網網址：www.amazon.com

個案背景

1995 年 7 月傑夫．貝佐斯（Jeff Bezos）在美國西雅圖的車庫中，創立全球第一家網路書店，歷經 7 年的虧損，2002 年底，已有來自全球 220 個國家 4000 萬網民在亞瑪遜購買商品，終於在 2002 年第 4 季的營業額 14.3 億美元，淨利潤 300 萬美元，開始轉虧為盈。從一開始只銷售書籍和光碟產品，之後擴展到消費電子和日常生活用品，2002 年所提供商品總數已超過 40 萬種，銷售額和利潤不斷快速增長。2010 年第 4 季的營業額 129.6 億美元，淨利潤 4.16 億美元，年增 36%（亞洲時報在線）。

▲ 資料來源：Amazon官網

簡易分析：亞瑪遜成功之道

積極全面推廣

大量購買關鍵字廣告

亞瑪遜選擇 GOOGLE 和 YAHOO 兩大搜尋引擎，全面置入關鍵字廣告。如：當 USER 在 GOOGLE 和 YAHOO 搜尋引擎輸入「美容」兩字進行搜尋時，網頁上就會出現一本亞瑪遜「美容」書籍的廣告連結。

價格戰

一般實體書店的退貨率高達 30% ～ 40%，而亞瑪遜的退貨率趨近 0%，所以各大出版社都願意以最低價格供貨給亞瑪遜，因此，亞瑪遜就可以比競爭對手再打更多折扣給消費者，最高多達 40% 的折扣。

顧客消費行為分析

使用者一進入亞瑪遜，「在線跟蹤技術」立即將使用者所瀏覽過的目錄、書籍、仔細瀏覽的類別、隨便點閱的類別、最後購買的書籍…等等行為軌跡進行追蹤和紀錄，亞瑪遜針對這些數據資料進行分析，再推薦相關書籍來滿足顧客的需求。

亞瑪遜聯盟

有特定主題的專業網站，都可以上網註冊成為亞瑪遜的事業伙伴。各主題的專業網站，可以依照自己網站的屬性、特色與主題，挑選適當的書籍廣告連結置入網站上，在站方努力撰寫書評和推薦之下，只要使用者透過該廣告連結，進入亞瑪遜成功完成交易，站方就可以獲得 15%左右的佣金。

▲ 資料來源：Amazon官網

以消費者為重

顧客在亞瑪遜購物可得到完全透明的線上服務，除了享有業界最快配送速度取得商品之外，還可清楚得知商品有無存貨，可選擇全部到書再寄送，或是有備貨先寄送，送出訂單後系統會發送確認訂購的電子郵件，消費者可得知哪些商品已寄出，哪些商品是在等候狀態，在何時可送達顧客的手中，甚至亞瑪遜還提出「一小時送貨」的計畫，這些都是為了滿足顧客的需求和產生好感而設計。

亞瑪遜服務策略

站內搜尋

亞瑪遜在全站上方都有設置搜尋引擎，使用者可以針對作者、書名、主題類別、出版社、ISBN 和關鍵字來進行搜尋，也提供如專家推薦、暢銷書目、賣座影片、得獎音樂…等的導航器，來引導使用者選購商品。

排除顧客使用障礙

針對亞瑪遜所提供給顧客的各種數位服務機制，亞瑪遜把常見的技術問題彙整，透過 FAQ 的網頁，提供給遇到問題的顧客，如遇到特殊問題，也會有專人協助顧客解決問題。

使用者回饋機制

顧客對亞瑪遜和商品有任何意見，都可以透過電子郵件來反應，亞瑪遜也常舉辦各種線上意見調查表的填寫活動，顧客填寫有效內容即可獲得小禮物，透過這種方式來鼓勵顧客回饋意見。

▲ 資料來源：Amazon官網

社群系統

亞瑪遜在網站上設置聊天室、線上訪談和讀者論壇等，顧客可以發布各種話題互動討論，透過讀者互動的話題、書評和推薦，來熱絡亞瑪遜與刺激消費。亞瑪遜也可透過讀者論壇來分析市場最新動向，用以更精準與即時來提供能滿足消費者需求的商品。

售後服務

台灣網路購物消費者有七天鑑賞期。顧客在亞瑪遜購物後，取得商品的「30 天」之內，都可以把完好無受損的書籍，或是未拆封的光碟辦理退貨，亞瑪遜會按原購買價退款，如果是亞瑪遜端的失誤，因而造成顧客要辦理退貨，亞瑪遜會按原購買價並包含運費一起退款給顧客。

商品齊全

亞瑪遜商品數量相當龐大，從一開始書籍和光碟兩大類，到目前有 14 項大類別 95 項小分類，商品總數高達上千萬種，而且還在迅速增加中。無論是商品的外觀、尺寸、頁數、裝訂方式、作者、出版者…等等都有詳細的說明，不同性質的商品，亞瑪遜還會設計不同的說明方式，讓顧客可以清楚得知商品完整的訊息，用以滿足在虛擬環境下的購物者，也能享有在實體店裡愉快的購物經驗。

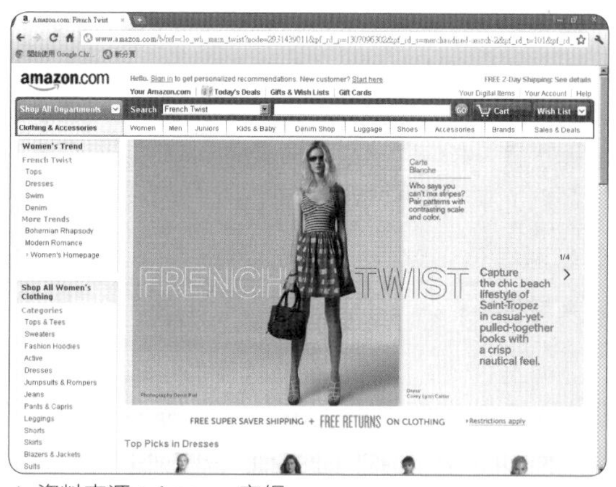

▲ 資料來源：Amazon官網

三方互動書評

亞瑪遜利用網路互動的特性，提供讓讀者可以相互交流讀書心得的空間，讓讀者、出版社和作者三方可以更進一步互動與瞭解。讀者可以推薦和評價書籍，作者可以說明本書精華、作者寫作的初衷、作者背景和軼事…等，出版社可以發表對作者評價、書的簡介、對書的評價…等，有此三方互動書評的相關資訊，讓顧客在購買前可以更深入瞭解該書是否能滿足自己所需，這也是亞瑪遜退貨率趨近於 0%的原因之一。

一對一銷售服務

亞瑪遜利用「在線跟蹤技術」和「篩選技術」，把用戶的購物習慣與喜好，和其他用戶的數據資料加以分析比較，用以分析出用戶再次到訪可能會選購的商品，再利用「匹配技術」分析用戶和商品之間的關聯性，用以提供最能滿足用戶需求的商品資訊。因此，當顧客再次登入亞瑪遜，或是進入個性化（Your Amazon.com）服務中，網頁上就會出現推薦給顧客建議購買的商品訊息。每當顧客選購新商品之後，系統就會依據上述分析流程，再給予顧客全新的建議與推薦，這種商品推薦的模式，造成亞瑪遜擁有超過 1/2 顧客願意再次到訪購買商品。

價格低廉

亞瑪遜商品價格普遍低於市價20%至40%，如消費者發現市價比亞瑪遜更低，亞瑪遜就會以該真實價格來計算，亞瑪遜的扣款方式是採用商品到顧客手中之後才進行扣款，所以信用卡不會有多收取費用的問題，除非顧客選擇先付款後取貨的支付方式，亞瑪遜也會把多收取費用退回給消費者。

▲ 資料來源：Amazon官網

亞瑪遜行銷策略

亞瑪遜每一美元的營收就會提出0.24美元來進行各種行銷活動，一般實體書店可能花費只願意花費0.04美元。

產品面

亞瑪遜產品有14項大類別，下有95項小分類，依照14項不同的大類別，每一類別都有設置專屬頁面，不同類別會有不同的行銷策略和促銷的方法，針對不同性質的產品，商品也有不同說明和展現的方式，在各類別下的頁面中，也會出現相關分類的商品訊息，以及顧客最近瀏覽過的商品記錄。

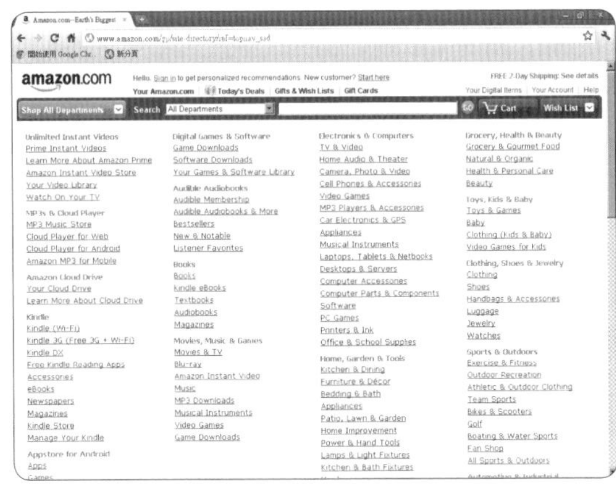

▲ 資料來源：Amazon官網

價格面

亞瑪遜採折扣戰的方式來籠絡網路消費者，各類商品給予20%至40%不等的超高折扣，雖然高折扣比會大量稀釋企業獲利率，但因每年全世界有220多個國家數千萬網族前來消費之下，薄利多銷的結果，反而創下舉世驚人的獲利率。

▲ 資料來源：BookSurge官網

促銷面

在亞瑪遜購書，雖無法有手裡捧著書和觸摸精美封面的感受，但卻有著精美的多媒體影像、詳細的商品說明和專業人士的書評…等等，讓消費者在虛擬書店也能感受到實體書店購物的樂趣。其次，亞瑪遜有著大量多媒體廣告，其中最大特色就是「動態即時性」，不但每天更換廣告版面，甚至於每小時都會有新的訊息。另外，亞瑪遜還設置「禮物＆願望清單」和「禮物卡」的服務，為各種年齡層準備了各式各樣高折扣比的禮物，用此策略來吸引顧客願意常駐在亞瑪遜購買商品。

▲ 資料來源：Amazon官網

亞瑪遜扭轉出版界

舊書冷門書再度復活

以往實體書店無法上架大量書籍，每當新書上架一段時間，如不熱賣就會下架，之後送回出版社的倉庫不見天日，當倉庫飽和之時，這些舊書就只能稱斤論兩以資源回收的方式低價清倉，最後流落到街頭的書報攤，以百元任選 4 本的方式賤價拋售。現今任何小型出版社只要加入亞瑪遜的「出版商的優勢計畫」，就可以將所出版過的每一本書上架到亞瑪遜上，讓各種舊書和冷門書都可以重現書市，再度行銷給每年來自 220 多個國家數千萬的消費者。

低迷書市重挫作家的生機

台灣在上一波經濟危機也嚴重波及出版業，店頭市場銷售量剩下以往的 10%，導致出版業者紛紛緊縮每次出版的印刷量，對小型出版社來說更不敢輕易出版書籍，大多改選擇少量印刷，雖可以降低風險，但每單位成本卻大幅度提高，多數出版業者選擇調降作者的版稅來因應，相對也影響到作家撰寫新書的意願。

在美國少量印製的商業模式，從 1999 年以來歷經多年市場嚴格的考驗之下，已經研究出就算印製單本書籍，也能產生獲利的方法，如：2002 年 Xerox 的即時圖書系統（book-in-time,BIT）可以只用 7 美元印製一本 300 頁的圖書，在當時市場上需一次印製 1000 份的規模，才能達到單本 7 美元的成本。這讓沒沒無名的創作者，只要透過少量印製的方式，一樣可以成為火紅的暢銷作家，例如：史密斯（Bryan Smith）是 AuthorHouse.com 數位印刷公司的作者，他的「靈魂行銷」（Spiritual Marketing）曾名列亞瑪遜暢銷書榜第三名（林怡君 自由時報）。

亞瑪遜在 2005 年併購了書濤（BookSurge.com），這是一家經營「量身印刷服務」（on-demand printing）的書籍印刷公司，接受極少量書籍印製的訂單，甚至只印一本也可。有不少作家是不想被出版公司綁約，在亞瑪遜的顧客中，也存在不少想出書的潛在作者，皆可透過書濤進行少量印製，再由亞瑪遜上架銷售，亞瑪遜此舉觸角延伸至了書籍印刷與出版的領域。

▲ 資料來源：BookSurge官網

Kindle 電子書閱覽器改變成本結構

2007 年亞瑪遜推出新一代 Kindle 電子書閱覽器，可由亞馬遜提供免費的無線寬頻連線下載，下載並免費閱讀第一章，再決定是否購買，付費之後，立即在手中 Kindle 上閱讀，一機在手數千本的書可以隨身攜帶，顧客可免除物流的等待過程，亞瑪遜可以節省龐大的物流成本，出版商可免除傳統印製和舊書庫存的成本。

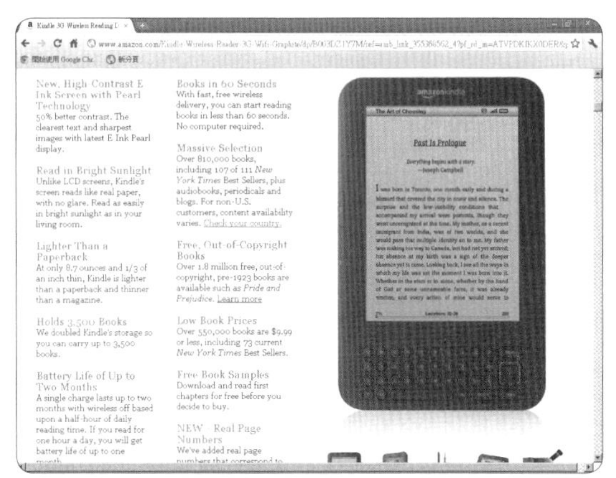

▲ 資料來源：Amazon官網

2009 年亞馬遜第二代 Kindle 上市不到 1 個月，宣布蘋果電腦的 iPhone 和 iPodtouch 用戶，只要在 iTunes Store 下載閱讀 Kindle 的免費應用軟體，就可以閱讀亞馬遜 Kindle Store 中收納超過 24 萬本的書籍，不論是當紅電影改編小說「暮光之城」，只要是院線電影的原著小說，都可以從亞馬遜下載閱讀（nownews 今日新聞網）。以歐普拉脫口秀節目中的暢銷書「The Story of Edgar Sawtelle」為例，Kindle 電子版銷售量已達該書整體業績的 20%。在 2011 年 Kindle Store 已經超過 81 萬種的圖書，目前還在不斷的增加當中。

問題討論

1. 在實體店購書可以隨手拿書翻閱，有舒服沙發可以坐下閱讀，有客服人員可幫您介紹書籍，甚至還有附設咖啡廳…等等，您覺得購物網該如何設計，可以滿足虛擬環境下的購物者，也能享有在實體店裡愉快的購物經驗？

2. 台灣也有實體書店拓展網路銷售，仿效亞瑪遜聯盟的模式，邀請專業社群網站加入該網路書店的商務服務，但每次導引的成功交易額，策略聯盟網站只能獲得 4-5%左右的佣金，您覺得能產生亞瑪遜聯盟的相對實質效應嗎？
3. Kindle 在美國電子書閱讀器市場市佔率高達 60%以上，顧客透過 Kindle 購書讓亞瑪遜節省龐大的物流成本，出版商可免除傳統印製和舊書庫存的成本，但顧客卻需自費 139 美元以上來購買 Kindle，您覺得合理嗎？
4. 亞瑪遜推行 Kindle 電子書閱讀器的策略，若直接移植套用在台灣博客來網路書店上，您覺得能一樣擄獲台灣人的青睞嗎？
5. 台灣電子書商該採何種網路行銷的策略來拓展市場？而最佳商業模式為何，請提出您的看法？

參考資料

1. 亞瑪遜書店，網址：http://www.amazon.com。
2. 亞洲時報在線，網址：http://www.atchinese.com。
3. nownews 今日新聞網，網址：http://www.nownews.com。
4. 自由時報，網址：http://www.libertytimes.com.tw。

實戰案例問題　打造虛擬與實體整合的二手書店

個案背景

蔡先生是新北市一家二手書店的老闆，10 年前被老闆無預警裁員後，跟家人借了 50 萬元，承租 15 坪店面著手經營二手書店，該二手書店初期以漫畫書籍和雜誌為主，兼做漫畫和雜誌的出租項目，幾年下來二手書籍越收越多，10 年來更換過 3 次營業地點，都是因為店面太小無法再上架新收入的二手書，不得不更換更大的門市。

蔡先生經營二手書店的方式，有別其他同行的業者：他會將收進來的書籍，裁切掉受到污損的側邊，在書封面上下再各加一層印有商店 LOGO 的厚書皮，重新裝訂與包裝，讓整個商品看起來像是新品。所有書籍全面上架，不會堆積在店面的任一角落裡。為了增加門市的實質營收，店裡還放了 2、3 個沙發和小桌子，讓顧客也可以選擇在店裡付費閱讀。

在 2008 年以後因經濟不景氣的因素下，買二手書和租書的人變多，蔡先生決定加碼趁勢擴大營業，於是承租了 100 坪的店面，目前總庫藏超過 10 萬冊的二手書籍，新店面的服務項目除了原有二手書買賣業務之外，蔡先生擴大在店內租書閱讀的服務，設計有 30 坪舒適的閱讀空間，還提供各種飲品、蛋糕與免費無線上網的服務。

蔡先生為了吸引消費者到訪，會在店裡中間最醒目的地方，進行各種展示、演講、讀書會和特價促銷活動。每當大賣場和百貨業者進行季節性的促銷活動，他也會在店裡舉辦類似的活動。每當娛樂性節目或網路上有何種新話題，或是有何最新流行的事物，或是配合附近社區的需求和活動的主題，他都主動彙集店裡相關性質的書籍放置該區進行各種行銷活動，幾乎每個月都舉辦 1、2 種行銷活動。

蔡先生某天看到博客來網路書店的成功案例報告，因此，也想建立二手書的商務網站來擴大營業範圍，不要只侷限在這家新北市門市的區域範圍裡，更要讓虛擬的二手書商務網站與實體二手書的門市整合，一舉將二手書商務推向加倍的「綜效」效應。

問題討論

1. 蔡先生希望未來所建立的二手書商務網站，不要只有單向賣書給消費者，也能向消費者廉價收購二手好書，試問該商務網站如何設計可以達成此雙贏的策略？
2. 蔡先生是自營二手書商務網站，還是將商品上架到台灣三大拍賣網站即可，無須再耗費鉅資建置二手書商務網站？
3. 您覺得蔡先生所建立的二手書商務網站，只要專營二手書買賣業務就好，還是需要再增加多元化的營業項目與商品？
4. 現今 iPAD 與平版電腦大行其道，蔡先生的二手書商務網站，該不該增加新手作家創作平台，拓展電子書的商務服務項目？

5. 蔡先生所經營的二手書門市，有提供 30 坪舒適的閱讀空間和其他服務項目，有何網路行銷策略可以從二手書商務網站上，導流網路人潮到門市來消費？

6. 您覺得蔡先生所建立的二手書商務網站，該如何規畫與經營社群媒體，才能有效提高網站流量，並轉化成實質消費力？

重點整理

企業對企業的經營模式，是企業與企業之間，藉由網際網路來進行商品、訊息或服務的交易活動。企業對消費者的電子商務模式，是指企業藉由網際網路，成立一個購物平台，讓消費者可以在上面購買商品、支付金額。消費者對消費者間的電子商務，是消費者藉由網路拍賣平台，將服務或產品賣給另一個消費者。消費者對企業的電子商務模式，是將消費者聚集起來，在具有一定的規模後，與企業進行議價，從而得到最大優惠。

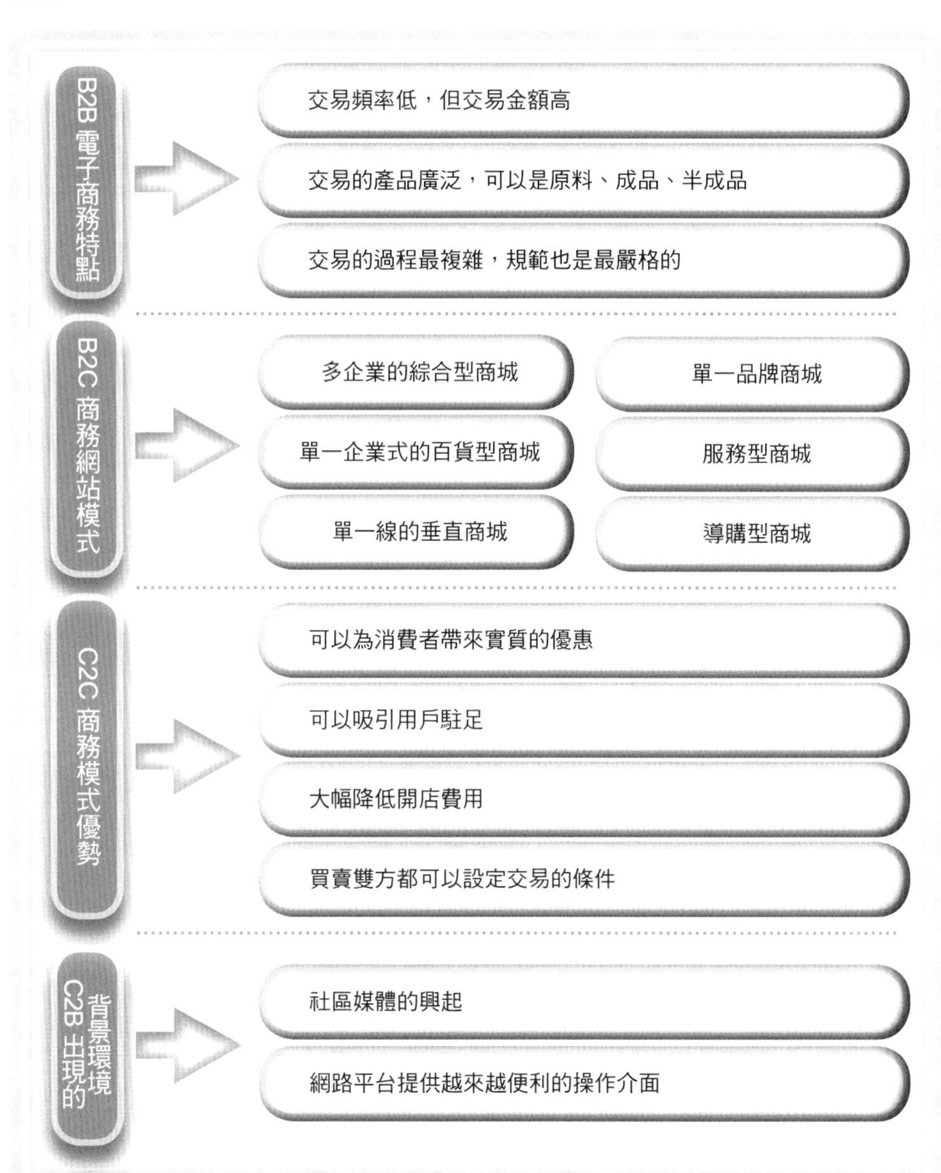

1. 請問 B2B 電子商務可以分為哪兩種交易形式？
2. 請問若是以線上交易市場來區分的話，B2B 也可以分為哪兩種模式？
3. 請問 B2C 電子商務網站可以分為為幾種網站模式？
4. 請問 C2C 商務模式具有哪四個優勢？
5. 請問 C2B 的電子商務模式可以用哪兩種定律來解釋其價值性？

C H A P T E R

03 電子商務的構面及架構

在2000年以前，電子商務的構面主要是聚焦在商流、金流、物流三大方面，到了2002年時，設計流、資訊流、服務流也逐漸受到重視，2004年後，加入了人才流，於是電子商務七大構面儼然成型。

而關於電子商務的架構，國內外學者均從不同的觀點出發而提出不同的架構，像是從功能面、產業面、服務面、應用面等各個角度切入，所產生的架構就有著很大的差異性存在，但總括來說，不論架構是哪一種，都是構成電子商務的重要層面。

3.1 電子商務的七大構面

3.2 電子商務的架構

案例分析與討論 GODIVA Chocolatier

實戰案例問題 傳產礦石工廠的下一步

3.1 電子商務的七大構面

在 2000 年以前，電子商務的構面主要是聚焦在商流、金流、物流三大方面，許多企業認為，誰能掌握這三大構面，誰就能成為最大的贏家，之所以會有這種觀念產生，主要是因為以下三個原因：

❶ 要經營電子商務，數位內容是不可或缺的來源，不管是商品資訊或相關知識，誰擁有內容，誰就能創造更高的收益。

❷ 電子商務以營利為目的，若沒有辦法收到款項，等於是白費功夫，因此要掌握住金流，確認各功能的安全性與便利性無誤之後，就能從消費者或企業手中獲取利潤。

❸ 除了數位化的商品可以讓消費者從網路上直接下載以外，大多數的商品還是需要配送到顧客手中，所以企業要在最短的時間內，將商品完整無誤地送到顧客手中，如果物流擁有快速、便捷、服務完善、綿密的配送點等優勢，相對就能提高經濟利益。

只是隨著電子商務的進步與發展，消費著的需求也隨之增高，擁有商流、金流、物流也不能保證就可以創造高額的獲利，因此到了 2002 年時，設計流、資訊流、服務流也逐漸受到重視，但無論哪一個構面，都需要有專業人才來維持，所以在 2004 年後，企業也開始思考電子商務專業性人才的重要性，加入了人才流，使得電子商務逐漸完整起來，成為現在的七大構面：

商流構面

在電子商務網站中，企業或消費者透過網際網路，尋找產品相關訊息、議價、訂購、下單，而電子商務網站接受訂單的過程，稱之為商流。在消費者的購買和賣家的銷售之間，產品的所有權有了轉移，商品從供應方轉向了需求方，廣義的商流層面包括資訊的轉移和實體物品的轉移，例如向咖啡網站購買咖啡豆，會查詢有關咖啡豆的知識，並向網站下單購買，即包含了商流的過程。

而應用於電子商務的後端管理功能中，則包括了商品的內容管理、賣場管理、進貨庫存管理、銷售管理…等。

有了商流之後，便會產生物流，商流是物流的上游端，當商流越蓬勃時，物流也會隨之發達起來，物流需要依賴商流的帶動，而商流的實現則需要依靠物流，兩者相輔相成。

圖 3-1 電子商務七大構面

隨著電子商務的發展與網路經濟的變化，電子商務的構面從早期的商流、物流、金流，結合後來加入的四大構面，形成現在的電子商務七大構面：

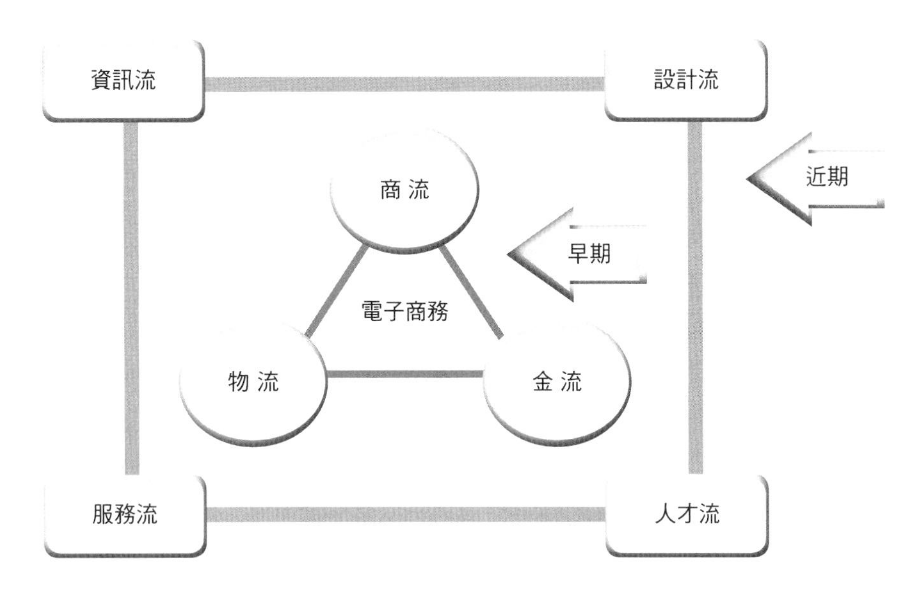

圖 3-2 商流應用於電子商務的後端管理

應用商流的電子商務後端管理系統包括：商品管理、訂單管理、文章管理等。

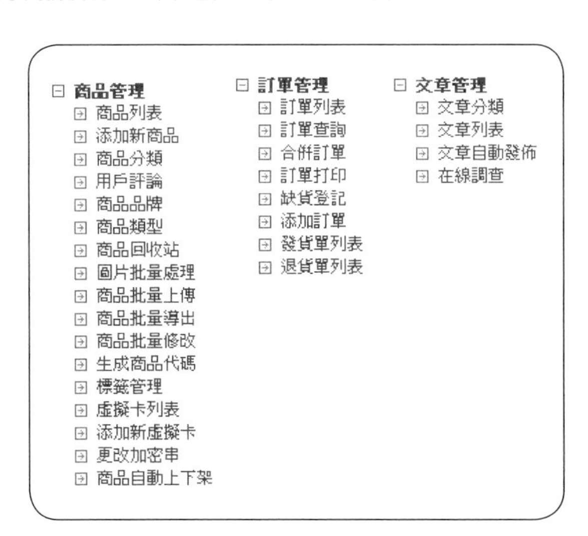

物流構面

電子商務的物流與實體上物流相似，但著重在廠商將產品送至消費者手上這一段。因為，當消費者透過網路在網站上直接下單，除了非實體商品（如軟體等）外，廠商將實體產品送給消費者的過程，必須透過物流系統運送。

然而在電子商務中，比較特別的是，產品還包括了有形的實體，如：蛋糕、鮮花，以及無形的數位化產品，如：MP3、軟體工具…等。在實體物流方面，與傳統物流無異，不管是企業對企業的大批貨物運送，或是賣家對消費者的零售商品配送，物流過程都將產品安全無誤地送達至消費者手中，但若是數位化產品，則需要注意消費者在下載產品的過程中，是否會因斷線、傳送速度過慢而影響了產品的接收。

金流構面

金流是指在產品所有權的轉移過程中，買方和賣方所發生的資金往來，賣方可以在網路上建立安全的付款機制，如信用卡、電子錢包等，或是結合實體的付款方式，如銀行匯款、劃撥、支票、現金、超商代收或貨到付款…等，向消費者收取產品款項。

而對消費者來說，方便又安全的付款方式變成了首選，因為若是付款機制不夠安全完善，那麼所輸入的資料，就有可能遭受到駭客入侵、盜用或轉賣，使消費者受到諾大的損失。在這種情況下，除非是信用可靠的大型購物網站，會讓消費者安心於購買後直接刷卡，否則許多消費者還是寧願選擇匯款、轉帳、或代收的方式來支付。

資訊流構面

資訊流是指企業和企業、企業和消費者、或是消費者和消費者之間的資訊流通，它也是整個網站的架構。可以讓客戶快速找到所需要的商品，有良好的線上購物環境、吸引人的促銷活動、完善的服務管道、詳細的產品介紹，因而以廣義的定義來說，資訊流也是買方和賣方以各種方式實現資訊的交流，包括面對面的交流、和採用各項現代化技術都是，其過程則涵蓋了資訊的收集、傳遞、處理、搜尋、分析與諮詢等。

評價電子商務的成功與否，其中一個方式是看其資訊流的品質、速度和覆蓋度是否完善，賣家不能僅僅只是提供商品上架的資訊，還必須提供具有更高價值的相關商品情報、使用方式、市場動態或趨勢…等內容，以及具有高度互動功能的社群機制，才能提供給買家更貼心的購物服務。

圖 3-3 物流應用於電子商務的後端管理

電子商務網站可以提供各種不同的配送方式，供消費者選擇，以求將產品安全無誤地送達至消費者手中。

上門取貨	買家自己到商家指定地點取貨
中華郵政貨到付款	全館購滿1500元以上免運費！貨到付款！每週三統一送貨！未達1500元者，需自付運費130元。
EMS國內郵政特快專遞	EMS國內郵政特快專遞描述內容
市內快遞	固定運費的配送方式內容
運費到付	所購商品到達即付運費
郵政快遞包裹	郵政快遞包裹的描述內容。
郵局平郵	郵局平郵的描述內容。
郵政掛號印刷品	郵政掛號印刷品的描述內容。
順豐速運	江、浙、滬地區首重15元/KG，續重2元/KG，其餘城市首重20元/KG
申通快遞	江、浙、滬地區首重爲15元/KG，其他地區18元/KG，續重均爲5-6元/KG，雲南地區爲8元
圓通速遞	上海圓通物流（速遞）有限公司經過多年的網絡快速發展，在中國速遞行業中一直處於領先地位。爲了能更好的發展國際快件市場，加快與國際市場的接軌，強化圓通的整體實力，圓通已在東南亞、歐美、中東、北美洲、非洲等許多城市運作國際快件業務
中通速遞	中通快遞的相關說明。保價費按照申報價值的2%交納，但是，保價費不低於100元，保價金額不得高於10000元，保價金額超過10000元的，超過的部分無效

圖 3-4 金流應用於電子商務的後端管理

不管是建立線上付款機制，或結合實體的付款方式，消費者最關心的還是安全性問題。

支付寶	支付寶網站(www.alipay.com)是國內先進的網上支付平臺。。 ECShop聯合支付寶推出優惠套餐：無預付/年費，單筆費率1.5%，無流量限制。 立即在線申請
餘額支付	使用帳戶餘額支付。只有會員才能使用，通過設置信用額度，可以透支。
中華郵政貨到付款	採用中華郵政貨到付款，免收手續費！
首信易支付	首信易支付作爲具有國家資質認證、政府投資背景的中立第三方網上支付平台擁有雄厚的實力和卓越的信譽。同時，它也是國內唯一首家通過 ISO 9001：2000質量管理體系認證的支付平台。規範的流程及優異的服務品質爲首信易支付於2005 和2006年連續兩年贏得「電子支付用戶信任獎」和2006年度「B2B支付創新獎」殊榮奠定了堅實的基礎。**點擊這裡立即註冊首信易**
網銀在線	網銀在線與中國工商銀行、招商銀行、中國建設銀行、農業銀行、民生銀行等數十家金融機構達成協議。全面支持全國19家銀行的信用卡及借記卡實現網上支付。（網址：http://www.chinabank.com.cn）
雲網支付	作爲國內B2C電子商務網站中最早、最專業、最具規模的公司之一，雲網目前擁有國內極其完善的銀行卡在線實時支付平台和5年的數字商品電子商務運營經驗。
貨到付款	開通城市：××× 貨到付款區域：×××
易捷IPS	IPS易捷支付系統爲中小型電子商務網站提供簡單的、便捷的、安全的、自助一站式的支付服務。IPS易捷支付的優勢不僅提供免年費、1%手續費、支持22家銀行的支付平台，它更是一種服務用戶的創新方法。這是IPS爲中小型電

圖 3-5 資訊流應用於電子商務的網站前台設計

規劃並設計一個好的資訊流，在網站前台方面，可以安排商品資訊內容、促銷活動與線上互動機制。

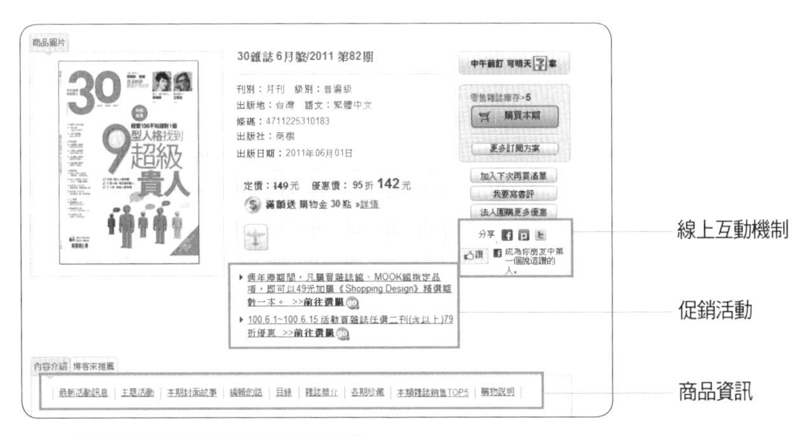

博客來，http://www.books.com.tw/

服務流構面

服務流是指企業為了提高顧客的滿意度，而將分散、斷續的服務連接在一起，變成一個像蜘蛛網絡般連續性的服務系統設計與活動，這其中也包括了企業與企業、企業與顧客、企業與員工之間的交流與協調這幾個部分。

像是消費者至網路書店買書，可以藉由搜尋功能很快的找到所需要的書籍，同時在頁面中也有相關的推薦書籍，以及其他購買此書的讀後心得、和與之相關的讀書會網站的訊息…等，而當消費者結帳後，可以選擇適合自己的付款方式與配送方式，網路書店業者員工也會以最快的處理速度，配合物流系統，將書籍送到消費者手中，這就是結合多項服務所產生的一個連續性服務流。

設計流構面

設計流可以從企業的內、外部來著手，在內部方面，是指電子商務網站的頁面配置、規劃設計，著重於滿足消費者的需求、畫面氣氛、順應季節變換、掌握流行趨勢、加入貼心設計、並具有彈性等幾項原則，使消費者處於一個舒適、便利、愉悅的購物網站中。而對外部分則是指企業的協同商務合作方面，在協同設計的模式之下，需求可以更精確的被估算，無論從最前端的設計、發想、評估、或是末端的通路、物流設計，都有上、下、中游人員一同提供更吸引消費者的設計與技術。

另外，藉由協同商務設計平台，運用視訊會議、專案管理、知識管理的功能，把分散各地的團隊成員組織起來，使得企業與合作的廠商可以在線上直接進行設計、修改、與同步溝通，讓開發時程大為縮短，而若是將顧客端也一同納入平台中的話，也能夠依照顧客的需求進行修改調整，使之更貼近消費者的需求。

人才流構面

人才流是指展開電子商務的各項業務中，不管是商流、物流、金流、資訊流、設計流、服務流，每一項業務都要有優秀且經驗豐富的人才加入。而這些人才必須要具備高度的專業知識與技能，才足以滿足各項業務的需求。在政府單位，如：經濟部商業司、經濟部中小企業處、或是民間團體，如大學推廣教育處、電腦補習班…等，經常會有電子商務才人培訓課程的舉辦，就是為了培育足以應付電子商務各項業務需求的人才。

而對企業內部來說，為了讓人才管理更加順暢與具備效率，應該強調資訊科技應用於徵、選、育、用、留當中，也就是招募人才、甄選人才、培育人才、任用人才、留住人才都要資訊化與網路化，那麼整體人才的質和量才會有所提升。

圖 3-6　服務流應用於電子商務的網站前台設計

服務流運用在前台方面，可以有相關推薦書籍、活動訊息、相關網站訊息…等。

資料來源　博客來，http://www.books.com.tw/

圖 3-7　協同設計平臺加速設計流的開發與修改時程

協同商務設計平臺可以讓企業與廠商、消費者在線上直接進行設計、修改與溝通。

資料來源　榮剛材料科技股份有限公司協同設計平台
http://www.gmtc.com.tw/com_emx_login.htm

資料來源　中化化肥有限公司協同辦公平台
http://oa.sinofert.com/c6/jhsoft.web.login/PassWord.aspx

圖 3-8　人才流：電子商務培訓課程

透過電子商務才人培訓課程，培育專業人才，以滿足電子商務各個業務所需。

資料來源　104 教育資訊網
http://www.104learn.com.tw/

3.2 電子商務的架構

關於電子商務的架構，國內外學者均從不同的觀點出發而提出不同的架構，像是從功能面、產業面、服務面、應用面等各個角度切入，所產生的架構就有著很大的差異性存在，但總括來說，不論架構是哪一種，都是構成電子商務的重要層面。

茲瓦斯（Zwass）的階層式電子商務架構

茲瓦斯（Zwass）於 1996 年時，提出「階層式電子商務架構」，說明電子商務的架構應該包括三個層面、七個層級（如圖 3-9 所示）：

1. 網路通訊基礎建設（Infrastructure）

基礎建設是電子商務的根基，是為了讓所有的運作能夠順利而存在的，包括軟硬體建設、通訊設施、網路通訊協定、多媒體物件管理、資料庫…等。在這個層面中，又可以分為三個層級：

❶ 廣域通訊基礎架構：這裡是指利用通訊媒介而連結成的全球性網路，如寬頻網路、ADSL、光纖、Wireless。

❷ 公眾及私人通訊設施：這裡是指個別的網路用戶，透過網際網路的技術，得以和其的用戶連線。

❸ 超媒體／多媒體物件管理：這裡則是指網頁語言、多媒體技術、資料庫的運用。

2. 共同服務（Services）

提供電子商務所需的服務，包括訊息的搜尋與傳遞、溝通、交易、電子認證、付款、安全性傳輸等，只要是電子商務所創造的產品，或是市場機制所搭配的周邊都是共同服務的範圍。這個層面包含了兩個層級：

❶ 安全傳訊：這裡是指在交易的過程中所應包含的安全性，像是資料的隱密性、資訊的完整度、身份認證等。

❷ 強化服務：這個層級則是指提供給用戶的便利性，以及讓用戶可以快速找到產品所需具備的功能。

圖 3-9 茲瓦斯（Zwass）電子商務架構

1996 年，茲瓦斯（Zwass）提出「階層式電子商務架構」，其中包括了三個層面、七個層級：

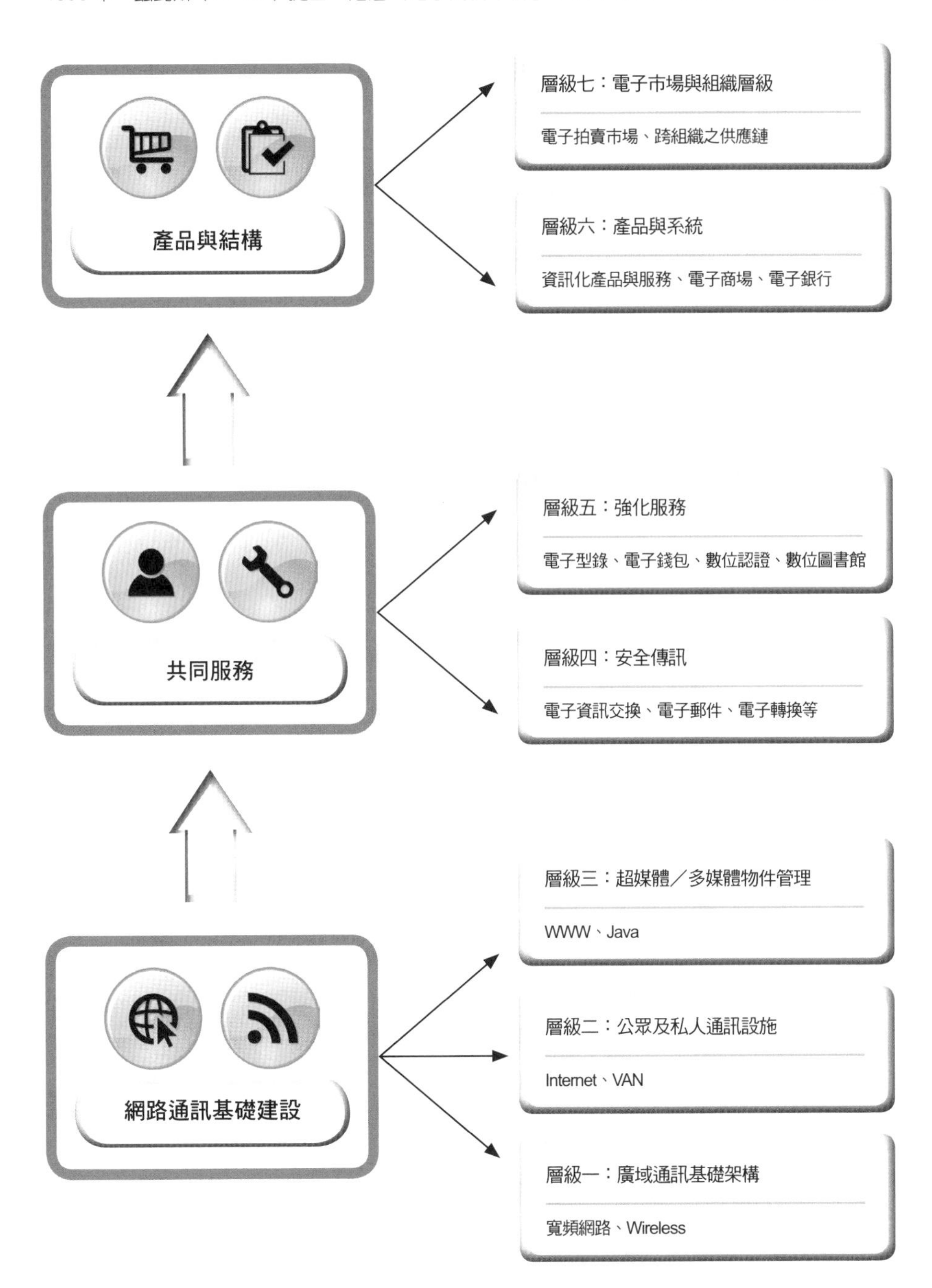

3. 產品與結構（Products and Structures）

是指提供給企業與消費者進行交易時的產品或服務，像是線上採購、客戶服務、交易機制等，只要是直接針對消費者與企業在商業上的往來、企業組織內部資訊上的共享與合作、以及電子市場、跨組織的供應鏈，都是屬於這個層面。在這個層面中，則包含了兩個層級：

❶ 產品與系統：這裡是指企業對顧客的所提供的功能，像是電子銀行、網路廣告、隨選視訊…等，都是以顧客為導向。

❷ 電子市場與組織層級：此層級主要是為了促進企業與企業間的交易，如電子市集、電子拍賣市場就是企業藉由網路而進行多對多的買賣。

卡納科特（Kalakota）和溫斯頓（Whinston）的電子商務架構

另一方面，卡納科特（Kalakota）和溫斯頓（Whinston）也於 1996 年時，提出了電子商務的一般性架構，從產業結構的觀點出發，以四大基礎建設、兩大重要支柱為基礎，在此架構之上，電子商務各類型的應用，如網路銀行、隨選視訊、網路行銷、網路廣告…等，才得以建立得起來。

1. 四大基礎建設

(1) 一般性商業服務基礎建設（Common Business Services Infrastructure）

主要是為了提供用戶或企業方便性的商業服務，讓彼此的交易買賣更加順暢，舉凡電子支付工具（電子信用卡、電子錢包、電子支票、電子現金…等）、商品分類目錄（Directories/Catalogs）、商品型錄、價目表、安全認證技術（Security）、驗證服務（Authentication）、數位簽章、安全防護系統、交易管理、資源搜尋服務…等都是。

(2) 訊息與資訊分配基礎建設（Messaging and information Distribution Infrastructure）

在這裡主要是支援電子商務所有資訊的傳送與接收，由於在電子商務中，可能包含文字、聲音、圖片、影像、動畫、影片…等各式各樣的資訊，那麼就必須要有媒介負責中間的傳遞工作，所傳輸的內容可以使用非格式化的技術，如 EMAIL、線上傳真，或者，它也可以是格式化的技術，像是 EDI（電子資料交換），如訂單、發票在傳送與處理的過程中可以完全自動化，不需透過人為的操作。

圖 3-10　卡納科特（Kalakota）和溫斯頓（Whinston）的電子商務架構

在電子商務的一般性架構中，以四大基礎建設、兩大重要支柱為基礎，電子商務各類型的應用得以發展。

電子商務應用

- 供應鏈管理
- 網路銀行服務
- 網路行銷及廣告
- 商業買賣
- 隨選視訊

公共政策

法令規章、隱私權問題、安全管制

一般性商業服務基礎建設
（安全認證、電子支付、電子型錄）

訊息與資訊分配基礎建設
（電子資料交換、E-mail、HTTP）

多媒體內容與網路出版基礎建設
（HTML、JAVA 、XML、WWW）

資訊網路媒介基礎設施
（ADSL、有線電視、無線網路、光纖）

技術標準

電子文件、安全及網路協定、多媒體網路協定的技術標準

(3) 多媒體內容與網路出版基礎建設（Multimedia Content and Network Publishing Infrastructure）

在這層級中，主要是提供多媒體內容的製作，目前應用的最廣泛的訊息形式，是以 HTML 或 JAVA 之類的程式語言，將文本、聲音、影像 ... 等結合在一起的內容，發布在全球資訊網中，將這些多媒體的內容，以極具創意與美觀的方式表現出來。只要擁有編寫程式語言的技術，不管企業的規模是大是小，甚至是個人用戶，都可以在低投資的情況下，建立電子商務網站。

(4) 資訊網路媒介基礎設施 (Network Infrastructure)

這個層級是電子商務罪基礎的建設，就像一個城市中的道路一樣，藉由道路的相互連結，才能將各個地點串連起來，而網路基礎建設也是一樣，不論是透過光纖、有線電視寬頻、ADSL 或無線網路，有了這些網路的供應者，建設實體設備與維護，架構種種的設施，才能將世界各地的電腦與全球資訊網連結在一起。

2. 兩大重要支柱

(1) 公共政策、法律及隱私問題（Public Policy、Legal and Privacy Issues）

電子商務不僅僅是經濟活動的進行，還需要藉由政府擬定公共政策、法律、和隱私權的制訂，才能在這些規範之下建立安穩的秩序，並獲得良好的成長。

(2) 文件、安全、網路協定之技術標準（Technical Standards for Documents、Security and Network Protocols）

在網路通訊協定、與電子文件標準、或其他相關技術，如 SET、SSL、RTP 等多媒體網路通訊協定的統一性之下，資訊在網路間的流通有了相容性，彼此更暢行無阻。

在這些層級與支柱的支援之下，電子商務的應用才得以成立，也才能提供各種不同的服務，如：電子採購、供應鏈的管理、遠端金融服務、居家購物、商業買賣 ... 等。

3. CommerceNet 的商務網路跨產業電子商務架構

Commerce Net 的董事長兼創辦人特南鮑姆（Jay M. Tenenbaum）於 1997 年時提出「商務網路跨產業電子商務架構」，把電子商務的生態分為四個層次（如圖 3-11）：

❶ 網際網路市場服務（I-market services）：像是房屋仲介、證券交易、垂直供應鏈等。

圖 3-11 CommerceNet 的商務網路跨產業電子商務架構

特南鮑姆（Jay M. Tenenbaum）將電子商務架構分為四個層次。

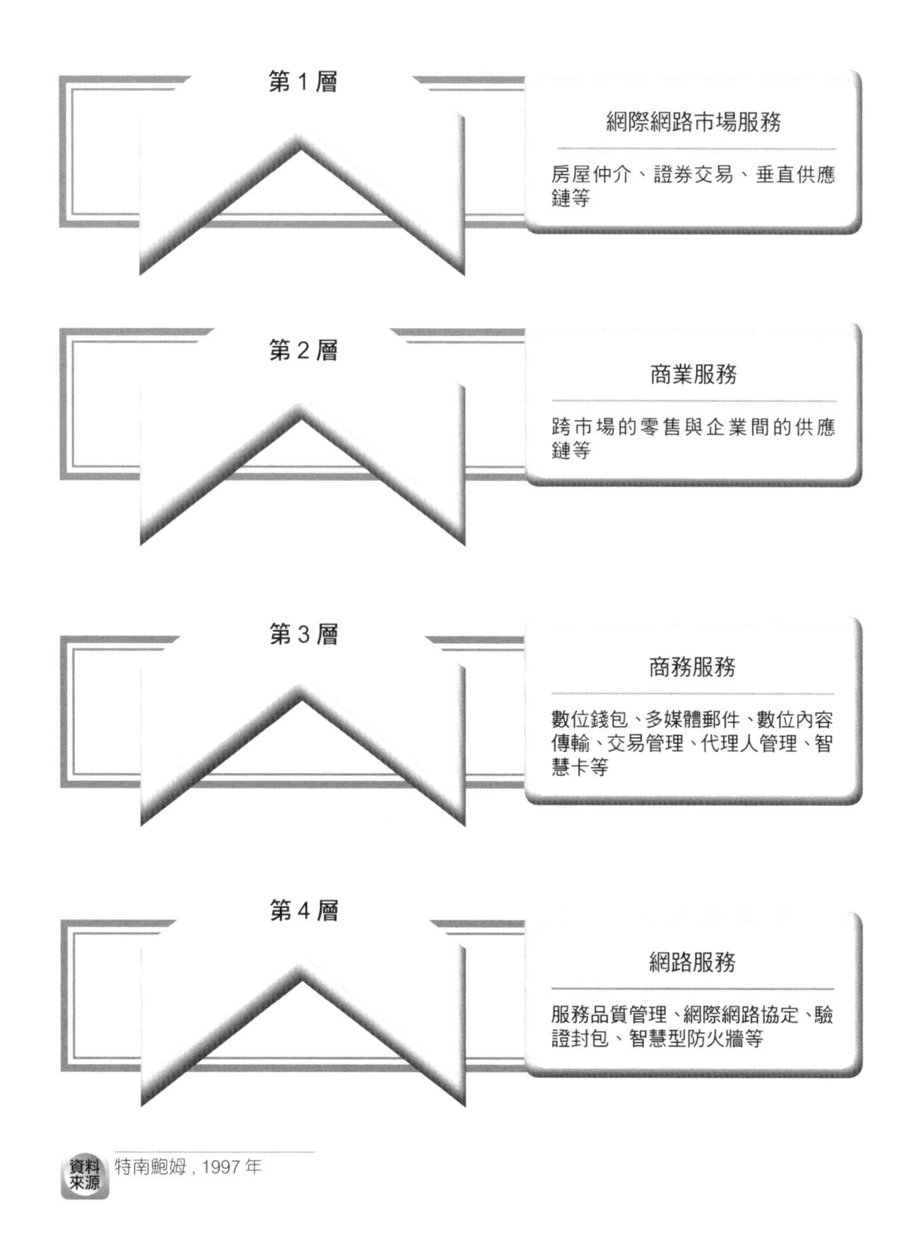

資料來源 特南鮑姆，1997 年

❷ 商業服務（Business services）：像是跨市場的零售與企業間的供應鏈等。

❸ 商務服務（Commerce services）：像是數位錢包、多媒體郵件、數位內容傳輸、交易管理、代理人管理、智慧卡…等。

❹ 網路服務（Network services）：像是服務品質管理、網際網路協定、驗證封包、智慧型防火牆…等。

4. 特班（Turban）的電子商務架構

特班（Turban）、金（King）等學者，在 2000 年時，以管理的觀點為基礎，說明電子商務的架構是以基礎建設為底，以及五個領域來支持電子商務的應用：

基礎建設包含電子商務運行時所需要的軟體、硬體、網路系統等，其中可分為普通商務服務基礎建設、訊息發布基礎建設、多媒體與網路出版基礎建設、網路基礎建設、接口基礎建設。

另外，五個領域分別為：

❶ 人：包括買方、賣方、員工、服務商、系統商、管理員…等，只要是所有電子商務的參與者，都是這個領域中的一份子。

❷ 公共政策：包含法律、規章、隱私權政策、稅務政策、或政府與相關機構所制訂的技術標準等。

❸ 市場行銷與廣告：電子商務也需要廣告、行銷、宣傳來支持，包括市場調查、促銷、活動、公關…等。

❹ 支持服務：不管是建置內容，或是付款、配送，電子商務需要物流、金流、內容、安全系統等各方面的支持。

❺ 業務伙伴：各種類型的合作計畫經常在電子商務中出現，像是企業與供應商間的合作、企業與投資商之間的合作等。

圖 3-12 特班（Turban）的電子商務架構

特班（Turban）所提出的電子商務架構，是以基礎建設為最底層，並由五大領域共同來支持電子商務的應用。

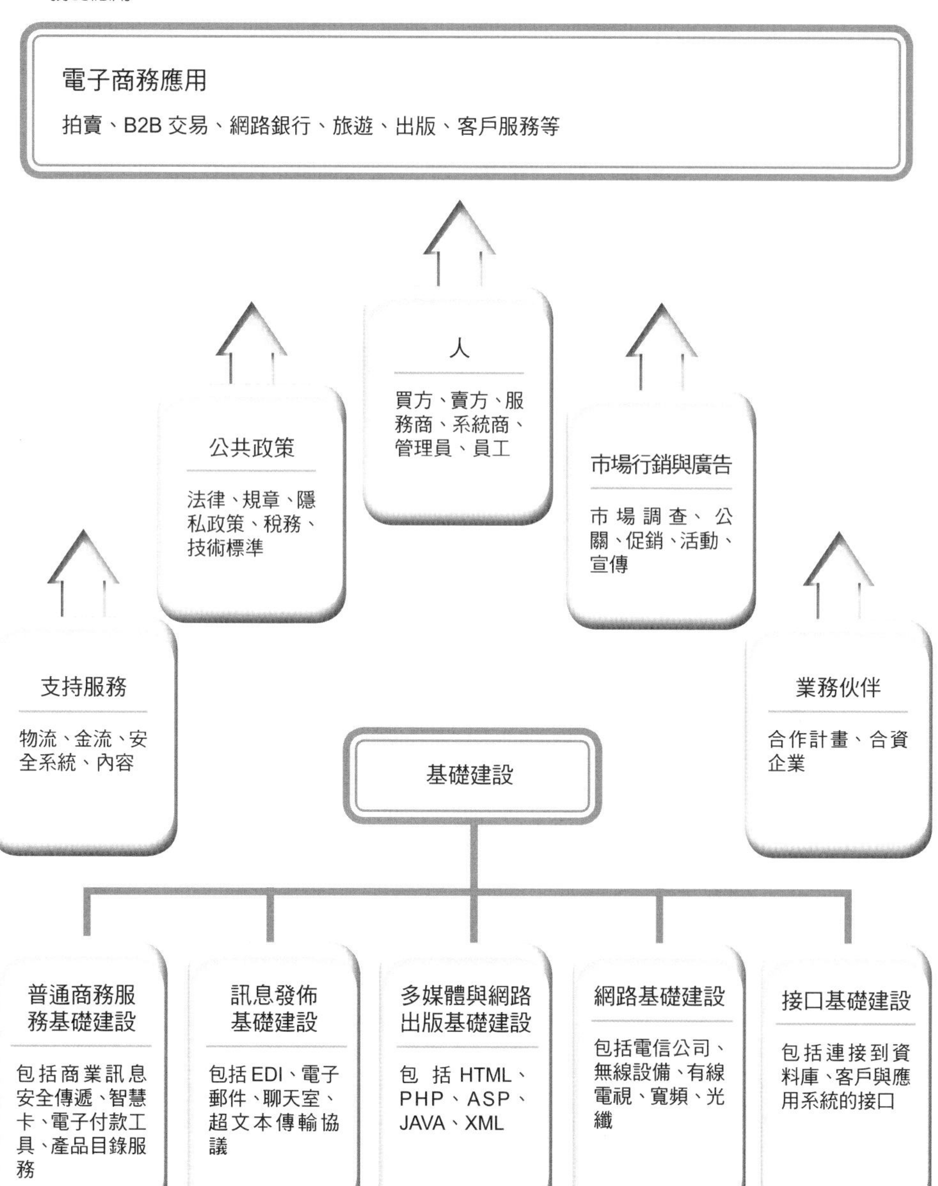

資料來源 特班,2000 年

GODIVA Chocolatier

GODIVA Chocolatier 官網網址：http://www.Godiva.com/welcome.aspx

個案背景

1926 年，比利時布魯塞爾巧克力大師 Drap，辭職後，在家中的地下室開設自己的巧克力公司。Joseph、Pierre、Francoise 和 Yvonne 四位小孩，全家一同協助製造、完成、包裝和運送巧克力。

▲ 資料來源：GODIVA Chocolatier官網

現今許多深受歡迎的口味和珍貴的傳統，都是源自 Draps 家族的創作。Pierre 和 Joseph Draps 創作前所未有的果仁巧克力來標記布魯塞爾和全世界的重大事件。Pierre 為比利時國王 Baudewijn（博杜安一世）和他的新娘 Fabiola（法比奧拉）女王創制了 Fabiola（牛奶巧克力醬）。受女主角斯佳麗帽子上的羽毛引發靈感，設計了 Autant（楓葉咖啡巧克力）以慶祝電影《亂世佳人》在比利時的首映。

1966 年於美國開設第一間專門店，GODIVA 的業務範圍持續擴展至世界各地，成為聞名全球的頂級巧克力品牌，GODIVA 巧克力在全球共有超過 450 家專門店。

簡易分析：GODIVA 成功之道

1994 年，巧克力製造商幾乎都是透過實體通路、商鋪和郵購的方式來銷售巧克力，GODIVA 卻拋棄一般巧克力廠商製作多媒體型錄光碟的行銷方式，改選擇建置專業的巧克力電子商務網站，GODIVA 可以說是全球第一家巧克力的商務網站。

早期商務網站最重要議題，是該如何導引目標使用者前往商務網上購物，GODIVA 曾經嘗試各種小遊戲和猜解謎題的小機制，但是導引網民的成效不佳。因為 GODIVA 是聞名全球的頂級巧克力品牌，會到訪 GODIVA 網站的網民，通常「目的」相當確定，是對巧克力商品有所需求的企業或愛好者，而不是來玩與巧克力無關的小遊戲上。

▲ 資料來源：GODIVA Chocolatier官網

GODIVA 之後改變商務網的行銷策略，與一家巧克力雜誌的出版商合作，巧克力雜誌出版商同意讓 GODIVA 將雜誌內的巧克力製作配方和巧克力相關文章，發布在 GODIVA 的商務網上，GODIVA 必須提供巧克力雜誌訂購的方法和連結。不少巧克力的愛好者在特殊節日，除了直接下單購買 GODIVA 巧克力商品外，偶而也會嘗試自己親手製作巧克力送給心儀的伴侶，GODIVA 巧克力製作配方的數位內容，的確為 GODIVA 吸引到不少網民的青睞，很多網民是透過巧克力製作配方和巧克力食譜連結到訪 GODIVA 商務網站，也成功將網民導引到巧克力雜誌的訂購上，這是一個兩者雙贏的極佳策略。

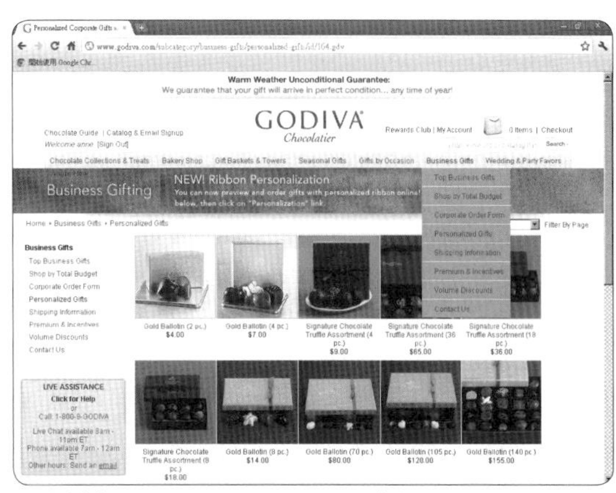

▲ 資料來源：GODIVA Chocolatier官網

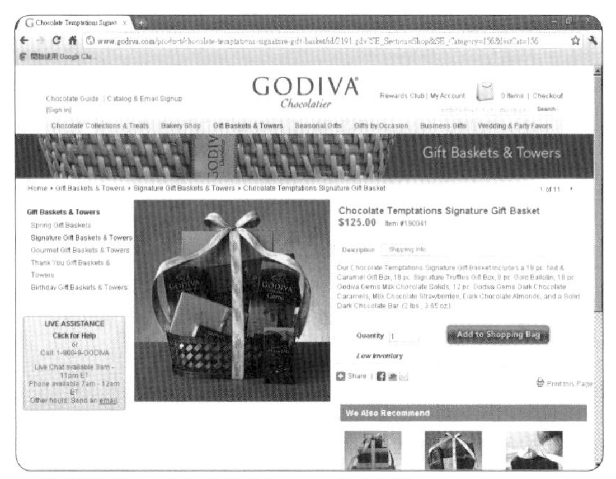

▲ 資料來源：GODIVA Chocolatier官網

GODIVA 是整合 BTOC 和 BTOB 兩種商務類型在線服務的商務網，網站設計的親和度相當高，針對個人消費者和企業商務的不同需求度，設計不同分類選項，也提供多種商務大量訂購的聯繫管道，和各種批量訂購的折扣比。而且也為特別的節日和特殊場合的需求，設計專屬的分類連結網頁，便利各種顧客群都能快速選擇到所需的商品和服務。

GODIVA 每件盒裝商品，都會詳細介紹內容物的設計感、成分、重量和組合物等商品訊息，以及商品備貨時間、物流過程所需的時間、各種物流方式的費用、稅率、大量訂購的折扣…等等資訊。在各商品頁面裡也會出現其他「推薦商品」和「相關商品」的訊息，消費者也可以透過每頁左上角搜尋功能，輸入關鍵字尋找商品訊息。

除了原本大眾化的包裝之外，消費者還可以自由選擇各種特別設計的包裝禮盒和卡片，甚至 GODIVA 也可以特別為顧客量身訂做，設計特定風格的包裝禮盒和商品組合。顧客在網購的過程中，如果有任何的疑問，也可以直接點選線上即時聊天室，客服人員會立即提供協助解決顧客的問題。如果消費者對巧克力瞭解不多，不知該如何選擇巧克力商品的話，可以透過「巧克力指南」瞭解各種的巧克力，目前有餅乾、焦糖、水果及堅果、GODIVA 寶石、松露冰淇淋客廳、果仁、固體與薄荷糖、松露等分類，便利消費者選擇到所需的商品。

GODIVA 商務網還有個性化的設計，我的帳戶（My Account）有我的個人資料、通訊錄、訂單狀態與歷史消費記錄、我的食譜盒、禮品提醒、獎勵…等功能。這其中有幾個不錯的貼心功能設計：

1. 我的食譜盒

   可以很容易把 GODIVA 所提供的食譜配方，新增到註冊會員個人的食譜盒裡，且依照類別條例，便於快速尋找和瀏覽，還可以讓會員自由添加註釋，會員就可以依照食譜準備追蹤所需的配方和材料。

▲ 資料來源：GODIVA Chocolatier官網

2. 禮品提醒

   註冊會員可以事先輸入，特定需要送禮的性質、場合和時間點，還可以設定要在何時提醒該送禮的訊息，讓會員不會錯過重要送禮的場合。

3. 獎勵

   獎勵選項需再次驗證會員資料，與首頁出現的獎勵俱樂部（Rewards Club）是一樣的服務，當顧客加入 GODIVA 獎勵俱樂部可以享受：免費每月一塊巧克力、免費贈送每月花費 10 美元以上、網路訂購免費一次標準運費、獨家網上每個月優惠的促銷活動等，但有限制特定參加的年齡和地域範圍。

GODIVA 巧克力商品都非常美觀高雅，光看網頁上的商品照片，就足夠令人口水直流，因此，GODIVA 也提供電子賀卡的功能服務，如果買不起 GODIVA 頂級巧克力來送禮，那就送一張美美的 GODIVA 巧克力電子賀卡給親朋好友吧。使用者可以設定當天或是在未來 30 天內的時間，輸入電子郵件地址和想表達的信息，就可以發送電子賀卡。

GODIVA 商務網從 1994 年至今，都不斷在改進、新增功能與服務，透過手機就可以登入行動商務版的 GODIVA 選購商品，GODIVA 提供 GODIVA Mobile for IPhone & iPod Touch（可以直接連結到 Apple App store 下載安裝）、GODIVA Mobile for BlackBerry、GODIVA Mobile Web（早期的 WML 版）三款的行動商務服務。如果是使用智慧型手機，還可以透過 GPS 衛星定位的功能，快速尋找到距離最近的 GODIVA 精品店，以及 GODIVA 商品銷售據點。

▲ 資料來源：GODIVA Chocolatier官網

目前有提供 GODIVA 國際網、中國、歐洲、日本、香港五個分站，但只有 GODIVA 國際網、歐洲和日本三個分站，才有提供完整的網路商務服務，而且針對美國、歐洲和日本這三個區域性飲食文化的不同點，在網頁設計上、商品的組合和搭配上也有所不同，中國和香港兩個分站主要是提供企業、商品和各實體精品店等簡介資訊，無法進行網購，巧克力資訊也較為匱乏，建議直接閱覽 GODIVA 國際網、歐洲和日本三個商務網較佳。

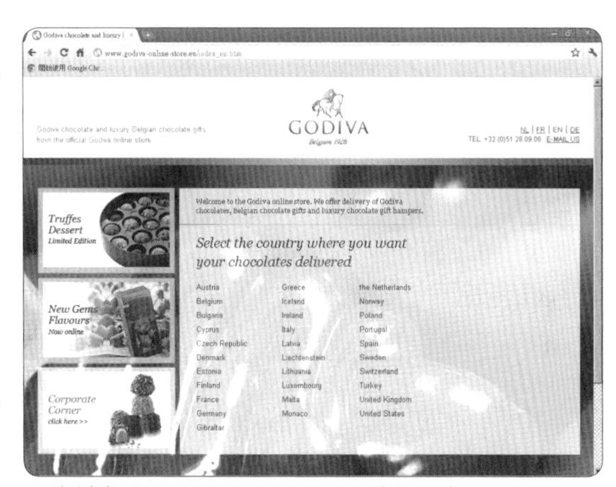

▲ 資料來源：GODIVA Chocolatier歐洲分站

▲ 資料來源：GODIVA Chocolatier日本分站

問題討論

1. 為何 GODIVA 中國和香港兩個分站不提供完整的網路商務服務？只選擇不斷拓展實體商鋪？
2. 為何 GODIVA 與巧克力雜誌商的合作模式，可以達成雙贏的策略？
3. 在台灣大多數的雜誌社，通常把雜誌裡的文章視為公司重要資產，在何種策略下，雜誌社會願意免費提供文章讓商務網站自由使用？
4. 在台灣何種網路商品的銷售，可以比照 GODIVA 與巧克力雜誌商的合作策略來進行？
5. 在台灣任一家巧克力的實體商鋪，如比照 GODIVA 商務網的建置和營運模式，是否也能快速累進龐大的營業收入？

參考資料

1. GODIVA 國際站點，網址：http://www.Godiva.com/welcome.aspx。
2. 歐洲分站，網址：http://www.Godiva-online-store.eu/index_en.htm。
3. 日本分站，網址：http://www.Godiva.co.jp。
4. 維基百科，網址：http://zh.wikipedia.org/wiki。

實戰案例問題 傳產礦石工廠的下一步

個案背景

在花蓮有一家礦石的工廠，任何礦石商品該工廠都有能力開發和製作，該工廠仍屬於傳統產業，現今希望透過網路行銷來拓展該企業的新商機。

該工廠基本背景資料：

1. 資本額 2000 萬，員工 30 人。
2. 工廠尚未進行企業 E 化，員工只有 5 位高階主管有電腦資訊的知識與技能。
3. 全工廠工作人員尚無網際網路系統、程式編寫、網頁設計…等相關知識與能力。
4. 該工廠員工普遍年齡層較高，在 40 ～ 50 歲佔 70%，在 30 ～ 40 歲佔 20%，在 20 ～ 30 歲佔 10%。
5. 工廠自營部分的設計師只有 2 位，其年齡在 40 ～ 50 歲之中。
6. 工廠雖有能力自行研發的商品，設計風格是較為傳統的中國風設計，其中建材類的商品佔大多數，如：大里石柱、大理石磚…等。
7. 工廠目前庫存商品有 3 萬件，有 10 大分類，300 多種各式商品，如：九龍壁、九龍椅、大小型佛像雕塑、手鍊、水晶擺飾、珠寶…等等。
8. 過去工廠以 OEM 接單為全年 70%的主要收益來源，但近 3 年來大陸貨傾銷全台，工廠 OEM 接單量已經大幅度萎縮掉 80%。
9. 工廠 OEM 接單類型：建材類、珠寶類、雕塑類、水晶類
10. 工廠自行研發的商品，60%是透過通路商銷售，需以市價的 30%～ 40%銷售給通路商，再由通路鋪貨到全台各個銷售據點。
11. 通路商下單取貨後，結款票期為 90 天。
12. 工廠直營店全台重要都市已有 6 家門市，佔工廠研發商品年銷售量的 30%，每單位商品獲利度較高，可以有 40%～ 50%的獲利度。
13. 工廠希望透過網際網路的銷售，在三年內能彌補萎縮掉的 80% OEM 獲利。

問題討論

1. 該工廠該如何進行市場與使用者分析？
2. 該工廠該如何規劃網站建置的基本架構？
3. 該工廠電子商務最佳的數位服務平台模式為何？
4. 該工廠如想開發水晶珠寶方面的商品，您建議該研發何種水晶珠寶方面的商品？那電子商城的部分之網頁介面設計該如何呈現之？

5. 該工廠如想開發風水開運方面的商品，您建議該研發何種風水開運方面的商品？討論區該如何規劃、建置與炒作？
6. 該工廠網站建置、經營管理與維護的注意事項？
7. 該工廠如何進行網站宣傳，所建議的宣傳手法與技巧為何？
8. 該工廠如何提升搜尋引擎的排名方式？

重點整理

在 2000 年以前，電子商務的構面主要是聚焦在商流、金流、物流三大方面，到了 2002 年時，設計流、資訊流、服務流也逐漸受到重視，2004 年後，加入了人才流。

電子商務七大構面
- 商流構面
- 金流構面
- 物流構面
- 設計流構面
- 資訊流構面
- 服務流構面
- 人才流構面

茲瓦斯電子商務架構
- 網路通訊基礎建設（Infrastructure）
- 共同服務（Services）
- 產品與結構（Products and Structures）

卡納科特電子商務架構四大基礎建設
- 一般性商業服務基礎建設
- 訊息與資訊分配基礎建設
- 多媒體內容與網路出版基礎建設
- 資訊網路媒介基礎設施

CommerceNet 的電子商務的生態層次
- 網際網路市場服務
- 商業服務
- 商務服務
- 網路服務

1. 請問電子商務有哪七大構面？
2. 請說明茲瓦斯（Zwass）的電子商務架構。
3. 請說明卡納科特（Kalakota）和溫斯頓（Whinston）的電子商務架構。
4. 請說明 CommerceNet 的電子商務架構。
5. 請說明特班（Turban）的電子商務架構。

CHAPTER

04 電子付款系統及交易安全機制

電子商務的付費方式，從早期的銀行匯款、郵局劃撥，到後來衍生出的手機小額付費、ADSL代收、超商代碼繳費…等，各種各樣的金流方式，無非都是希望提供給消費者一個方便又安全的付費機制，也讓賣家能正確無誤地收到款項。本章從電子商務的交易形式、付費方式、以及付款系統、交易安全機制等來探討電子商務的金流層面。

4.1 電子商務的交易形式及付費方式

4.2 電子付款系統

4.3 電子商務交易安全機制

案例分析與討論 淘寶網

實戰案例問題 建立商務網站拓展全台市場

電子商務的交易形式及付費方式

電子商務交易形式

學者梁（Liang）和黃（Hwang）在 1988 年時，將電子商務的交易型態劃分為七種形式，顯示出即使在虛擬的世界當中，商務活動與精采度與豐富度並不亞於現實生活，任何創新的交易形式都有可能產生，以下就針對這七種交易形式分述之：

1. 商品交換（Barter）

買賣雙方以物易物，各自提供商品來做交換，只要雙方對彼此的商品皆呈滿意狀態，交易就可以進行了，就像是一根迴紋針最後換到一棟房子即是最好的例子。

2. 議價（Bargaining）

賣方提供商品或服務，而買方有協調價錢的空間，只要提出的價格也是賣方所能接受的，買賣雙方就可進行交易了。

3. 競標（Bidding）

競標是一個賣家面對多個買家的交易情況，賣方提供商品或服務，當多個買家商品皆對商品產生興趣時，會提供各自所願付出的價錢，而賣方可選擇最具吸引力的買家來完成交易，例如「快樂標購網」或「殺價王」的交易形式或公開競價都是屬於這種類型的。

4. 拍賣（Auctuon）

拍賣也是一個賣家面對多個買家的型態，在拍賣型態中有中間商擔任協助諮詢的角色，當賣家決定底標價格後，買家再逐一出價，在截止日期到達後，由出價最高者獲得。

5. 票據交換（Clearing）

這是多個賣家面對多個賣家的型態，當買賣雙方各自提出所希望的要求時，由中間商來居中協調配對，像是線上股票交易即是屬於此種形式。

圖 4-1　商品交換交易形式代表性網站

用以物易物的方式，換得買家和賣家各自滿意的產品。

以物易物交換網，http://www.e1515.com.tw/

圖 4-2　議價交易形式代表性網站

買方對產品或服務有協調價錢的空間，若賣方也接受，則交易成立。

bego 差旅趣，http://www.bego.com.tw/

圖 4-3　競標交易形式代表性網站

多個買家對同一商品進行競價，賣方可選擇最具吸引力的買家來完成交易。

殺價王，http://www.saja.com.tw/

圖 4-4　拍賣交易形式代表性網站

一個賣家面對多個買家，商品由出價最高者獲得。

淘寶，http://www.taobao.com

圖 4-5　票據交換交易形式代表性網站

買賣雙方各自提出要求，由中間商協調後再進行交易。

群益網上發，https://wtrade.capital.com.tw/TSWeb/

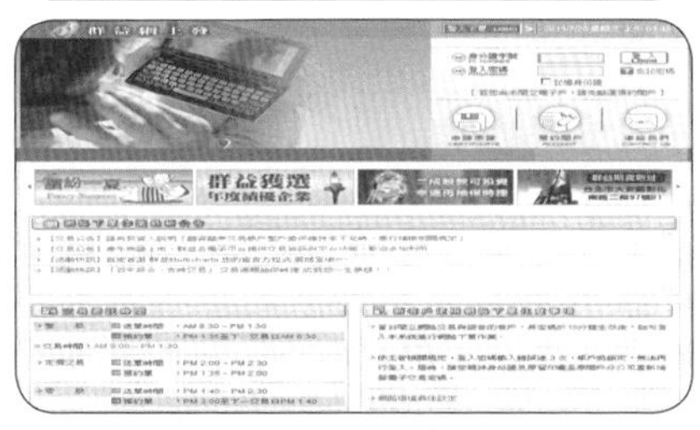

圖 4-6　契約交易形式代表性網站

買賣雙方共同簽訂契約，爾後的交易皆依照契約來進行。

明聳共同供應契約網，http://mingsoong.com.tw/

6. 契約（Contract）

在交易前，買賣雙方必須對契約的內容有所共識，彼此協調簽訂，而後所有的交易皆以契約為準，買方必須依照契約向賣方購買，而賣方也不得將商品賣給其他人，必須依約交貨給買家。

7. 其他形式（Others）

交易形式不斷地有新的方法被提出，例如團購即是結合眾人，並推舉出一代表作為中間商，向廠商提出優惠價來，而此一中間商可由網站的內部員工或會員來擔任，負責談判、召集、分派商品的工作。

電子商務付費方式

電子商務的付費方式，從早期的銀行匯款、郵局劃撥，到後來衍生出的手機小額付費、ADSL 代收、超商代碼繳費…等，各種各樣的金流方式，無非都是希望提供給消費者一個方便又安全的付費機制，也讓賣家能正確無誤地收到款項，茲針對各種付費方式說明如下：

1. 銀行匯款 / 郵局劃撥 /ATM 轉帳

這是最傳統，也是最不用擔心被駭客竊取資料密碼的安全支付方式，消費者在送出訂單之後，在賣家規定的時間內至郵局或銀行，或是採用 ATM 轉帳至賣家指定的帳戶中，當賣家收到款項後，便可出貨給消費者。

此種方式對消費者與賣家來說，皆不方便，尤其是消費者還要跑一趟銀行或郵局，對於忙碌的現代人來說，有時也會因怕麻煩而選擇直接取消訂單。

2. 貨到付款

貨到付款又可稱為代收貨款，這是由郵差或宅配人員將商品送到消費者手中時，消費者將款項交給郵差或宅配人員的方式，同時這也是許多消費者喜歡使用的付款方式之一，不但可以在驗收商品後再付款，也不須害怕資料被盜用，而消費者可以用現金支付，也有一些宅配業者提供貨到刷卡的服務，讓消費者可以選擇信用卡付款。不過貨到付款的方式通常都會加收一筆 30 ～ 50 元不等的手續費，有些賣家會自行吸收，有些賣家則直接轉嫁在消費者身上。

3. 超商代收 / 取件

消費者在指定收件地點時，設定為離家最近的便利商店，賣家將商品配送至便利商店時，便通知消費者於指定時間內取件付款，這種方式對於常不在家的消費者是很方便的，也不用額外再跑一趟銀行，只要利用空餘時間，前往付款取件即可。不過對賣家來說，需要另外給付給超商業者年費、設定費…等，著實是一項負擔。

4. 超商代碼繳費

這是較為新型的付費方式，當消費者送出訂單，便會取得一組代碼，只要將代碼的條碼列印出來至便利商店中就可繳費，或者對於沒有印表機的消費者來說，只要記下代碼資料，到便利商店的設備中（如：7-11 的 ibon、全家的 Farme Port），輸入代碼就能列印出條碼繳費單，消費者只要憑單至櫃臺繳納即可，而利用代碼繳費的方式，超商也會額外收取一筆手續費，一般公定價為 25 元。

圖 4-7　貨到付款

目前的宅配公司多有提供貨到付款的服務，給予消費者和商家許多的便利。

資料來源　宅即便客得樂
http://www.collect-service.com.tw/

圖 4-8　超商代碼繳費

超商代碼繳費提供給消費者另一方便的繳費方式。

資料來源　7-ELEVEN ibon 便利生活站
https://www.ibon.com.tw/0700/other.aspx#0780

5. 電子支付

所謂的電子支付，是以各種電子化的金融工具為媒介，直接在網站上完成付款的動作，像是 WebATM 轉帳、線上信用卡刷卡、電子現金…等，都是屬於電子支付的範疇：

(1)WebATM

消費者利用網路銀行的功能，在進行結帳時，可將金融卡卡號和密碼發送至銀行，將帳戶的資金轉帳到商家帳戶中，即可完成支付程序。目前 WebATM 轉帳可分為有數位證書和無數位證書這兩種，有數位證書的方式，需要消費者去金融卡所屬銀行去申請，並受到完整的安全性保護，而無數位證書的方式雖不用另外申請，但不管安全性、支付金額或帳戶查詢…等或其他功能上，就會受到限制。

(2) 信用卡線上刷卡

只要利用信用卡，就可以在線上進行刷卡動作，是一般常用的支付方式，大部分的網路商店也都會提供此種支付服務，而除了 VISA 和 Master Card 卡以外，有的商家也會開放簽帳卡，讓消費者有額外的選擇。

(3) 電子現金

電子現金是指以電子貨幣來支付商品款項，電子現金有兩種儲存方式，一種是消費者至銀行中先去申請智慧卡電子現金的服務，銀行會發給消費者一張植入晶片的智慧卡，裡面記錄可用金額、消費記錄、基本資料…等，而有的銀行也會直接將智慧卡與金融卡結合在一起，讓消費者使用起來更方便。

而另一種方式則是消費者先將一筆固定數目的金額存入虛擬帳戶中，當消費者存入款項時，只要輸入帳號密碼，系統即會從帳戶中扣除款項，例如 PayPal 即是屬於此種方式。

(4) 電子支票

對於不想使用現金支付款項的消費者，也可以利用電子支票的方式，以電子簽名作為個人信用的背書，並利用數位證明來驗證支付者、付款銀行和所屬的銀行帳戶，但這種方式目前較不普及，極少有商家可提供電子支票的方式。

(5) 儲值卡

一些銀行或郵局會發行小額支付的儲值卡，消費者在購買之後，即可憑卡至有提供小額支付功能的商家中，在購物後輸入卡號和密碼，進行支付，像是郵局的小額付款購卡服務即是屬於此種方式。

(6) 手機小額付款

這是結合電信業者帳單的付款方式，可應用在網路購物或行動購物中，當消費者在結帳時，輸入手機號碼與密碼，即可進行付款的動作，而款項金額則會出現在手機帳單中，等到消費者完成帳單繳納時，才算是完全付清商品款項。

(7)ADSL 帳單代收

若是消費者家裡有申辦光纖或 ADSL 服務的話，就可以輸入客戶帳號與密碼，利用付費認證機制進行認證的動作，而消費者的帳款則會出現在 ASDL 的電信帳單中，消費者可以先拿到商品，而後再付款。

圖 4-9 WebATM

透過 WebATM 的支付方式，消費者可輕鬆於線上完成付款動作。

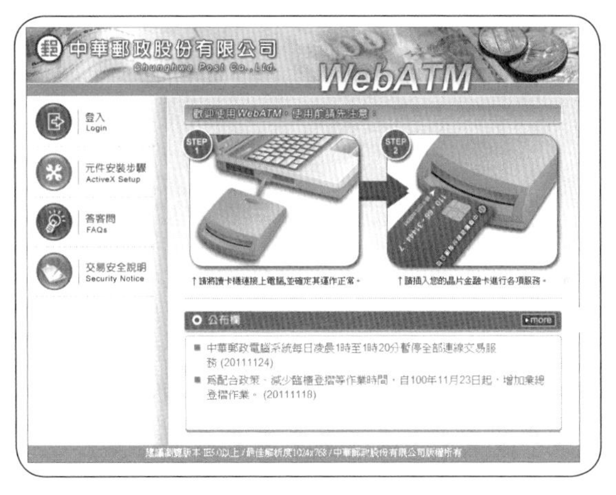

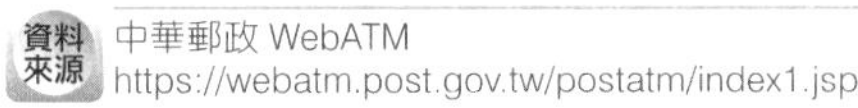

資料來源 中華郵政 WebATM
https://webatm.post.gov.tw/postatm/index1.jsp

圖 4-10 手機小額付款

消費者僅需要輸入個人之行動電話號碼及密碼，即可進行付款。

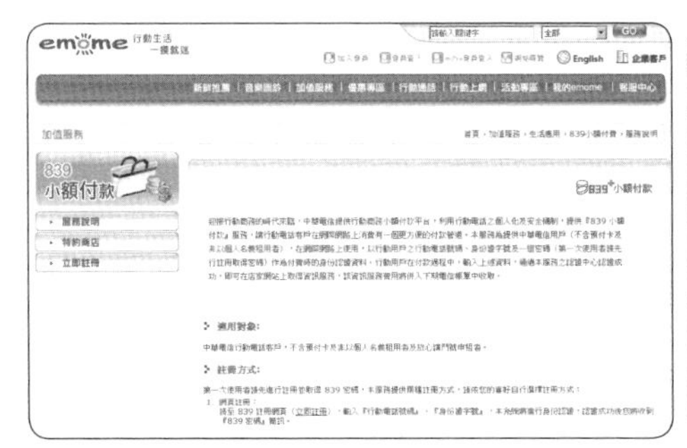

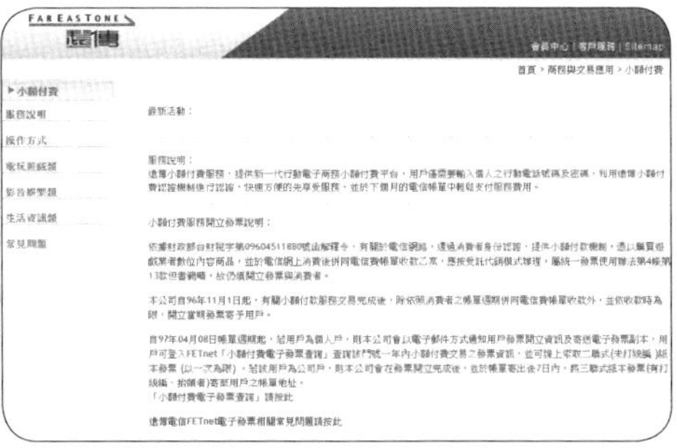

4.2 電子付款系統

電子付款系統的架構

電子付款系統是由提供付款服務的金融機構、管理貨幣的規章標準、以及支援電子付款的資訊系統所組成的，其中可分為消費者、賣家、認證機構、支付閘道、付款銀行和收單銀行、專用網路等七個部分，以及電子錢包、商店伺服器…等軟硬體設備，共同組成一個架構（如圖 4-11 所示）。

1. 消費者

是指用電子付款工具和賣家進行線上交易的人，他們使用自己所屬的支付工具，如信用卡、智慧卡…等，來結清帳款。

2. 賣家

賣家是指販售商品或服務的網路商店，在電子付款系統中，他所扮演的角色是當消費者提出付款指令後，賣家可以向金融單位請求結算，而賣家必須本身擁有伺服器，無論是虛擬或獨立的伺服器皆可，或是進駐的平台本身擁有伺服器，才能夠處理這項任務。

3. 認證機構

認證機構是不管買方或賣方都能夠依賴的第三方仲介機構，他的任務主要是要來認證買方與賣方是否具有合法性，並發送與維護數位證書。

4. 支付閘道

支付閘道是處理銀行網路與網際網路中間的通信和協定，並對資料進行加密、解密的動作，他可以保護銀行內部網路的安全性。而電子付款的資料，必需要經過支付閘道的處理之後，才能夠進到銀行內部的付款結算系統中。

5. 付款銀行

付款銀行又可稱為發卡銀行，也就是消費者的信用卡或金融卡等電子付款工具的所屬銀行，消費者以自己的信用度與各項政策規定的支持，保證付款工具的合法性與可用性。

6. 收單銀行

當消費者向賣家訂購商品，並發送付款指令之後，賣家會把訂單留下來，而把付款指令轉給收單銀行，收單銀行就會向付款銀行提出付款的請求，並進行結算工作，而後賣家會在固定期限的時間內，再與收單銀行進行款項的結算。

圖 4-11　電子付款系統的架構

電子付款系統是由消費者、賣家、認證機構、支付閘道、付款銀行和收單銀行、專用網路等七個部分所架構而成的。

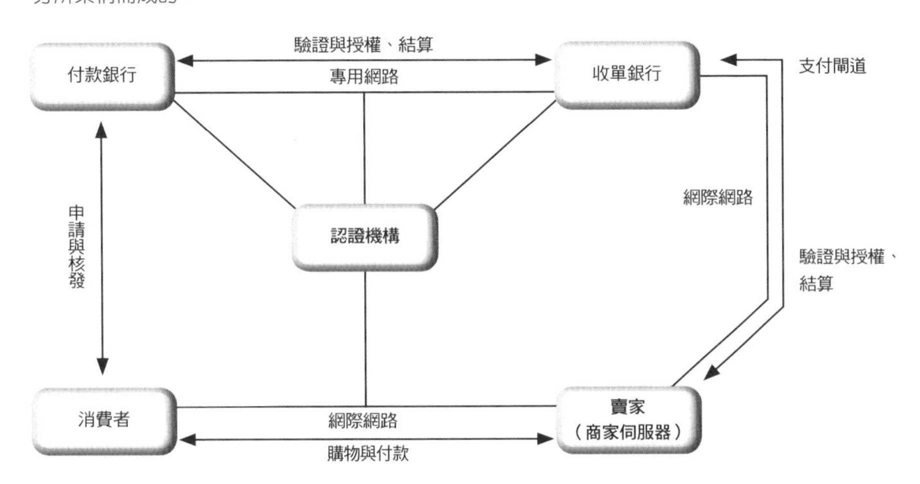

圖 4-12　電子現金的運作流程

消費者以電子現金付款的運作流程如下：

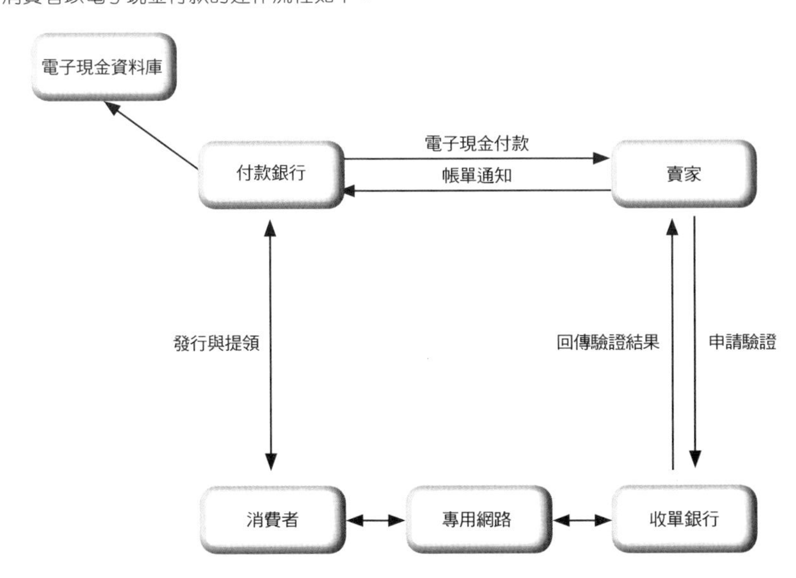

7. 專用網路

這是銀行內部和各家銀行之間，在進行資訊交流時，所會用到的專用網路，由於封閉性的，因此有一定的安全性、保密性和穩定度。

電子付款系統的運作

電子付款系統可以區分為三種體系，一種是即時性的付款方式，如電子現金、WebATM，第二種是預先性的付款方式，如電子錢包、智慧卡、儲值卡等，而第三種則是延後性的付款方式，如信用卡、電子支票、小額付款、ADSL 代收等，其運作方式分述如下：

1. 即時性的付款方式

付款是馬上發生的，消費者做立即性的支付。

(1) 電子現金

電子現金可以是真實的貨幣，或是經由銀行認證過，具有付款能力、等同於現金的貨幣，當消費者以電子現金付款後，付款銀行則會連線到消費者的電子資料庫中扣除金額，賣家即會向收單銀行申請檢驗，確認電子現金的合法性，當結果回覆是可用的之後，扣款即可成功，之後收單銀行會向付款銀行結算，將款項支付給賣家。

(2)WebATM

消費者使用銀行的晶片金融卡插入到讀卡機中，就可以連結到 WebATM 的收款機制中，並輸入虛擬帳號和密碼後進行付款，而 WebATM 是藉由這個虛擬帳號來辨識消費者的身分的，無論消費者是否付款成功，WebATM 主機都能立即回報結果，之後商家再與銀行或 WebATM 的服務商結算款項即可。

2. 預先性的付款

消費者先將一筆金額存入智慧卡、儲值卡或電子錢包中，在付款時再從中扣除金額，而當金額不足時，也可提供借貸，待日後再充值進去。

(1) 電子錢包

以目前最為普遍的 PayPal 為例，預先付款的現子錢包其運作過程為：

❶ 個人或公司向 PayPal 申請帳戶，即可立即使用。

❷ 消費者可用信用卡、或儲存現金的方式來付款。

圖 4-13 WebATM 的運作流程

消費者以 WebATM 付款的運作流程如下：

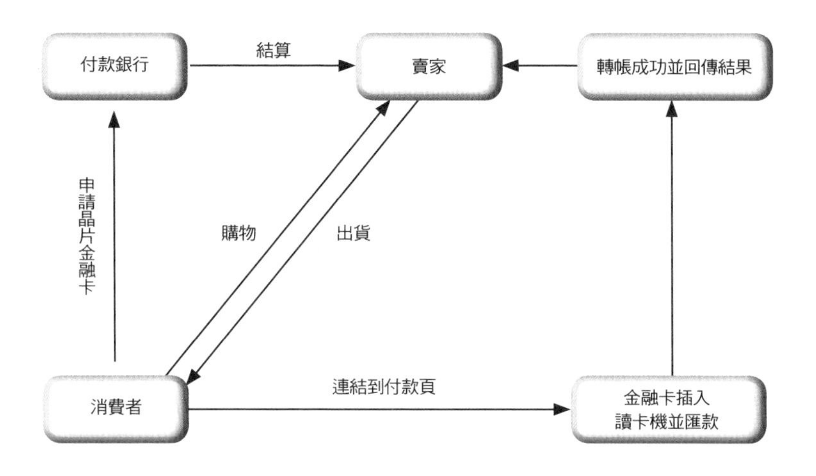

圖 4-14 智慧卡的運作流程

消費者以智慧卡付款的運作流程如下：

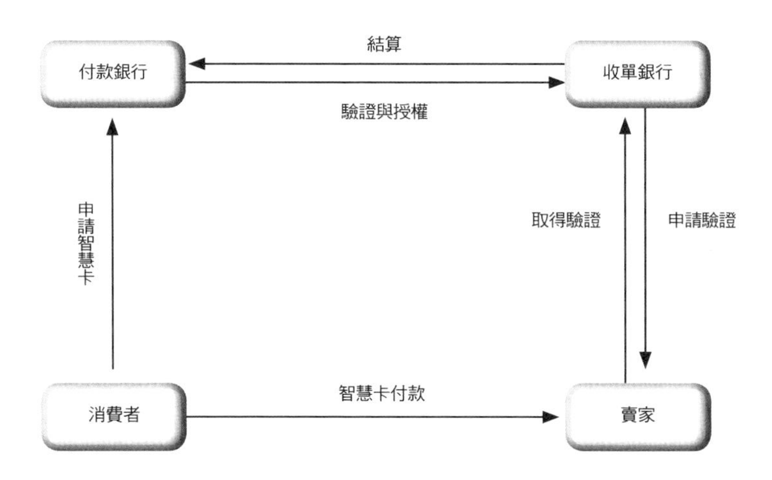

❸ 透過賣家伺服器連線到帳務主機中進行扣款之後，會馬上回報結果，並回覆給所負責的帳務主機相關扣款訊息。

❹ 帳務主機與 PayPal 帳戶進行連線，更新消費者的 PayPal 帳戶金額資料。

(2) 智慧卡／儲值卡

消費者向銀行或發卡業者申請植入晶片的智慧卡或儲值卡，並存入一筆錢至帳戶中，在向賣方付款時，透過家中的讀卡機判定卡片真偽與所剩金額，確定足以支付之後，即可進行付款交易，而後收單銀行向付款銀行取得驗證，並回報給商家，就完成了付款，然後商家再與收單銀行結算，而收單銀行則和付款銀行結算帳務。

3. 延後性的付款

消費者以信用卡、電子支票、或是 ADSL 帳號、手機帳號密碼等進行付款，銀行會依消費者的信用能力先行付款給賣家，待扣款成功，銀行的帳單日後才會寄送給消費者，消費者只要繳清帳單即可。

(1) 信用卡

消費者以加密方式將信用卡資料傳送給賣家，賣家伺服器也連線到收單銀行，檢查信用卡真偽，而收單銀行則向消費者的發卡銀行進行信用卡的授權認證，待發卡銀行將信用卡認證授權之後，即可付款成功。之後賣家與收單銀行進行結算，而收單銀行與發卡銀行進行帳款結算，發卡銀行則向消費者寄出帳單，消費者則進行繳款。

(2) 電子支票

消費者以具有加密的電子支票支付給賣家，賣家則向帳務伺服器申請驗證支票的合法性，帳務伺服器再連線到消費者的支票發行銀行中，待銀行將支票進行驗證後，便將結果回傳，之後即可付款成功，而後帳務伺服器再與銀行進行結算，並將款項支付給賣家。

(3) 手機／ ADSL 代收

消費者在付款時，輸入手機號碼與密碼，或是 ADSL 的客戶帳號、密碼，進行付費的程序，經過驗證平台對消費者與商家進行確認之後，即可完成付款，而後業者再將帳單寄送給消費者，商家也可向業者進行請款動作。

圖 4-15 信用卡的運作流程

消費者以信用卡付款的運作流程如下：

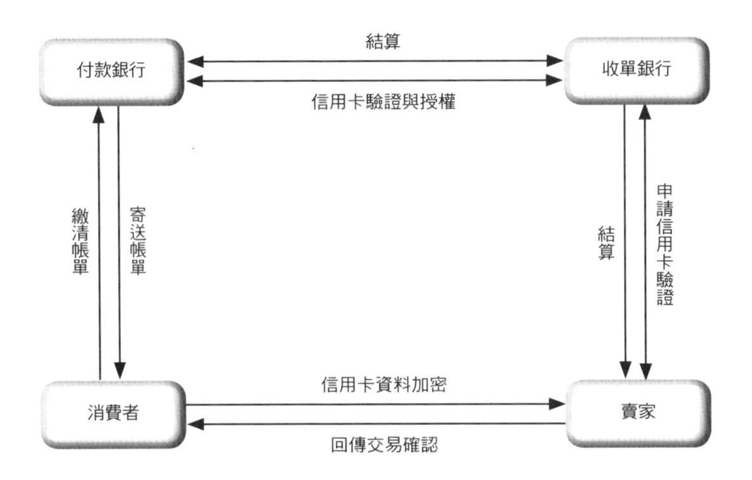

圖 4-16 電子支票的運作流程

消費者以電子支票付款的運作流程如下：

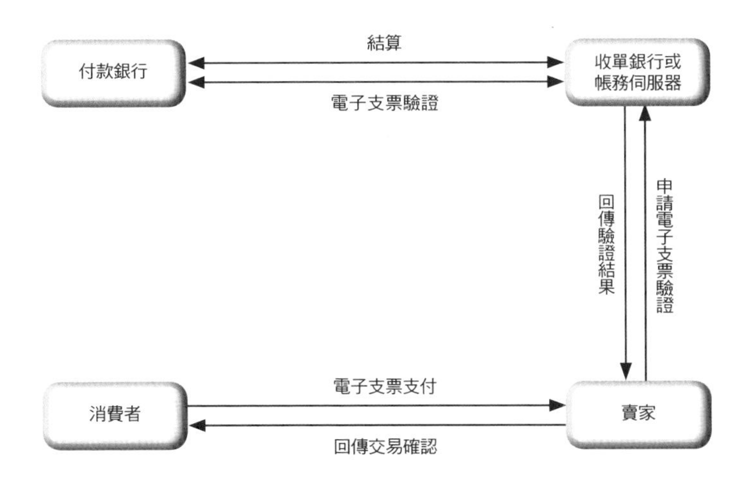

4.3 電子商務交易安全機制

電子商務的付款安全性必須要做到保密、認證、完整、交互操作等幾個要求，而為了符合這些需求，目前國內外普遍使用的保障電子商務付款系統安全的協定標準有兩種：SSL 協定和 SET 協定。

SSL 協定標準

SSL 安全協定是最早使用在電子商務中的一種網路安全協定，他是以公開的密鑰體制和 X5.09 數位證書技術來保障資料傳輸的安全性和完整度，並適用於點對點的傳輸方式。

在買賣雙方的交易過程中，為了保障雙方資料在過程中能保持完整，並受到保護，不至於在通信過程中被竊取，因此 SSL 協定會包含兩種協議技術：

1. 握手協議

在傳送資訊前，電腦會先發送握手資訊來確認對方身分，當身分獲得確認之後，這時雙方都會得到一個共同的密鑰。

2. 訊息加密協議

當雙方經過握手協議的確認後，雙方電腦中的數位證書會再產生一個對稱的隨機密鑰，而這個隨機密鑰會將一方的資料予以編碼保密，等到另一方收到訊息後，會將資料解密還原，也因此若是資料在中間被劫取的話，因為沒有解密的金鑰，所以也沒有辦法將資料還原成是可用的資料。

SSL 協定是基於商家對客戶資料予以保密的承諾，在電子商務開始的初期，有許多商家會擔心客戶不付款，或使用偽造的信用卡資料，而客戶則害怕信用卡資料會被竊取，因此 SSL 協定即在這種情況下產生，並提供了三種服務：

1. 對客戶端和伺服端予以合法的認證

不管是客戶端的電腦，或是伺服器端的電腦，彼此都有個別的識別金鑰，以確保雙方在傳輸過程中的正確性，不致於傳送到錯誤的地方，另外，雙方是否具有合法性，也會透過數位認證來確認。

圖 4-17 SSL 握手協議的過程

SSL 握手協議是為了要確認對方的身分，其運作過程如下：

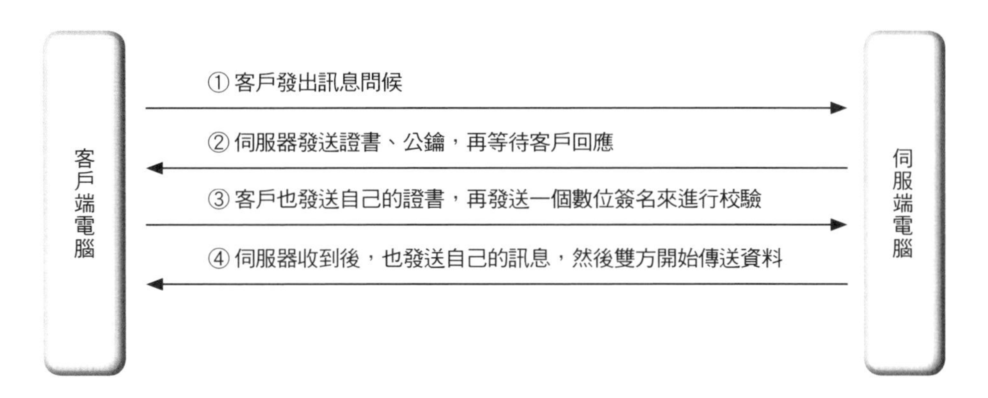

圖 4-18 SSL 的訊息加密協定過程

SSL 的訊息加密協定是為了保障訊息的隱密性，其運作過程如下：

2. 將資料加密，防止資料在傳輸過程中被竊取

在客戶端和伺服端進行資料交換時，採用加密技術對資料予以加密，並用數位證書進行鑑別，以及對稱金鑰予以加密、解密，以防止有心人士從中竊取資料。

3. 確保資料的完整性

在客戶端和伺服器端之間，SSL 會建立一個安全通道，使得資料在傳輸的過程中能夠一比一正確傳送，而不會有任何的遺失，確保資料的完整度。

目前仍有許多商家採用 SSL 協定，但仔細探究，SSL 雖說是對雙方的身分進行確認，可是實際使用時，卻是只對客戶的身分予以認證，而不對商家的身分進行認證，是屬於單方面的認證，隨著電子商務的發達，商家越來越多，這種只針對客戶端的認證方式，不能防止不肖商家的詐騙，因此有了 SET 協定的產生，不管是對消費者、賣家或任何一方都是有保障的。

SET 協定標準

為了改善 SSL 的缺失，提供更完善的安全付款機制，SET 協定應運而生，SET 協定又稱為安全電子交易協定（Secure Electornib Tramsactom），他是由 Master Card、Visa 和 Netscape、Microsoft 等眾家公司一起推出的，也是基於信用卡支付而設計出的支付協定，具有保證交易資料的完整性、和交易的不可抵賴性之優點，所以也成為國際上公認的信用卡交易標準。

SET 協定的交易過程，比起 SSL 來說，需要更為嚴謹，通常完成一個交易，客戶需要花費 1.5 ～ 2 分鐘去等待，因為 SET 協定涉及了三項安全性技術：

1. 公鑰加密和私鑰加密相互結合的技術

在 SET 的協定之中，以公鑰加密和私鑰加密雙重結合的演算法技術，來保障支付資訊的保密性，使信用卡等私密資料更不易被竊取。

2. 資訊摘要的技術

為了保障資訊在傳遞時的完整性，以及要對訊息來源的確認，SET 協定採用資訊摘要的技術，也就是當訊息經過處理後，會得到唯一相對應的數值，而兩個不同的訊息在處理後幾乎不可能有同樣的數值，因此可以確保訊息的完整性。

圖 4-19　SET 交易過程

SET 的交易必須要與消費者、賣家、收單銀行等三方面進行驗證，流程是較為複雜的。

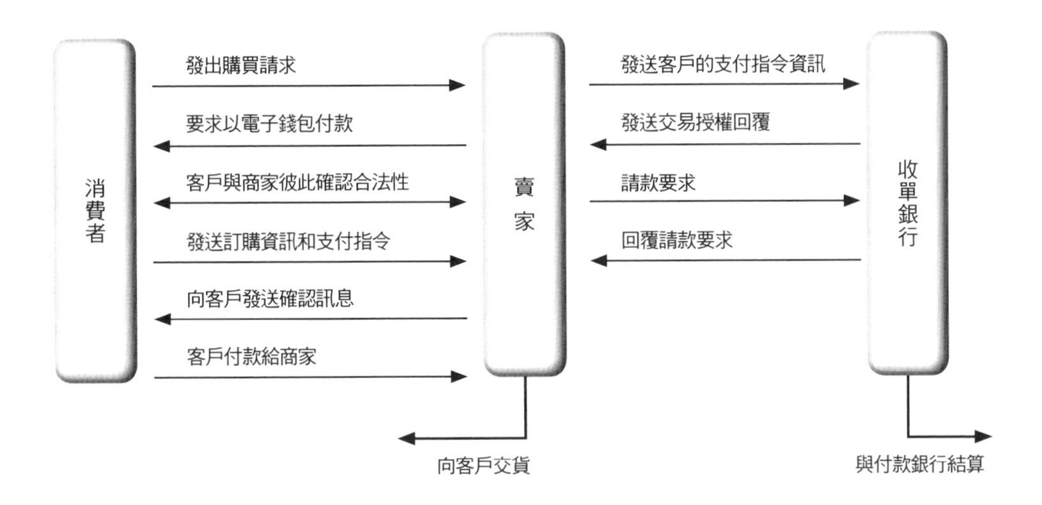

圖 4-20　SET 組成架構

為了保護交易的安全性、隱密性和完整性，SET 的架構組成如下：

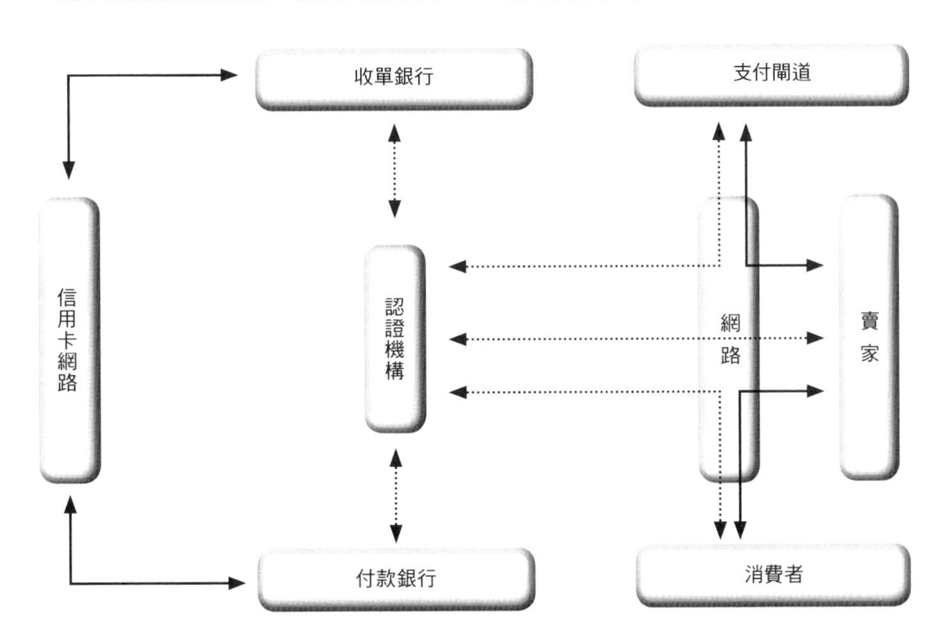

3. 雙重簽名的技術

在電子交易過程中，客戶的訂購資料和支付指令是相互對應的，商家只要確認支付指令，就可以確認客戶的真實性，而銀行確認與支付指令對應的訂購資訊後，就能進行支付動作，使得商家和銀行在雙重簽名的技術下，不會得知客戶的隱私。

由以上 SET 的安全技術得知，SET 協定可以提供商家和客戶的服務有：

1. 交易資料的完整性與保密程度

在交易過程中，客戶的支付資訊和訂購資訊是分別簽名的，商家無法知道客戶的付款資料，自然也不會有盜用信用卡的問題。

2. 交易行為的不可抵賴性

由於 SET 協定擁有 X.509 電子證書標準、數位簽名、雙重簽名…等核心技術，使得商家與客戶的身分都能得到認證，當完成交易後，也是具有不可抵賴性的。

3. 客戶與商家的合法性

SET 協定中的數位證書，會對商家和客戶進行驗證的工作，確保兩邊的合法性，使買賣雙方都能夠信賴彼此，進行付款與交貨的動作。

SET 協定雖然是極具保障的支付方式，但因所牽涉的流程過於複雜，使得他在應用上與實際情況有所差距，以普遍性來說，還是無法像 SSL 一樣，但因其具有比 SSL 更具保密性與安全性的優勢，假以時日，仍會成為線上支付的主流之一。

淘寶網

淘寶網官網網址：http://www.taobao.com

個案背景

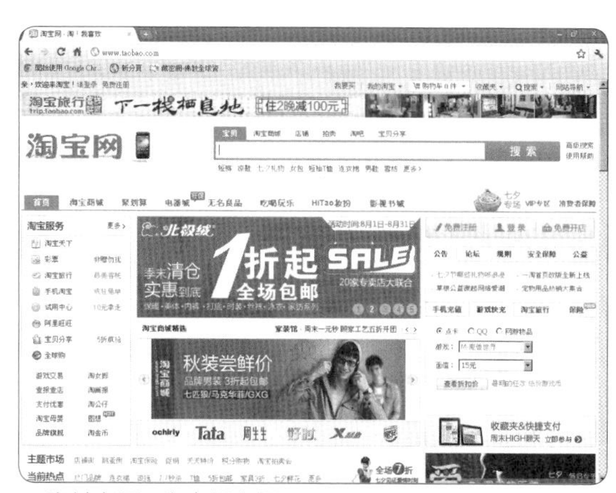

▲ 資料來源：淘寶網官網

2003 年，阿里巴巴集團投資 1 億人民幣創辦成立淘寶網。2004 年，再次追加投資 3.5 億人民幣，8 月份商品交易總額超過 1.2 億人民幣，註冊會員人數超過 220 萬人，網頁點閱率超過 5000 萬人次，上架商品總數超過 250 萬件，淘寶網全球排名第 17 名（Alexa 流量統計），並進入中國商務網站 100 強之內（互聯網週刊），以及獲得「最具潛力 5 佳網站」和「最佳網路服務類」獎項。

2005 年，註冊會員超過 720 萬人，每日有 9000 萬次登入流量，上架商品總數超過 700 萬件，首季首次交易成交量突破 10 億人民幣，超越日本雅虎線上交易總額，成為亞洲排名第一的電子商務網。第二季，交易成交量突破 16.5 億人民幣，上架商品總數超過 800 萬件。

2009 年底，淘寶擁有註冊會員 1.7 億，2009 年全年交易額達到 2083 億人民幣，是亞洲最大的零售商務網站，淘寶網占中國網購市場交易 84.1% 以上的市場。第六屆消費者信賴的中國品質品牌年度調查結果，2010 年度消費者得票最高的 500 家品質品牌企業（中國品質 500 強）、得票最高的十大行業品質品牌企業日前發布，阿里巴巴和淘寶網躋身商業服務行業前 50 強。2011 年，淘寶已經擁有超過 1.8 億買家，15000 個商戶，20000 個品牌，且用戶黏著度高，網民每人平均單日訪問次數：8.5 次，網民每人平均均單日流覽頁面：30.4 頁。

簡易分析：淘寶網成功之道

淘寶網的核心競爭力

大淘寶戰略

▲ 資料來源：淘寶網官網

大淘寶在中國創造出一個龐大的商務生態鏈體系，串連賣家、買家、搜尋、行銷、支付、物流、金融、網路技術等完整的商務生態鏈體系，淘寶透過此完全自由競爭的商務生態鏈體系，顛覆全中國傳統零售商務的銷售模式和消費者的購物習慣。

免費使用戰略

自 2003 年 7 月，淘寶網對外宣稱承諾網站「三年免費」。2008 年，總裁在北京宣布：「未來五年阿里巴巴集團對淘寶網投資 50 億人民幣，必將繼續沿用免費策略。」，淘寶網以用戶免費使用的戰略，迅速搶食原本「易趣網」所壟斷的網路零售商務市場，並在 2006 年順利搶佔中國 C2C 網路商務的第一名，並多次發表堅持免費到底的經營策略，讓淘寶網能後來居上，而且就賣家來說「免費使用」絕對是最大的致命吸引力。

阿里巴巴強大中國供應商為後盾

阿里巴巴不但不斷挹注資金給淘寶網，也提供電子商務管理、顧客關係管理、優秀人才、企業文化…等等經驗，最重要的是阿里巴巴擁有最龐大的中國供應商體系，能提供源源不絕的貨源和忠實的賣家來加入淘寶網。阿里巴巴建置 B2B 仲介平台之後，仍不願意放棄 B2C 企業對個人的交易市場，對已經加入阿里巴巴 B2B 仲介平台的賣家來說，阿里巴巴提供到淘寶網開商鋪經營 B2C 的商務服務，反而是一項貼心又便利的顧客服務，這是也讓淘寶網能後來居上擊敗易趣網的重要因素之一。

支付寶的第三方安全保障

網上交易賣方最怕出貨之後，卻收不到該筆交易費用的不安全感，買方最怕付了金錢，卻收不到貨品和收到爛貨的不信任感。2003 年，阿里巴巴提供「支付寶」服務，買家先將貨款匯入淘寶網所提供的第三方帳戶中，買家確定收到貨品無誤之後，淘寶網再將貨款支付給賣方。當買賣雙方申請支付寶服務時，也會要求建立資信檔案，如此就可以解決買賣雙方的不安全感和不信任感。

▲ 資料來源：淘寶網官網

系統設計符合消費者習性

如果透過提供免費服務的系統機制，但系統機制親和力低，使用門檻高，那可不容易贏得網路商務的市場商機。網民對淘寶網的第一印象，就是使用介面親和力高，操作使用非常容易入手，注重用戶在社區的體驗，系統和服務反應迅速，

▲ 資料來源：淘寶網官網

用戶對淘寶網的系統機制滿意度相當高。再加上，積極改良後高功能的淘寶旺旺線上即時聊天工具，買賣雙方可以在平台上立即互動和交流，很符合中國人傳統商務交易的習慣，因此，網民對淘寶網系統的黏著度相當高。

淘寶旺旺即時通訊服務

2004 年，淘寶網推出「淘寶旺旺」即時聊天工具。淘寶旺旺一開始推行時阻力很大，因為功能性遠不及市佔率最高的「QQ」和「MSN」，用戶對使用淘寶旺旺的意願率偏低。淘寶旺旺在經過幾年以來不斷改進之下，已經能與淘寶網充分整合，在交易過程中，買賣雙方都會使用淘寶旺旺進行即時的雙向互動和聯繫，間接提升交易的效率。而且淘寶旺旺的管理後台，會記錄所有買賣雙方洽談的各種交易訊息，如此可以低買賣雙方的交易糾紛，如發生糾紛，也有完整洽談紀錄，可進行公正公平高效率的仲裁，相對可以大大提升買賣雙方交易的滿意度。

▲ 資料來源：淘寶網官網

大淘寶戰略

創造直接就業機會

2008 年，「大淘寶戰略」以「開放、協同、繁榮」的理念，透過開放平台，發揮產業鏈協同效應，大淘寶致力成為電子商務基礎服務的供應商，為電子商務參與者提供基礎設施，活絡整個網路購物市場。大淘寶最大的目標，是為社會創造 100 萬直接就業機會，2009 年底，超過 80 萬人透過淘寶開店實現了就業，帶動的物流、支付、營銷等產業鏈上間接就業機會達到 228 萬個（國際協力廠商機構 IDC 統計），目前每天全中國有三分之一的宅送快遞業務都因淘寶網交易而產生。

淘寶網與阿里媽媽合併

2009 年，淘寶網與阿里媽媽（www.alimama.com）合併發展。阿里媽媽是一個全新的交易平臺，導入「廣告是商品」的概念，讓廣告第一次成為商品呈現在交易市場裡，阿里媽媽讓買家（廣告主）和賣家（網站主）能輕鬆找到對方。阿里媽媽的使命：**「讓天下沒有難做的廣告！」**，阿里媽媽推動實現互聯網廣告的價值，合理開發廣告資源，讓網站主能夠獲得實質的利益。阿里媽媽打造安全高效的網路交易平臺，宣導並致力於建設一個公開、透明的廣告交易市場，體現誠信、互動、公正的特色，打造誠信互評體系，讓廣告主和網站主放心交易。淘寶網與阿里媽媽整合之後，即可為淘寶網站內商品提供完善廣告服務平台。

▲ 資料來源：淘寶網官網

大淘寶的使命，是在於推動「貨真價實、物美價廉、按需定制」的網路商品，透過縮減管道成本、時間成本等綜合購物成本，讓淘寶網幫助更多的人能享用網路商品，獲得更高的生活品質，透過提供銷售商務平台、行銷、支付、網路技術等全方位的服務，幫助更多的企業開拓中國內銷市場、建立品牌，實現產業升級。大淘寶的出現為整個中國網路購物市場打造一個透明、誠信、公正、公開的交易平台，進而影響社會大眾的購物消費習慣。

淘寶聯盟收益最大化

2010 年，成立淘寶聯盟。淘寶聯盟彙聚了大量電子商務行銷效果資料和經驗，已經發展成為中國最大的電子商務行銷聯盟。淘寶聯盟實現合作媒體的收益最大化，透過和合作夥伴進行立體化的整合行銷合作，讓淘寶聯盟以更靈活多元的方式，滿足不同的營運需求，使得各種產品和資源通過有效的組合實現更強的盈利能力。

淘寶聯盟是一種顛覆傳統行銷的運作模式，透過創新的電子商務行銷活動和工具，讓各類型的大型網站，或是中小網站的站長，或是個體戶的淘寶客，都可將自己網站的流量和人氣關注度快速轉變成實質的現金。在加入淘寶聯盟的 80 多萬名淘寶賣家中，大部分賣家的日成交額中，有 10% ～ 30% 是透過淘寶聯盟站外行銷所導引產生的成功交易額。

2011 年，淘寶網日交易額已突破 3600 萬，合作夥伴分成達 350 萬。預計 2011 年，透過淘寶聯盟的日交易額可突破 1 億人民幣，其中合作夥伴的日均分成也可突破 800 萬。在一年之內，有 50 多萬名活躍的淘寶客，80 萬名廣告主，2.4 億推廣商品，日均 PV 覆蓋達 20 億。淘寶聯盟日分成金額，從上線前的 80 萬 / 天，現今達到 350 萬 / 天，不但翻了 4 倍，而且還不斷在倍數上揚中。

▲ 資料來源：淘寶網官網

淘寶聯盟 2011 年的目標是要拓展到 120 萬的廣告主，累積 3 億商品，實現日均 50 億的 PV 覆蓋。如果淘寶聯盟在兩年時間內，日分成突破 800 萬，等於合作夥伴的日分成是倍增十倍。百度廣告聯盟 2010 年第四季的日分成是 216.7 萬，相較加入淘寶聯盟反而可以帶給合作夥伴更多盈利。

2011 年，淘寶聯盟推出了一系列的創新行銷活動和新行銷工具，為各種需求的合作夥伴提供從櫥窗推廣、搜索推廣、頻道推廣、元件推廣到 API 工具等一系列產品包裝。淘寶聯盟將研發推出行動商務的推廣業務，開放淘寶聯盟手機端 API，以開放和共用來幫助行動商務商獲得更大收益。

淘寶客網站走向社群化

淘寶客網站是淘寶網上商品的導購網站，透過淘寶客網站裡網友之間互相推薦商品，進而導引到淘寶網上完成交易，再從中獲取一定比例的佣金。自 2010 年淘寶聯盟成立後，隨即引發建立導購網站的狂潮，已經有數十萬的淘寶客網站不斷出現，這些網站特色都是圍繞著淘寶網，為有購物需求的用戶，提供特殊的加值服務。各種不同類型不同屬性的淘寶客網站，從不同的角度切入，為不同需求的使用者，提供完整的購物資訊。

▲ 資料來源：淘寶網官網

目前較為成功的淘寶客網站，是透過社群系統機制下，讓買家之間自由交流和心得分享。一旦社群裡有網友發表了某商品的疑問，即會有網友貼文分享對該商品的評價與心得，這比起從搜尋網站裡，輸入關鍵字到大海茫茫的網海裡，尋找需求商品的相關資料，要來得輕鬆又快速。這種從買家的角度來推廣商品，在社群裡進行積極的互動和交流，更能達到更直接推廣商品的成效。

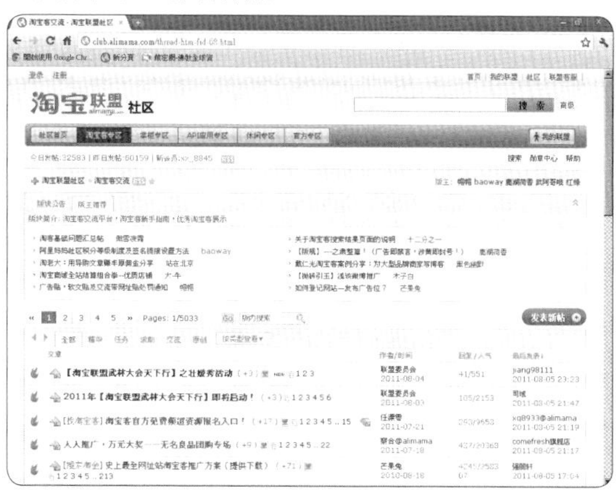

▲ 資料來源：淘寶網官網

這種新型態的網路購物模式，也在買家之間迅速風行起來，不少買家會到淘寶網購物之前，先到淘寶導購網站裡瀏覽網友對商品的評價和心得分享。如：某淘寶導購網站 2010 年 5 月建置，成立一年不到，月營收就突破 12 萬人民幣，目前註冊會員數突破 100 萬人，其中活躍會員就超過 60 萬人。

淘寶網賣假貨事件

百度和淘寶網美國名列「惡名市場」

中國網路搜尋引擎龍頭「百度」和「淘寶網」，2011 年再度被美國貿易代表辦公室（USTR）點名為全球 33 個「惡名市場」之一，透過「深層連結（deep linking）」，引導買家購買侵權商品，這種深層連結可直接將網友導引到特定購物網頁中，而不必先進入網站的首頁再前往該網頁，淘寶網雖努力杜絕網站上的假冒或盜版商品，但仍有很長一段路要走。

▲ 資料來源：淘寶網官網

淘寶網買真皮包被騙事件

中國 2010 年網購大軍逾 1 億 6051 萬億用戶，和前年相比增長 48.6%，網購的交易規模達 4610 億人民幣，佔中國零售總額比重約 3.2%。網路錢潮滾滾但陷阱也不少，大陸中央電視台最近踢爆淘寶網買真皮包被騙的案例。

某網民在淘寶網輸入「真皮包」搜索，在一家網店看到一款原價 488 元皮包，「秒殺價」只需 188 元，網店找到廣東省權威部門出具的質檢保證書，保證產品是真皮。該店也參加淘寶網的消費者保障計畫，如有出現問題，淘寶網會代替商家對消費者「先行賠付」。

網民見有「雙重保障」，即網購該商品，當快遞送貨上門後，發現貨品有異，送往技術監督局鑑定之後，結果該皮包實際上是「PU 皮」的仿真皮製造。網民隨後向淘寶網申訴，但客服強調必須將商品退換賣家，才能完成「先行賠付」，但該皮包已經被技術監督局封存，無法退還給賣家，淘寶網隨後以種種理由拒絕賠款。讓網民更生氣的是，這個偽真皮包繼續在淘寶網銷售未被撤下（央視《焦點訪談》）。

淘寶網被起訴 4178 家網店售假貨

香奈公司調查發現，價值數百元一件的香奈兒，在淘寶網上僅賣數十元，淘寶網站內至少有 4178 家網店大肆銷售假冒香奈兒的偽劣產品，儼然成為銷售假冒香奈兒產品的最大集散地。香奈公司對 1045 家售假網店進行司法訴訟 (大紀元記者劉貴)。

淘寶第一大店涉嫌售假被罰

檸檬綠茶是淘寶網第一家五皇冠店鋪、第一家突破 50 萬信譽賣家、綜合交易排行第一的賣家、化粧品交易排行第一賣家、流量最大網店和第一個突破 100 萬信譽的雙金冠網店，好評率高達 98.5%，為 AA 級信用網站，並獲得了中國互聯網協會「網店網信認證」。但該網店涉嫌售假被淘寶網處罰並非首次，2009 年因涉嫌售貨被淘寶停業整頓，2010 年，再次售假遭到臨時查封 (東莞時報)。

淘寶網 2010 年每天訪問人數超過 6000 萬，處理 216 萬起的投訴事件，其中 97% 的用戶表示，對投訴的解決方式滿意。216 萬起的消費者維權投訴，僅占淘寶網全年總交易筆數的萬分之六。

中國現有的網購糾紛解決機制並不完善，消費者權益普遍無法得到全面保障，而且中國網購打假行動，屢打屢現，其主因是打假的管轄範圍採多部門交叉管理，相對也形成大家管，卻大家也都不管的局面，因而導致假貨仍暢行無阻在網路上銷售。

優良賣家如賣假貨，事實上並不能給賣家帶來長久性更多的利潤，買家會因為買到假貨而逐漸流失掉，賣家會因為賣假貨失去信譽，臭名會在社群網群中快速廣泛流傳，最後淪落關閉商鋪的下場。無論是買家的流失，還是賣家關閉商鋪，這兩種狀況最後都會導致網購平台商面臨生死存亡的關鍵問題。所以如何徹底杜絕商鋪把假貨上架，以及如何建置完善的消費糾紛處理機制，這都是網購平台商首要面對的頭痛議題。

問題討論

1. 大淘寶的戰略，是為了整個中國網路購物市場打造一個透明、誠信、公正、公開的交易平台，但近年來淘寶網卻屢屢出現賣家賣假貨的事件，請發表您的看法？
2. 淘寶網會出現數十萬個圍繞周遭的淘寶客網站，但為何台灣的 YAHOO、PCHOME、PAYEASY 前三大網路購物平台，卻沒有這種導購網站的出現？
3. 淘寶網正積極想拓展線下銷售管道，而製造產商除了實體通路銷售外，卻選擇積極投入網路銷售，您覺得淘寶網保有網路購物平台即可？還是應該要積極投入實體店鋪和商城的建置行動？
4. 淘寶網曾發下豪語：「在十年內交易量要超越沃爾瑪全球交易量，成為全球零售業的新霸主」，您覺得淘寶網真能有這種機會嗎？
5. 您覺得網購平台商要如何徹底杜絕商鋪把假貨上架，以及如何建置完善的消費糾紛處理機制？

參考資料

1. 淘寶網，網址：http://www.taobao.com。
2. 蘋果日報，網址：http://tw.nextmedia.com。
3. 新浪全球新聞網，網址：http://dailynews.sina.com。
4. 大紀元時報，網址：http://hk.epochtimes.com。
5. 中國經濟網，網址：http://big5.ce.cn。

實戰案例問題　建立商務網站拓展全台市場

個案背景

張女士和先生經營中式原木家具事業，目前在台北、新竹、台中、台南、高雄各有一家 100 ～ 300 坪的展示中心，每家展示中心的工作人員 3 ～ 5 位，中式原木家具商品的來源，是台北總店裡的設計師完成設計稿件之後，交由中國配合的工廠製作，再貨運回台灣高雄門市的倉庫中，台北總店再將商品依照各展示點的特性，分送到各個展示中心中。公司每年主要的營收來源，有 70%是透過全省配合的 300 多位設計師下單購買，以往每一季都需彙集當季新產品 5X7 的照片，郵寄給 300 多位的設計師，每季大約需花費 10 萬左右的成本，設計師收到新產品的照片再透過電話聯繫訂購，或是在前往各門市裡實際審視實品，張女士也接受顧客和設計師的設計稿量身訂做，五家展示中心營業額只佔每年總營收 30%，展示中心被當做倉庫的成分反而比當展示的成分更大。

張女士的中式原木家具標榜是整株原木切割，非中國不肖商人以棺材板裁切製作的廉價商品，所以張女士展示中心裡商品的價格偏中高價位，再加上只做中國風的原木家具，每年總營業額並不高。歷經 2008 年的經濟危機之後，每年營收大幅度縮減，張女士原本很想關閉部分的展示中心來減少開銷，但擔心關閉展示中心之後，曝光量降低，可能會導致失去 30 ～ 50%的總營收，後來選擇將每家展示中心的工作人員縮減到 2 ～ 3 位。張女士在 2009 年參加中小企業處所舉辦的電子商務課程之後，希望能透過建立電子商務網站的方式，關閉先前五間展示中心，改在台中建立 2000 坪的倉儲中心兼展示中心，不但可以節省花費，公司不再是縣市的區域型態，透過網路可以增加更多的能見度，並且將業務有效拓展到全台灣和國外的市場，如此還可以增加公司更多的營收。

問題討論

1. 張女士新建立的商務網站，該如何設計可以彌補顧客不在展示中心瀏覽實體商品的缺憾？
2. 張女士新建立的商務網站，該如何規劃可以替代原五家展示中心每年 30%總營收？並且有效拓展全台商機？
3. 以往每季都需花費 10 萬的費用，彙集當季新產品郵寄給 300 多位的設計師，在張女士新建立的電子商務網站中，該如何設計可以免除此項開銷？
4. 有何網路行銷的策略，可以吸引更多設計師願意加入張女士旗下的經銷行列？
5. 張女士新建立的商務網站，以及未來在台中新建立的倉儲兼展示中心，請提出如何將虛擬商務網站與實體展示中心，有效結合的網路行銷策略與活動？
6. 張女士加入中國、美國和歐洲的 B2B 商務平台，是否可以有效協助張女士順利打入歐美中國風的家具市場？
7. 張女士若與台灣設計師商務網策略聯盟，是否更能有效拓展台灣市場？

重點整理

電子商務的付費方式，從早期的銀行匯款、郵局劃撥，到後來衍生出的手機小額付費、ADSL 代收、超商代碼繳費…等，各種各樣的金流方式，無非都是希望提供給消費者一個方便又安全的付費機制，也讓賣家能正確無誤地收到款項。

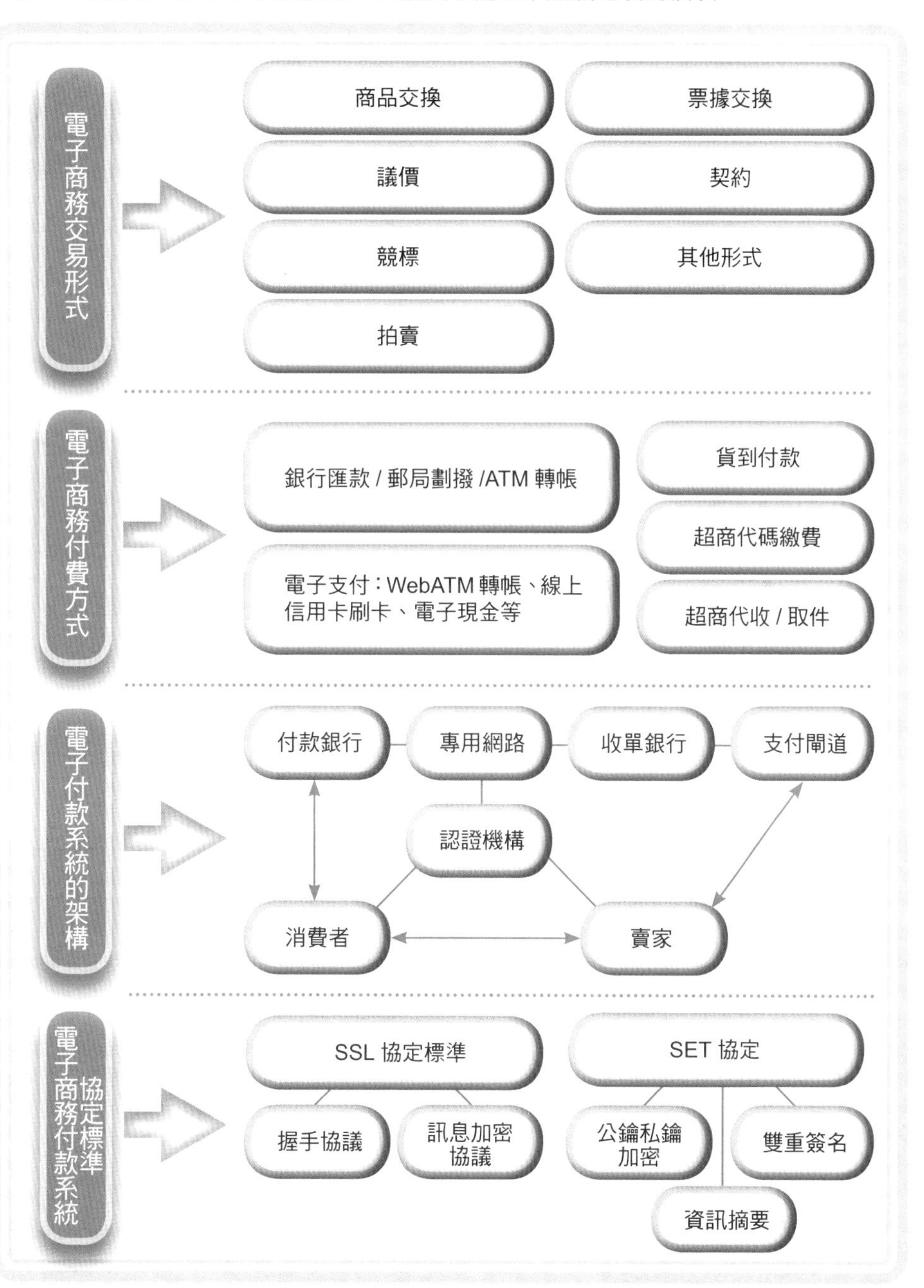

1. 請問電子商務有哪七種交易形式？
2. 請問電子商務有哪些付費方式？
3. 請問電子付款系統的架構為何？
4. 請問 SSL 協定標準包含哪些協議技術？
5. 請問 SET 協定標準包含哪些安全性技術？

C H A P T E R

05 電子商務策略

所謂的電子商務策略，是指企業在實施電子商務的過程中，有一定要達到的目標與績效，而為了達到該目標和績效，所必須做的決策。而影響電子商務的因素是什麼？電子商務策略的擬定步驟為何？都是本章所要探討的重點。

5.1 何謂電子商務策略
5.2 影響電子商務策略的因素
5.3 電子商務策略的擬定步驟
案例分析與討論 BlueNile
實戰案例問題 台中團體服工廠透過商務網站增加營收

5.1 何謂電子商務策略

學者霍費爾（Charles W. Hofer）等人於 1978 年時提出，策略可以依照組織的不同而分為公司總體策略（Corporate Strategy）、事業層級策略（Business Strategy）、以及功能部門策略（Functional Strategy）（如圖 5-1 所示），在不同的層級中，就應該進行不同的策略規劃，而就電子商務策略而言，是為了發展企業特定的經營模式，使公司在特定的市場或產業中能獲得競爭優勢，因此則是屬於事業層級策略的一環。

所謂的電子商務策略，是指企業在實施電子商務的過程中，有一定要達到的目標與績效，而為了達到該目標和績效，所必須做的決策。由於在進行電子商務時，涉及了許多大大小小的層面，也必須執行許許多多的項目，對人力、物力資源的配置更需考慮諸多，這些都是決策時所需注意的重點。

相對於資本雄厚的大企業來說，中小企業在傳統行銷市場中，受限於資金、人力的限制，即使本身具有相當優良的產品，也無法拓展龐大的規模，但透過電子商務的特性，不但可以將產品打入國際市場，也能即時瞭解市場動態與變化，進而和其他產業異業合作，強化自己的競爭力，因此對一般企業來說，制訂正確的電子商務策略就成為首要發展的任務，而這也是電子商務的根基所在，策略運用得當，則未來潛力無窮。通常在制訂電子商務策略時，可以朝幾個面向思考：

1. 電子商務的經營模式策略

對企業來說，要選擇 B2B、B2C、C2C 或 C2C 哪一種經營模式，是最先要思考的面向，因為這關係著電子商務下一步的發展。

2. 人才策略

電子商務是以人為本的運作體系，需要國際型、綜合型、技術型、亦或銷售型的人才，都需要做不同需求的人力安排，以求在最低的人力資源下達到最高的效益。

3. 技術策略

電子商務所牽涉的技術層面較為廣泛，不但需要商務方面的技術，也需要電腦軟硬體、網路等各方面的技術，當所要發展的規模越大，參與主體的技術層面就越複雜。

4. 實施策略

依照不同的發展程度，電子商務在各個階段的實施策略也應有所不同，像是在初級階段時，應著重在加入網際網路、導入電子化的應用策略中，到了中期時，則要提供企業內部資訊化的速度與普及性，到了後期時，則要善用電子化的應用，全面提高績效。

圖 5-1 策略規劃層級

在不同的層級中，應該進行不同的策略規劃，像是：
公司總體策略層次：公司的願景是什麼、目標是什麼、要發展哪些事業？
事業層級策略層次：應該進入哪一些市場？選擇哪一些產品？
功能部門策略層次：該如何執行才能達到策略事業單位的目標？
電子商務則隸屬於事業層級策略中的一環。

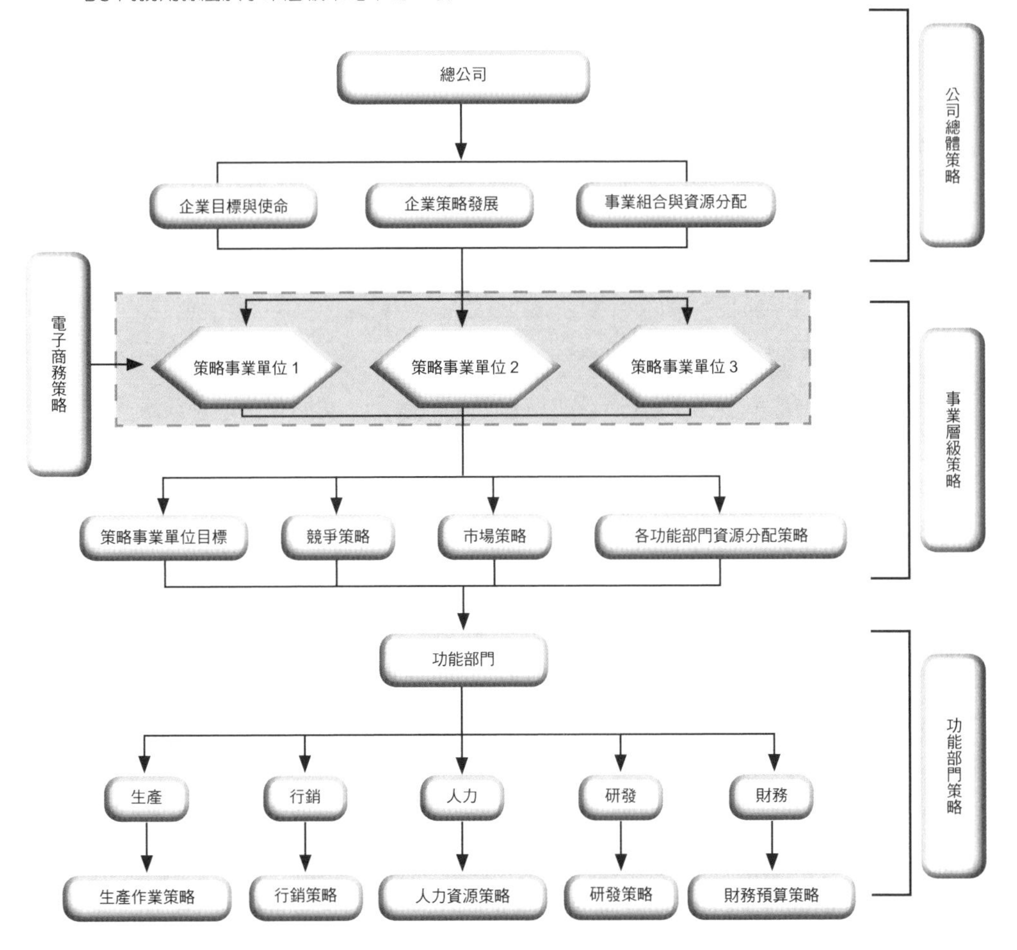

5.2 影響電子商務策略的因素

影響電子商務擬定策略主要來自於三個重要因素（如圖 5-2 所示）。

企業願景

企業願景是指企業未來的一種期望、目標或定位，大多數的企業都有前瞻性的願景，並依此作為企業的發展方向，作為員工努力的指引方針，不論是觀念性的企業原則、企業精神、核心價值、企業使命，或者是具體的策略擬定、經營方針、執行工作、競爭優勢，都需要依據企業願景來規劃與制訂。

吉姆・柯林斯（Jim Collins）和傑裏・波拉斯 (Jerry I.Porras) 將企業願景分為兩種類型：

1. 明確的企業願景

成功的企業往往具有能鼓舞員工的企業願景，且願景是能清楚描繪的，能激發個人的潛能、激勵員工的士氣，將員工深耕於企業之中。像是一間網路名牌包商店，可能就會希望在未來能將全世界的名牌包包都囊括進來。

2. 以銷售為主的企業願景

有些企業只希望能夠提高營業額或銷售量，卻沒有正向的經營理念或願景，使得員工認為自己只是賺錢的機器，並沒有為公司努力的動力。例如網路蛋糕美食店，只求銷售量的提高，並不注重產品品質與服務，甚至加入黑心原料，這會使得員工在良心的驅使下紛紛離去，而企業壽命也不會長久。

企業願景決定著電子商務策略的發展方向，不但鼓舞著相關部門向同一目標邁進，也是網路商店在運作時，員工日常的價值判斷標準，像是沃爾瑪公司所強調的「顧客第一」，不但是企業願景，所訂定的策略事事以顧客為優先，更是員工平常行事的基本準則。

內外部環境

企業要進入到電子商務的世界中，技術已不再是門檻，目前的資訊技術與架站程式都能讓企業很快地可以擁有一家大型的電子商務網站，反而是企業的內部環境與外部環境會影響著能否建立電子商務的決策。以內部環境來說，像是企業的資源、能力、核心專長、領導者對建立電子商務的態度、資訊人員的技術、電子商務應用人員的素質、過去的執行經驗…等，都有可能決定策略的擬定與人力、物力資源的分配，因為電子商務需要內部層層環節的配合，如果僅是領導者有意開發電子商務，但公司內部人員卻無此共識，那麼從生產、管理、銷售、採購、服務…等這一連串的流程，就會因企業文化與人為問題等因素而顯得困難重重。

圖 5-2 電子商務策略決定因素

電子策略的擬定受到三大因素：企業願景、內外部環境和網際網路特性的影響。

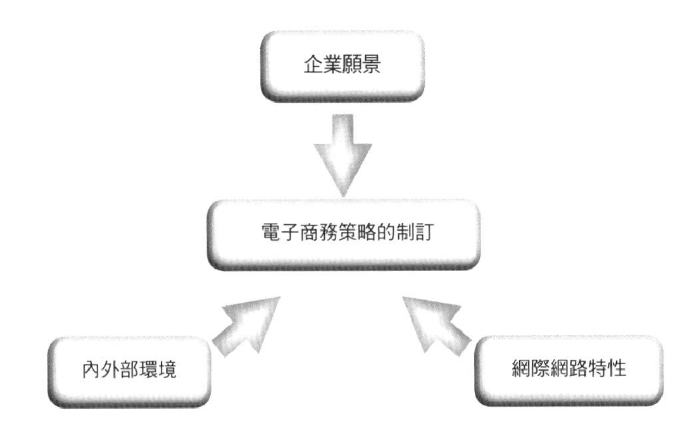

圖 5-3 企業願景的組成要素

企業願景又可稱為企業遠景、或企業遠見，可分為三大層次:對社會或世界的願景、企業的經營層面和目的、員工的行動準則或方針、以及三大要素：核心價值觀、核心使命、未來前景。

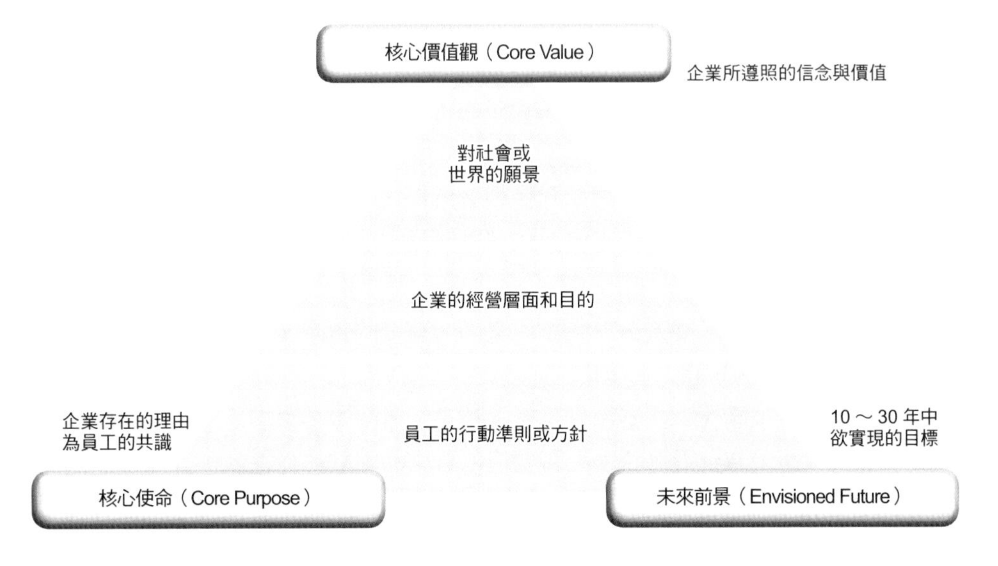

企業的外部環境則較為複雜，像是政府的政策、稅收政策、法規環境、經濟環境等都牽涉到電子商務策略的擬定方向。

政府對電子商務產業的重視與扶持程度，會因為制訂的政策而決定未來的發展，像是電子商務的稅收政策，如減稅、抵稅制度，也會影響著電子商務能否快速推進。另外，在法規環境中，由於電子商務是屬於新興產業，相關的法令規章尚不成熟，仍有許多問題有待法律的保障來解決，像是數位簽名、安全性認證、電子合約的效力、隱私權、網路著作權、商標、以及衍生的犯罪問題、詐欺…等。

除此之外，還有經濟環境是否對企業友善，是否有對於企業投資電子商務市場的利基特惠制度、以及是否有政府單位出面輔導，都關係著企業所進行的電子商務能否在這瞬息萬變的市場中存活下來。

網際網路特性

企業在市場中靠著獨特創新的經營模式而成功，然而在面對網際網路這一塊市場時，卻常常因為不諳其特性，繼續沿用傳統經營模式而導致失敗者大有人在。一個熟悉網際網路特性的企業，會因應潮流的變化、網路用戶的需求、技術的革新而不斷創造出創新的經營模式，擬定成功的電子商務策略。也因此，對於有意朝電子商務發展的企業，熟悉與善用網際網路的特性，從而制定有效的電子商務策略是必須的。

學者波特（Porter）認為網際網路扮演的是輔助性的角色，產業的價值仍來自於五力，亦即現有競爭者、潛在競爭者、替代品威脅、購買者的議價能力、供應商的議價能力，但不可否認的，網際網路也的確大大地改變了產業的型態與企業的競爭態勢，主要是來自於網際網路具有以下六項特性：

1. 全球性：不論是商品情報、市場動態消息，所面對的都是全球的網際網路市場。
2. 協助性：具有協助消費者搜尋商品資訊的特性，並且能與企業在網路上進行直接溝通。
3. 轉換成本性：當消費者想要轉換其他企業所提供的產品或服務時，必須要付出相當的成本才行，而這項成本會導致消費者是否想繼續轉移，或是留在原來的地方。
4. 資訊不對稱性：買賣雙方對於商品或交易所擁有的資訊是不對稱的，而若中間缺乏平衡，則常會使得交易失敗。
5. 淘汰性：在電子商務中，不論是生產、銷售、通路等各方面，幾乎都是顛覆傳統商業模式的，若企業無法跟上新環境所帶來的衝擊，往往就會淪為被淘汰的下場。
6. 降低成本性：企業工作流程的電子化，使得交易成本、生產成本等都得以降低。

圖 5-4　企業內外部環境影響層面

以企業為中心的內、外環境，在環境中影響的層面各有不同，每一個層面都牽涉到電子商務擬定的策略方向。

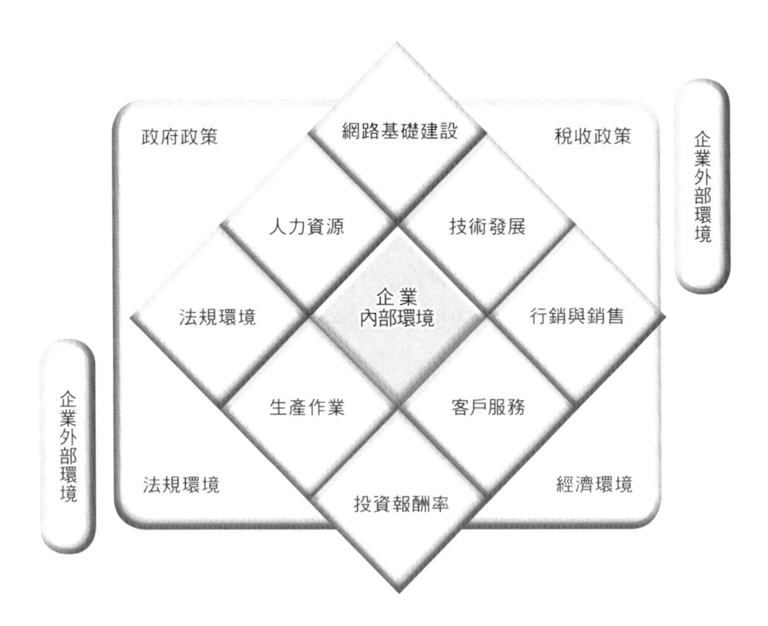

圖 5-5　塔普斯科特的網際網路特性

塔普斯科特（Tapscott）在 1977 年時，針對網路智慧對人類經濟活動產生的變化，提出了網際網路具有 12 項重要的特性：

5.3 電子商務策略的擬定步驟

電子商務策略的擬定，只要是為了能幫助企業達成企業願景，配合企業的營運策略、以及資訊化的策略，找出企業電子化的價值定位所在，而電子商務策略的擬定過程可以依照下列的九大步驟：

1. 分析環境趨勢（Landscape Scanning）

對於有可能影響企業的各種環境變數必須加以探討，可以採用議題分析法來假設企業可能碰到的狀況，並提出假設性的答案，而後再收集相關資料與數據，以便驗證答案的正確性。

值得注意的是，以往傳統的環境分析，可以依照過去的經驗來預測，但對電子商務環境而言，卻沒有辦法這樣做，因為電子商務的環境變動較快，所涉及的範圍也越來越大，使得投入分析的成本、心血、人力大為增加，但效果卻是有限的。

2. 找出產業版圖中的價值區位與策略方向（Value High Ground）

在整個產業環境的分析之後，企業可依此找出對自己最有利的價值區位和策略方向，並檢視自己的價值何在、要用什麼方式來達到價值區位、該怎麼培養價值區位中的商品、以及如何加強自己的競爭力，當企業一一解答這些問題後，其實電子商務策略的方向也就跟著出來了。

3. 發展與描述可能的價值定位（Value Proposition）

經過數據與資料分析後，可以獲得一些潛在的價值區位，而每一個潛在區位都有可能是企業的價值定位所在，因此企業可以將這些價值定位予以發展和精確描述，以便評估執行的可能性。

值得注意的是，企業在發展價值定位時，必須先想清楚想利用資訊技術與電子化工具來達到什麼樣的功能目的，是要使交易成本降低，亦或是與競爭對手製造出差異性、或者讓消費這在取得商品時更為便利…等。

4. 檢視企業資源與能力（Resource and Competency）

除了要盡力達到可行的價值定位以外，企業也應該考量自身的財力、人力、物力等資源，由於每一家企業的資源不同、核心能力也不同，因此形成了個別的差異，而企業究竟能達到哪一個價值定位，也必須視企業本身的資源與能力而定。

圖 5-6 電子商務策略擬定步驟

電子商務策略的擬定過程可以依照下列的九大步驟來進行：

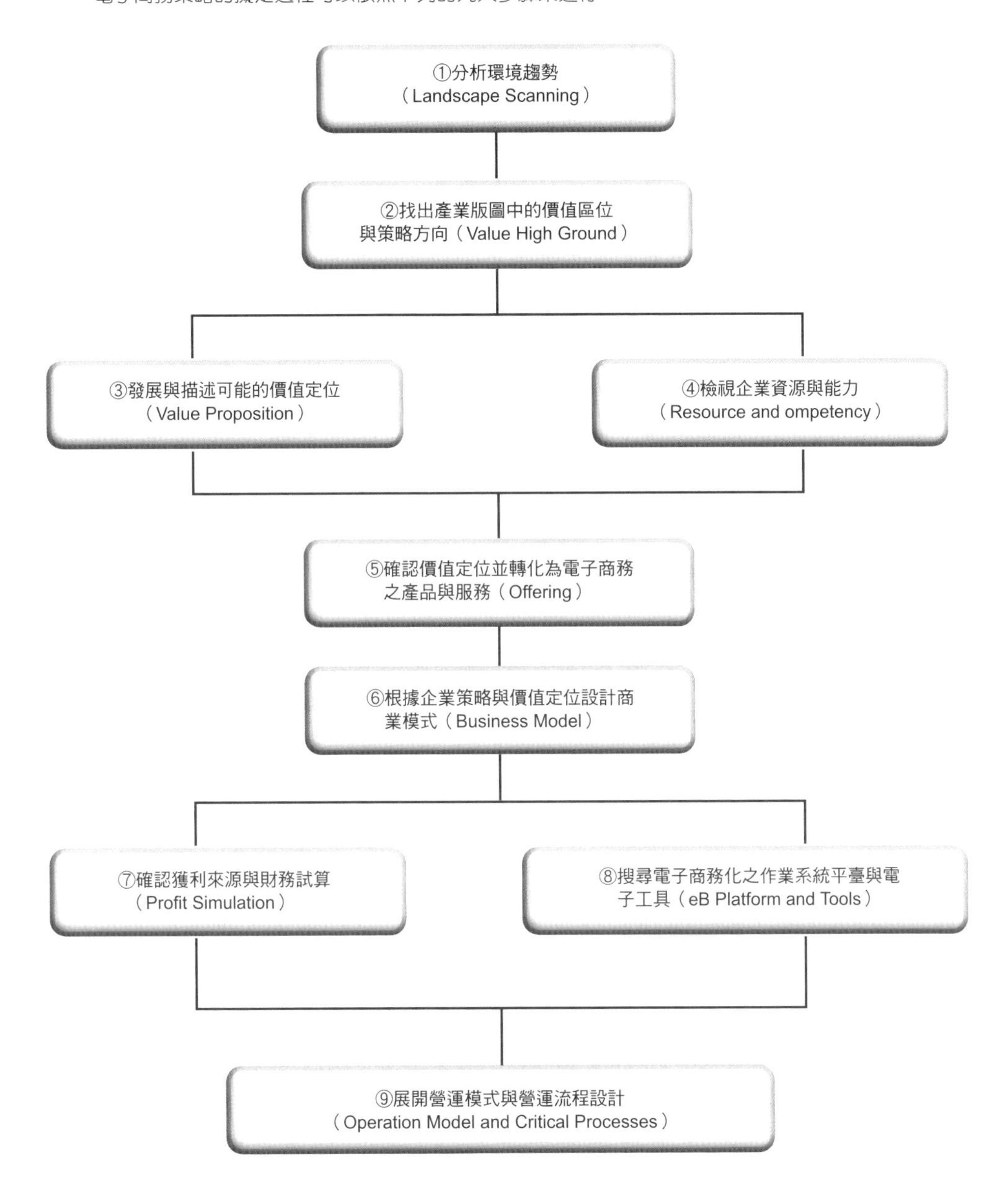

5. 確認價值定位並轉化為電子商務之產品與服務（Offering）

根據企業各項的資源、能力，與可能發展的價值定位相互比對之後，可以做出最後決定，確認企業在電子商務中的價值定位，而為了能將價值定位具體化，也必須依照定位，針對所屬的產品、服務、營運…等一一加以描述清楚。例如：

❶ 產品內容領域：以 2 ～ 6 歲的幼教自然、地理、科學、人文…等知識為主，採用中英文雙語並行。

❷ 產品型式：以線上下載、或實體光碟儲存的方式提供給消費者。

❸ 服務內容：在電子商務網站中該有的功能為產品詳細資訊、線上互動、隨選內容客製化組合、遠距教學…等。

6. 根據企業策略與價值定位設計商業模式（Business Model）

當策略與定位確實描述清楚之後，就可以依此設計出電子商務的商業模式了，所謂的商業模式，就是企業對整個交易網絡的具體實現，包括要用什麼樣的資訊技術、要依照哪些流程、要執行哪些項目、交易的對象是一般消費者或企業…等。

7. 確認獲利來源與財務試算（Profit Simulation）

即便有了看似完美的商業模式，但電子商務仍必須有所獲利，才能支撐往後的發展，否則空談願景而沒有顯著的利潤來源，無論是哪一家企業，都不會願意承受這種沈重的包袱。因此當商業模式設計好之後，得再進行未來現金流量的計算、以及資產損益平衡表，確認獲利的來源、效益，再評估其可行性。

8. 搜尋電子商務化之作業系統平臺與電子工具（eB Platform and Tools）

當評估電子商務是具有可行性、獲利性之後，就必須找出適合的工具、系統、平台來實現所規劃的電子商務網站了。首先，得要依據商業模式的需求，尋找最適合、最符合效益的系統，無論是利用架站程式，或者是自行開發、委外製作，都要分析其優缺點，且需要哪些功能、外掛、介面，並衡量企業本身的技術資源與製作預算，從中尋求在功能與成本上都能兼顧的電子商務系統。

9. 展開營運模式與營運流程設計（Operation Model and Critical Processes）

當企業導入資訊系統與電子商務工具後，電子商務基本的雛形就已經出來了，這時候企業所應該做的最後一個步驟，就是將各個營運系統依照電子商務商業模式的主軸加以展開，並依照原先資訊系統的內建流程，配合企業內部的作業流程加以修正、調整，依照需求加入外掛程式與設計介面，使得員工在作業上更加流暢。

圖 5-7 檢視企業資源與能力的參考面向

要檢視企業的資源與能力，可以從以下幾個面向來著手進行：

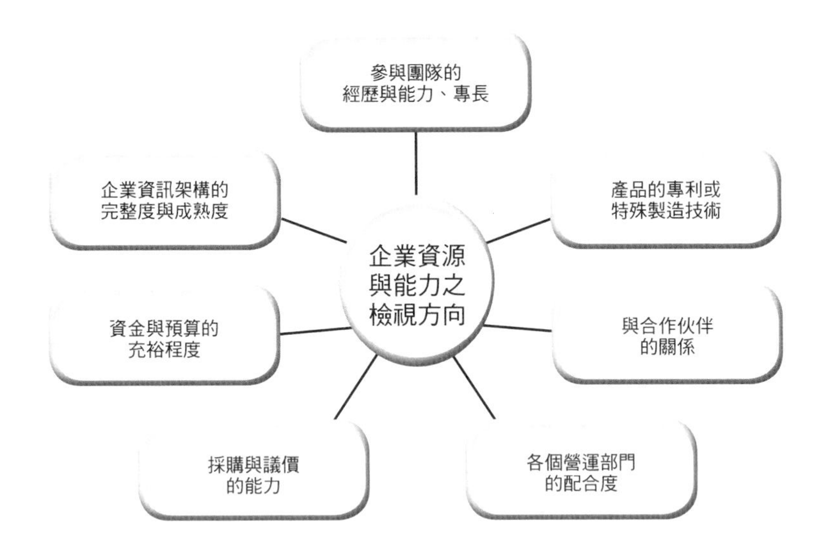

圖 5-8 電子商務商業模式的類型

電子商務商業模式可以區分為以下幾種類型：

案例分析與討論 BlueNile

BlueNile 官網網址：http://www.bluenile.com/

個案背景

BlueNile 美國人馬克瓦登 (Mark Vadon) 創立於 1999 年，是全球第一家珠寶 B2C 電子商務網站。自 2002 年以來，BlueNile 每年均獲 Bizrate.com 頒贈卓越領域白金獎，評鑑為網路最佳客戶服務獎，也是有史以來唯一獲得此獎項的珠寶商。

2003 年，BlueNile 在美國 Nasdaq（代號為 NILE）上市，股價從每股 20.50 美元攀升了 32%。2004 年，BlueNile 鑽石銷售額已超越了 Bvlgari、cartier 和 Tiffany 三家珠寶商全年銷售總和，成為全球第一大網路鑽石銷售商。BlueNile 只經歷 5 年的淬鍊之下，成功達到 Triffany 耗費 50 多年歲月下所發展的歷程。

2008 年，BlueNile 銷售統計達 2 億 9 千 530 萬美元，在全美 500 大網站當中名列 56，是珠寶類排行的第一名 (Internet Retailer Magazine 報導)。至今 BlueNile 在四大分站的市場中，仍然堅持只經營網路銷售，不跨足實體商舖的銷售模式。

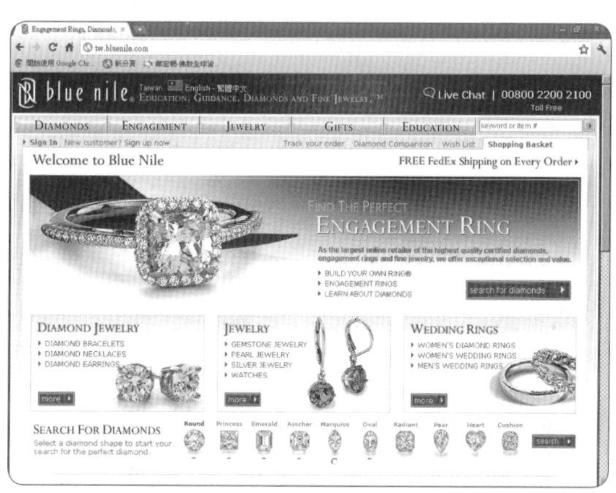

▲ 資料來源：BlueNile官網

2010 年，BlueNile 淨銷售額 3 億 3290 萬美元，比 2009 年 3 億 210 萬美元增幅為 10.2%。營業收入上升 10.0% 至 2130 萬美元。全年淨收入增長 10.5% 至 1410 萬美元和每股攤薄收益增長了 11.9% 至 $ 0.94，淨現金經營活動所提供的總額為 4160 萬美元為一年。

簡易分析：BlueNile 的成功之道

免除實體商舖的經營成本

以往消費者選購鑽石商品，只會前往信譽卓越的實體珠寶商舖選購，因為鑽石屬高價位商品，而且對鑽石評鑑知識能力不足，又擔心買到假貨的情節下，更不敢隨意隨處選購鑽石商品，對傳統珠寶商來說，要在網際網路上銷售鑽石根本是一件不可能的任務。

BlueNile 卻徹底打破網際網路無法銷售昂貴鑽石商品的魔咒，BlueNile 主要網路銷售業務戰場鎖定在美國本土，其次在英國、加拿大和台灣也經營分站，下一個主力戰場是鎖定中國市場上。商品以鑽石、戒台和婚戒為主力，只在 BlueNile 商務網來銷售鑽石商品，並提供 14 種交易幣值，再透過物流將珠寶運送到 43 個以上的國家。BlueNile 與傳統珠寶商相較，少了耗費大筆資金投資在設置實體商舖和門市銷售人員的花費上，免除龐大實體商舖的經營成本，讓 BlueNile 商品多出 20 ～ 40% 市場價格的競爭空間。

BlueNile 鑽石零庫存的策略

BlueNile 每克拉鑽石的售價通常比 Triffany 便宜 40%～50%，兩家鑽石商品實際上是相同等級，不但淨度和品質相同，甚至連供應商都有可能相同。全球的鑽石市場貿易，大約被 100 家供應商所控制，其中有 10 多家是 BlueNile 的供應商，BlueNile 建站之初就與供應商協議，會將庫存鑽石的數量直接明列在網站上，為了避免 BlueNile 供應商被其他的珠寶零售商所抵制，所有的供應商名稱都是以號碼來編號條列。

▲ 資料來源：BlueNile官網

每家供應商都可以透過各式圖形報表，審視每一種克拉、切割、成色和淨度的鑽石銷售量，還可以觀察其他 BlueNile 供應商對鑽石市場價格變動的反應速度，甚至會因為 BlueNile 線上銷售狀況，迫使供應商需調降供貨價格。

對供應商來說，BlueNile 就等於是一個微型的珠寶市場，可以得知各種鑽石商品在消費市場的接受度，以及應該實際具有何種的市場行情價格，可以比其他非 BlueNile 的鑽石供應商，更即時掌握鑽石市場的波動，立即進行調控，快速掌握鑽石市場的獲利商機。

BlueNile 與供應商的合作模式，是當顧客在 BlueNile 商務網上下單購買鑽石商品之後，才由供應商物流貨品到 BlueNile，等待成功完成交易之後才付給貨款給供應商，BlueNile 商務網上雖上架數千款鑽石，實際上商品庫存量極少，從一開始的 1000 萬美元庫存成本，一年後削減降低到趨近於零庫存。因此，BlueNile 又可以將此降低的庫存成本，再回饋到降低商品價格之上。

鑽石資訊透明化

工人從岩石中開採出的原鑽之後，歷經切割商、大盤商、中間商、零售商…等輾轉過手交易 4-7 次，從最初始的價格已經翻漲倍增 10 倍，最後才被顧客戴在手指上。全球有 1/2 以上的珠寶，是在實體通路的珠寶店銷售，實體商舖的營運成本相當高，鑽石商品通常是在被加上 50%之後的價格再售出。

BlueNile 徹底顛覆這種傳統珠寶的銷售模式，BlueNile 的理念：「選購訂婚戒指並不需要大費周章。」有關鑽石的知識一樣可以讓消費者清楚理解，並且作出正確選購，這絕非難事。消費者無需面對任何的銷售人員，不會造成潛意識下有被當成竊賊的感受，更不會被銷售人員懷疑有無購買實力的冷眼相待，消費者能在私有的空間裡，毫無拘束下，自由自在盡情挑選數億萬計的鑽石商品。

BlueNile 將 5 萬多顆鑽石的價格和銷售資訊明列網上，總價值超過 4 億美元，顧客可以透過搜尋美鑽的選項，依照「形狀、克拉、成色、切割、淨度、價格」六項圖示化的選項，進行多樣化的調控，來挑選鑽石商品，再藉由每一顆鑽石的「克拉」、「切割」、「成色」和「淨度」等 4 項評等資料，對每顆鑽石相互間進行清楚的比較，鑽石資訊全部公開透明化。

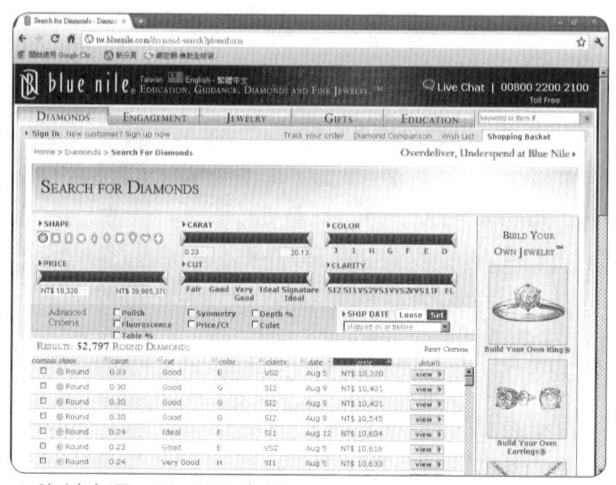

▲ 資料來源：BlueNile官網

消費者還可以透過「知識」選項，瞭解鑽石、珠寶、戒指、貴金屬、寶石和珍珠的專業知識，BlueNile 提供詳細「圖文解說」的數位內容，讓初次選購珠寶商品的消費者也能輕易上手。

▲ 資料來源：BlueNile官網

每當消費者點選 BlueNile 的商品，除了有畫質精美多重角度所拍攝的商品照片之外，還有該商品詳細資料，各資料說明內文也提供專有名詞的超連結說明，和相關「知識指引」，下方也會有顧客回饋分享對該商品的評價資訊，以及類似推薦商品與相關連物品的提示，還告知消費者在哪一個時間點下單訂購，最快可以在何時收到該商品。消費者在 BlueNile 所能瞭解珠寶相關的知識內容，甚至還可以比實體珠寶店裡的銷售員，提供更詳盡更完整的珠寶知識。

一對一客製服務

在以往傳統實體珠寶商舖，消費者只能在珠寶商有限的財力下，所能提供的商品中來挑選，消費者常常為了尋找自己所喜愛的款式，可能得跑遍數十家珠寶商舖都不見得能得償所望。

在 BlueNile 商務網上，消費者可以根據自己的需求和喜好，自由選擇量身訂做獨一無二的首飾，只要先透過「搜尋美鑽」的選項，選擇到合適的鑽石，在挑選「鑲嵌方式」，就可把鑽石鑲嵌在顧客所挑選的耳環、吊墜和戒指上。這是傳統買斷成品的珠寶零售商無法做到的一點，鑽戒的生產流程大部分還是手工模式，個性化定製是非常適合鑽石飾品的產業。

BlueNile 也為最挑剔的顧客，提供「特別訂單」的服務，無論是鑽石、訂婚戒指和獨一無二禮品，Blue Nile 的鑽飾珠寶顧問，都可以協助顧客創製配合獨特風格和品味的完美首飾。

最權威的鑽石認證服務

每顆由 BlueNile 銷售的裸鑽均經由美國寶石學院 (GIA) 或美國寶石學會化驗室 (AGSL) 分析及分級。這兩所化驗室是鑽石業中最受人尊崇的化驗室之列，而且以穩定性和公正的鑽石分級制度見稱。附有這些分級報告書的鑽石，都是行業中價值最高的鑽石。

除了由 GIA 或 AGSL 分級外，所有 BlueNile 精選級系列鑽石均經由 GCAL 認證。這額外的鑑定證書，給消費者的鑽石提供了第二重獨立及具權威的分析。BlueNile 提供不同種類的分級報告書及文件，如：GIA 鑽石分級報告書、GIA 鑽石檔案、AGSL 鑽石品質文件、GCAL 鑽石真品證書和 BlueNile 鑑定。

貼心的服務

BlueNile 對每個訂單均可享有免費運送。顧客還可以在禮品中加入免費卡片，只要訂購核實頁面上點選「免費禮品卡」的連結，就可以建立一則將印於此獨特卡片上的個人訊息，卡片將會附在禮品中。所有 BlueNile 的珠寶首飾商品，都會放入一個精緻的漆木盒中，首飾是放入柔亮的藍珠寶箱或是藍色絨布袋中，再置入 Blue Nile 設計的禮盒內。

▲ 資料來源：BlueNile官網

▲ 資料來源：BlueNile官網

▲ 資料來源：BlueNile官網

30 天退貨策略

最重要的一點 BlueNile 打破傳統珠寶銷售商的退換貨模式，提供史上僅有的「30 天退貨服務」的策略，BlueNile 的 30 日退貨政策，給予消費者充裕的時間考慮所購買的貨品，因此，讓顧客可以確定所作出的正確抉擇。如果顧客因任何理由對產品不感滿意，可以在裝運日期後的 30 天內，把沒有自訂蝕刻的貨品，保持原來商品狀態退回，以要求退款或換貨。

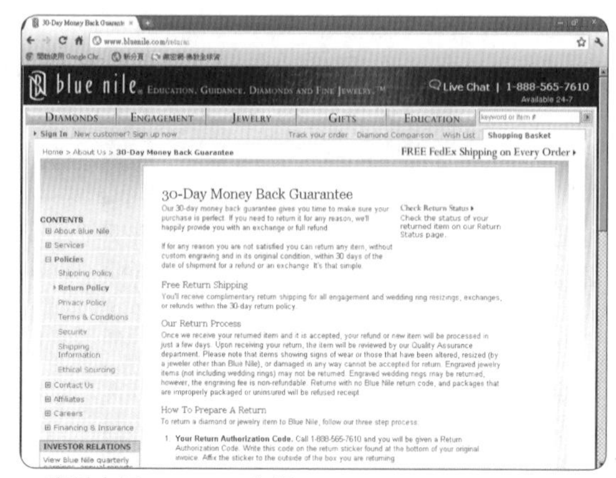

▲ 資料來源：BlueNile官網

BlueNile 公開透明的鑽石資訊、國際知名鑽石認證和鑑定報告、低於市場 30%～40%的優勢競爭價格、詳細圖文解說的數位內容、個性化客製服務、30 天退貨服務和安全的線上金流服務，讓到訪 BlueNile 的顧客，享有無後顧之憂的多重保障，因此，造就了 BlueNile 成為全球第一大網路鑽石銷售商，全世界各個國家的珠寶商，都有人企圖仿效 BlueNile 的商業模式，想成為該國家地域性的網路珠寶銷售霸主，但是都尚未能跳脫 BlueNile 既定的商務框架，如何提供更大差異化的線上和客戶服務，將會是新近網路銷售珠寶商能否脫穎而出的重點。

問題討論

1. 據分析師所說，中國鑽石消費市場會是下一個取代美國鑽石消費市場，成為全球第一大鑽石消費市場的地位。中國的九鑽網，也是模仿 BlueNile 的商業模式，您覺得九鑽網能取代 BlueNile 成為全球第一大網路鑽石銷售商嗎？
2. 如果 BlueNile 也建立中國分站，是否也能像美國、英國和加拿大各分站一樣，創下舉世震驚的銷售佳績？
3. BlueNile 的成功導致某鑽石集團，計畫要串連珠寶商以低於成本的價格來銷售珠寶商品，企圖擊垮 BlueNile，您覺得這種方式真能打垮 BlueNile 嗎？
4. 如果您擁有實體商舖和虛擬商務網來銷售珠寶商品，但顧客卻拿著 BlueNile 所列印的價目表，到您的實體商舖或虛擬商務網裡議價，您該如何應對這種狀況？
5. 台灣鑽石消費者的消費單價排名世界第二，僅次於阿拉伯國家，您覺得 BlueNile 全球第四個分站台灣網，是否也能像美國、英國和加拿大各分站一樣，創下舉世震驚的銷售佳績？
6. 世界各個國家地域性的網路珠寶銷售商，該如何提供更大差化的線上和客戶服務，來奪得地域性網路珠寶銷售的霸主地位？

參考資料

1. BlueNile，美國網址：http://www.bluenile.com。
2. BlueNile，台灣網址：http://zh-tw.bluenile.com。
3. 蘋果日報，網址：http://tw.nextmedia.com。
4. 新浪全球新聞網，網址：http://dailynews.sina.com。
5. 維基百科，網址：http://zh.wikipedia.org/wiki。
6. 萬寶週刊，網址：http://weekly.marbo.com.tw。
7. 鉅亨網，網址：http://www.cnyes.com。
8. 九鑽網，網址：http://www.9diamond.com。

實戰案例問題 台中團體服工廠透過商務網站增加營收

個案背景

林老闆在 2003 年創立專業團體服製作公司，公司基本成員有服裝設計師、打版師、剪裁師、工人和門市小姐共 22 人，服務對象如：學校、機關、公司團體、個人團體等，都可以打造屬於自己特殊風格與品味的團體服飾，從打版到成品都是在台灣完成，有一間直營門市和一間工廠。成衣業是需要仰賴高人力資源的產業，在台灣人力成本不斷提高的影響下，大多數的成衣廠，已經遷廠到中國和東南亞等地建廠，近幾年來不肖商人為增加利潤，台灣也到處充斥廉價的黑心商品，再加上 2008 年以來，經濟不景氣的影響下，造成成衣廠這幾年的整體營收逐漸下滑。

林老闆雖然只是一小型的成衣廠，但是對品質的要求很高，嚴選台灣在地的布料，從打版、布料剪裁、印花、車縫、整燙包裝…等製作程序，全部都是台灣製作，顧客可以全程看的到所有製作過程，品質有保障。林老闆的成衣廠也已經通過紡拓會進行產品認證，已取得 MIT 標章，皆為 100% 台灣製造。2010 年為了拓展市場增加成衣廠的營收，也委託科技公司建立了一個商務網站，除了公司形象介紹之外，最重要的內容就是「產品介紹」與「服務項目」，整個商務網站類型偏向「電子型錄」的模式，沒有既成品（現貨）可以直接在線上選購，都需透過詢價的方式來訂製商品，因此，商務網站中也有「詢價機制」，顧客可以一次複選多項產品，輸入聯絡資料送出詢價單之後，即可在管理後台與電子信箱中看到顧客訂製的需求單，公司專責人員再透過電話與顧客聯繫。

該商務網站建立之後，並無其他網路行銷活動配合廣宣，也沒有運用任何社群媒體，公司所有成員都是以服飾相關專業人才為主，沒有一位懂得經營商務網站的專業知識。建站一年多，透過商務網站而來的成功交易量，並未明顯增加，林老闆很想知道到底該如何經營該商務網站，才能增加成功交易量，用以有效增加成衣廠的營收。

問題討論

1. 林老闆為了拓展市場，除了公司原有的商務網站，該不該再到中國、美國和歐洲的 B2B 商務平台，都付費註冊一個專屬公司網頁來拓展公司商務？
2. 林老闆是否該選擇進駐 YAHOO 和 PCHOME 兩大入口網站的網路商城，才能有效增加成衣廠的營收？
3. 台灣每年幾乎都有選舉活動，您覺得林老闆可以針對台灣的選舉活動設計製作各式商品，再透過原有商務網站來銷售，用以有效增加成衣廠的營收嗎？
4. 林老闆該與其他成衣業者策略聯盟，在原有商務網站裡，銷售更多樣化的商品，用以有效增加成衣廠的營收嗎？
5. 林老闆需不需要改變原有商務網站的架構？何種商務網站的規劃才能有效增加網站流量？如何將流量再轉變成有效的成功交易量？
6. 林老闆如果只使用 FACEBOOK 的粉絲團和購物車系統，是否已經足夠可以有效增加成衣廠的營收？

重點整理

所謂的電子商務策略，是指企業在實施電子商務的過程中，有一定要達到的目標與績效，而為了達到該目標和績效，所必須做的決策。

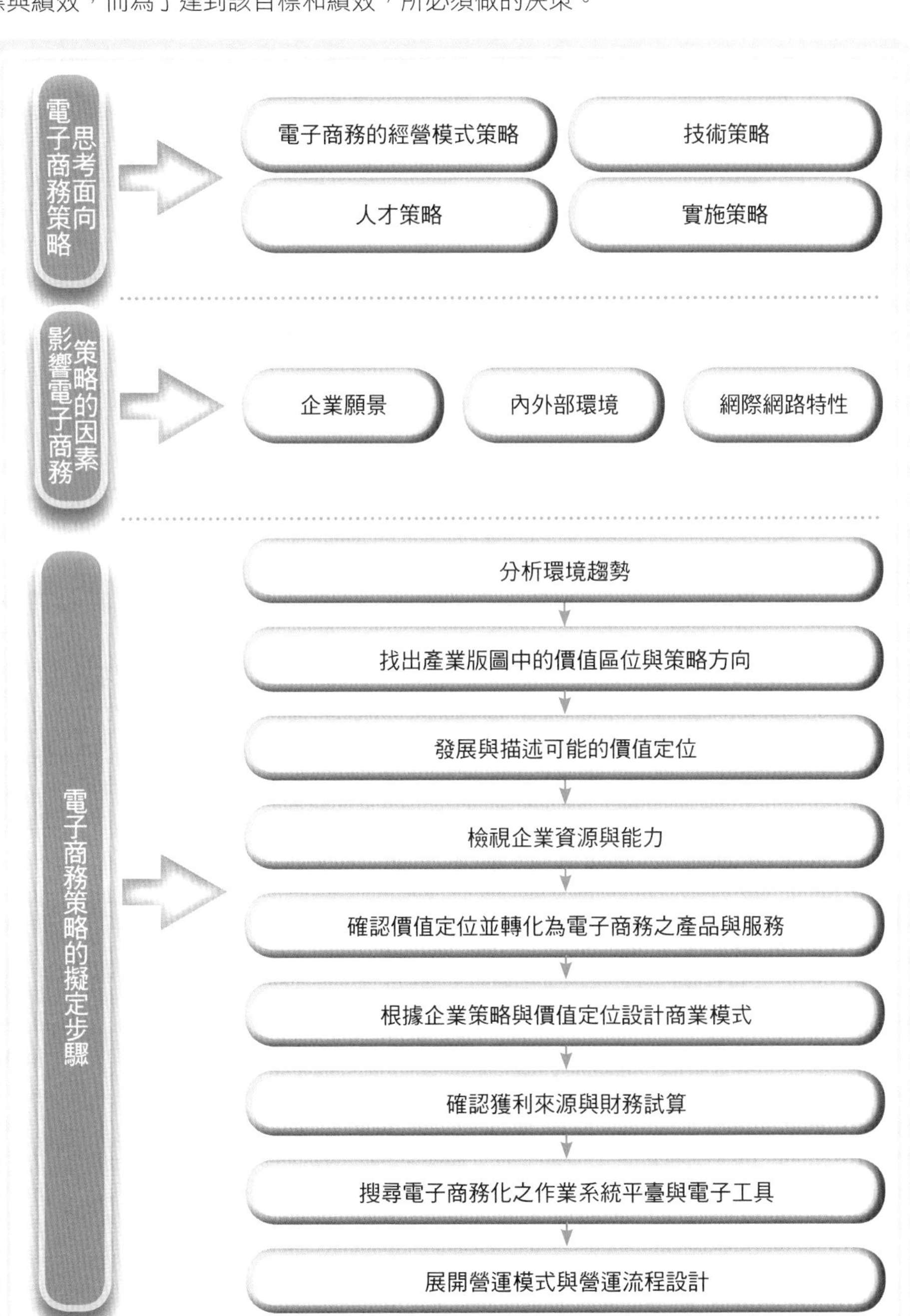

1. 請問在制訂電子商務策略時，可以朝哪些面向思考？
2. 請問影響電子商務策略的因素有哪些？
3. 請問企業願景可分為哪兩種類型？
4. 請問網際網路具有哪些特性？
5. 請問電子商務策略的擬定步驟為何？

C H A P T E R

06 行動商務

人們應該把以行動科技為主的工作方式運用於日常工作之中，而形成的商業處理模式，就稱為行動商務。行動商務的應用型態可分為哪幾種？企業M化之後，究竟有什麼好處呢？本章將帶您深入探討。

6.1 何謂行動商務

6.2 行動商務的應用型態

6.3 企業M化

案例分析與討論 愛評網

實戰案例問題 美食旅遊作家拓展行動商務

6.1 何謂行動商務

行動商務的定義

行動商務是指藉由手機、PDA、筆記型電腦、平板電腦…等行動設備為主，所進行的商務活動。行動商務（Mobile Commerce）是由電子商務衍生而來的，電子商務一般是指利用「有線的」桌上型電腦設備所從事的商務活動，但行動商務則是「無線的」，不限地點、時間、隨時隨地都可以利用行動設備展開商務活動，與傳統的電腦平台相比，行動商務擁有更廣大的用戶數，所帶來的市場前景也更為廣闊。

關於行動商務的定義，有許多學者分別從不同的角度切入，提供了很好的註解，像是學者瓦倫丁（Valiente）和希頓（Hiejden）就從交易層面的角度指出：「人們應該把以行動科技為主的工作方式運用於日常工作之中，而形成的商業處理模式，就稱為行動商務。」另外，以策略應用的角度來說，學者威德亞納森（Vaidynathan）是這樣解釋的：「行動商務是藉著應用可以支援多項應用系統的行動裝置，而在商業處理的過程中，達成省成本、並提高生產力的商業模式。」另外，若是以廣義的定義來說，學者卡拉科頓（Kalakota）和羅賓遜（Robinson）則認為：「行動商務就是把網際網路導入到無線化，再加上電子商業的功能所組成。」

行動商務的架構

行動商務是建立在基礎建設與通訊系統的技術之上，其實架構可以分為五大部分（如圖 6-1 所示）：

1. 基礎建設

包括設備的相容性、處理資料的環境、傳輸協定的轉換…等，一般由電信公司提供行動商務的基本建設。

2. 網站建設

行動商務的網站可以由企業自己架設，購買所有的建置設備與軟體，或是委外經營製作，各自負責專精的部分。

3. 前端行動設備

從 PDA、手機、筆記型電腦，一直演進到平板電腦，甚至是與家電、遊樂器相互結合，只要是能隨身帶著走的硬體，幾乎都可以成為行動商務的前端設備。

4. 企業資料庫整合

企業資料庫發展的方向，大多是依照電子商務而擴充的，而行動商務是為了要作為電子商務的延伸，因而會跟原有的電子商務資料庫做一整合，並添加一些較為特殊的功能，如：定位、地圖…等。

5. 應用服務

行動商務可應用的範圍極廣，包括銀行業務、即時交易、訂位訂票、購物、娛樂下載、無線醫療、定位服務、即時服務…等，都比電子商務來得靈活與便捷。

圖 6-1　行動商務的架構

行動商務實體架構可以分為基礎建設、網站建設、前端行動設備、企業資料庫整合、應用服務等五大部分。

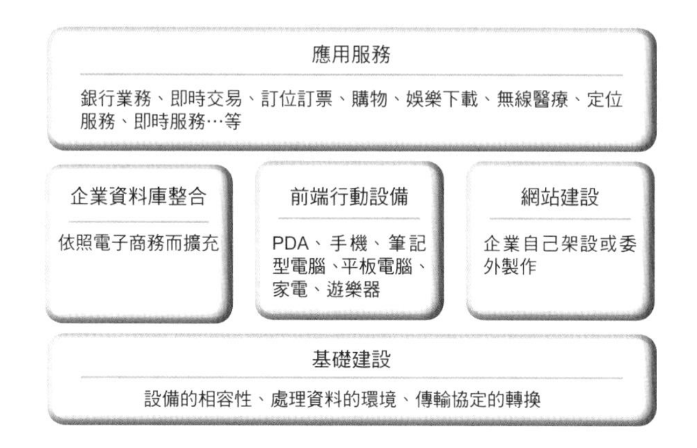

圖 6-2　行動商務的特性

和電子商務相比，行動商務具有以下的特性：

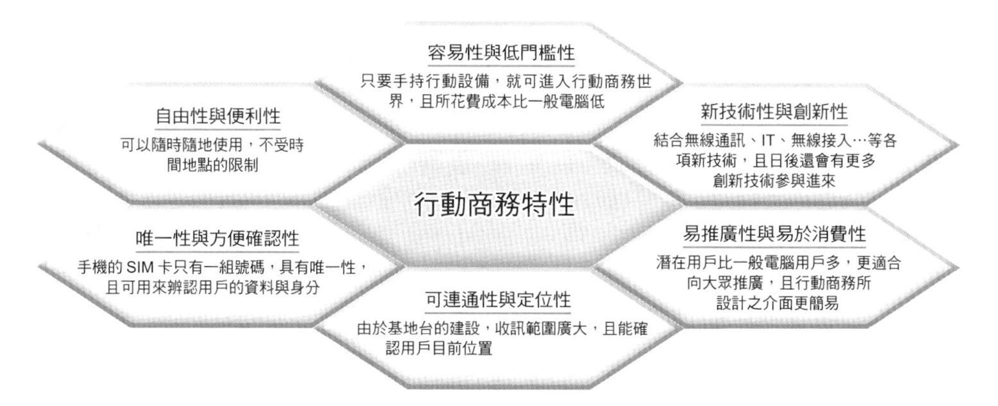

6.2 行動商務的應用型態

根據資策會對行動商務所做的市場區隔研究中，將行動商務的應用面分為企業對消費者（B2C）、企業對員工（B2E）與企業對企業（B2B）這三種（如圖 6-3 所示）。

企業對消費者

企業對消費者的應用市場主要對象是以一般消費者為訴求，可應用的領域相當廣泛，像是：

1. 行動票務

在不受時間、地點的限制下，透過行動設備可以獲得票務的最新訊息，並且訂購飛機票、火車票、高鐵票、電影票…等。

2. 行動金融

包含銀行業務，如轉帳、繳款、餘額查詢、付款通知…等，以及股票交易、基金買賣、投資組合等券商服務，並於交易成交時立即通知用戶。

3. 行動電子錢包

由於每一張 SIM 卡都可記錄使用者的資料，因此也可應用在電子錢包上，只要輸入自己的手機號碼與密碼，就可以立即付款，並在手機帳單中結算。

4. 行動購物

消費者可以透過行動設備購物、查詢商品資訊、下單購買，就和網路購物沒有兩樣，同時也可使用電子錢包支付帳款。

5. 行動醫院

包括掛號、看病前的基本健康檢查、看診通知、以及處方籤的開立、用藥查詢…等，部分的醫療業務已可由行動商務代替。

6. 行動廣告

針對用戶的使用習性、所在位置…等各項特性，以符合個人化的互動式廣告，吸引用戶進一步點閱瀏覽，更可提高廣告效益。

7. 行動定位與追蹤防竊

藉由衛星導航系統，能隨時偵測所在位置，像是應用在汽車服務上，可立即提供地圖，當汽車失竊時，還能定位追蹤找到愛車，並立刻將最新訊息傳送給車主。

8. 智慧型賣場

行動商務應用在一般賣場超商購物時，業者可以以無線標籤系統建立自主性、自動化的商場，當消費者以手機刷過物品時，能夠藉由無線標籤知道該物品的名稱、價格、成分、生產履歷…等。

圖 6-3 行動商務應用面

在資策會 MIC 的研究報告中指出，行動商務市場的應用面可分為 B2C、B2E 和 B2B。

資料來源 資策會 MIC

圖 6-4 行動商務應用的六大層面

行動商務若是依照應用對象來區分的話，可以分為個人和企業兩種，而若是以應用層面來區分的話，則可以分為以下六個層面：

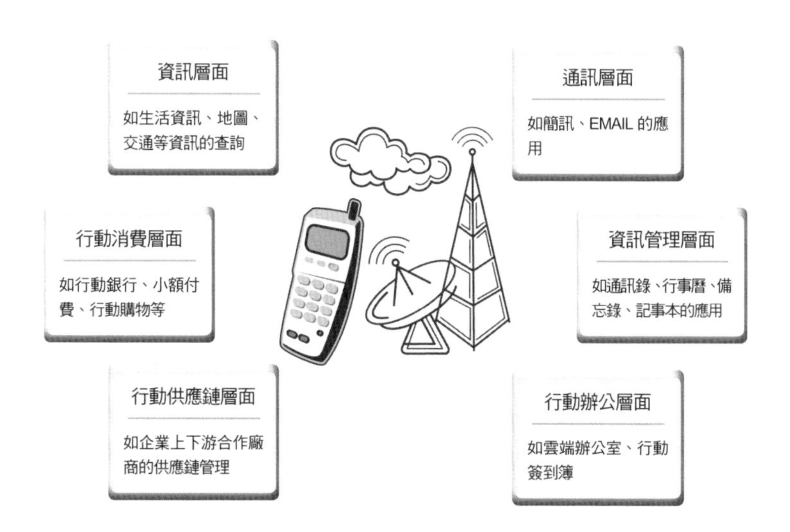

9. 各種資訊即時提供

包括食、衣、住、行、育、樂等生活中的各項資訊，都可以是行動商務的應用範圍，例如依所在位置推薦附近的餐廳，並立即連線訂位、甚至點菜，不用現場等待忍受人擠人的痛苦。

10. 訊息主動通知

包括有獎徵答、問卷、廣告…等，都可以利用簡訊服務、MMS、電子郵件等做立即性的通知，使用戶隨時接收第一手消息。

企業對員工

企業對員工的應用市場主要是以企業內部為訴求，讓員工經由公司的行動商務平台提高工作效率，迅速滿足消費者的需求，可應用的服務領域包括：

1. 行動辦公室

藉由雲端技術讓內部員工可以在手機等行動設備上隨時瀏覽企業內的最新訊息、收發郵件、或是填寫請假單、加班單、採購單的簽核，並在異地存取、備份數位文件，將辦公室內的部分工作流程藉由行動設備完成。

2. 自動販賣機庫存管理

將行動商務結合自動販賣機，業務員只要利用行動設備來感應，就能得知裡面物品的庫存量還有多少，並可回報消費者之購買行為資料，縮短整個工作流程。

3. 汽車維修場管理

維修人員利用行動設備在維修平台上來記錄維修次數、服務項目、估算價格，並針對所有服務記錄予以整理統計，將服務品質大大提升。

4. 行動房屋仲介

房屋仲介人員能隨時查詢房屋交易狀況、更新客戶資料，並依所在地點查詢附近房屋的買賣、租售情形，給消費者最快速的服務，如同永慶房屋的「i 智慧經紀人」一樣（如圖 6-5 所示）。

5. 保險業務管理

由於業務人員時常在外，因此行動商務可以協助保險業務員即時對客戶資料做查詢、查詢壽險建議、投資建議等工作業務，而在客戶填寫完表單之後，也能立即連線輸入，並在客戶的重要節日時予以提醒，使業務員能對客戶做出更貼心的服務。

6. 行動物流管理

利用手機衛星定位與追蹤的功能，管理者可以馬上知道物流車隊在哪些地方、有多少輛、載貨量有多少，便於回頭車的利用，避免空車在跑，或是當客戶有需要時，也可以做即時性的配送。

企業對企業

企業對員工的應用市場主要是企業以上、下游產業為主要對象，協助廠商、合作伙伴、或代理商、經銷商間的業務合作與聯繫，使企業與企業間的工作流程可以行動化，像是行動化供應鏈管理就是一個很好的應用。

行動化供應鏈管理可以讓企業間的合作更具彈性、資訊更透明化、並高度提升作業效率，所能應用的範圍包括上下游企業的商務管理、存貨管理、產品定位與運送、採購…等，雖然目前關於行動化供應鏈管理的應用服務尚不普及，但這的確是一個值得開發的商務市場。

圖 6-5　B2E 行動商務應用：永慶房屋 i 智慧經紀人

永慶房屋結合房仲資料庫與雲端技術，將旗下房仲業務人員可隨時隨地利用行動工具查詢資料、服務客戶。

圖 6-6　行動供應鏈的架構

行動供應鏈可以讓企業的上、下游廠商對相關的資訊、資源進行最佳化的應用，當供應鏈中的訊息資源有所變化時，可以在第一時間內掌握其動態，而所有的運作流程與工作則是建立在三大層次的架構之上。

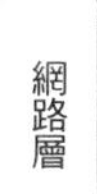

6.3 企業 M 化

企業的 M 化是指內部作業模式的行動化，使企業在行動設備、無線上網傳輸系統與平台的整合之下，讓員工可以隨時上網、處理工作業務、獲取最新訊息…等，具備高度移動性的優勢，而不必被綁在固定的地點、有線的設備中。

企業 M 化之後，究竟有什麼好處呢？其實針對不同產業，所發揮的特點各有不同，像是以銷售服務業來說，M 化不僅可以讓資訊迅速流通，也能使管理高層立即掌握管理決策，而對物流業而言，M 化可以和 E 化結合，讓企業隨時掌握在外的車輛、載送貨物與人員調度。

總括來說，企業 M 化可以提升營運的效率，尤其當企業對動態工作訊息有急切性的需求時，利用 M 化可以解決不少問題，且偵測錯誤的靈敏度也能大大提升、即時滿足客戶需求。

企業雖然不一定要先 E 化之後，才能進行 M 化，但最為基礎建設是不可少的，不過最重要的是，要先瞭解企業內部的需求與可運用的資源，之後才能考慮要不要 M 化。因此，當企業要導入 M 化時，可以依照以下幾個步驟：

1. 步驟一：認清企業內部的需求

企業要導入 M 化的第一件事情，就是確認企業內部哪些部門、哪些單位、哪些人員需要，並要使用哪些行動設備。若完全沒有 M 化的具體觀念，那麼可以先從競爭對手、同業中已經導入 M 化的企業來學習，瞭解他們是如何進行的？又帶來什麼效益？亦或者是從反面的觀點來思考，分析當企業還沒有導入 M 化的時候，其工作流程、效率有什麼缺失？透過 M 化的方式可以改善哪些環節？內部人員是否願意使用？能帶來多大的效益？在仔細分析並評估之後，若是利多於弊的話，那麼就可以開始著手執行了。

2. 步驟二：檢視企業內部基礎建設與資訊化的程度

M 化雖然可以從頭建設起，但若企業先前已有 E 化的基礎，那麼在導入的過程中或更為順利，同時將 E 化與 M 化結合運用，更能提高效益。像是員工要在任何時間、任何地點都可以上網、維護資料、提供服務，那麼無線網路的建設是不可少的，而這就必須架構在企業內部網路或專線網路之上。

另外，當員工要提取資料時，也必須要有完善的資料倉儲系統，若是先前已有建置的話，那麼在導入 M 化時自然能很快地從原本的系統平台中去擴展新的功能與應用，並且能大大減少成本支出。

圖 6-7 企業採用 M 化的作業模式

企業在導入 M 化時，可以依照本身的需求與預算，來採行適合的作業模式，而一般 M 化的作業模式可分為以下三種：

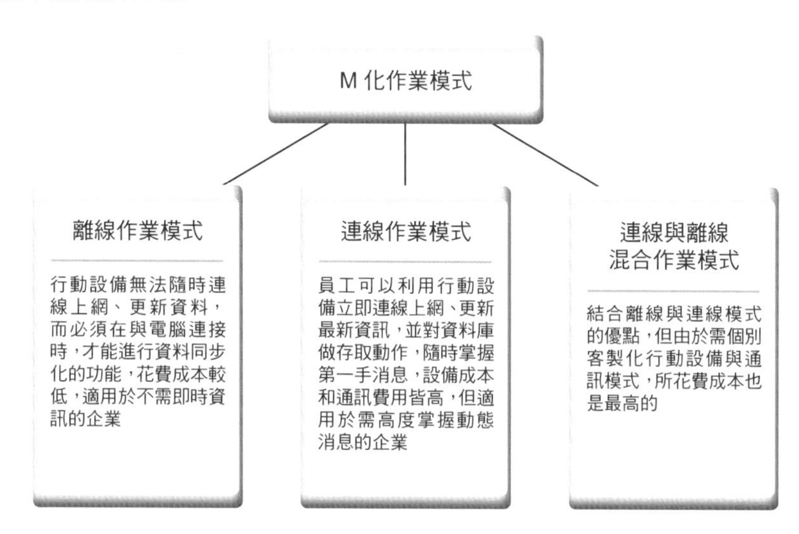

圖 6-8 企業導入 M 化、認清需求的思考方向

當企業在確認內部需求是否需要 M 化時，可以從以下幾個面向來思考：

企業目前所存在的問題，透過 M 化就可以解決了嗎？

要先從哪些部門開始進行 M 化？

是否有足夠的預算？該如何控制 M 化的成本？

M 化的導入，必須要客製化？還是可以使用套裝模組？

業務是否極為機密？有沒有完善的安全機制可以配合？

再者，當員工具有相當的資訊化程度，對於新科技的導入、學習與適應自然不會太困難，並且能很快上手，縮短教育訓練的時間，使 M 化能更加順利的推展開來。

3. 步驟三：選擇合作廠商

能提供企業 M 化的廠商，一般來說，需要找齊六大類業者，包括：可以提供無線上網服務的廠商、提供無線服務內容的內容商、提供套裝或客製軟體的軟體商、行動設備供應商、提供系統軟體能相互溝通的中介軟體商，以及能將所有方案整合在一起的 M 化服務商，有的廠商能夠整合所有的資源，這對企業來說是比較方便的。

因為只要針對一個窗口即可，但若是考慮和原有系統整合在一起的話，就必須個別尋求能夠相容的軟硬體合作商，否則的話，造成系統混亂的情形，其實後續所要付出的成本與維護費用會更高。最後，在選擇廠商所提供的技術時，一定要從業界標準開始考量，儘量採普遍性的標準規格為主，而非採用特殊的新科技，如此在日後的系統銜接與更新上會較為方便。

4. 步驟四：員工 M 化訓練

企業在導入 M 化時，不應只有考量設備、技術與系統的建立，還需要對內部員工予以教育訓練，因為好工具也需要有好的人員加以善用，才能發揮到最大的功效。

通常員工要是已經有使用行動設備和網路的經驗，那麼在教育訓練上就不需耗費太多的心力，相反的，若員工先前沒有經過 E 化的洗禮，就直接進入到 M 化階段的話，那麼對於一些比較年長而又從未有過使用行動設備的員工來說，便會顯得困難許多，這時候，若能採取彼此相互切磋的辦法，就能夠一同學習、一同成長，也能較快進入狀況。

還有，有些員工會對於從未接觸過的制度、技術產生抗拒現象，這是因為缺少熟悉的機會，企業應編制訓練小組負責宣導、加強訓練，使員工逐漸熟悉並改變態度，讓 M 化的導入步驟更加順利。

5. 步驟五：績效評估

M 化不僅僅是帶來便利性與高度服務性，更重要的是企業施行 M 化之後，究竟帶來的多少績效，一般衡量 M 化效益的標準有四種：

❶ 減少支出或增加營收？企業導入 M 化後，最少要能為企業節省一些開銷、支出，若能因 M 化而帶來獲益的話，那效益就更高了。

❷ 工作流程是更為順暢？時間就是金錢，當員工因為 M 化而使作業過程更加順利、流暢的話，就是為企業帶來的效益。

❸ 在一定時間內，能完成多少工作？M 化的導入，應該要為員工的生產效率帶來更大的幫助，通常提高至 20% 至 30% 是最基本的要求。

❹ 員工與顧客是否持正面的態度？對於 M 化的滿意度是否提升？若肯定多過責難，那麼導入 M 化的工作就是成功的。

圖 6-9 企業 M 化的迷思

當競爭對手施行 M 化有了明顯的效果時，自己的企業是不是也一定要跟進才行？一般企業若對 M 化不夠瞭解，就容易有迷思產生，而最容易產生的迷思有：

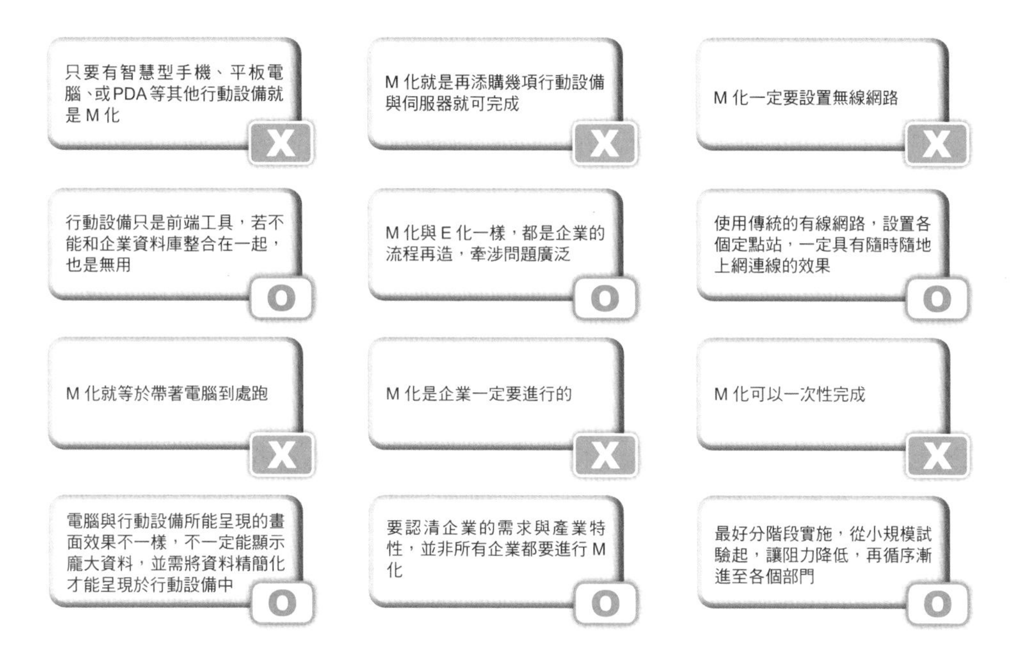

圖 6-10 企業導入 M 化的關鍵成功因素

M 化是否能順利導入至企業當中，在不同的產業中，雖然其關鍵成功因素各不相同，但可歸納成以下幾點因素：

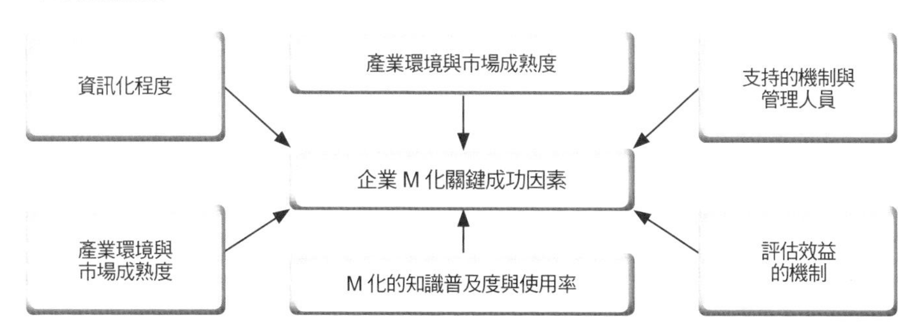

案例分析與討論　愛評網

愛評網網址：http://www.ipeen.com.tw/

個案背景

▲ 資料來源：愛評網官網

2006 年主要由 4 位年輕人創立 iPeen 愛評網，目前有 50 多位員工，平均年齡約 28 歲，經營不滿 1 年即被蘋果日報和 Download 雜誌，獲選為國內酷站和推薦為 Web2.0 代表的網站。2008 年 3 月成為 Google 台灣區策略合作夥伴，2009 年 7 月榮獲經濟部第 9 屆金網獎大金網 - 優質獎的肯定。

2011 年，愛評網站內店家數已經成長到 8 萬 5000 家餐廳，不重複到訪人數每月已達 550 ～ 650 萬人，超過 16.5 萬篇的美食消費經驗分享文章，瀏覽頁次高達 6500 萬頁，為台灣 Google 地圖和中國阿里巴巴集團淘寶網旗下「口碑網」的合作夥伴。網路研究機構 ARO 創世紀 2011 年初排名調查報告中，愛評網為生活休閒類網站第 1 名，也是台灣不分類網站排行榜中前 50 強。

愛評網 2010 年營收為新台幣 3000 萬元，營收以包含整合行銷、口碑行銷、加值服務等項目。2011 年 3 月，更獲得國際創投 CyberAgent Ventures 100 萬美元的投資，之後將擴大中部和南部的業務，2011 年營收目標訂為新台幣 9000 萬元。

簡易分析：愛評網成功之道

愛評網的源起，要從創辦人及執行長何吉弘追求老婆的浪漫故事開始說起，為了討芳心，他需要常常找好吃的餐廳約會，但在蒐集餐廳資料的過程中，不是採訪型態的情報不夠公正誤踩地雷，就是在資訊爆炸的網海中花費很大的時間成本找尋合適的餐廳，因此瀏覽過美國、日本、中國等幾家點評屬性的社群網站，發現台灣還沒有以點評形式的美食社群網站，能完整詳盡整理出各店家的特色、美味度、服務、環境氣氛和優劣…等真實消費評價內容。大多數介紹美食的網站，只有幫店家製作簡單的網頁，寫著店家名稱、簡單介紹、營業時間、電話、地址，但是單憑這麼簡易的內容，根本無法滿足網民對美食情報『知』的需求，網民想知道的是店家真實消費經驗，免得白花了錢卻因對餐廳錯誤的期待或認知活受罪。因此，認為台灣也應該創立專屬美食的點評網，於是歷經數月一邊規劃、一邊找尋共同創業的夥伴等努力之下，iPeen 愛評網就此誕生。

推出「口碑體驗服務」為特色的社群網站

▲ 資料來源：愛評網官網

愛評網團隊建置之初為了凝聚社群群創力，並且創造精彩分享內容的標竿氛圍，邀請幾位美食部落客的分享者到網上參與分享店家的消費經驗心得，每篇分享的文章與其他美食網站相較之下，愛評網上美食的評論文章較有深度，能以消費者的角度完整呈現店家的特色，撰寫方式也以圖文並茂的方式生動活潑容易閱讀，較能吸引網民跟進評論。系統提供完整的評價制度，餐廳方面主要由「美味度」、「服務」、「環境氣氛」三個面向的維度來評分，再推算出應給予幾顆星的評價指數，而店家的綜合評鑑分數也依序提供消費經驗者得等及貢獻值、該篇文章是否也受其他網友的肯定等才會列入計算。而依照店家所獲得幾顆星的評價指數，加上店家頁面網民的瀏覽次數，以及店家被網民加入收藏、分享和書籤的次數…等數值經過加權比重計算後，來推算出每日的人氣排行榜，網民參與越熱烈，排名變動就會越快速。

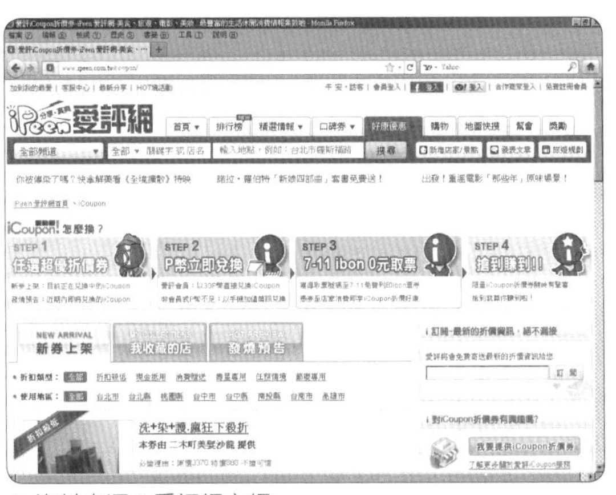

▲ 資料來源：愛評網官網

愛評網回饋給認真分享有價資訊的網友虛擬貨幣「P 幣」做為回饋，而 P 幣不僅可以參加抽獎或競標實體獎贈品、兌換好康 iCoupon 外，亦可參與愛評分享團，爭取「口碑券」來獲得更多免費或比一般半價更優惠的吃喝玩樂體驗機會。擁有 P 幣的網民可以在「最新體驗店家」項目中挑選有興趣參與體驗的優質口碑券，為了確保免費或超優質的體驗機會有嚴格的數量掌控，並且降低店家寄送票券的物流成本及網友等待票券的時間成本，愛評網結合 7-11 ibon 的資源，讓取得體驗資格的網友直接到 7-11 使用 ibon 取票，即可立即前往店家體驗消費。之後網友在體驗任務完成後，再上愛評網 PO 文分享體驗的心得，就可以繼續累積會員等級 (威望值)P 幣，只要努力 PO 文分享，就可以不斷累積會員等級 (威望值) 和使用 P 幣兌換店家口碑券，當會員的分享文及其實用率到達一個門檻值，即可晉升到更高的層級。對於自家產品或服務品質有信心的店家，卻苦無與消費者深度互動及廣宣的機會，即可應用愛評網口碑券，達到 O2O 虛實整合的行銷目的，快速為店家創造有價資訊累積長尾的口碑經濟效益。口碑行銷是個需要長期經營、循環累積的行銷模式，愛評網強調真實體驗、原汁原味呈現的口碑行銷是以透過「遊戲任務」的方式降低與消費者互動中的對價關係，因此店家透過口碑行銷產生的體驗分享文只要有 80% 正向評價，據統計分析平均可期待長期會成長 2~5 成不等的營業額。

「多元化服務」增加會員黏著度

愛評網除了推行「口碑券」之外，還提供 iCoupon 折價券、好康資訊、愛評購物、P 幣獎勵區等好康服務，用以增加註冊會員的黏著度，其中「P 幣獎勵區」是提供以虛擬貨幣換取真實物品，較為特別的設計，是獎勵「競標」的活動設計，愛評網為了回饋所有分享者，定期推出各種熱門產品、店家超優惠、電影或藝文限量經典週邊讓會員競標，價高者得，讓網民的分享都能獲得直接的實質回饋，而非只是累積 PO 文後的點數，單純獲得虛擬頭銜和階級的設計，實際回饋真實商品和消費服務到網民的身上，這項回饋消費服務切切實實提升了網民更高 PO 文的意願。

▲ 資料來源：愛評網官網

加入「實名制」、「交友」和「威望」三大元素

經營社群網站光有好康回饋，還不足以增加網民的黏著度，要是網站人潮稀稀落落的話，再多的好康分享也會演變成英雄毫無用武之地，更何況也容易造成網民獲取到所希望得的好康之後就快速閃人，無法讓網民產生歸屬感。愛評網的策略是在網站裡加入「實名化」、「交友」和「威望」三大元素，在中國的各大社群系統裡，幾乎都包含有這三種元素在裡頭，如：早期的 PHPNUKE、PHPBB 和 XOOPS 的架站程式，都可以透過外掛機制加入「交友」和「威望」二種功能，近幾年來最熱門的家園社群系統中，也有類似的服務機制。愛評網不僅重視實名制，讓網站的分享者皆凡走過必留下痕跡的方式，讓資訊瀏覽的讀者們，信任資訊的來源，創造網站資訊的價值，同時網站中加入交友機制和功

▲ 資料來源：愛評網官網

能，不但要讓網民成為愛評網的重度使用者，也要像 Facebook 一樣，把每一位重度使用者的好友們全部通通拉進愛評網來，同時透過社群人脈的機制，讓餐廳美食的口碑推薦更具有影響力。愛評網社群系統也加入線上遊戲的「威望制度」，網民透過 PO 文分享，即可不斷升級累積個人的威望值，用以增加網民的黏著度。

「異業結盟」、「創新服務應用」持續推陳出新

社群系統機制的建置和取得管道並不困難，但是想晉升成為對消費市場具強大影響力的社群組織，這點困難度就相當高，因為社群網民喜新厭舊的程度，遠超過一般平面媒體和電子媒體，如果網站不能持續推陳出新，不斷提供給網民新鮮的事物，就算擁有再優越的社群系統，網民一樣會久久才到訪，或者在獲取到好處之後就快閃。愛評網能每月吸引 550 ～ 650 萬人瀏覽的包含持續不間斷的與異業結盟，就是採取經常性的拓展新的異業結盟和推出新的活動，如：「活動特區」裡的「HOT 燒活動」和「歷史活動」的服務選項，藉此異業結盟的策略及富有創意的有趣網路活動來牢牢黏住每一位重度使用者。同時愛評網也持續藉由推出新的網路應用服務，像是開創娛樂藝文頻道、推出吃過、看過、去過……等「過生活」結合 Facebook 機制功能等，透過深度了解社群需求結合創新方式打造出更符合網友需求的功能服務。

和商周出版的異業結盟

2009 年，愛評網和商周出版異業結盟，進行虛實行銷整合實驗，特別企畫製作了一系列《愛評美食通》月刊雜誌，後續愛評網更大膽的嚐試了獨立發行《iPeen》雙月刊雜誌。愛評網擁有豐富具有深度的龐大資料庫，營運團隊認為網路是載具，若愛評網上的內容能夠影響消費者的消費決策，那麼轉換載具成為紙本的雜誌型態呈現，亦能感動且影響消費者，同時愛評網也期望應用這本不同形式的媒體工具，能夠接觸到比較不上網的群族，讓這群人可以認識愛評網，因此這本「聚集上百位網友的智慧精華」的實體雜誌就此誕生。而這本雜誌在目前數位化的趨勢下，將會改以電子出版品的方式呈現。除了持續以主題性的方式將 web2.0 發散型的資訊透過 web1.0 的方式進行組織、匯整外，更會同步針對行動閱讀裝置可連結上網及互動的特性，讓愛評網的電子出版品更具實用性。

愛評網進軍數位行動世代，iPhone、Android 口袋美食可以隨身帶著走

2010 年，出門在外每每想要享受美食之時，並不是可以隨時立即打開電腦上愛評網搜尋，終究電腦體積較大攜帶不方便，如果為了享受美食又得要先找網咖上愛評網，也是緩不濟急，肚子早就餓壞，不少喜愛美食的網民，都希望愛評網能儘快 M 化推出 iPhone、Android 應用程式。

在眾多網民期盼下，iPeen2.0 For iPhone 的免費應用程式終於問世，iPeen2.0 有四大功能：「附近搜尋」是結合網友分享推薦的位基服務（location-based service），只要打開 GPS 定位功能，立即可以找尋附近的各類型餐廳，還有附近的優惠資訊的搜尋功能，讓使用者可以隨身查、隨身找，「我的收藏」是個人專屬的美食工具，iPeen 2.0 提供快

速註冊或 Facebook 帳號登入功能，讓使用者可以用 iPhone、也可以用電腦管理個人收藏，讓消費者把喜愛的餐廳隨身帶著走。收藏餐廳會按照使用者目前所在位置，依照距離遠近自動排序，讓使用者走到哪吃到哪。「找餐廳」是搜尋愛評網美食資料庫，可以直接透過關鍵字查找網友評鑑分數與食記，也可以透過熱門商圈、熱門分類等搜尋功能快速查詢，只要快速設定使用者目前所在的城市，或是想要搜尋的「城市」，就可以立即尋找城市裡的各種美味餐廳，也能直撥電話訂位。「服務設定」是自訂工具，可手動調整設定新的搜尋位置，配合 Google Map 的功能，以拖曳地圖的方式，立即查詢餐廳資訊。市面其他美食推薦軟體往往被抱怨餐廳少、沒有公正美味度評鑑，但「愛評餓點靈」有愛評網獨家龐大的網友推薦美食資料庫，讓全台網友告訴使用者在地美味在哪裡。

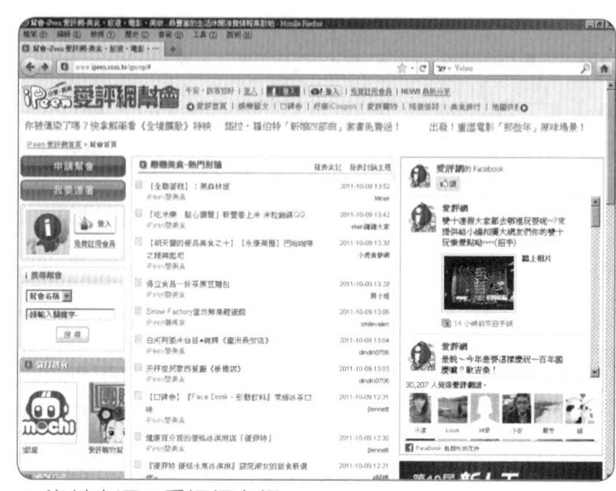
▲ 資料來源：愛評網官網

OPENLIFE 的紅色小 i 人

2011 年，資策會創研所與愛評網異業合作，首創 OPENLIFE 雲端公仔，這是一個趣味感應消費集點卡，在此 OPENLIFE 結合了悠遊卡的感應和業界雲端技術，裡頭被安裝了 RFID 無線感應晶片，也儲存了價值新台幣 3000 元的消費折扣點數，消費者只要結帳時，在櫃檯感應一下，就可以享有最低 5 折起的優惠折扣，而且只要是在 OPENLIFE 聯盟商家，就可以跨店消費，每一筆消費每滿 20 元就可以累積 1 點，消費者繼續累計集點，之後可再兌換其他美食餐點，或是享有特價的優惠折扣。OPENLIFE 雲端公仔外型的紅色小 i 人（諧音小愛人），本就是愛評網的吉祥物，OPENLIFE 將持續搭配愛評網的口碑行銷和廣告資源，用以吸引更多商家加入 OPENLIFE 的行列。藉此達到更深度虛實整合的效益！

分眾形態的社群網站如能持續穩定經營與成長，不見得非單靠廣告營收才能求得生存，只要專業服務做得夠專精和深度夠又徹底的話，就有機會創造出獲利的付費模式，若能持續不斷提高服務品質，滿足顧客需求和增加顧客滿意度，即可再創造出龐大的獲利佳績。愛評網就是專注在生活休閒「口碑券」行銷的領域上，不斷年年推陳出新各種異業結盟的活動，也持續提高愛評網的服務品質，滿足顧客在美食『知』的需求，甚至將虛擬 P 幣也能兌換真實價值商品…等等策略，才能開創出社群網站不單靠廣告收入的多元獲利佳績。

問題討論

1. 愛評網將美食採用「口碑券」的行銷模式，您覺得還可以在套用在何種商品上？
2. 愛評網為了增加網民的黏著度，加入口碑券、P 幣、競標、威望值、交友、收藏等策略，您覺得愛評網還可以再加入何種元素，可以有效增加網民的黏著度？
3. 您覺得愛評網整體的營運模式，可以移植到其他性質的社群網站上嗎？
4. 網民使用 OPENLIFE 紅色小 i 人到各店家消費的資訊，如能立即傳送到愛評網上，變成該會員美食體驗的分享資訊（如 FB 打卡 APP），您覺得是否能有效提高網民的黏著度？
5. 愛評網的「口碑券」的行銷模式，與海角七號的口碑行銷模式，有何不同之處？導演魏德聖的《賽德克巴萊》巨作，也適合以「口碑券」的方式來行銷嗎？

參考資料

1. 愛評網，網址：http://www.ipeen.com.tw/。
2. 蘋果日報，網址：http://tw.nextmedia.com/。
3. 自由時報，網址：http://www.libertytimes.com.tw/index.htm/。
4. yahoo 新聞，網址：http://tw.news.yahoo.com/。

實戰案例問題 美食旅遊作家拓展行動商務

個案背景

梁先生主要是從事美食評論的作家，已經有 30 多年的歲月，梁先生喜愛周遊列國，所以也有撰寫不少旅遊相關的著作物，30 多年來已經出版美食和旅遊議題的著作物有 300 多本，絕大多數的著作早已絕版，有些著作的內容，可以經過修改和加入新元素的方式，再往其他出版社重新出版。

梁先生有位朋友陳先生是 IC 設計公司的專業經理人，平常放假閒暇之餘都有閱讀梁先生的著作物，經過數年下來看完 300 多本著作物之後，他發現梁先生著作內容是可以進行歸納與切割，加以「模組化」，即可依照出版社的需求，挑選適當模組就可以快速重新組合成一本新著作。因此，他建議梁先生應該把所有著作物全部輸入電腦數位化，再加上過去 30 多年來梁先生周遊列國下，累積數十萬張的幻燈片照片，也應該掃瞄成數位圖形檔案儲存，幾經計算下來，所有資料數位化需花費新台幣近百萬元，這讓梁先生有所猶豫。

陳先生先勸動梁先生購買專業級單眼數位相機、iPhone 與 iPad，也教導梁先生如何付費下載 Apple Store 和使用與閱讀 APP，也給了梁先生一份哈佛商學院針對亞瑪遜書店的研究報告。經過三個月以後，梁先生發覺他過去的著作物，如果可以自己製作成電子書的 APP，上架到 Apple Store 裡，就進行全球發行，不用再依靠出版社只獲取微薄版稅，也不用擔心舊書庫存…等等問題。

於是又去請教陳先生關於發行電子書 APP 的可能性，陳先生告訴他需要有 OS 程式編寫人員、美工人員和網路行銷人員，等於需要建立起一個小型工作室，才能達成量產的目標，幾經計算下來，起碼最少得準備 500 萬以上的資金，這讓梁先生又有所猶豫，但是又覺得這是一個很好的機會，可以讓 300 多本著作，依照自己的意思重新附予新生命，在網路上打造過去夢想中的出版王國。因此，決定投入自有 500 萬資金之外，再參加 300 萬創業貸款，陳先生也投入 200 萬，共籌資 1000 萬計畫投入行動商務的市場，但梁先生對要進軍發行電子書 APP 還有很多的疑問。

問題討論

1. 發行電子書 APP 為何需要網路行銷人員？不是 OS 程式編寫和美工人員搞定 APP 上架到 Apple Store 裡就好了嗎？
2. 陳先生曾告訴梁先生若要擴大銷售量，必須製作多國語言版，不但如此，每一本電子書更需要有賣點，甚至要結合手機的特性去設計，如果可以設計出更高互動性的 APP 才能增加更多下載量，您覺得梁先生該再加入何種新元素，才能具備更高互動性？
3. 陳先生要求梁先生在面試網路行銷人員時，必須要針對梁先生的需求提出社群媒體計畫，您覺得怎樣的社群媒體計畫內容，是梁先生值得聘請網路行銷人員？

4. 陳先生認為若要確保投資不會血本無歸，梁先生所設計的 APP 內容，必須能與實體商店或企業主結合，您覺得該與何種實體商店或企業主結合？以及提出何種聯盟策略？能確保梁先生在 APP 上架前，就已經能先獲取部分的利益？
5. 您覺得陳先生對梁先生 300 多本著作物的內容，進行歸納與切割加以模組化的概念，來進軍行動商務市場是否可行？

重點整理

人們應該把以行動科技為主的工作方式運用於日常工作之中，而形成的商業處理模式，就稱為行動商務。

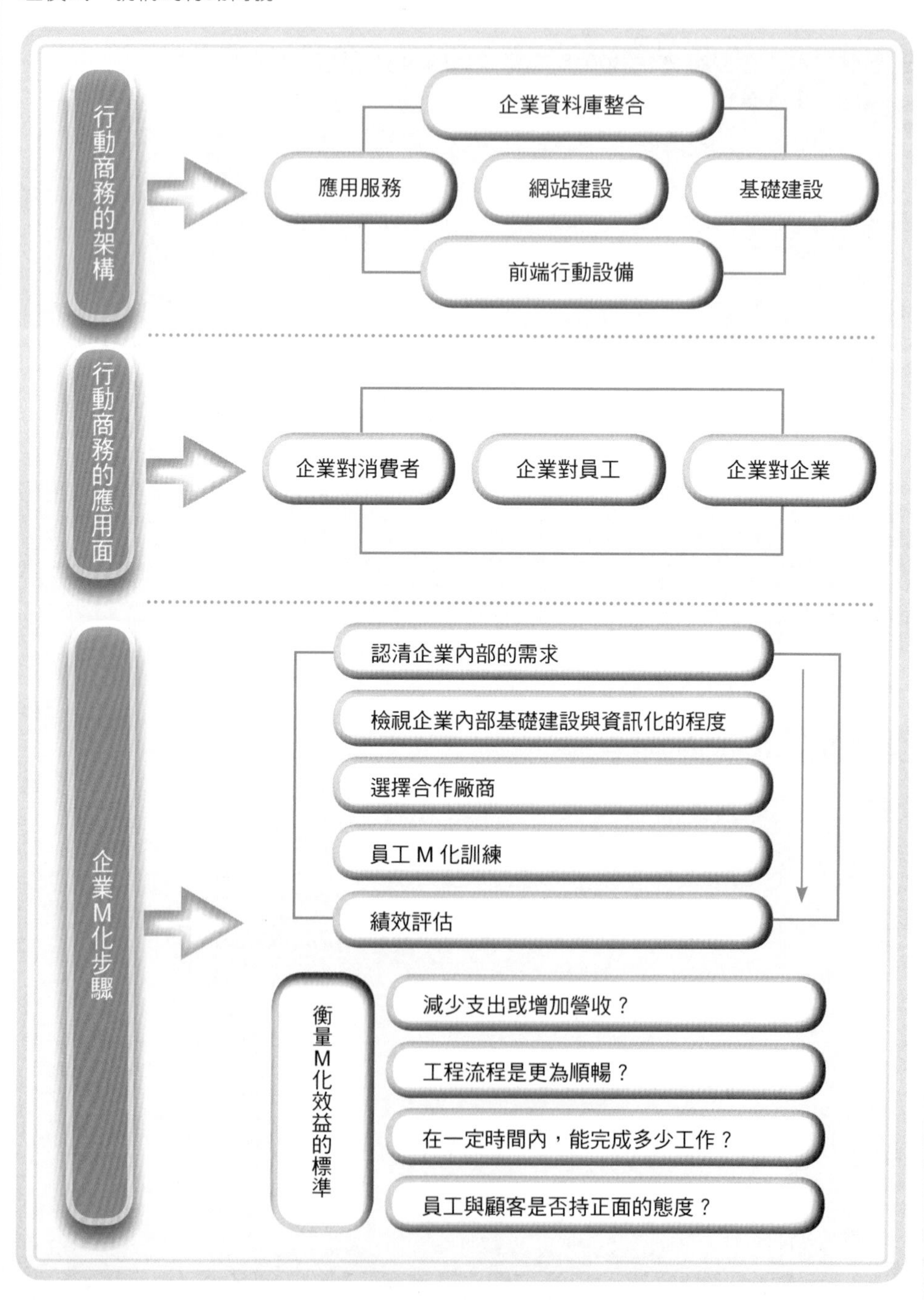

1. 請問威德亞納森（Vaidynathan）對行動商務的定義是什麼？
2. 請問行動商務的架構可以分為哪幾個部分？
3. 請問企業對消費者的行動商務應用領域有哪些？
4. 請問企業對員工的行動商務應用領域有哪些？
5. 請問企業要導入 M 化的步驟為何？

NOTE

C H A P T E R

07 企業電子化

企業電子化就是運用企業內的網路、企業外部的網路以及網際網路，把重要的企業情報、知識系統，和供應商、經銷商、客戶、內部員工與相關伙伴結合在一起，透過網路技術的運用，改變原有的企業流程，而其主要的技術應用範圍包括企業流程再造、顧客關係管理、供應鏈管理、知識管理、企業智慧，以創造、傳遞與累積企業之價值。但企業的電子化並不只是僅僅將電腦設備導入至公司內部的電腦化，其架構為何？又該如何利用協同商務對內將企業間的各部門整合起來，對外則將企業與企業緊密結合在一起？本章將帶您深入探討之。

7.1 何謂企業電子化

7.2 企業電子化的架構

7.3 協同商務

案例分析與討論 戴爾股份有限公司

實戰案例問題 傳統學術出版社希望透過經營網路書店增加獲利

7.1 何謂企業電子化

企業的電子化並不只是僅僅將電腦設備導入至公司內部的電腦化，而是涵蓋到整個組織、工作流程、供應鏈和顧客服務的層面，對內是員工與員工之間透過網路進行協調、分工和合作，對外則是與合作廠商進行資訊共享、溝通合作與線上交易的工作。

隨著科技的進步，企業電子化的技術也越來越成熟，因而對學者來說，自然會提出不同的觀點來解釋企業電子化的定義，像是：卡納科特（Kalakota）和溫斯頓（Whinston）在 1996 年時，將電子化企業定義為：「除了包含電子商務所談到的交易功能以外，也包括形成企業核心活動的前端與後端之應用，並涵蓋企業內與企業間的電子化」。

2001 年時，韋爾（Weill）和維塔勒（Vitale）說明企業電子化是：「廠商運用資訊、通訊、網路等科技的計算能力與連結溝通之功能，在企業經營相關的各項活動中－包含了營運的流程、交易的流程、顧客的互動、與供應商和互補品廠商的整合等，達成行銷、採購、銷售、遞送、保修、服務、資訊和付款的功能。」

拉爾（Lal）於 2002 年時提出：「企業電子化可以將其定義為透過網際網路來進行資訊交換、執行前端和後端的企業操作流程，使企業能整合供應鏈上的合作伙伴，而就供應鏈的觀點來說，電子化在幫助企業整合合作伙伴方面也具有很大的效益，包括同步規劃、協調工作流程等，都是整合供應鏈中資訊交換的關鍵因子。」

另外，國內的學者呂執中，則在 2003 年時，將企業電子化解釋為：「為了因應電子商務對整體環境帶來的影響和衝擊，企業需要充分運用網路和資訊科技，來轉化並改造其核心業務與流程，以創造、傳遞及累積企業價值之過程及手段。」

到了 2005 年時，國際聯盟 PricewaterhouseCoopers 的克魯姆（Croom）以更為寬闊的觀點來定義企業電子化：「在網際網路的基礎下，去進行供應商或顧客在產品、服務與相關資訊間的交易。」

而在 IBM 中的沃爾（Wall）等人，在 2007 年時把企業電子化解釋為：「為了使企業的關鍵流程能藉由網際網路的方式，用更快的速度來交換資訊，以加快作業流程、降低溝通成本，因此需要把企業的經營模式、電子化技術的應用、與組織結構以嚴謹的方式組合起來。」

同年，桑德斯（Sanders）也為企業電子化下了這樣的定義：「運用企業內的網路、企業外部的網路、以及網際網路，把重要的企業情報、知識系統，和供應商、經銷商、客戶、內部員工與相關伙伴結合在一起，透過網路技術的運用，改變原有的企業流程，而其主要的技術應用範圍包括企業流程再造、顧客關係管理、供應鏈管理、知識管理、企業智慧，以創造、傳遞與累積企業之價值」。

圖 7-1 企業電子化的有形效益

企業導入電子化究竟有什麼好處呢？學者勞頓（Laudon,2006 年）對企業電子化所能產生的有形效益，提出了幾項要點：

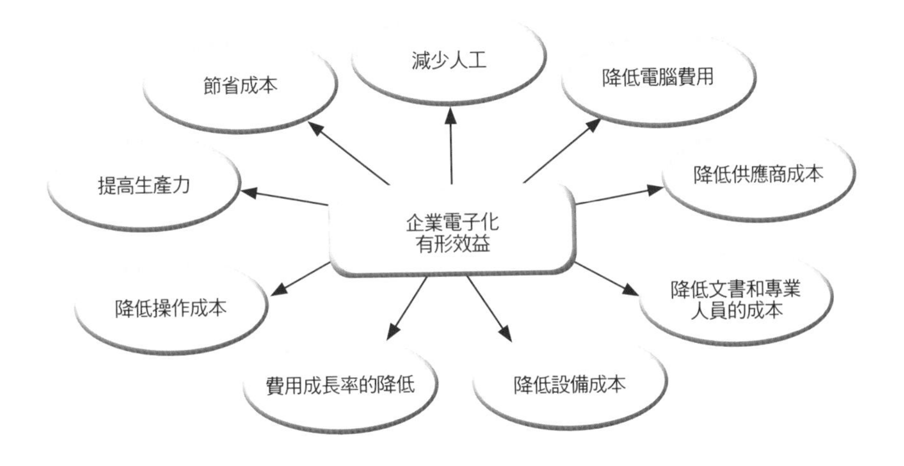

圖 7-2 企業電子化的無形效益

企業電子化不僅僅能帶來實質上的有形效益，所能增加的無形效益也不少，學者威爾考克（Willcocks,1994 年）就說明了企業電子化可以帶來的無形效益有：

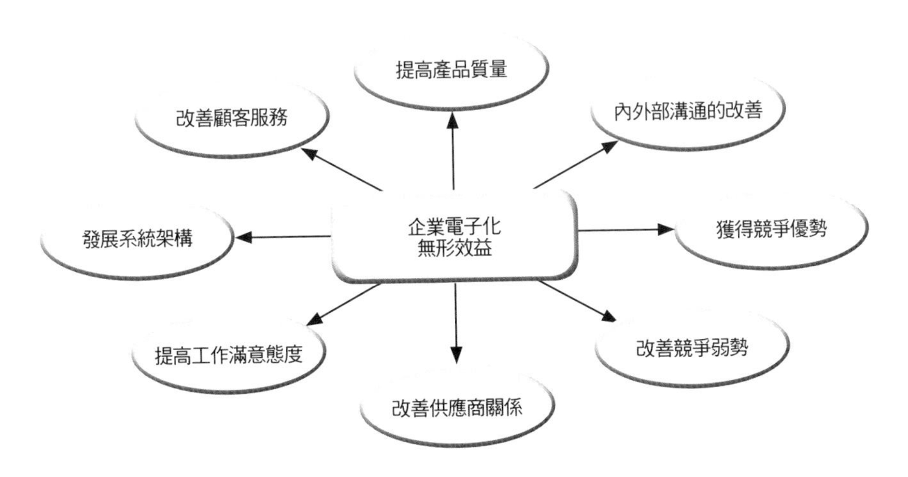

7.2 企業電子化的架構

在學者馬樂基（Malecki）對企業電子化所提出的主張中，認為企業電子化是基於企業價值和資訊技術的技術價值這兩種思維之中，企業價值能夠導引企業的方向、並設定營運目標，而技術價值可以發展執行工具，以達成所設定目標。而當這兩種思維整合之後，便形成了五大應用領域：供應鏈管理（SCM）、企業資源規劃（ERP）、顧客關係管理（CRM）、知識管理（KM）、商業智慧（BI），而企業電子化的架構，就是建立在兩大思維之中，並應用於以下的五大領域所構成的（如圖 7-3 所示）。

供應鏈管理（Supply Chain Management，SCM）

為了達到能使顧客滿意的水準，並將整個供應鏈系統的成本降至最低，因而把供應商、製造商、倉儲、配送中心和通路商等上、下游組織起來，使產品製造、運送、物流和銷售更有效率的管理方法，就是供應鏈管理，其內容則包含了計畫、採購、製造、配送和退貨。

1. 計畫

供應鏈管理是一整套的流程，必須要有良好的管理策略與方法來整合所有的資源，使之能更有效地降低成本、提高品質，以滿足顧客的需求。

2. 採購

選擇能提供原料或物品的供應商，並建立起一套從提貨、核單、送貨、付款都能統一的標準流程，以便於集中管理。

3. 製造

從生產、採樣到包裝，為了確保產品的品質、數量與效率，必須建立一套產製流程，並能夠加以驗收測量。

4. 物流

從收到顧客的訂單開始，一直到將物品配送至顧客手中，其中包含倉儲、配送路線、配送人員，都需要有一套完善的管理流程。

5. 退貨

建立一套退貨管理流程，當顧客要將商品退回時，該如何處理、退回的商品又該如何運用、以及退貨問題、顧客抱怨…等，都是流程中所需包含的項目。

圖 7-3 企業電子化的架構

在企業價值和技術價值這兩種思維之中，應用於供應鏈管理、企業資源規劃、顧客關係管理、知識管理、商業智慧五大領域，就構形成了企業電子化的架構。

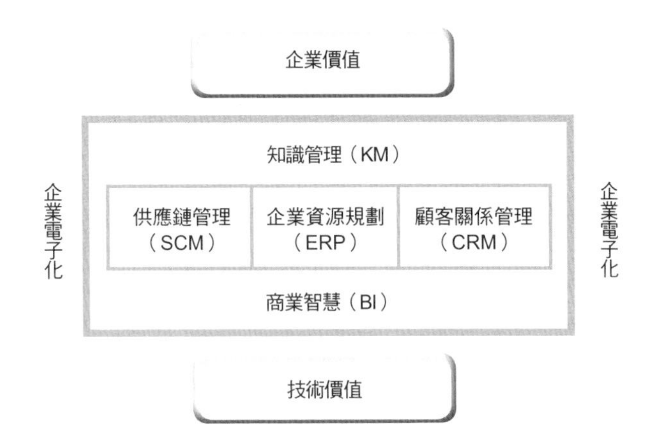

圖 7-4 ERP 的管理內容

ERP 是把企業的資源整合在一起，並予以管理，所管理的內容包含以下四大部分：

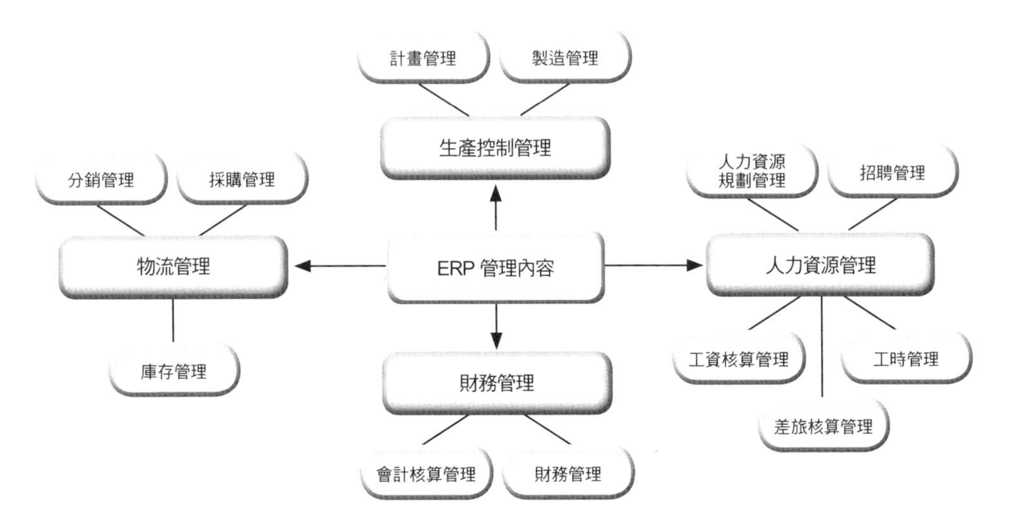

企業資源規劃（Enterprise Resource Planning，ERP）

ERP 是由美國加特納公司（Gartner Group Inc.）所提出來的一套整合企業理念、人力物力、業務、管理、資料庫與電腦軟硬體的管理系統，在透過企業資源的優化與有效運用之後，促使企業個經濟效益與競爭能力能夠提高。ERP 強調的是先進的電腦科技與企業管理思想的相互結合，把決策、設計、生產、人力、配銷…等各個層面的作業視為能夠藉由系統就達到事前控制的目的，在有效的調配與利用之後，就能將所有環節整合在一起，因而無論是產品的生產品質、市場的預測、顧客的滿意度或問題解決的能力，都能夠立即性的有效解決。也就是說，當企業導入 ERP 系統之後，就可以建立一套合理的制度、流程和規範，將風險大幅降低、利潤大幅增加。

顧客關係管理（Customer Relationship Management，CRM）

顧客關係管理也是由美國的加特納公司所提出的，由於 ERP 因為 IT 技術的關係，本身具有一些限制，對於顧客端的管理並沒有很完善，因此才促使了 CRM 的解決方案產生。所謂的 CRM，就是結合了網際網路、多媒體、資料庫、人工智慧、呼叫中心…等各種技術的應用系統，給予企業更多的彈性與更完善的能力與客戶交流溝通，將顧客效益最大化，而其中也包含了顧客服務、顧客關懷、問題解決、銷售、支援等概念。對企業來說，顧客是一項重要的資產，必須建立良好而有效的關係，儘可能的增加與顧客的接觸點，在瞭解客戶喜好、滿足各種具有價值的顧客之需求下，對其一對一行銷，讓顧客持續保有對企業的貢獻度，進而提高企業利潤。

知識管理（Knowledge Management，KM）

知識管理是在企業中建立一套訊息和資訊的系統，在員工、合作伙伴相互創造、分享、整合、儲存、更新的過程中，使知識能不斷的被運用，並在最短的時間內傳遞給最需要的人，以便於企業能因應市場的需求，做出最正確的決策。企業所使用的知識管理需有一套規範和流程，才能藉此推斷企業中的哪些資訊是有用的，並使企業內外、上下都能獲得該資訊，因此在實踐的過程中，必須要先建立最佳的知識資料庫，而後在公司員工、客戶、供應商之間形成快速而流通的資訊溝通管道，最後再經由流程與規範，使得在專案執行所產生的經驗與訊息，都能夠成為知識範例，當有員工在執行類似任務時，能藉由此資訊獲得有用的情報。

商業智慧（Business Intelligence，BI）

商業智慧是由資料庫技術、資料挖掘、資料分析、資料展現、資料備份與復原…等技術所組成的一系列幫助企業決策的方法與軟體，它將各種的資訊技術整合起來，應用到企業當中，使企業無論在獲取資訊的能力上、或是資訊的開發、資訊的分析上都具有相當的優勢。更簡單來說，它是一套能幫助企業將資料轉換為有價值的知識、分析報告與結論的工具，使得決策者更能有效運用，做出明確的判斷。

商業智慧是一種解決方案，可以應用在採購、財務、人力資源、顧客服務、物流、生產製造、行銷、銷售業務等各個層面，由於能有效將企業內、外部的資訊整合在一起，並擁有分析的能力，因此對於決策者的決策效率和決策品質能大大提升，降低人力、物力與時間耗費的成本。

圖 7-5　顧客關係管理是一系列的流程

顧客關係是創造顧客價值的過程，強調以循序漸進的方式達到顧客實際的需求。

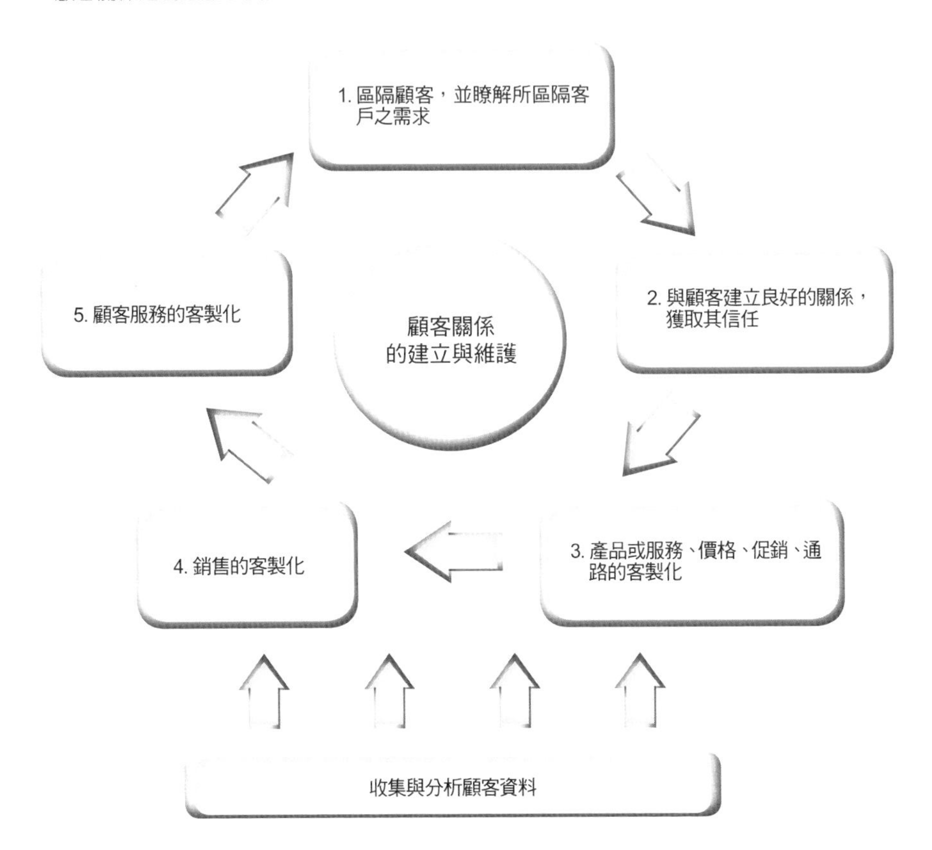

協同商務

協同商務（Collaborative Commerce）的概念是由美國加特納公司（Gartner Group Inc.）於 90 年代後期所提出來的，他是以網際網路為基礎，對內將企業間的各部門整合起來，對外則將企業與企業緊密結合在一起，包括供應商、服務商、配銷商、顧客或任何合作伙伴等，都能夠參與開發產品、設計、採購、生產、銷售、行銷、服務的任何一個階段，並共同做出決定，使企業的商務過程能夠跨領域、跨區域地合作，提高商務協作的效能，且在共同參與的過程中，只要有任何的資訊或經驗，也都能立即地分享出來。

舉例來說，一家負責承攬外包業務的公司，可以將訂單資料傳送給合作的公司，也能夠監看產品生產的情況品質，從產品設計到製造的過程中，一發現任何異常情況時，都能立刻反應出來，提供給合作公司做修改，而非等到產品完工之後，才發覺製造出來的產品不如預期，卻又已經無法改變。

參與協同商務整體過程的對象，可以是一整個完整的產業，或是某個產業中的小個區段，也可以是特定的供應鏈或供應鏈中的某個區段，而根據美國調研機構梅塔集團（Meta Group）的劃分，可以將協同商務依照營運模式的不同，區分為以下四種：

1. 設計協同商務（Design Collaboration）

設計協同商務包括從產品的需求、規劃、設計、到生產的過程中，會有連續性生產、非連續性生產以及客製化的產品，有的產品會有較長的生命週期，有的產品的有季節性之分，但無論哪一種產品，都需要經過設計、制訂共通的規格文件，例如設計圖、工程圖等，而這些文件是所有的設計協同商可以傳送、修改、分享的，也可以共同追蹤流程與進度。

2. 行銷／銷售協同商務（Marketing/Selling Collaboration）

這是指經銷商、配銷商、轉銷商或其他涉及通路的合作伙伴間的協同作業，強調的是企業與企業間的資訊是能夠共享的，包括訂單的資訊、價格的資訊、品牌的資訊、或是服務的資訊。此外，在合作企業間，也可以建立一個擁有共同品牌的虛擬展示間，使得從製造商到銷售商之間，可以一起為達到顧客的需求而努力，並共同完成使命。

圖 7-6　協同商務的營運模式

在梅塔集團（Meta Group）的劃分之下，協同商務的營運模式可以分為設計協同商務、行銷／銷售協同商務、採購協同商務、規劃／預測協同商務等四種。

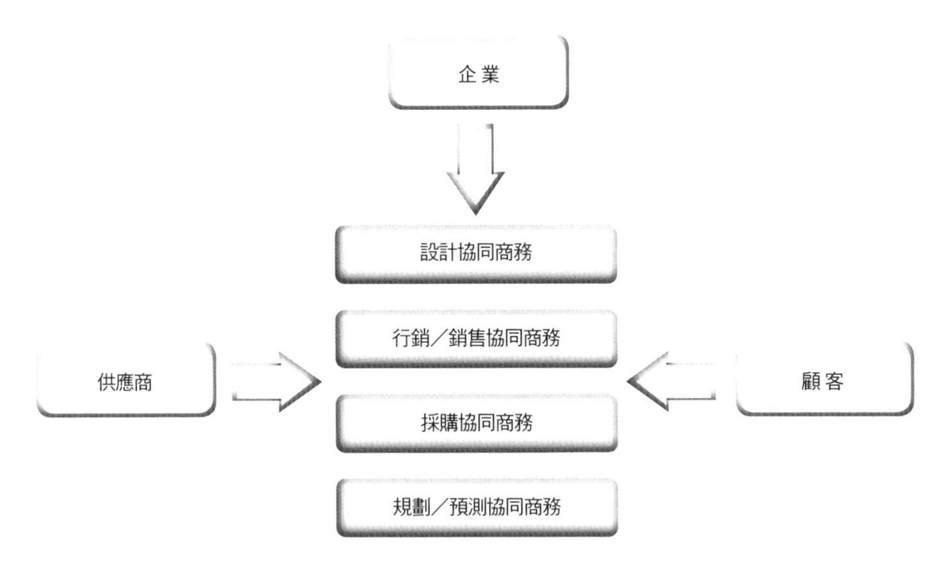

圖 7-7　協同商務的效益

協同商務整合了企業上中下游所有的廠商與顧客，所創造出來的效益有：

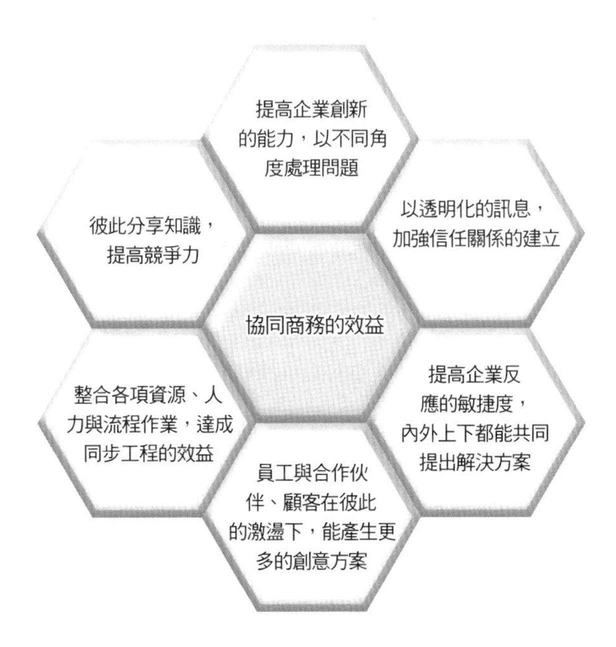

3. 採購協同商務（Buying Collaboration）

為了可以降低採購成本，企業與企業間可以聯合起來一起購買原料或物品，或者由供應商之間形成一個單一個窗口，統一對外的採購，不但可以壓低價格、大量採購，也不用一家一家地向各個不同的供應商採購，能夠加快採購的速度與品質。

4. 規劃／預測協同商務（Planning/forecasting Collaboration）

在零售商和供應商之間，對於產品的規劃、預測或補貨可以共同進行商討、合作，使供應鏈更能符合市場的需求，也降低彼此的供需差異，讓關係更加緊密結合在一起。

在這四大類的協同商務模式之下，企業與企業之間必須要能整合在一起，才能進行協同商務的作業，因此整合的方式又可以分為：

1. 資料交換

企業與企業之間，僅作資料的交換，由於資料交換的門檻較低，企業在運作時也會比較容易，再透過網際網路、XML 標準格式的幫助，更有利於整合的進行。

2. 應用程式整合

可以將企業所使用的應用程式，與各個協同商的應用程式做一整合，通常會把合作伙伴或顧客的應用程式整合成一個價值鏈，使企業的風險、開發軟體與維護軟體的成本都能大大降低。

3. 封閉式的流程整合

當企業與企業間相互合作時，便會需要「流程」整合不同企業間的訊息、資源或任何事件，但這一個流程中的作業僅限於企業間封閉式的網路，也並非完全通透，是有一定的侷限性的。

4. 開放式的流程整合

在流程中，無論是企業內部或外部，只要有合作伙伴的關係，都可以彼此分享資源，而每個企業內也可以自行管理，對外則可整合在一起，彈性相當地高。

協同商務可以讓一個企業超越供應鏈的限制，和其他伙伴進行商業上的資訊分享、共同創造、設計、執行與監控，讓競爭優勢大幅提升。在傳統的商務模式中，是採垂直或水平的整合方式，和合作伙伴的關係是不透明的，但是在協同商務中，所有的合作伙伴都可以視為虛擬企業中的一環，只要和商務有關的資源、資訊，都是可以共享、提取的。企業的人員、流程和產品在這樣的轉變之下，也更具靈活性與彈性，同時也擁有更豐厚的知識和智力資本，更能滿足顧客與市場的需求。

圖 7-8　如何成功地實施協同商務

企業在導入協同商務的過程中，必須注意以下幾點，才能有助於協同商務的實施：

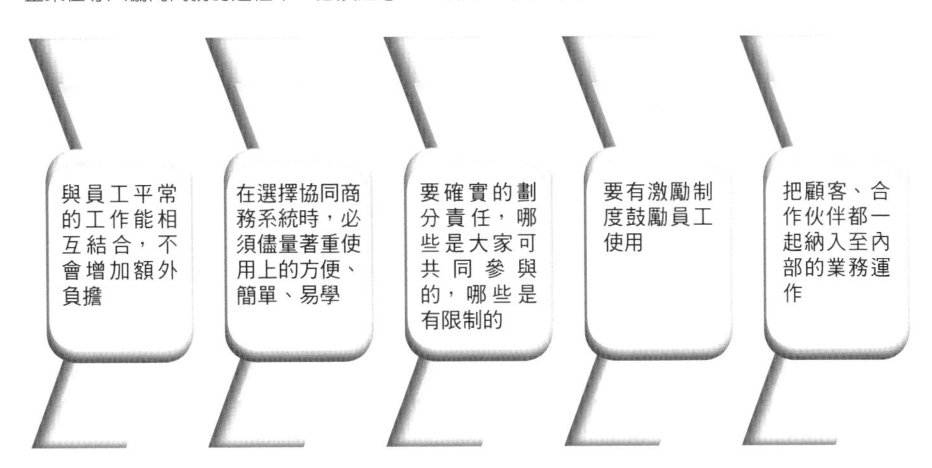

圖 7-9　協同商務的應用

協同商務的應用範圍相當廣泛，從人事、行政、物流、財務、設計⋯，企業內的任何一個環節都可以。

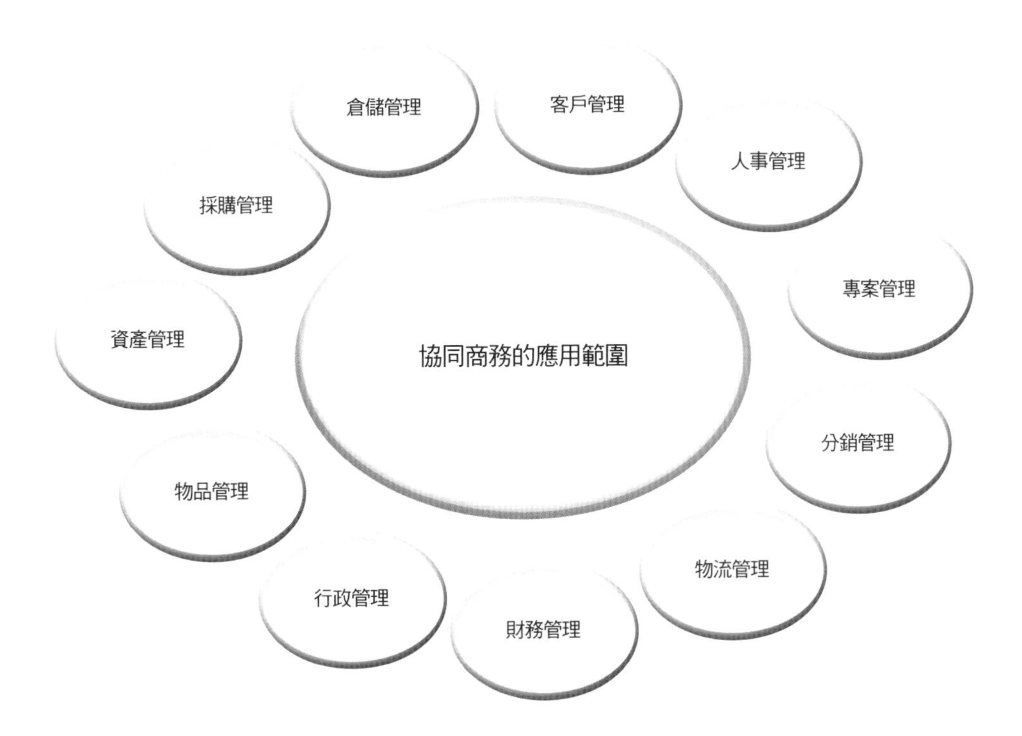

案例分析與討論

戴爾股份有限公司

戴爾官網網址：http://www.Dell.com/

個案背景

1984 年，麥克 . 戴爾在德州大學奧斯汀分校就學時，將宿舍房間成為公司總部，創立了 PCs Limited，銷售以現有電腦組件建置和 IBM PC 相容的電腦。1985 年，生產第一部自有獨特設計的電腦「Turbo PC」，並在國家電腦雜誌推出系列廣告，直接向消費者銷售，也提供給消費者有更多組裝不同的選擇方案，第一年的營收毛利就超過 7300 萬美金。

1988 年，選擇愛爾蘭為進軍全球市場的第一站，戴爾首次公開發行 350 萬股，市值從 3000 萬美元成長到 8000 萬美元。1992 年，戴爾被財富雜誌評為全球 500 強的企業。

1994 年，推出 www.Dell.com 網站，1996 年開始加入電子商務的系統機制，1997 年成為第一家在網路上銷售額超過 100 萬美元的企業。2003 年，戴爾的市值已經達到 800 億美元，營業額則達到 310 億美元。

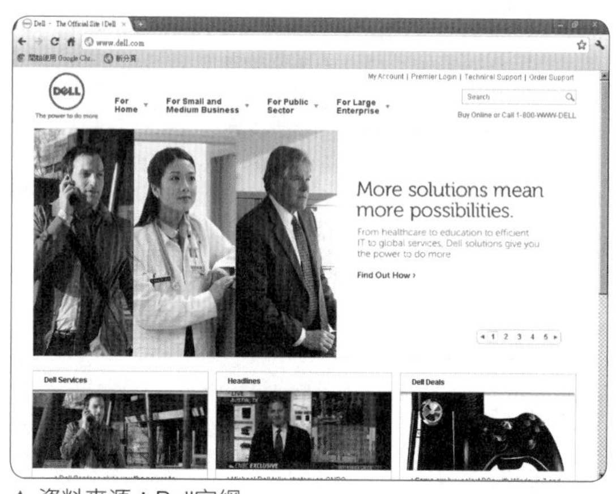

▲ 資料來源：Dell官網

戴爾目前全球員工已經超過九萬六千名，2010 年，戴爾入選美國《財富》雜誌「全球最大五百家公司」排行榜第 38 名，同時也列入科技業中全球第五大最受尊崇的公司。

簡易分析：戴爾成功之道

戴爾直銷模式

戴爾認為直接銷售個人電腦系統給客戶，可以更瞭解客戶的需要，更可以即時提供最佳的解決方案，來滿足客戶的需求。這種直接銷售的商業模式，就是去除「中間人」利潤的剝削，直接向顧客銷售商品，戴爾就能以更低廉和更具市場競爭力的價格，來提供各種商品給顧客，並以最快的速度送貨到顧客手中。戴爾透過電話拜訪、面對面互動和利用網際網路工具等多種管道，持續不斷主動瞭解顧客對於產品、服務和技術等各種意見與建議，再透過這些反應，來研發能滿足顧客需求的新產品，

▲ 資料來源：Dell官網

戴爾的新產品在尚未生產出來時，已經銷售出去，也就是先接到顧客的訂單之後，才依照顧客訂單需求組裝產品，如此不但可以降低備料庫存的風險，還可以比同業更快速因應市場的變動，增加更多的獲利空間。

戴爾直銷模式的成功關鍵點在於「以顧客為中心的顧客關係管理系統」與「零庫存供應鏈管理體系」之上。

以顧客為中心的顧客關係管理系統

戴爾透過 DELL 網站直接跳過中間銷售商的環節，直接面對顧客進行銷售，讓顧客以自助服務的方式，持續與顧客保持緊密的互動聯繫，因此，整個顧客關係系統是以顧客為中心的精神去建立。顧客在 DELL 網站可以查詢各種電腦商品與配件資訊，還可自行搭配選擇所需的電腦配件組合，訂購過程如有疑問，可以即時在線上與客服人員互動，也可自由選擇付款的方式，當送出訂單之後，還可以即時追蹤所訂購商品的生產與送貨狀況。當顧客在後續商品使用上遇到問題時，也可以透過 DELL 網站查詢排除障礙與技術支援的各項資訊。

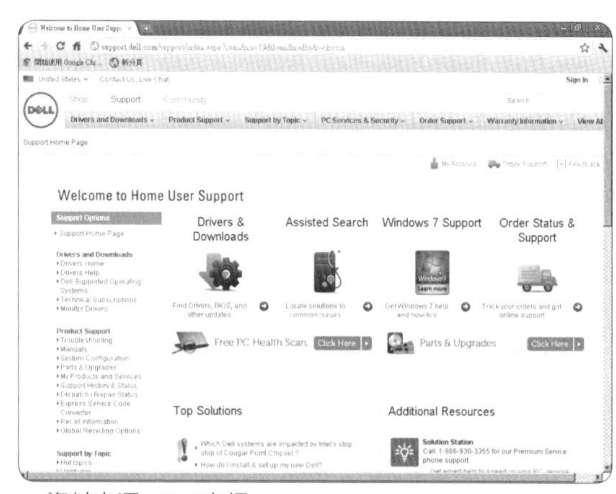

▲ 資料來源：Dell官網

顧客在 DELL 網站上所有的瀏覽、訂購、交易、互動、客戶服務與技術支援…等過程都以數據化儲存在資料庫中，並將這些資料加以分析，以及研究顧客的購物習慣和模式，用以提供更符合與滿足顧客需求的各項服務。

▲ 資料來源：Dell官網

戴爾也針對不同營運規模的顧客群，提供差異化的客製化服務，有別於一般採取通用化的服務模式，戴爾規劃出多樣化的選擇，用以滿足各個領域的企業用戶和機構團體。戴爾分別提供 400 人以上大型企業，以及 400 人以下中小型企業的不同商品需求規劃，甚至還為大型企業提供頂級網頁服務，依據不同屬性的大型企業用戶提供專屬線上服務，顧客可以在頂級網頁上選擇所需的商品、報價、採購報表、追蹤商品生產進度、庫存現況、交貨狀況…等資訊，還提供專屬銷售、客戶服務、技術支援與售後服務人員的詳細聯繫資料，DELL網站有三分之二的業績就是來自400人以上的顧客群。

零庫存的供應鏈體系

戴爾採用客製化訂單服務的生產機制，依照顧客需求的規格生產商品，在商品生產過程導入即時服務「JIT（just-in-time）」生產，將庫存成本的風險降到最低，能達成此目標，主要是因為組織了一個完整健全的供應鏈體系，戴爾 95%的物料就是來自該供應鏈體系，其中 75%物料來自 30 家最大的供應商，20%來自 20 家小規模的供應商。

根據顧客訂單的需求，審視物料庫存的現況，隨時與供應商聯繫掌控即時供貨的狀況，如所有供應商體系都無法提供滿足生產所需的物料時，銷售人員即刻透過 DELL 網站訂購系統與顧客磋商更換物料的可能性，將原欠缺物料變更成供應商庫存充足的物料，上述顧客、戴爾與供應商三方互動過程，都可以透過顧客關係管理系統與供應鏈管理系統，只要在幾小時之內就可以快速處理完畢。

戴爾以物料低庫存與成品零庫存馳名遠播，平均物料庫存控制在 3-5 天，而同業競爭對手則需要 10 ～ 50 天的物料庫存量，因物料成本每週會有 1%以上的貶值率，所以物料庫存天數越高，相對產品的成本也會提高，戴爾光低庫存一項，就可以比競爭對手多了 8%～ 10%的市場價格優勢，又加上少了中間商的環節，可以再減少 10 ～ 15% 的銷售成本，這讓戴爾平均擁有 25%左右市場價格的彈性空間，戴爾就以此價格戰來搶奪市場。

戴爾的物料低庫存，實際上是把物料庫存壓力轉移到供應商端，在戴爾供應鏈體系中的所有供應商，能否即時、長期、持續不斷和能穩定提供無瑕疵的物料，對戴爾供應鏈來說是最重要的任務，如果供應商無法即時調整物料升級和技術更新的問題，就會被淘汰在戴爾供應鏈之外，相對也會失去戴爾龐大的獲利機會。透過這一個穩定的供應鏈體系，戴爾工廠只要保持 2 小時的物料庫存量，就可以應付顧客端各種訂單的需求量。

直銷模式非長久萬靈丹

戴爾被迫加入零售行列

直銷模式讓戴爾擊敗強敵奪得龍頭寶座，但卻遇到網路泡沫化、美國經濟成長下滑和美國 PC 市場飽和的窘境，各競爭對手開始轉型從 PC 向外延伸，但戴爾卻無法向競爭對手一樣迅速轉型，因為完美的戴爾供應鏈體系是稱霸 PC 產業的利器，戴爾慣用價格戰來搶奪市場，所以選擇拓展全球市場，來彌補價格戰下流失掉的利潤。

但 2006 年第四季，戴爾個人電腦出貨量下滑 8.9%，HP 是 23.9% 的成長率，戴爾整體個人電腦市場佔有率下滑至 13.9%，HP 則提升至 17.4%，HP 成功搶奪戴爾個人電腦市場的領導。令戴爾痛失龍頭寶座也是因為直銷模式，雖然美國市場對 DELL 網路直銷模式無往不利，但進入全球新興市場的消費者，卻是習慣在電腦專賣店或 3C 賣場裡選購電腦商品，反而無法接受 DELL 網路訂購電腦商品，尤其在印度消費市場裡，絕大多數的消費者在經濟因素下根本無法上網，再加上戴爾又少了中間經銷零售的管道，相對舉步維艱難以拓展全球新興市場。

戴爾直銷模式在新興市場另一項拓展的障礙，就是消費者對戴爾「服務」的不信任感。戴爾「服務」是透過全年無休 24 小時免付費電話服務，以及 DELL 網站所提供的疑難排解服務來進行，這與新興市場裡，直接面對面互動的傳統服務習慣，還是有著莫大的差異性。戴爾多數的顧客是透過免付費電話服務，將電腦遇到的障礙與技術服務人員互動，當技術人員無法在電話中解決顧客的問題時，才會有技術人員到顧客端排解問題，如非商品本身瑕疵所造成的問題，所有維修都需收費。

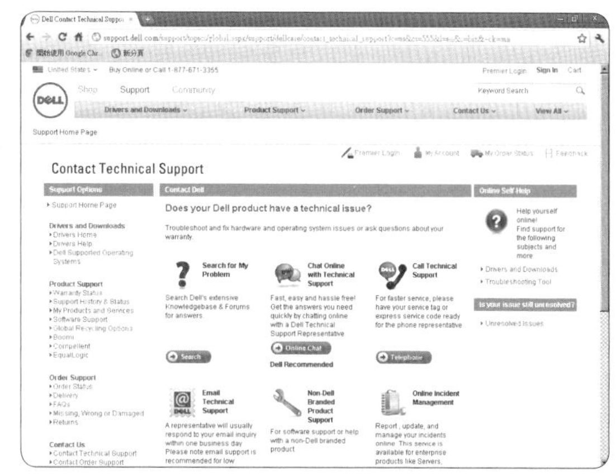

▲ 資料來源：Dell官網

2007 年 4 月，戴爾營運策略開始調整也加入實體通路的「零售」行列，進軍美國、加拿大和波多黎各三個國家 3000 多家沃瑪超市裡銷售電腦，也在莫斯科和英國設立零售據點。2008 年，戴爾與國美電器聯手進軍中國市場，隔年就在 210 多個城市 1000 多家國美電器的門市中全面銷售。2009 年，拓展到澳洲和紐西蘭設立零售據點，2011 年，戴爾計畫在中國新建 2000 家商用產品體驗店，並增加 1000 家服務門市，這樣的速度幾乎是其競爭對手新開門市的 3-4 倍。

宏碁在 2009 年筆電的出貨量約占全球 20%，在 2009 年第三季打敗戴爾成為全球第二大個人電腦製造商。但到了 2010 年第四季，iPad 的強勁銷售量壓縮了小筆電（Netbook）的市場，宏碁出貨量下滑 12.9%，戴爾出貨量和前一季持平，戴爾再度超越宏碁，奪回全球第二大個人電腦製造商。

網頁錯價事件的信譽危機

台灣版的 DELL 網站，在 2009 年 6 月間，發生全站產品折扣 7000 元，瞬間湧入 4 萬 3 千多筆訂單，訂購近 14 萬台顯示器，戴爾經一週的商議後，拒絕消保會至少按價每人出貨一台顯示器的建議，僅以提供一千至三千新台幣的折扣券補償，多數消費者認為戴爾誠意不足無法接受。同年 7 月間，又再次發生筆記型電腦更換顏色，即可多折價 4 萬多元，再度湧入 1 萬 5 千筆訂單，訂購近 5 萬台筆記型電腦。

▲ 資料來源：Dell官網

連續兩次標錯價的事件，讓台灣的消費者質疑，戴爾是否藉以標錯價的手法來大搞宣傳，因 DELL 網站多年來電子商務管理流程相當嚴謹，分工精細化和管理標準化，且責任分明，卻連續發生兩次標錯價的事件，實在不免令人有別有意圖的聯想。

消費者不滿戴爾處置方式向法院提告，台北地方法院一審審理判決：戴爾網站上所登錄的定型化契約，屬於「要約引誘」性質，消費者訂購後，戴爾另以電郵回覆通知拒絕，戴爾可以不必出貨，判決消費者敗訴。網友串連在台南地方法院對戴爾提出的民事訴訟，是裁定戴爾必須依約出貨，法官認為戴爾標錯價再以折價券補償，是犯有故意行為和促銷伎倆，判決戴爾需依契約出貨。

為避免類似 DELL 網路標錯價等消費爭議再發生，消保會 2010 年 04 月通過「零售業等網路交易定型化契約應記載及不得記載事項（草案）」，明訂凡經營電子商務的企業，在消費者下單後，不得任意終止或解除契約，除非業者證明遭駭客侵入或錯不在己，否則須附連帶賠償責任。

過去 HP 與 IBM 等大廠，發生錯標價事件都是照單全收，但戴爾卻是強勢取消訂單，已違反民法的誠信原則，台灣消費者對戴爾品牌的信賴度絕對是大打折扣。台灣戴爾表示「網路直銷業務佔全球戴爾業務相當大比重，不過在台灣，透過網站採購的中小企業與一般消費者佔戴爾營收不大。」多數認為這是戴爾不重視台灣市場，因分析師預估 2012 年中國 IT 市場規模，將取代美國市場成為全球第一大市場，戴爾當然選擇以拓展中國市場為重。

戴爾直銷模式並不容易打下台灣個人消費市場，因台灣地域狹小，交通非常便捷，電腦資訊知識普及，尤其又流行電腦組裝 DIY，STEP BY STEP 圖解組裝書籍隨處可得，消費者習慣在電腦專賣店或 3C 賣場選購電腦商品，電腦硬體發生問題大多選擇直接抱去維修，再加上台灣原有市佔率極高的宏碁、華碩、聯強與 HP 等大廠鯨吞掠奪之下，戴爾的直銷模式更難在台灣個人消費市場搶佔一席之地。因此，戴爾針對台灣個人消費市場除了透過台灣 DELL 網站銷售之外，也必須透過台灣本土實體通路商代理銷售戴爾個人消費商品。

在 2009 年標錯價事件時，台灣 DELL 網站是由大中華區總部的新加坡及馬來西亞負責，在台灣雖有負責個人消費市場的團隊，但卻未實際參與台灣 DELL 網站的經營，消費者在台灣 DELL 網站訂購商品，是由中國廈門廠生產出貨，再貨運到台灣消費者的手中，台灣市場的客戶服務也是由中國廈門廠負責，這與消費者直接到電腦店購買本土大廠的電腦商品，接受各縣市服務站快速維修服務相較之下，多數消費者還是會選擇採購台灣各大廠的電腦商品，較能得到安心且滿意的售後服務。

問題討論

1. 近幾年來台灣消費者上網訂購電腦商品的接受度大幅度提高，而且 YAHOO、PCHOME…等幾家大型網路購物平台，每年資訊產品的營收都有不錯的佳績，且不斷快速成長中，您覺得台灣 DELL 網站在未來，是否能有機會奪下台灣電腦市場的龍頭寶座？
2. 2010 年第四季在 iPad 全球狂銷熱賣之下，為何對戴爾整體銷售量影響不大？ iPad 未來發展，是否能徹底撼動小筆電與桌上型個人電腦的市場，讓全球市場大洗牌？
3. 如將戴爾直銷模式標準化之後，直接套用在台灣其他產業上，是否也能像戴爾一樣在台灣開創獲利佳績？
4. 過去 HP 與 IBM 等大廠，發生錯標價事件都是照單全收，但戴爾卻是強勢取消訂單，這與過去戴爾營運以來，所強調以顧客為中心的經營理念相左，請提出您的看法？

參考資料

1. 戴爾，網址：http://www.Dell.com。
2. 蘋果日報，網址：http://tw.nextmedia.com。
3. 新浪全球新聞網，網址：http://dailynews.sina.com。
4. 維基百科，網址：http://zh.wikipedia.org/wiki。

傳統學術出版社希望透過經營網路書店增加獲利

個案背景

陳老師於 1969 年在新北市創立某學術出版社，出版史學、文學、哲學等專業學術圖書，以及關於語言學、圖書館學、文獻學、台灣研究等系列叢刊 50 多種。在台灣出版業界來說，專業學術圖書是小眾的市場，從事學術研究者與學生是主要購買的族群。

陳老師過去出版圖書的銷售模式：除了在自家新北市的直營門市上架販賣之外，出版的新書都會交由書報社，派送到全省有學術圖書專櫃的書店上架，另外，也接受幾家大型書店的批貨（如：三民書局、金石堂…等），公司有 2 位業務員，也會主動拜訪相關大專院校的教授推銷圖書。

近年來因少子化的結果，學生市場逐漸萎縮，再加上經濟不景氣的影響下，出版社的經營越來越加困難，除了同行的競爭壓力之外，近年受到網路書店蓬勃的成長下（如：博客來、華文網…等），每年實質營收都不斷在銳減中，只好先採取精簡人事來因應，目前剩下四位工作伙伴，另外，也委託科技公司建立網路書店，將公司所出版的 5000 多本圖書全部上架。

但公司四位伙伴對電子商務的認知並不多，負責維護網路書店的成員，只懂得瀏覽網頁與收發電子郵件，對業務來說網路書店是多出來的麻煩事，少一件訂單等於少點煩惱，因此，該網路書店只停留在將圖書資料上架，並無執行任何的網路行銷策略與廣宣活動。

網路書店歷經一年營運下來的淨利潤，居然還不夠給付每年 5000 元的承租空間費用，公司的主要營收，還是得依賴幾家大型書店和其他網路書店來批貨。陳老師對此非常不解，為何消費者寧願到別人的書店購買，卻不願意到自家的網路書店買書？

陳老師所經營的網路書店之概況：

1. 5000 多本書分別在 20 個大類別的 50 多個小分類之下。
2. 所販賣圖書的賣價是定價九折。
3. 無社群互動機制（如：留言版、討論版），僅有電子信箱與電話聯繫。
4. 首頁與內頁無任何廣告 BANNER 來針對特定商品廣宣。
5. 無任何促銷方案。
6. 無購物車的結帳功能，消費者瀏覽商品之後，需先下載 EXCEL 的檔案填寫訂購單，再以電子郵件或傳真的方式，將訂購單的內容傳送到公司。
7. 無使用各大 BLOG 平台和 FACEBOOK 社群系統。
8. 無線上付費機制，只能透過匯款、ATM 轉帳、劃撥與代收貨款的方式給付訂購費用。

9. 物流方式採中華郵政寄送，無便利超商付款取貨的服務。

10. 商品説明只有本書特色，沒有提供幾頁可預覽的文章。

問題討論

1. 陳老師的網路商店該如何規劃，才能符合當前消費者的使用習慣？
2. 有何策略能讓陳老師的網路書店，力抗其他線上的網路書店？
3. 現今 iPad 與平版電腦大行其道，陳老師該不該增加電子書的商務服務項目，用以降低印刷、物流與人事成本，並且還可以讓絕版書再度復活？
4. 陳老師網路商店的商務架構，該不該結合大專院校的教授和講師們，增加線上學習的機制與服務項目，用以拓展更大的網路商機？
5. 您覺得陳老師的網路商店，如加入讀書會的交流互動機制，是否能有效拓展商機？

重點整理

運用企業內的網路、企業外部的網路、以及網際網路，把重要的企業情報、知識系統，和供應商、經銷商、客戶、內部員工與相關伙伴結合在一起，透過網路技術的運用，改變原有的企業流程，而其主要的技術應用範圍包括企業流程再造、顧客關係管理、供應鏈管理、知識管理、企業智慧，以創造、傳遞與累積企業之價值。

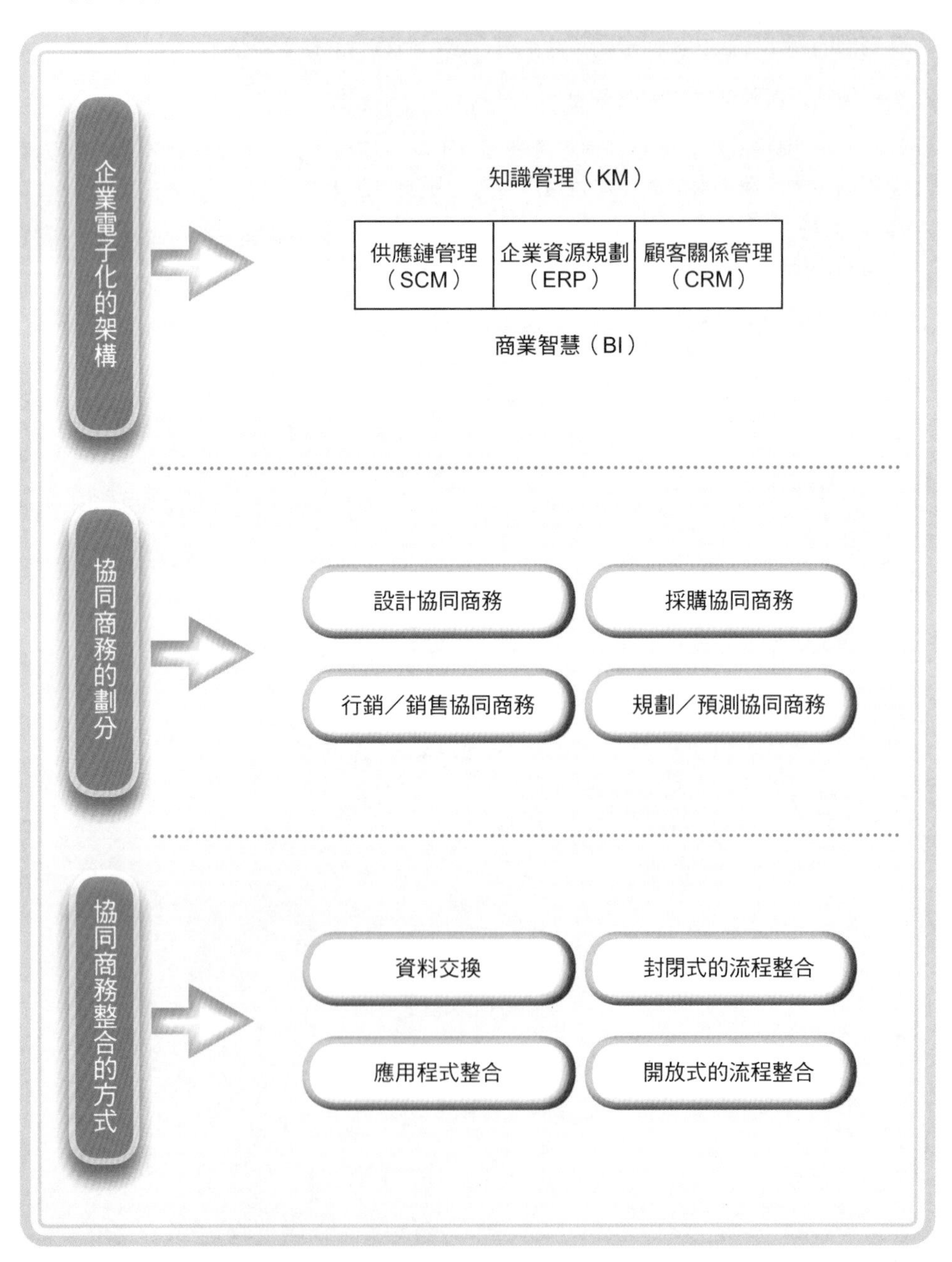

1. 請問 IBM 中的沃爾（Wall）等人對企業電子化的定義是什麼？
2. 請問拉爾（Lal）對企業電子化的定義是什麼？
3. 請問企業電子化的架構為何？
4. 請問協同商務依照營運模式的不同，可以區分為哪四種？
5. 請問要整合協同商務的作業，有哪幾種方式？

NOTE

CHAPTER

08 電子商務的道德及社會議題

由於電子商務所衍生的社會與道德問題，有些已是犯罪行為，有些則是在犯罪邊緣的行為，一般常見的有竊取個資、網路詐騙、侵犯著作權與智慧財產權，以及駭客入侵等。而對於這些犯罪行為，可以採取什麼樣的措施來應對，本章將帶您深入了解。

8.1 竊取個資

8.2 網路詐騙

8.3 侵犯著作權與智慧財產權

8.4 電子商務常見的安全防護措施

案例分析與討論 阿里巴巴

實戰案例問題 希望徹底解決工廠的資安問題

8.1 竊取個資

由於電子商務所衍生的社會與道德問題，有些已是犯罪行為，有些則是在犯罪邊緣的行為，一般常見的有竊取個資、網路詐騙、侵犯著作權與智慧財產權，以及駭客入侵等，所幸各項犯罪行為各有其可規範的法律規章來約束（如圖 8-1 所示）。

在線上購物的過程中，會因為會員註冊、訂單資料而需要留下個人真實資料，然而個人資料是受到保護的，電子商務相關業者不得洩漏個人隱私或將資料任意販售、轉移他用，否則即是犯下竊取個資與侵犯隱私權之犯罪行為。

隱私權的概念起源於美國，強調的是人人享有不被侵犯與干擾的權利，而可用來辨識、聯絡個人的資料，正是屬於隱私權保護的範圍。民國 85 年 5 月 1 日，立法院公布並實施了「電腦處理個人資料保護法施行細則」，即是政府對隱私權所採取的保護作法，除了 (1) 在經過當事人同意、(2) 和當事人有契約關係，但無侵害權益之事、以及 (3) 基於學術研究之需要且無侵害當事人權益等三種情況外，電子商務相關業者應採取以下幾種作法來保護消費者的個人資料和隱私權：

1. 需事先告知消費者會對資料予以蒐集

在蒐集消費者資料之前，應該用清楚明瞭的文字告知，於電子商務網站中會蒐集哪些個人資訊、其用途與目的，以及處理資料的方式，並加註警告文字，說明個人資料的填寫會有哪些風險存在。

2. 讓消費者有選擇的權利

在盡到充分告知的責任之後，也應給予消費者同意或拒絕的選擇，若還需要做為其他商業用途，也應比照相同的做法，並設計簡單的欄位，讓消費者決定是否要將資料轉移過去。

3. 讓消費者有瀏覽、修改、刪除與選擇用途的權利

應提供給消費者瀏覽個人資料，並對資料予以編輯修改、刪除或保留的權利，同時也可以選擇哪幾項資料不予以公開或使用。

4. 應盡力保護消費者個人資料

對於消費者的個人資料，需盡最大力量予以保護，設置防火牆以阻擋駭客入侵竊取資料，並不得將資料轉售或外洩，而在違反相關承諾時，也應對消費者給予賠償。

圖 8-1 電子商務問題相關規範法律規章

電子商務所衍生出的問題，有其對應的法律規章來約束：

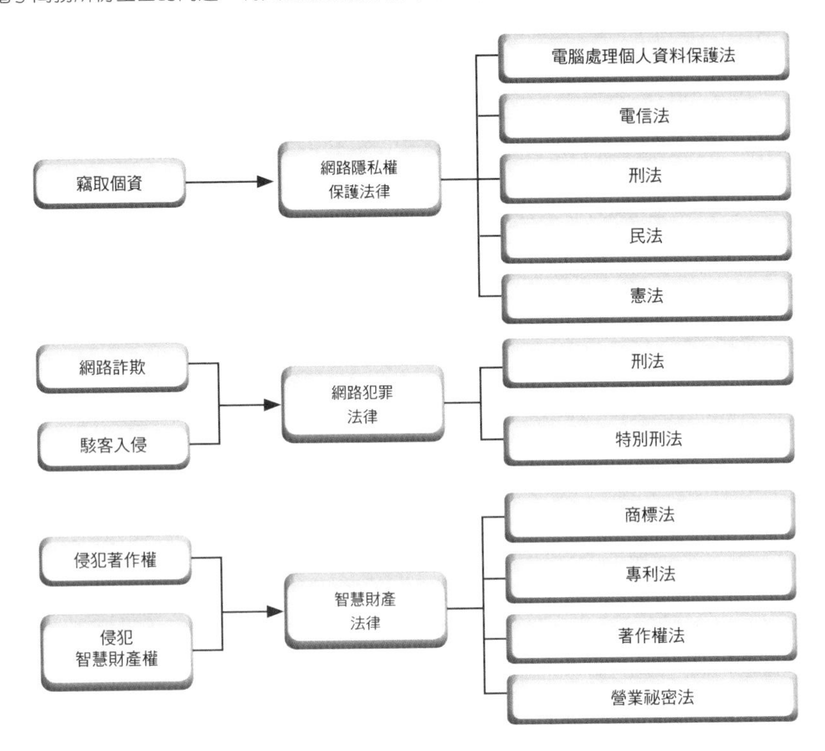

圖 8-2 隱私權政策

企業必須充分告知對於用戶的隱私權如何保護、如何使用、以及使用範圍…等相關說明。

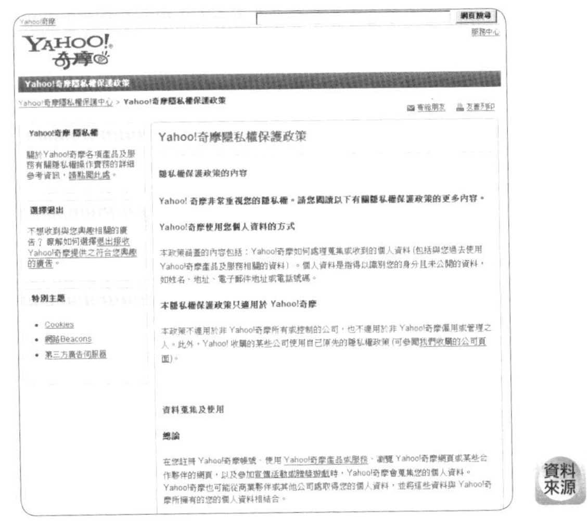

資料來源 http://info.yahoo.com/privacy/tw/yahoo/。

8.2 網路詐騙

隨著電子商務的普及，消費者於網路購物越來越便利，但透過網路的詐騙案也越來越多，在警政署的統計資料中，以及資策會的調查報告中顯示，在國內所發生的全國詐騙案中，光是網路詐騙的金額，在 2010 年時就高達了 1,514 萬元，無論是透過拍賣網站、網路商城、或是團購平台，近千億元的網路交易商機，往往也成為不法份子犯罪的管道，歸結出一般與電子商務有關的詐騙手法，大多會有以下幾種：

1. 拍賣網站詐騙

詐騙人士會在拍賣網站中成立賣場，以具有高價值性，但卻是十分低廉的價格吸引用戶下標，待用戶完成下標並匯款之後，賣方隨即消失或藉口貨源無法如期到達，甚至是寄送其他低廉商品來魚目混珠，使用戶付了款卻無法取得當初所下標之商品。

2. 買賣雙方兩邊詐騙

詐騙人士先是假扮買家，在向賣方購物之後，謊稱已有匯款至賣方帳戶中，且多匯了款項，要求賣方在面交時退還，在賣方退還之後，卻遭受警示帳戶的通知，原來匯入帳戶的款項是第三方買家，他是被假扮成賣方的歹徒所詐騙才匯進來的，如此買賣雙方均受到詐騙，而歹徒早已捲款逃逸、消失無蹤。

3. 購物個資詐騙

詐騙人士假冒知名的購物網站人員，表示由於內部作業疏失，使用戶當初在購買商品時所使用的支付方式有錯誤，變成了信用卡分期付款，若不立即變更的話，信用卡將按月扣款。隨後，則有另一名宣稱銀行人員的詐騙者打電話進來，要用戶前往 ATM 提款機進行設定，並誤導用戶將款項轉至詐騙集團的人頭帳戶中。

4. 海外投資詐騙

詐騙人士假冒海外投顧公司，先取信於用戶，再謊稱投資某基金有驚人的獲利，利用用戶想賺錢的心理，慫恿用戶匯錢投資，待用戶信以為真並參與之後，又以用戶已有獲利為藉口，要求用戶再度投入，等用戶多次匯款之後，卻發現獲利資金一直無法入帳，才驚覺已經上當受騙。

5. 知名網站詐騙

詐騙人士成立知名商務網站的山寨版，無論是電子郵件、超連結、圖片文字…等，都與知名網站類似，使用戶一時不查至網站中購物，或回應其電子郵件之要求，使得個人資料、信用卡號碼等重要資料在不知不覺中傳送至歹徒手中，使之可利用個資申請人頭帳戶或假造信用卡。

雖然針對層出不窮的網路詐騙案，政府設立了「165 檢舉專線」與「165 全民防騙超連結」網站，並委由資策會規劃成立「電子商務資安通報服務平台」來因應，但事實上，對於這些新興的犯罪手法，尤其是智慧型詐欺，在蒐證與偵察上是相當不易找到證據的，唯有消費者多提高警覺，加強機密資料的防護，才能夠做到自我保護。

圖 8-3 165 全民防騙超連結

165 全民防騙超連結網站可供民眾檢舉與報案，並有相關防詐騙資訊教學。

資料來源 165 全民防騙超連結 http://165.gov.tw/index.aspx。

圖 8-4 詐騙郵件

許多詐騙郵件會告知你已經中獎，必須提供個人基本資料，甚至偽裝成英文信件來取信於用戶。

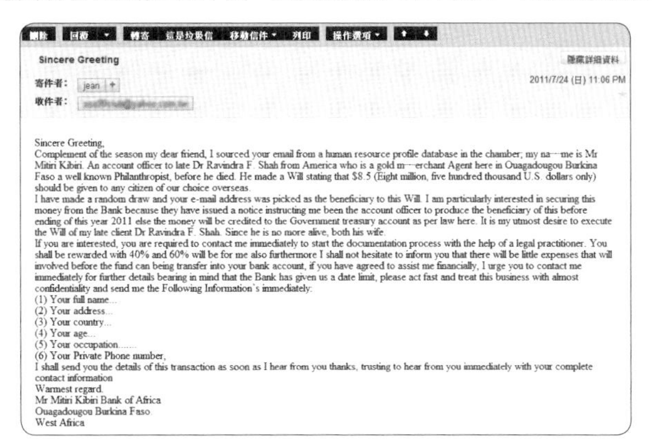

刪除 回覆 轉寄 這是垃圾信 移動信件 列印 操作選項

Sincere Greeting

隱藏詳細資料

寄件者： jean

收件者：

2011/7/24 (日) 11:06 PM

Sincere Greeting,
Complement of the season my dear friend, I sourced your email from a human resource profile database in the chamber; my na—me is Mr Mitiri Kibiri. An account officer to late Dr Ravindra F. Shah from America who is a gold m—erchant Agent here in Ouagadougou Burkina Faso a well known Philanthropist, before he died. He made a Will stating that $8.5 (Eight million, five hundred thousand U.S. dollars only) should be given to any citizen of our choice overseas.
I have made a random draw and your e-mail address was picked as the beneficiary to this Will. I am particularly interested in securing this money from the Bank because they have issued a notice instructing me been the account officer to produce the beneficiary of this before ending of this year 2011 else the money will be credited to the Government treasury account as per law here. It is my utmost desire to execute the Will of my late client Dr Ravindra F. Shah. Since he is no more alive, both his wife.
If you are interested, you are required to contact me immediately to start the documentation process with the help of a legal practitioner. You shall be rewarded with 40% and 60% will be for me also furthermore I shall not hesitate to inform you that there will be little expenses that will involved before the fund can being transfer into your bank account, if you have agreed to assist me financially, I urge you to contact me immediately for further details bearing in mind that the Bank has given us a date limit, please act fast and treat this business with almost confidentiality and send me the Following Information's immediately:
(1) Your full name....
(2) Your address...
(3) Your country...
(4) Your age...
(5) Your occupation.......
(6) Your Private Phone number,
I shall send you the details of this transaction as soon as I hear from you thanks, trusting to hear from you immediately with your complete contact information
Warmest regard.
Mr Mitiri Kibiri Bank of Africa
Ouagadougou Burkina Faso.
West Africa

8.3 侵犯著作權與智慧財產權

所謂的智慧財產權，是指人類以心智所產生的各種結晶，不管是有形或無形的，都有受到保護的權利，而與電子商務有關的智慧財產權，包括網路著作權、網路專利權和網路商標權。

網路著作權

網路著作權所保護的創作，不論是文字、文章、報導、或是聲音、影像、音樂、軟體…等各種形式的呈現，當創作者在作品完成的同時，就擁有著作權了，而受保護的期限為著作人生存期間與其死後 50 年。

值得一提的是，由於網路具有分享的特性，因此有許多人開發出「自由軟體」、「共享軟體」或「免費軟體」供用戶使用，但即使是免費、共享，創作者仍是保有著作權的，使用者必須在其規定的範圍內合法使用，在共享軟體中大多會附有創作人的權利聲明或使用說明的授權規定，如：無營利目的、不得擅自竄改、需要清楚表明創作者姓名…等，否則的話，擅自發布、散布、重製或商業性使用，還是會侵犯到創作者的著作權。

網路專利權

專利權是必須要創作人提出申請並核准後，始得受到保護的，依台灣專利權的規定，保護的範圍包括機器設備、產品、處理方式、技術…等之「發明」或「新型」、「新式樣」，只要符合規定的條件，向智慧財產局提出專利的申請，並在三個月內繳交證書費和年費，經過負責單位核准、公告，並頒發專利證書後，創作者即享有專利權的保護，而保護期限則依各種專利的不同而有分別，如「發明專利權」為申請日起算的 20 年，「新型專利權」為申請日起算的 10 年，「新式樣專利權」為申請日起算的 12 年。

網路商標權

商標權主要是要保護商品或服務的來源，使消費者能辨識與其他的提供者有何差異之處，不易產生混淆，一般我們常見到的包括品牌的商標權、網站名稱的商標權、或肖像的商標權。

而商標權也必須指定使用產品與範圍，並向商標局提出申請，經主管機關許可與公告後，若公告日起三個月內無人提出異議的話，才能予以註冊，而商標的保護權從註冊日起算，專用期間為 10 年，期滿前應於半年內提出延展，使得延展 10 年。

圖 8-5　創用 CC 授權條款

在台灣所推動的創用 CC 計畫中，鼓勵創作者在網路上分享自己的創作結晶，但同時受到著作權的保護，創作者可選擇願意開放的範圍與保護條款，標註在自己的創作中。

資料來源　台灣創用 CC 計畫
http://creativecommons.tw/license。

圖 8-6　經濟部智慧財產局

著作權、專利權與商標權皆屬於經濟部智慧財產局所管轄之範圍，凡是任何專利權與商標權之申請，均需由主管機關核可並公告後，始得成立並受保護。

資料來源　經濟部智慧財產局
http://www.tipo.gov.tw/ch/。

8.4 電子商務常見的安全防護措施

網路世界越來越複雜，駭客入侵技術也越來越高超，與電子商務有關的，不論是個人的隱私資料、商業性的機密資料、或是網站本身的安全，都應予以保護，而這也是近幾年來一直強調的議題，無論是組織或企業，都應該著重資訊安全的管理與保護，因為資訊對企業而言，可以視為與營運資產一樣，是具有高度價值性的，若是可以妥善的保護，就能夠確保其不受任何威脅與攻擊，而不致招來重大的損失。所以，在電子商務的運作過程中，通常會採用以幾種措施來維護資訊安全：

1. 將重要資料加密與解密

在傳送重要性的機密資料時，如信用卡資料，必須要先將資料予以加密保護，待傳送到接受方時再去解密，而與加密、解密保護方式有關的技術，一般是採用私有金鑰和公開金鑰這兩種：

❶ 私有金鑰：使用同一把金鑰來對資料加密、解密，在加密時會以演算法將文字產生成一組亂碼，而若是解密的話，則要利用同一把金鑰來還原。

❷ 公開金鑰：在加密和解密時，各自使用不同的兩把金鑰，但這兩把金鑰是一組的，一把是公開金鑰，另一把則是私有金鑰，如果加密時是用公開金鑰的話，則解密時則要用私有金鑰，反之亦然，如此可以避免資料在中途被竊取。

2. 身分驗證與鑑別

在虛擬世界中，彼此都見不到面，若有需要確認對方的身分時，就必須採取身分鑑別的措施，而數位簽章是最為普遍用來證明身分的技術。當接受者收到傳送者所傳送的數位簽章時，可以用來確認其身分，進而確認訊息內容是否遭到竄改，由於數位簽章有著不可否認的優點，因此當數位簽章在應用時，就會以雜湊函數對資料予以運算，若是資料遭到修改的話，所運送出來的結果也會不同，因此就能辨認出身分了。

3. 架設防火牆

就像築一道防護牆一樣，企業也會在需要保護的伺服器前，架設一道以上的防火牆，以抵擋駭客的攻擊。防火牆的位置通常在外部網路與內部網路之間，在資料傳輸時，若是超出防火牆本身所設定的規則，那麼資料就會被攔截下來，這就是為什麼我們常會看到一些附有夾檔的電子郵件無法傳送到收件者的信箱中，就是因為被防火牆擋下來了。

圖 8-7　私有金鑰與公開金鑰

私有金鑰是以同一把金鑰來對機密資料加解密，而公有金鑰則是以兩把的金鑰來對資料加解密。

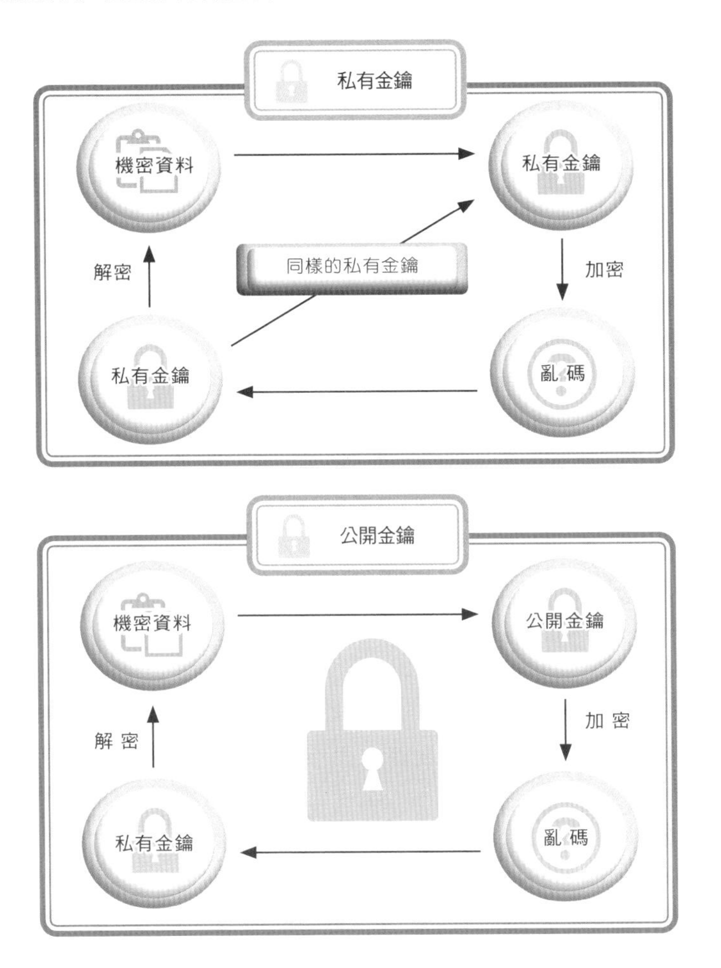

圖 8-8　單機防禦的防火牆架構

企業至少要有一台以上的防火牆來抵擋駭客的攻擊，以下單機防禦為例，說明防火牆的架構部署：

案例分析與討論

阿里巴巴

阿里巴巴官網網址：http://www.alibaba.com/、http://china.alibaba.com/、http://www.alibaba.co.jp/、http://www.taobao.com/、http:// www.aliexpress.com /

個案背景

創立於 1999 年，總部設在杭州市，在中國 40 多個城市設有銷售據點，並在海外香港、台灣、日本、印度、韓國、歐洲、美國矽谷、倫敦等地設有 70 多個海外辦事處。阿里巴巴是經營網際網路業務的公司，主要經營服務中小企業的 B2B（企業對企業）網上貿易平台，包括 B2B 貿易、網上零售、協力廠商支付和雲端技術的服務，也提供中國內地的企業商務管理軟體、網際網路基礎設施服務、出口相關服務、貸款服務、阿里學院經營管理人員和電子商務專才培訓服務。阿里巴巴是全球首家擁有 220 萬企業人註冊的電子商務網站，按用戶數計算，目前是全球領先的小企業電子商務公司。

阿里巴巴設有四個網上交易市場：全球進出口貿易的國際交易市場（www.alibaba.com）、中國內貿易的中國交易市場（china.alibaba.com）、日本貿易的日本交易市場（www.alibaba.co.jp），在國際交易市場上設有一個全球批發交易平台（www.aliexpress.com），服務規模較小、需要小批量貨物快速付運的買家。所有交易市場形成一個擁有來自 240 多個國家和地區超過 6100 萬名註冊用戶的網上社區。2003 年，阿里巴巴投資 1 億元人民幣建立 C2C 網上購物平台淘寶網。2004 年，阿里巴巴成立支付寶，為中國電子商務市場推出協力廠商擔保交易服務。2005 年，阿里巴巴收購雅虎在中國全部資產，包括旗下的一搜、3721，美國雅虎獲得阿里巴巴 40% 的股份。2007 年，阿里巴巴以港幣 13.5 元在香港掛牌上市，股價一度飆漲至 41.8 元，成為香港新股王。2008 年 10 月，阿里巴巴股價暴跌跌破 4 元。2009 年，阿里巴巴慶祝創立十週年，並宣佈成立另一家子公司阿里軟體。上半年財報會員數增加幅度創出歷史新高，股價從 4 元以下上漲到 20 元以上。

2010 年底，阿里巴巴在國際和中國交易市場總共擁有 809362 名付費會員，較去年同期上升 31.6%。包括中國萬網在內，共有超過 100 萬名付費會員。國際交易市場和中國交易市場的註冊使用者總數，較去年同期增長近 30% 至超過 6180 萬名。2010 年第四季度的總營業收入為人民幣 15.215 億元，較去年同期增長 37.6%。2010 全年的總營業收入為人民幣 55.576 億元，較 2009 年全年上升 43.4%。2010 年第四季度的帳面淨利潤為人民幣 4.104 億元，較去年同期上升 46.0%。全年帳面淨利潤為人民幣 14.695 億元，較去年上升 45.1%。

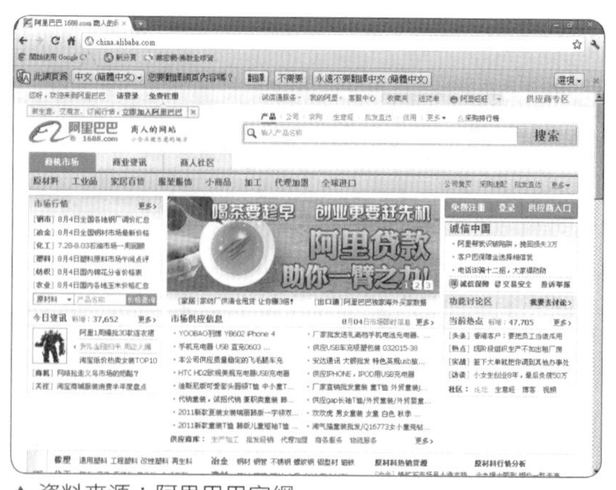

▲ 資料來源：阿里巴巴官網

簡易分析：阿里巴巴 B2B 仲介平台成功之道

聚焦中小企業 B2B 仲介買賣雙方資訊平台

阿里巴巴 B2B 仲介平台是全球十大網站之一，只要與大中華經濟圈扯上關係的商務活動，就一定會想到阿里巴巴。阿里巴巴 B2B 仲介平台是 B2B（企業對企業）的類型，偏向仲介模式，為買賣雙方提供交易資訊的平台，企業透過阿里巴巴 B2B 平台，將來全球買賣雙方供應需求的資訊匯集在一起，藉由協調雙方與互動而收取交易費用。

阿里巴巴 B2B 仲介平台戰略宗旨：「用國際資本打國際市場，培育國內電子商務市場」，目前戰略的重心擺在「歐美市場」，中國外貿主要目標歐美九大國家和地區，阿里巴巴認為先將國外市場做大，自然就可以吸引中國的國內企業主。

阿里巴巴 B2B 仲介平台的目標是聚焦在「中小型企業主的電子商務」之上，因為全球有 85%以上的企業都是中小型企業，而整個亞洲卻是以中小型企業為主，所以目標在中小型企業身上才能獲取更巨大的商機。亞洲各國主要是以「出口貿易」為主，因此，協助中小型企業的出口貿易，就可以為阿里巴巴 B2B 仲介平台帶來龐大的業務量，在前期的努力之下，就已經聚集了全球和中國國內貿易最為活躍的顧客群。

阿里巴巴經營模式

阿里巴巴 B2B 仲介平台定位在要為中小型企業提供服務，只經營資訊流，不經手金流。阿里巴巴的使命：是「要讓天下沒有難做的生意，讓顧客賺錢，幫助顧客省錢，幫助顧客管理員工」，在每次推出一項新產品或服務之前，都會先顧慮如何做才能讓客戶利益最大化，而且所有平台各機制操作簡易化，讓所有顧客都能輕易上手。阿里巴巴對顧客服務，是樹立「顧客永遠是對」的理念，更認為第一是要先讓顧客獲利，其次是合作伙伴獲利，最後才是阿里巴巴獲利。阿里巴巴也對顧客進行品質管理，每年一定會淘汰掉 10%評鑑不良的顧客。

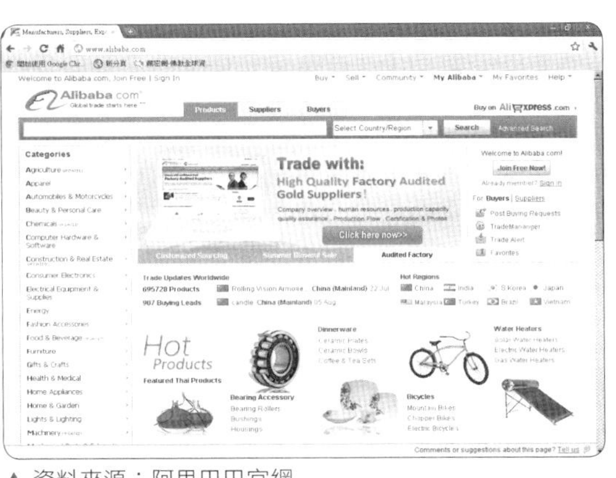

▲ 資料來源：阿里巴巴官網

曲線型發展的經營策略

阿里巴巴 B2B 仲介平台採取曲線型發展的經營策略：

首先，免費使用累積能量：給中小企業主免費商品展示空間，免費使用電子信箱，提共大量供應需求的免費商務情報，累積商務人士對阿里巴巴 B2B 仲介平台的信心與平台的黏著度。

其次，積極拓展商務人脈鏈：為了凝結人氣，阿里巴巴推出「以商會友」的網路論壇，商務人士透過「以商會友」討論版進行商務情報、商務資訊和商務經驗的分享與交流，社群逐漸匯集人氣，在商務人士間漸漸形成口碑，相對打響了阿里巴巴的招牌，「以商會友」成為阿里巴巴強大的競爭力之一。

▲ 資料來源：阿里巴巴官網

再者，等待時機成熟之後，開始著手大力推廣付費的營業項目：中國站（china.alibaba.com）大舉招商活動、推出網路商務信用管理系統「誠信通」、關鍵字廣告服務、建立「商人社區」互動交流商務情報、推出「商業資訊」創造訊息價值等等服務。

▲ 資料來源：阿里巴巴官網

中國供應商的推廣服務

阿里巴巴 B2B 仲介平台是為了中國出口型態的貿易，提供在全球市場「中國供應商」的推廣服務，國際採購商已經不再是侷限在單一地域裡，而是透過網際網路進行全球化採購所需商品，因此，透過阿里巴巴 B2B 仲介平台推薦「中國供應商」向國際採購商展示、推廣中國供應商和產品，進而獲得貿易商機和訂單。

中國供應商體系下 2008 年又推出「出口通（exporter.alibaba.com）」服務，是提供中小企業拓展國際貿易的出口行銷推廣服務，每天 43 萬個全球買家搜索，有 3000 多條求購資訊，超過 75% 開拓網路貿易的企業都選擇阿里巴巴。

▲ 資料來源：阿里巴巴官網

2010 年，中國交易市場達到 3979 萬名註冊使用者，國際交易市場達到 1364 萬名註冊用戶，行業種類超過 40 個，付費會員超過 71 萬名，產品種類超過 7600 個，企業商鋪超過 781 萬個。隨著國際註冊會員增加，阿里巴巴的中國供應商會員將獲取更多商機和訂單，成為網上貿易的最大贏家。出口通還設有 Call-Center 客服中心，透過電話與電子郵件來提供電子商務和國際貿易等諮詢服務，對客戶量身訂做一對一的服務報告、分析報表、流量報告…等等數據的資訊內容。

誠信通服務（cxt.china.alibaba.com）

2002 年，誠信通是阿里巴巴為所有註冊會員，提供進入誠信商務社區必備的誠信認證服務，阿里巴巴積極提倡誠信電子商務，與國際和中國國內著名的資信調查機構合作，為企業建立誠信檔案、紀錄、評價、認證、查詢…等等誠信體系和服務，如此可大大提高平台上交易成功的機會和效率。阿里巴巴在中國國內幾個省分，有進駐數百人的資信調查團隊，也委託各省資信調查公司，對註冊誠信通的會員進行資信調查。

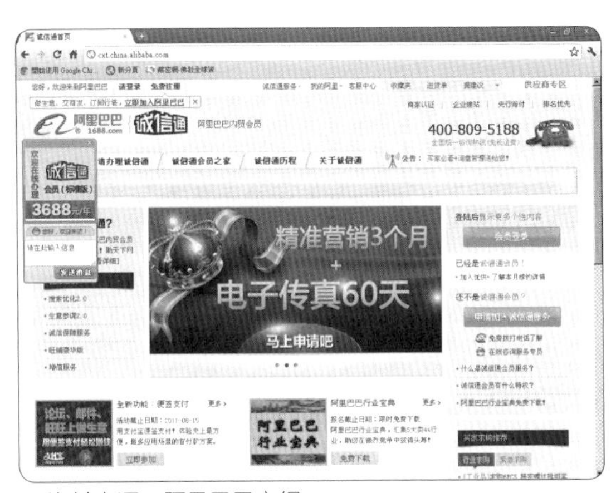

▲ 資料來源：阿里巴巴官網

誠信通會員分為標準版和普及版兩種，主要是為企業進行搜索優化，生意參謀等智慧的電子商務服務，基於阿里巴巴網上全球化的廣大市場，提供建站、優先展示、獨享買家資訊等基礎型網路貿易服務，為企業建立誠信檔案、提供信用查詢及誠信保障等服務，為企業提供採購、物流、貸款等服務。

2010 年，中國誠信通會員數達到 677654 名，加值服務於 2010 年佔中國誠信通收入的比重超越 20%。中國誠信通加值業務以「網銷寶」和「黃金展位」的使用量最高，超過 10 萬名用戶使用網銷寶，來提升在中國交易市場上的搜索結果排名和曝光率，阿里巴巴所提供的各項加值服務，也有助於強化註冊會員的續約率。

阿里巴巴 2326 家金牌供應商的詐欺事件

阿里巴巴誠信通服務是一個非常好的商務策略，透過誠信通建立買賣雙方的信賴感，可以有效提升平台交易成功的機會和效率，最重要是可以收取近 70 萬名中國誠信通會員，每年參加誠信通高達數十億人民幣會費的營收。

《中國媒體報導》2011 年，阿里巴巴內部調查發現公司的電子商務交易網站上有 2326 家賣方有詐欺行為，而且詐欺事件都是經常性得到阿里巴巴員工的內線協助。早期中國企業主參加「中國供應商」會費是 5 萬人民幣，阿里巴巴為擴大營收，在 2008 年又推出「出口通」服務，剛推出優惠企業主加入會費是 1.98 萬人民幣，出口通服務價格降低的確快速大量增加註冊會員數量，也導致部分銷售人員為追求佣金，因而放鬆了資信認證的標準。

一般商家在申請加入誠信通服務，只要通過阿里巴巴資信認證流程，證明公司相關文件的合法性之後，再給付一年的會員費，就可以顯示為「金牌供貨商」的標示。詐欺者假冒為銷售商，提供偽造的公司註冊文件，阿里巴巴 5000 多名銷售員中，約有 100 名的銷售員、部分主管和銷售經理人，經常性協助 2326 家詐欺者逃避資信認證流程，讓詐欺者順利成為金牌供貨商。

▲ 資料來源：阿里巴巴官網

詐欺者的商鋪以提供龐大的產品種類、超低的產品單價、最低的訂貨門檻來吸引全球買家的青睞，因此，造成不少買家和詐欺者的金牌供貨商聯繫，在交易中平均給付低於 1200 美元的押金後，卻沒有收到任何商品，這些訂單的類型大都是需求量較大和價格較低的電子類產品。

詐欺事件最普遍的詐騙案例模式為：買家需要一批產品，透過阿里巴巴尋找到中國供應商裡的某一個金牌供貨商（詐欺方），待雙方接洽之後，詐欺方會要求買家必須先給付一筆押金匯款到指定的帳戶中，當買家給付押金之後，再也聯繫不上這家詐欺方的金牌供貨商。

阿里巴巴為衝高營收對銷售人員的業績瘋狂要求之下，導致了詐欺事件持續發生，最早在 2009 年就已經發生詐欺事件，部分買家對某些供貨商的抱怨和投訴不斷增加。再從阿里巴巴對顧客服務的理念，以及每年對顧客進行淘汰掉 10%評鑑不良的品質管理之下，阿里巴巴應該是首要保障顧客利益，但卻不見阿里巴巴有所處置，銷售人員還是持續不斷去努力衝高業績，結果詐欺頻頻的供貨商還是大量出現在阿里巴巴 B2B 仲介平台上。

2010 年底阿里巴巴發現，在 2009 ～ 2010 年所有的銷售商中有 1% 是假冒，也終止 1200 個從事詐欺的銷售商資格。有媒體表示，阿里巴巴受詐欺事件影響，對公司股價造成劇烈衝擊，市值縮水 10 億美元，而且在阿里巴巴的註冊會員中，有 35% 選擇不再續約。

阿里巴巴內部員工協助 2326 家的詐欺事件，徹底顛覆阿里巴巴過去引以為傲的價值觀體系、企業文化與人力資源管理模式，阿里巴巴公開表示會對會員進行嚴格篩選的決心，已經和國際認證機構推出基於第三方的深度認證服務，對其中國供應商進行最大限度的資質認證，企圖杜絕詐騙和交易糾紛等事件。

阿里巴巴為促進平台的誠信和安全的策略，是要從促進交易安全、打擊電子商務詐欺行為和幫助受害者三項，來著手保護買家和賣家的利益：

第一，在國際和中國交易市場團隊中強化負責誠信安全的隊伍，任務是確保阿里巴巴是安全可靠的商務平台。在促進交易安全方面推出各項措施，如引入採用協力廠商擔保模式的支付服務、在中國交易市場設立「小企業誠信保障基金」以保障買家，以及為供應商建立互動、透明的誠信檔案。同時透過國際認證機構來審核公司，為供應商提供如「深度認證」的加值服務，深度認證報告會在網上公開，可供買家參考，用以評估供應商的貿易和生產能力。

▲ 資料來源：阿里巴巴官網

第二，打擊詐欺行為。2010 年，將打擊詐欺行動升級，特別是針對中國金牌供應商投入更多的資源，調查有關買家投訴的個案，主動清退存在詐欺行為，或經過多方面的資料分析後，認為存有高度詐欺風險的付費會員的帳戶和企業商鋪。2011 年，委派一位獨立非執行董事成立特別調查小組，深入研究調查買家投訴、內部監控系統、銷售人員激勵計畫和報告機制，以堵塞促成詐欺行為的漏洞。

第三，幫助受詐欺的買家補償損失。2009 年，設立了「公平交易基金」，這是將被清退的金牌供應商會員所給付的年費，用於彌補受害買家部分損失的計畫。如買家遭受金牌供應商詐騙，而有足夠證據證明自己受害，就可以申請從這基金索取與有關交易相稱的金額，以彌補部分的損失。

阿里巴巴也在推動按照交易收費的模式，改變先前單純收取會費的獲利模式，依照成功交易收取費用是可以有效降低與杜絕詐騙事件，目前網際網路上已經有不少商務網站使用按照交易收費的模式。

問題討論

1. 在各大企業電子商務營運的過程中，是突破每一季營收目標重要？還是提供誠信與安全的商務環境重要？
2. 從全球電子商務發展中最重要的關鍵要素，是要掌握商品的價格優勢？還是建立完整的供應鏈體系？還是打造完美科技化降低成本的配送物流體系？還是商務誠信？
3. B2B 的商務體系該如何解決誠信危機？
4. 經營電子商務該如何防範網路詐騙的行為？
5. 如果您是已經加入阿里巴巴中國供應商的會員，針對 2326 家的詐欺事件後，阿里巴巴為促進平台的誠信和安全，所提出的三項策略，您覺得已經能確保買家和賣家的利益嗎？
6. 針對阿里巴巴施行「公平交易基金」的計畫，如果您是無法收集足夠證據的受害者，會因為阿里巴巴匯集無限的商機，願意自我承擔被詐騙的風險，繼續付費加入阿里巴巴嗎？

參考資料

1. 阿里巴巴，網址：http://china.alibaba.com/。
2. 蘋果日報，網址：http://tw.nextmedia.com。
3. 新浪全球新聞網，網址：http://dailynews.sina.com。
4. 維基百科，網址：http://zh.wikipedia.org/wiki。

實戰案例問題 希望徹底解決工廠的資安問題

個案背景

台中一家 40 年老字號的製造工廠，所有產品只有一個部分採用日本原裝進口配件，其他配件全在台灣製造生產與組裝，工廠除了自行研發新產品，也接受 OEM 代工生產，產品除了銷售全臺各大賣場，也外銷到美國與東南亞的市場，在 2 年前工廠也建置電子商城在網路上銷售工廠製造的庫存商品。

全工廠工作人員有 30 多人，其中高階幹部、產品設計師、行政與行銷企劃人員共 10 人，位居工廠 2 樓辦公室，且辦公室已經全面 E 化。

該工廠曾經發生顧客資料外洩事件，造成工廠商譽嚴重受損，該工廠聘請資安人員到辦公室追查原因，資安人員發現下述狀況與問題：

1. 2 樓工作人員雖然每台電腦系統都有安裝防毒軟體，但卻沒有經常性更新病毒碼與進行完全掃瞄，一經線上掃瞄幾乎每一台電腦都有十多隻病毒，甚至多台電腦被開了後門。
2. 負責維護工廠電子商城的工作人員，電腦中除了有十多隻病毒以外，還被開了後門，幾經詢問之下發現全體工作人員經常性相互分享網路上傳來的圖檔、影音檔案、壓縮檔案、自動執行的遊戲檔案…等等。
3. 工作人員電腦的 WINDOWS 作業系統更新訊息，部分工作人員也不常理會，並沒有進行系統更新的動作。
4. 辦公室內部網路系統的伺服器，並沒有安裝任何伺服器版的防毒軟體，結果發現各類型病毒多達 20 多隻，有問題的檔案資料多達百件以上。
5. 該工廠的行銷企劃人員，在未取得高階幹部的許可下，擅自透過 EMAIL 把工廠部分顧客資料和以前念廣告系也在其他公司擔任行銷工作的同學相互分享。
6. 部分工作人員在下班後，並未將自己所使用的電腦關機，並且還保持在連線的狀態下，在關掉電腦螢幕的電源以後就下班回家。
7. 所有工作人員電腦登入密碼的部分，幾乎是使用自己的生日六碼或是住家電話號碼，就連負責維護工廠電子商城的工作人員，也將登入電子商城之後台管理密碼設定成公司的統一編號。
8. 電子商城之後台管理並沒有進行權限設定，因工廠建置電子商務是為了清庫存貨，對工作人員來說是額外加入的工作負擔，所以 2 樓辦公室所有工作伙伴都可以以管理者帳號密碼登入查看各項資料，以方便出貨給網路上下單的顧客群。

問題討論

1. 針對該工廠的資安問題有何建議？改善方針為何？
2. 請提出針對工廠 2 樓工作人員的資安教育訓練方案？
3. 針對該工廠行銷企劃人員和同學相互分享顧客資料的行為，請提出您的看法？
4. 依照該工廠電子商務系統管理權限的問題，請提出適切的建議方案？

重點整理

由於電子商務所衍生的社會與道德問題，有些已是犯罪行為，有些則是在犯罪邊緣的行為，一般常見的有竊取個資、網路詐騙、侵犯著作權與智慧財產權，以及駭客入侵等。

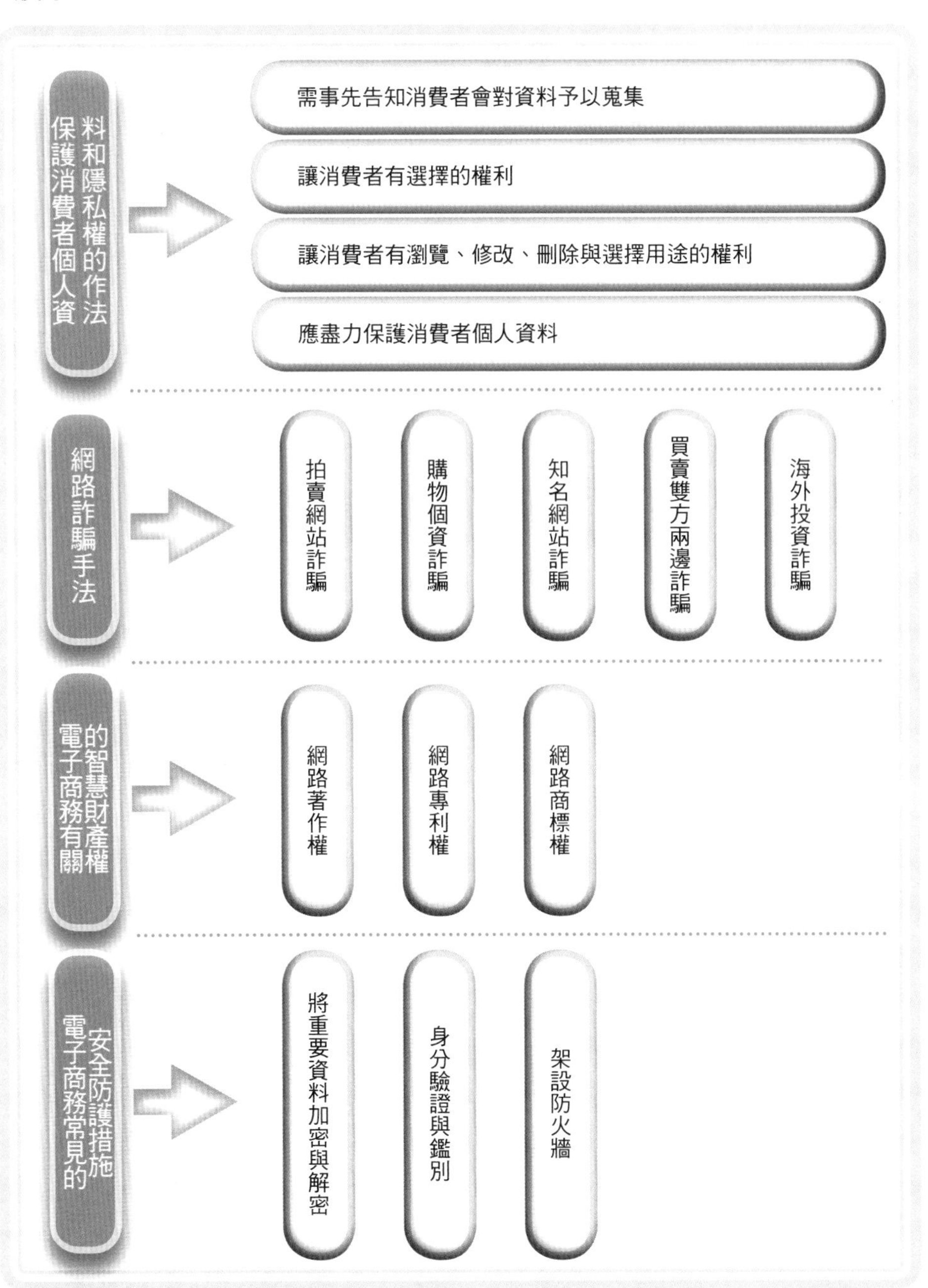

1. 請問電子商務相關業者應採取哪些作法來保護消費者的個人資料和隱私權？
2. 請問網路詐騙的手法有哪些？
3. 請問網路著作權所保護的範圍與期限？
4. 請問網路專利權所保護的範圍與期限？
5. 請問在電子商務的運作過程中，會採用哪些措施來維護資訊安全？

C H A P T E R

09 網路行銷的基本概念

網路行銷不僅僅是「透過網路來進行行銷活動」，更是企業整體行銷策略的一部分，如何將網路行銷與傳統行銷手法相互搭配應用，其運作模式與計畫該如何進行、以及新型態的網路行銷趨勢又是什麼？這都是網路行銷人員所該學習的課題。

9.1 何謂網路行銷

9.2 網路行銷的組合4P+4C

9.3 網路行銷的趨勢

案例分析與討論 電影海角七號

實戰案例問題 柚農希望透過網路拓展銷售商機

9.1 何謂網路行銷

隨著科技的快速成長，對行銷實務上也引起了革命性的變化，因為網際網路具有即時性、互動性、快速性、全球性、無時間限制、多媒體內容等種種特點，對傳統的商業性活動產生重大的影響，同時也改變了企業與顧客間的關係。

網路行銷（Internet marketing）又可稱為虛擬行銷（cyber marketing），也就透過網際網路，以網路用戶為對象或標的，利用各式各樣的方式去進行行銷的一切行為，像是消費者可以在網路上取得企業所提供的資訊、服務或者直接購買產品，而企業也可以藉由網路進行產品展示、品牌推廣、促銷活動、公關活動…等行銷行為。除此之外，網路行銷還有雙向溝通的特性，顧客更可以直接向企業提供意見與需求，甚至參與整個企劃流程、產品創意思考…等較為內部核心的行銷策略，藉以減少企業成本花費，形成正面回饋。

以狹隘的定義來說，網路行銷就是「透過網路來進行行銷活動」，但有另一更廣義的論點是「企業的網路行銷策略」，也就是企業將網路行銷視為整體行銷策略的一部分，將傳統行銷與網路行銷相互搭配應用。因為網路行銷可以發揮傳統行銷不足之處，所以有越來越多的專家學者開始重視這一環，並且各自為網路行銷下了不同的定義，像是尼桑赫茲（Nisenholtz）、馬汀（Martin）在 1994 年時，提出：「網路行銷是企業運用網際網路進行廣告活動，並且配合電子信箱從事企業與顧客間的雙向溝通。」而至 1996 年時，奎爾奇（Quelch）、克萊因（Klein）則解釋網路行銷是「網際網路不單單只是取代直接郵寄或家中購物的新式行銷通路，其對跨國企業的優勢形成，同時具有在全球市場上進行品牌認同、雙向訊息傳遞的作法，形成具有跨國企業優勢的行銷技巧。」到了 2000 年時，漢森（Hanson）則說明了網路行銷是「若從企業是否具備行銷、技術與經濟等網路行銷三要件來定義，網路行銷應是只對那些使用網路來獲取數位商品的個體所進行的行銷活動。」另外，其他學者對於網路行銷的定義，則如圖 9-1 所示。

從諸多學者對網路行銷均有不同的見解來看，網路行銷並非只有單純地在網路上廣告或建立網站，其背後有著多種的可能性，端賴行銷者如何運用與實現。

圖 9-1 眾多學者對網路行銷所下的定義

梅塔／尤金
Mehta Sivadas/Eugene
1995

網路行銷就是企業在網際網路上進行之直效行銷（Direct Marketing）的活動。

克羅斯…等人
Cross etc.
1995

企業運用網際網路，將資訊傳達給消費者，並且在網際網路上採行銷策略等。

卡拉克塔／溫斯頓
Kalakot/Whinston
1996

網路行銷擁有互動的性質，因而允許顧客瀏覽、搜尋、詢問與比較，最重要的是顧客可以設計自己所需的產品。

霍夫曼／諾瓦克
Hoffman/Novak
1997

網路行銷是一種多對多的互動行銷方式，這種新型態的行銷模式突破了傳統一對多的單向行銷。

霍奇斯…等人
Hodges etc.
1999

網路行銷是企業將在網頁上介紹產品與服務的專案，讓消費者主動收集資訊的過程。

察費…等人
Chaffey etc.
2000

網路行銷是網際網路與其他相關數位科技的應用，以達到行銷的目標。

9.2 網路行銷的組合 4P+4C

隨著網際網路的快速發展，傳統的 4P 在網路行銷領域中，進一步演變成為新 4P，也就是廣納資訊（Probing）、明確定位（Positioning）、慎選市場（Partitioning）與衡量輕重（Priority）。新 4P 主要是將顧客的需求與行銷目標結合在一起，強調以即時快速的方式，達到訊息交流和溝通的目的，並滿足顧客多樣化的要求。4P 理論是以產品和企業的利潤為出發點，但新 4P 則同時考慮了顧客與企業的利益，並讓顧客參與網路行銷的過程，讓顧客擁有市場的控制力。

新 4P 的要素

1. 廣納資訊（Probing）

以市場行銷觀念為基礎，以顧客需求為中心，利用有系統、科學的方法，將產品與其相關領域的訊息做一統整、紀錄，提供給顧客有價值的資料，而在顧客取得資料的時候，會與企業有所互動，透過互動的動作，以及網路監測系統、回應系統的配合，企業也能快速的取得顧客的資訊。

2. 明確定位（Positioning）

依據企業的核心優勢與獲利來源，以及競爭者的市場定位、顧客對產品的需求程度，找出具有競爭力、與眾不同的市場定位，讓產品在市場中佔據最有利的位置。

3. 慎選市場（Partitioning）

考慮市場的差異性、顧客需求的差異，以有系統的方法將市場予以細分，讓每一個細分的市場都有相類似需求的顧客群，才能針對其需求給予最好的服務。

4. 衡量輕重（Priority）

當企業決定要以哪個細分市場為優先，或要先滿足哪一部分的顧客為重，都需要先經過思考與規劃，才能在有限的資源下做最好的利用，因為企業不可能滿足所有的顧客需求，只能根據自己的優勢與能力來經營產品，滿足某部分的族群，或滿足某部分的需求。

圖 9-2　從傳統行銷 4P 到網路行銷新 4P

傳統的 4P 以企業和產品為導向，然而網路行銷的心 4P 則強調顧客與企業同樣重要。

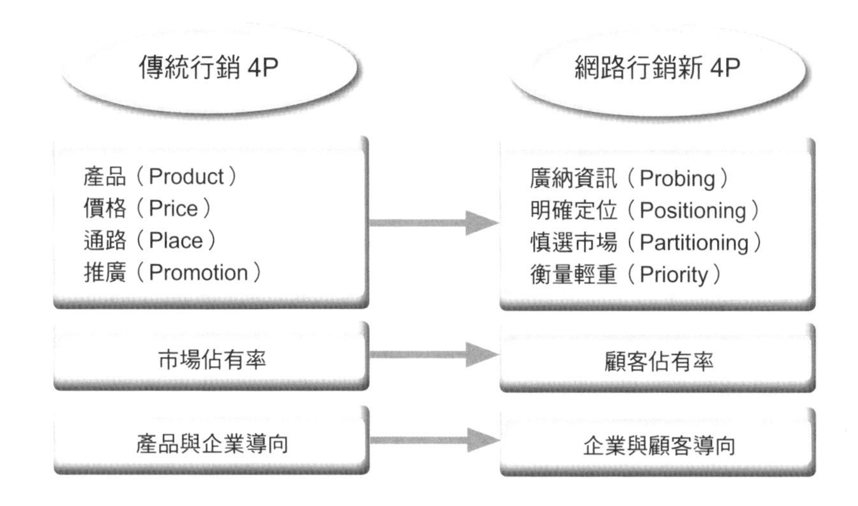

圖 9-3　行銷 4C 與網路行銷新 4C 的對照

傳統的行銷 4C 與網路行銷新 4C 都是以顧客為中心，而不同的是新 4C 網路行銷更強調與顧客的溝通和連結，把企業與顧客的關係綁得更緊密。

除了新 4P 以外，4C 也有了變革，隨著網路行銷而成為新 4C：顧客經驗（Customer Experience）、顧客關係（Customer Relationship）、溝通（Communication）、社群（Community），主張企業透過 4C，能和顧客建立長期而友好的關係。新 4C 雖然與 4C 有所不同，但不變的是新 4C 也是以顧客的需求為導向，強調誰能抓住顧客的心，誰就是最大的贏家。

新 4C 的要素

1. 顧客經驗（Customer Experience）

是指策略性地管理顧客接觸產品或企業的過程，注重每一次體驗，以提高正面的滿意度，包括網路諮詢、銷售前、銷售時、以及銷售之後的每個階段，都與顧客產生良性互動，使其感覺經驗過程是良好的，進而提升品牌好感度與顧客的忠誠度。有些企業也會強調網頁的視覺設計、完整的諮詢系統，都是為了要提供給顧客更為完善的使用環境，強化使用經驗。

2. 顧客關係（Customer Relationship）

顧客關係是以顧客為主要中心，輔以市場導向，在有效益的目標下建立與維護能和顧客溝通的平台，在這平台中，可以對顧客的資訊進行深層的分析，使企業在面對顧客的需求上能更加精準。通常在商業機密與客戶隱私權的前提下，大多會由企業自己經營這一塊，尤其當涉及層面越廣、顧客群越大的時候，企業就越會更用心經營與顧客的關係。

3. 溝通（Communication）

溝通就是企業與顧客的想法、資訊相互交換，透過網際網路，每個人都有傳播意見的能力，溝通就是把顧客的意見統一集合起來，以此作為改善產品或服務的依據點之一，進而滿足顧客的需求，以達到雙贏的目標。

4. 社群（Community）

除了入口網站與搜尋引擎以外，社群的力量是不可忽視的，網路社群是基於圈子、人脈、將有共同喜好或共同需求的人集合在一起，它可以是 BBS、部落格、噗浪或 Facebook，也可以是企業自己所經營的論壇，能夠讓網友彼此交流、分享與溝通，就具有社群的基本功能，企業透過社群能夠更接近目標顧客群，與目標顧客群互動、往來，達到一傳十、十傳百的效益。

圖 9-4　網路行銷整合性策略

新 4P 與新 4C 的整合策略，能夠徹底發揮網路行銷的優勢，讓顧客更能主動參與行銷過程，達到滿足顧客與企業利潤的兩大目標。

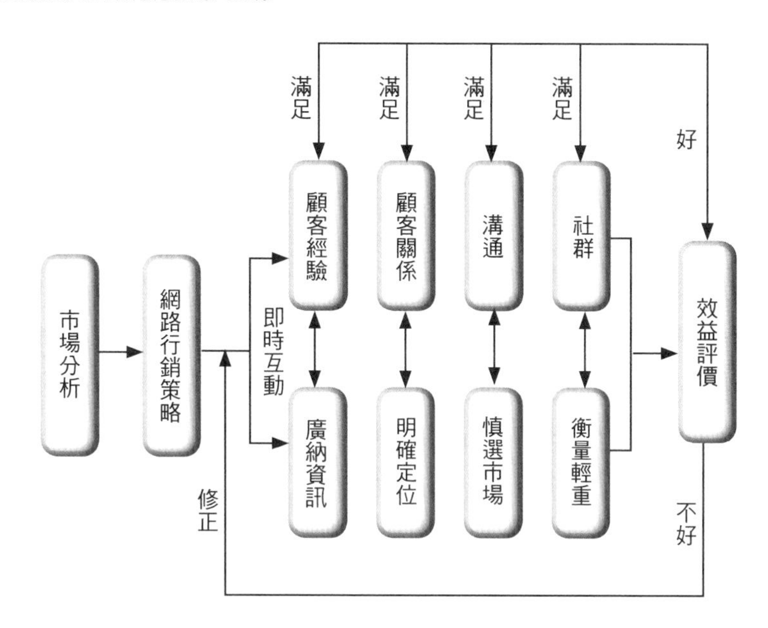

圖 9-5　網路行銷運作策略思考方向

根據網際網路的特點，要制訂出能幫企業加分的網路行銷策略，在擬定策略時，有幾個思考方向可以參考：

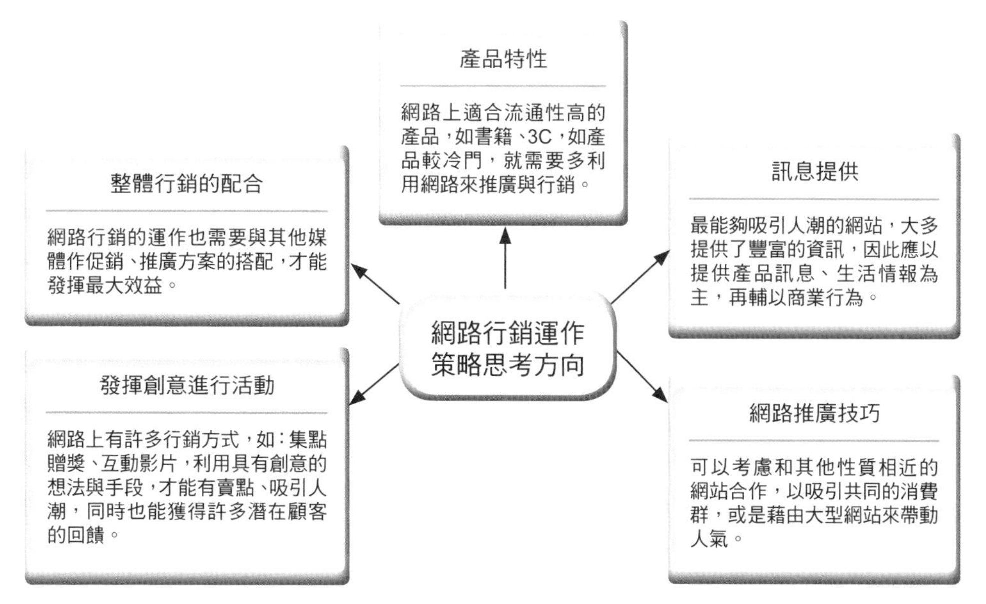

網路行銷是以顧客的需求為出發點，利用網際網路的特性與技術對顧客進行行銷，因此將新 4P 與新 4C 相互結合的整合行銷策略，提供給客戶有價值的資訊，由顧客為主導的行銷作法，可以發揮一加一大於二的功用，達到過去傳統行銷所沒辦法達到的高度顧客關係互動，達到低成本、大影響的最佳效益。

而值得注意的是，網路行銷並不只是在網路上進行推廣活動，或是從事網路銷售的活動，它是可以多樣性的，例如對客戶的支援、對品牌的拓展、對市場的擴大，它的運作模式是全面而有系統的，是以市場需求為基礎，依照網路行銷的目標、實施方案，做出長遠的規劃，並付諸實現的整體過程。

因此，網路行銷在運作過程前會歷經三個階段：

1. 環境分析階段

首先要分析整體情勢，瞭解大環境、法規、文化對企業進行網路行銷時，會有什麼影響，其次則是分析企業資源運用於網路時的優勢、劣勢、可控制或不可控制因素是什麼？

2. 分析效益階段

分析網路行銷為企業所帶來的效益與所需花費的成本，計算投資報酬率。

3. 綜合與評量戰略階段

在這個階段中，要思考三個問題：(1) 可以帶來多大市場？ (2) 公司內部是否可以配合網路行銷戰略運作後所帶來的改變？ (3) 是否能帶來預期的收益？

在進行網路行銷時，並不是想到什麼就做什麼，也不是臨時起意的規劃，網路行銷是有運作計畫的，卡拉克塔（Kalakota）和羅賓遜（Robinson）在 1999 年時就曾指出：「網路行銷計畫是指引公司方向、配置資源、在關鍵點做困難決策的藍圖策略。」所以說，網路行銷的運作需要有目標、有方向，其運作計畫至少要包含以下九個步驟：

❶ 確立目標，以明確訂定出網路行銷的任務是什麼。

網路行銷的運作也跟傳統行銷一樣，都需要設立一個明確的目標，然而有許多企業只知一頭栽進網路，卻忘了目標是最根本的事情。企業要依據環境分析、效益分析與評量，找出最佳的優勢點，然後根據特點制訂目標，並設定完成目標的個別任務與時間表。

圖 9-6　成功的網路行銷運作模式五大要素

企業不只是要建立網站，更要投入網路行銷的工作中，才能開發更多的潛在顧客、刺激產品銷售量、提升企業形象，而要成功的運作網路行銷，有五大要素是必須注意的。

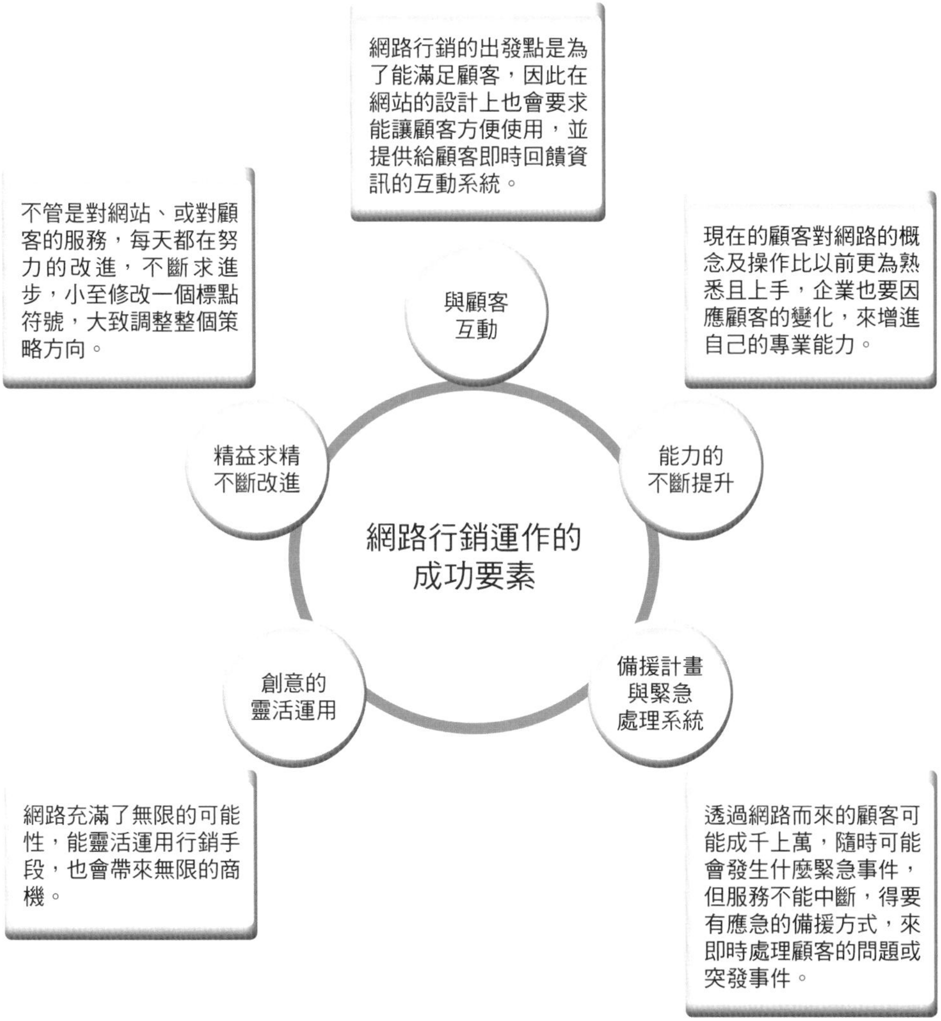

網路行銷運作的成功要素

與顧客互動

網路行銷的出發點是為了能滿足顧客，因此在網站的設計上也會要求能讓顧客方便使用，並提供給顧客即時回饋資訊的互動系統。

能力的不斷提升

現在的顧客對網路的概念及操作比以前更為熟悉且上手，企業也要因應顧客的變化，來增進自己的專業能力。

備援計畫與緊急處理系統

透過網路而來的顧客可能成千上萬，隨時可能會發生什麼緊急事件，但服務不能中斷，得要有應急的備援方式，來即時處理顧客的問題或突發事件。

創意的靈活運用

網路充滿了無限的可能性，能靈活運用行銷手段，也會帶來無限的商機。

精益求精不斷改進

不管是對網站、或對顧客的服務，每天都在努力的改進，不斷求進步，小至修改一個標點符號，大致調整整個策略方向。

❷ 聽取組織內各部門的看法，並徵求其配合。

運作網路行銷任務時，既牽扯到行銷部門，又會與資訊部門有關，同時預算的編排又牽涉到財務部門，各部門之間如果沒有協調好，沒有相互合作，就無法進行網路行銷的工作，因此當進行網路行銷工作時，務必聽從各個部門的建議，研擬出新技術對於行銷目標的實現，各部門也能積極參與網路行銷計畫。

❸ 擬定網路行銷的預算。

網路行銷在運作時一定會產生許多成本與花費，包括軟硬體設施、員工費用、程式設計、伺服器、網頁設計、廣告活動…等，這些都要予以擬訂並加總起來，作為執行計畫所需要之預算。

❹ 分派網路行銷任務至相關部門中。

網路行銷所要分派任務的範圍是很大的，有的部門要負責架構網站、有的部門要負責廣告宣傳、有的部門要負責技術維護、有的部門要負責美編設計…，這些任務的分派都需管理得宜，並且嚴格掌控完成進度時間，以免產生混亂。

❺ 根據任務來規劃網路行銷活動的工作。

這些工作的內容包括：要運用哪些行銷手段的操作？網頁內容要放上哪些訊息內容？網站要用哪些促銷方式？如何與顧客進行互動？顧客有疑問或抱怨時，該怎麼處理？要做到什麼程度才能幫企業營利…工作項目繁多，但唯一最重要的前提是：網路行銷活動的工作都需要事先規劃，才能依照所規劃的方向來執行。

❻ 設立具有互動性、訊息豐富的網站，提供顧客即時快速的資訊，並立即接收顧客的回饋意見。

回饋資訊的網站系統是否完整，也會決定企業能否收到顧客的大量回饋資訊，同時企業也應該在網站上提供豐富的產品訊息內容，讓顧客能儘快找到自己所想要的資訊。

❼ 利用各式各樣的網路手段，如：關鍵字行銷、病毒式行銷，加強網路行銷計畫的力度，獲取更佳的效果。

這些行銷手段的執行，有時候是由企業內部人員執行，有時侯是委託專業的網路行銷公司，但不管是由哪一方進行，能夠靈活的運用、並且有創意的製造話題、吸引人氣才是關鍵所在。

❽ 及時性的檢討、調整與修改。

企業能針對網頁內容與形式進行適時修改的動作，或是檢討在執行計畫中所產生的缺失，甚至是策略方向的及時調整…，這些都能讓網路行銷的運作過程更為順暢，也更容易成功。

❾ 績效評估，制訂指標來衡量效益。

企業必須依照目標評估運作的進度，同時制訂指標來衡量績效，如果效果不如預期，則要考慮是否重新修改目標、任務或計畫方向。

圖 9-7 網路行銷的運作對企業各層面的影響

當企業投入網路行銷的運作時，所帶來的影響並不僅僅是銷售量的提升或市場的拓展，它的影響範圍是廣大的，不管是對企業或對顧客、或其他層面來說，也有非常多的作用。

對企業的影響

◎ 讓企業不管在哪裡都能面對國際的市場，與世界接軌能吸引更多潛在顧客。
◎ 可以對產品做詳盡的圖文、影音介紹與描述，這是其他媒體所沒有的優勢。
◎ 能提供全天候 24 小時的服務。
◎ 對於顧客常有的疑問，可以先設定問答集，避免人員重複回答，節省時間與降低行銷費用。
◎ 可在顧客訂購後直接出貨，不需透過中間商的抽取，能增加利潤與收入。
◎ 能提供比實體店面更多、更廣的商品種類。

對競爭者的影響

◎ 可以直接透過競爭者的網頁，瞭解其最新產品與資訊、行銷活動。
◎ 若有評價系統，也可瞭解顧客對競爭者與企業本身的評價。

對目標客群的影響

◎ 可透過線上調查瞭解潛在顧客的背景與資料。
◎ 可透過研討會或發布會、試用會邀請更多的潛在顧客。
◎ 新產品有更多的展示與銷售機會，舊有產品有新的市場機會。
◎ 迅速地向顧客發送促銷資訊、產品資訊。
◎ 能根據顧客的反映即時調整價格、產品展示。

對顧客服務的影響

◎ 透過顧客的回饋系統，可以瞭解顧客對產品或服務的喜好、反應。
◎ 可與顧客建立一對一的互動關係。
◎ 建立顧客資料庫，能針對顧客的特性分別給予所需要的訊息與產品。
◎ 透過及時的顧客服務，可保持良好的關係。
◎ 對於顧客的不滿能立即處理。

對公關活動的影響

◎ 能透過網路及時發布訊息，並迅速地提供媒體記者相關的答覆。
◎ 對於誤導的訊息，能立即做出更正，避免引起誤會。
◎ 透過網路發布記者會，對於不能出席的人員一樣能提供最新消息。

對網路廣告的影響

◎ 所有在網路上進行的廣告，都是可以追蹤與紀錄的，並能研究其成效。
◎ 與其他媒體結合，能增強網路廣告的效果。

對產品支援的影響

◎ 能降低人工回答顧客問題所花費的成本與時間。
◎ 顧客可以透過詳細的訊息解說，學會自我解答。

對品牌的影響

◎ 優美而便利的網站內容，能增強品牌形象。
◎ 對於品牌有偏好的顧客，能利用網路搜尋到該品牌的相關內容。

9.3 網路行銷的趨勢

WEB 2.0 的出現，是全球網際網路的一項重大改變，它鼓勵網路用戶去分享資訊，也因為有分享，讓網路資源越來越豐富，並帶來了重大的影響。

WEB 2.0 是什麼

WEB 2.0 是由提姆・歐禮萊（Tim Olary）在 2004 年時首度提出的名詞，強調的是讓網路用戶能自由產生資訊、傳播資訊，而非傳統網站只由管理者或企業的單向傳播資訊。WEB 2.0 並不是一項創新的技術，或是某一項規格，而是網際網路所崛起的新潮流，是對過去、現在、未來網際網路所持續性的變化統稱；也是網際網路從核心內容到外部應用的新發展。

不過也有人認為，WEB 2.0 是相對 Web1.0 的統稱，與過去的 Web1.0 相比，Web1.0 僅是讓用戶單純瀏覽網頁內容，但到了 WEB 2.0，則發展成以用戶為中心，讓用戶自己生產豐富的內容，這個內容可以是一篇日誌、一張圖片、一篇評論或一部短片，而不再只是 Web1.0 的 HTML 網頁，它更著重用戶間的彼此聯繫與溝通，將用戶的力量串連起來；另外，WEB 2.0 也利用工具性更強大的技術，帶來用戶更方便性的使用，因此，與 Web1.0 相形之下，WEB 2.0 具有兩個特點：

1. 眾多用戶一起參與

在 WEB 2.0 中，每個用戶都可以提供內容，也可以為他人的內容提供意見或補充，藉由用戶的共同參與可使內容更為豐富化且多元。

2. 可讀可寫可編

過去的 web1.0 的時代是由管理員或站長提供內容，用戶僅能瀏覽閱讀，但到了 WEB 2.0，用戶具有與管理員等同的權力，可以發表內容，並編輯或刪除自己所發表的內容。

WEB2.0 帶來的影響

隨著 WEB2.0 的崛起，知識內容的豐富、公眾意見的發聲、網路技術的發達，逐漸改變了整個網際網路的世界，對企業、對社會、對商業活動莫不影響甚鉅。

圖 9-8 Web2.0 為公司或組織帶來的利益

採用 Web2.0 的技術，可以讓公司或組織受益，所帶來的利益來自以下三方面：

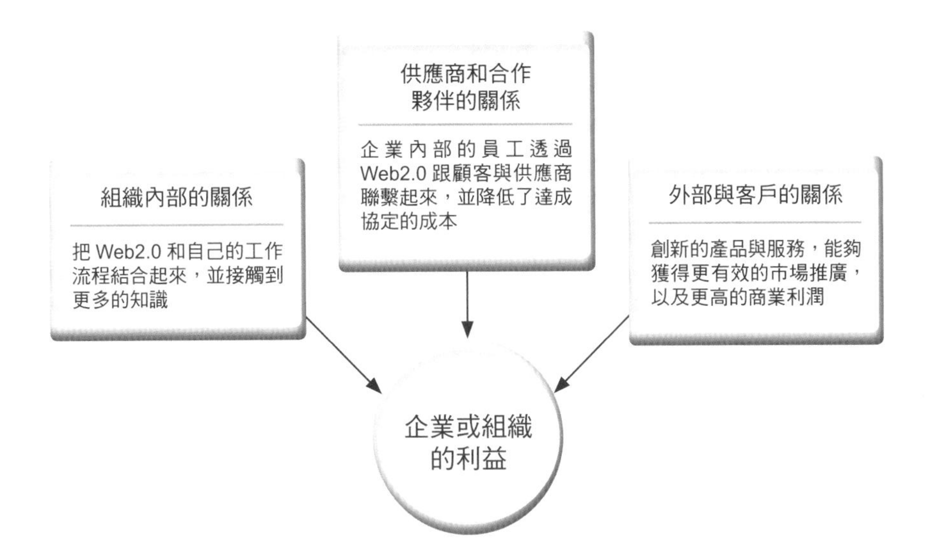

圖 9-9 Web2.0 對商業業務的影響

我們可以從以下三個方向來看出 Web2.0 對商業業務所產生的影響，包括業務模式、資訊模式、以及技術形式，並從這三個方向中個別衍生的變化。

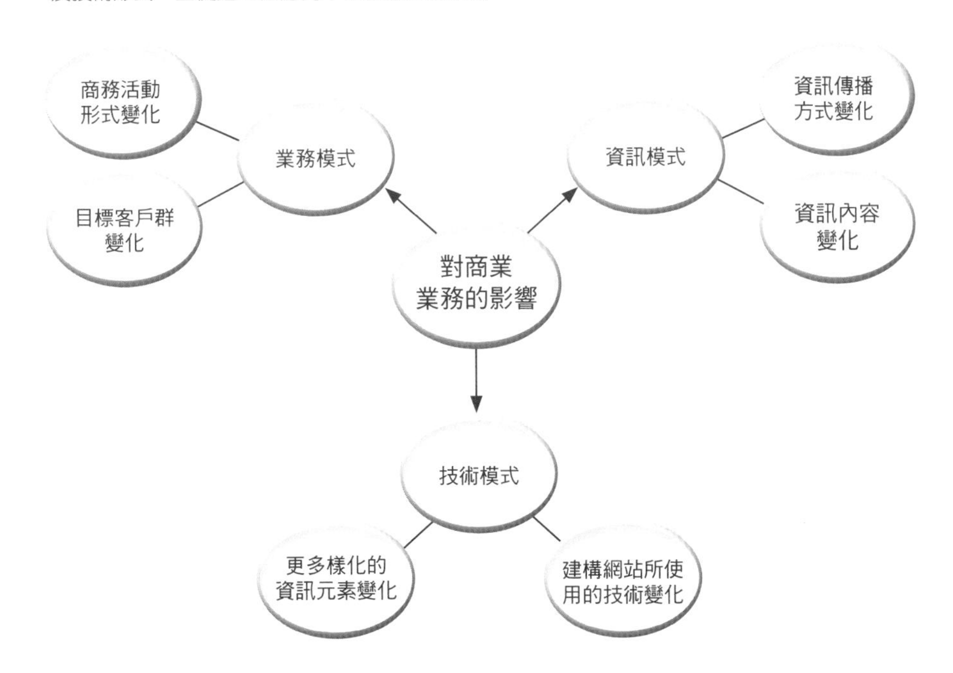

以企業來說，組織員工、合夥人皆能利用簡單的網路工具帶來更有彈性的工作流程，或將公司內有相同興趣、專長的人結合起來，形成網路團體，彼此互通有無。對社會來說，能在完全不同的地區集合有相同需求的人，形成共同的團體、聯合發布內容，也讓人與人之間的互動更頻繁便捷。而對商業活動來說，集中的社群則帶給了行銷者更命中目標的市場，也降低了新產品上市的時間、金錢與成本，WEB2.0 不僅是一個創新的媒介，一個社群的環境，更產生了新的行銷方式。

SOCIAL MEDIA 的影響

說到 SOCIAL MEDIA，可能很多人不甚了解，但一提到 Facebook、Twitter 或 YouTube，大家就耳熟能詳了，其實這就是所謂的「社交媒體」(SOCIAL MEDIA)，也就是人與人之間，透過分享意見、相互交流等社會互動的過程，來達到傳播目的的網路平台或工具，它是一股新興的媒體力量，可以用多種不同的方式呈現，例如文章、圖片、影音…等，它改變了傳統媒體一對多的特性，轉變成多對多的群體傳播，把網路用戶從內容瀏覽者轉變成內容生產者，也因此「社交媒體」又被稱作為「使用者產出內容（user-generated content，UGC）」。

由於「社交媒體」的普及，也讓企業或廣告代理商企圖利用社群、網路媒體平台、意見領袖的力量，以達到行銷、公關、服務消費者的目的，形成了社交媒體行銷（Social Media Marketing），因為它是基於人脈、交友圈的概念，將有共同嗜好、興趣或需求的人匯集在一起，範圍無遠弗屆，因此是極具社會影響力的行銷方式。

社交媒體行銷需要透過社交媒體的平台來進行，這個平台從最早的 BBS、論壇的公共化服務，一直進展到部落格、Facebook 等較為個人化空間的服務，各自有自己的交友圈子，但又能重疊交友圈，因而在從事社交媒體行銷時，會藉由一個很重要的元素 — 口碑，藉由某位網路用戶的經驗分享，讓其他社群網友對此產生信賴與好感，進而產生口碑，吸引更多的人進來。

一般比較常見的社交媒體行銷作法可以歸類為以下三個方向：

❶ 社交媒體優化（SMO, Social Media Optimization），在知名的「社交媒體」網站增加連結，使自己的網站或部落格被用戶廣泛傳播。

❷ 編寫具有價值、可看性高的內容，讓這些內容被搜尋引擎紀錄，或被其他部落格、網站服務引用，讓搜尋引擎關鍵字的排名在前面，更有利於被網路用戶找到。

圖 9-10 社交媒體對企業與消費者所帶來的影響

根據社交媒體研究和諮詢公司 Trendstream 創始人一湯姆 • 史密斯（Tom Smith）所分析，當企業進入社交媒體之後，可以為本身及消費者帶來的好處與影響有：

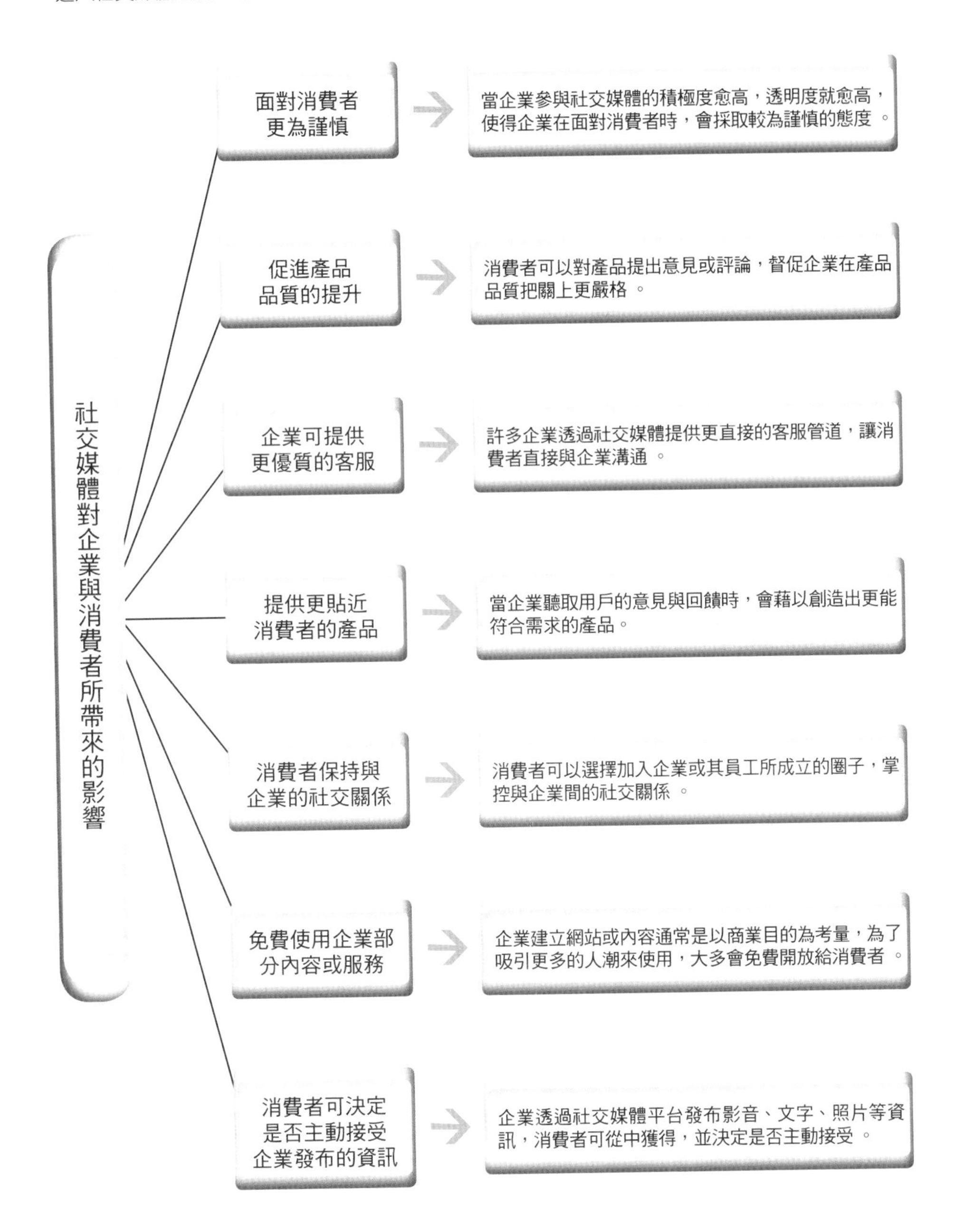

❸ 由企業先建置產品的部落格或網站，再請幾位知名部落客、意見領袖在知名的「社交媒體」網站發表文章，讓產品眾人之間引起討論、迴響，或者再另外加上活動、贈獎，藉以吸引更多的人潮願意連結到產品的部落格或網站來，而企業也可透過部落格或網站與顧客交流，建立顧客的好感與信賴感，達到銷售產品的目的。

因為社交媒體行銷整個過程所需花費的成本比起傳統媒體行銷來得低，但卻又有顯著的效益，使得越來越多的廠商相繼投入，並應用在幾個方面：

❶ 市場調查與市場研究。

❷ 建立品牌形象。

❸ 收集顧客回饋資料。

❹ 與顧客交流、為顧客服務，以增加顧客的忠誠度，像是利用 Facebook 或 Twitter 解決顧客的問題。

結語

「社交媒體」所創造出來的影響力，逐漸改變人們的整體生活，每個用戶可以透過網路、手機或其他工具來創建自己的體驗，也把自己的體驗資訊與其他人相互交換，進行不受時空限制的無縫連結，而成為一股強大的力量。

感受到這股強大力量的企業也開始傾聽這些人的需求，並開發出基於需求的產品、提供滿足需求的服務，以求在「社交媒體」狂潮中能擴大商機、成長茁壯。

圖 9-11　社交媒體七大特性

社交媒體改變了人與人之間的互動方式，當企業想要進入社交媒體之前，必須先掌握其七大特性，以掌握商機。

社交媒體的特性

① 以用戶為中心

把人與人之間的關係導入了數位化之中，人們也開始尋找和自己有關連的圈子，並與之連結，或在其中表達自我

② 獲得的價值遠大於功能性

用戶希望從社交媒體中獲得價值，希望社交活動是有意義的，而不再著重網路服務的功能或技術上

③ 聚合社交媒體的平台

當人們面對多種管道的溝通時，有時會覺得混亂，這時候就必須要有整合性、可搜索、易使用的聚合性平台與社交媒體結合在一起，更方便用戶使用

④ 跨平台的無縫連結

手機、網路和生活的結合，讓用戶在使用社交媒體時更能不受時間與空間限制

⑤ 有回報的社交媒體

用戶會建立或加入能夠為他們帶來意義或價值的社交媒體，並希望獲得回報、評論或肯定

⑥ 鎖定特定人群

企業或廣告商必須在社交媒體中定位特定的人群，吸引他們相互交流，才有機會從中獲得更多的利潤

⑦ 方便整理資訊的工具

由於資訊太過豐富，用戶需要方便的工具幫助其整體資訊，像是對話內容的歸檔、為影音添加標籤、更具相關性的搜索結果，而能夠解決這些需求的企業將有機會從中崛起

案例分析與討論　電影海角七號

海角七號官網網址：http://cape7.pixnet.net/blog

個案背景

跨越六十年的七封情書　追尋一輩子的音樂夢想

六十多年前，台灣光復，日本人撤離。一名日籍男老師隻身搭上了離開台灣的船隻，也離開了他在台灣的戀人：友子。無法當面說出對友子的感情，因此，他把懷念與愛戀化成字句，寫在一張張的信紙上。

六十多年後，台灣的樣貌早已完全改變，各個角落的人為生活而努力，幾個活在不同角落的小人物各自懷抱音樂夢想：失意樂團主唱阿嘉、只會彈月琴的老郵差茂伯、在修車行當黑手的水蛙、唱詩班鋼琴伴奏大大、小米酒製造商馬拉桑、以及交通警察勞馬父子，這幾個不相干的人，竟然要為了度假中心演唱會而組成樂團，並在三天後表演，這點讓日本來的活動公關友子大為不爽，對這份工作失望透頂，每天頂著臭臉的友子也讓待過樂團的阿嘉更加不高興，整個樂團還沒開始練習就已經分崩離析……。

老郵差茂伯摔斷了腿，於是將送信大任交阿嘉手上，不過阿嘉每天除了把信堆在自己房裡外，什麼都沒做，他在郵件堆中找到了一個來自日本，寫著日據時代舊址「恆春郡海角七番地」的郵包，他好奇打開郵包，發現裡面的信件都是日文寫的，根本看不懂，因此不以為意的他，又將郵包丟到床底下，假裝什麼事都沒發生。

演出的日期慢慢接近，這群小人物發現，這可能是他們這輩子唯一可以上台實現他們音樂夢想的時刻，每個人開始著手練習，問題是阿嘉跟友子之間的火藥味似乎越來越重，也連帶影響樂團的進度。終於，在一場鎮上的婚宴，大家藉著酒後吐

導演 魏德聖

出生：1968年

星座：獅子座

婚姻：已婚，育有一子

現職：導演

學歷：遠東科技大學電機科

經歷：電影「麻將」副導演、「雙瞳」策劃

著作：《小導演失業日記—黃金魚將撒母耳》

興趣：書法、繪畫

「海角七號」小檔案

耗資：5000萬元

演員：范逸臣、田中千繪、梁文音、中孝介…

片長：2時10分

海角全台票房最終統計：五億三千多萬

得獎：

台灣第十屆台北電影獎

日本第四屆亞洲海洋電影節（アジア海洋映画祭イン幕張）

馬來西亞第二屆吉隆坡國際電影節（Kuala Lumpur International Film Festival）

美國路易威登夏威夷影展（Hawaii International Film Festival）

台灣第45屆金馬獎

法國2009費索爾亞洲國際影展（Festival International du film asiatique de Vesoul）

2009年亞洲電影大獎

第九屆華語電影傳媒大獎

真言，原來阿嘉跟友子兩人都是孤獨的異鄉人，解開心結的兩人發現了怒氣下所隱藏的情愫，於是發展出了一夜情。

在阿嘉的房裡，友子看到了日本來的郵包，發現那居然是來自六十年前七封未能寄出的情書，她要阿嘉務必要把郵包送到主人手上，然而，日本歌手要來了、郵包上的地址早就不存在、第二首表演樂曲根本還沒著落、而貝斯手茂伯依然不會彈貝斯……。

而友子，在演唱會結束後，也要隨著歌手返回日本，開始新的生活。

阿嘉終於決定打起精神，重整樂團，他們的音樂夢是否能夠實現？沉睡了六十年的情書是否會安然送到信件的主人「友子」手中？而阿嘉跟友子的戀情，是否能夠繼續發展下去？……

人只能活一回，夢想卻有無數個，唯有放手一搏，才能知道機會屬不屬於自己……。

▲ 資料來源：電影海角七號官網

簡易分析：電影海角七號網路行銷活動

鎖定部落格進行宣傳

海角七號全台最終統計五億三千多萬的好票房，全靠部落格和 BBS 的大力宣傳所致，導演魏德聖為了拍攝海角七號，雖然有新聞局提撥的電影輔導金，但還是得貸款 3000 多萬的負債，才能順利完成海角七號全片的攝製，結果讓海角七號在發片時，根本沒有多餘的資金，可以運用在打廣告宣傳的消耗戰上，所以發行海角七號的「果子電影」電影公司，改選擇在痞客幫的部落格系統裡，建立海角七號官網部落格的方式來為電影宣傳。

導演魏德聖在獲得台北電影節百萬首獎之後，也沒辦法對海角七號會有大賣座的樂觀想法，一直都在為該如何償還 3000 多萬貸款的事情而煩惱著，一直到海角七號上映的首週，都還無法看出海角七號後勢戰況會如何？

其實早在 2008 年 8 月中電影上映前，海角七號的工作人員，就以文字、照片、視訊影片…等等記錄著各種拍攝過程的數位內容，持續不斷發布在海角七號官方的部落格中，與網友分享拍攝過程的心情點滴和甘苦談，如：拍片花絮：導演日誌、伙伴心事和狗仔獨家，獨家影音、配樂歌詞、活動紀錄、名人推薦、精彩預告和幕後花絮等，也設計製作主角演員的各種 MSN 大頭貼，以及數款手機來電答鈴，如：海角七號電影原聲帶、國寶茂伯搞笑鈴聲…等訊息，希望透過這些海角七號的各種多媒體元件，藉由網路強大的滲透力，快速散佈到台灣各個網民的社群群組裡，為海角七號廣為宣傳。

網民之間的「口碑行銷」

▲ 資料來源：電影海角七號官網

當看過海角七號口碑場的觀眾，就開始在各大網站的討論區發表心得。從電影正式上映的第二週開始，海角七號就有了重大的轉變，首先是台大椰林 BBS（批踢踢實業坊）中，批踢踢國際影城的各版裡，大量出現針對海角七號觀看心情分享的「洗版」文，只能以盛況空前來形容網民對海角七號的熱情回饋，聯合報也把海角七號在網路掀起的新浪潮，當成頭版頭條報導之後，其他報章雜誌見勢馬上跟進趕做海角七號相關的新聞報導，之後各大電子媒體也開始瘋狂報導海角七號。

網民對這部沒有大卡司的新鋭電影，反應出奇的熱烈，因為觀眾在海角七號看到了，你我身旁就會發生的事情、市井小民強韌的生命力、台灣本土化的草根性、台式的幽默和呼喚起沈寂在內心已久的夢想…等情節，都在觀眾的內心深處產生共鳴，回味無窮，自然能引起網民主動口耳相傳。

海角七號不僅創下了上映第二週票房比首週成長 121%的紀錄，在上映第三週甚至竄升成為票房冠軍，並在第四週連霸票房冠軍的驚人效應。海角七號能在台灣爆紅，在 2008 年台灣經濟不景氣的情況下，還能徹底打破台灣國片沒票房的魔咒，並成功在台灣掀起「海角旋風」，其主要的成功關鍵點，除了「海角七號就是好看」的主因之外，網民之間的「口碑行銷」更是功不可沒，在大多數看過海角七號的網民，都會在自己的部落格或 BBS 中，進行心情分享和推薦海角七號，在「部落格」和「BBS」兩大網路勢力的推波助瀾之下，也是讓海角七號的電影票房，能夠持續不斷攀升的主因。

2008 年的台灣奇蹟可以説就是海角七號。在台灣網路世界裡，不少網民已經把「到電影院觀看海角七號」，放大昇華到等同於是一種「愛台灣支持台灣的實際行動」，以及是「台灣每一位國民應盡的義務」…等等新愛台灣的情節。「你海角七號了沒？」，也成為網民間一連上 YAHOO 和 MSN 即時通的第一個新問候語。不少網友都是多次進電影院一看再看，海角七號全台票房最終統計為五億三千多萬，海角七號在香港的最終票房 HK$7621069。

海角七號電影官方部落格發起網路行銷活動

海角七號電影官方部落格曾發起「海角七號串聯貼紙活動」和「海角七號 - 寄不出的情書徵選活動」的網路行銷活動：

海角七號串聯貼紙活動

活動內容：七個不可能的組合，三天內要組成不可能的樂團，現在要靠你讓更多人認識他們！即日起，只要你將「海角七號」串聯貼紙張貼至你的部落格首頁，直到 8 月 31 日，並在本篇網誌內回應，留下你的部落格網址和 E-mail，就有機會獲得「海角七號」電影簽名海報喔！

▲ 資料來源：電影海角七號官網

200×200、170×170、130×130 等三種尺寸版本的語法，也製作不同規格的 banner，鼓勵網民主動張貼到自己的部落格首頁中，甚至設計「串聯貼紙小幫手」，詳細教導網友如何張貼串聯貼紙，無論是使用新浪部落、無名小站、天空部落、udn 網路城邦、PIXNET、Xuite、Yahoo! 奇摩等部落格，全部一網打盡，就是要讓網友能輕易張貼串聯貼紙，再將網民全部導流回海角七號電影官方部落格中，此活動頁點閱人氣超過 1 萬 6 千人次。

▲ 資料來源：電影海角七號官網

第一波海角七號串聯貼紙活動，有不少網民參與活動，並且主動在部落格中分享海角七號串聯貼紙的張貼語法，因此，官網繼續推動第二波「海角七號」串聯貼紙「愛情篇」，演員推薦田中千繪，此次串聯貼紙裡面還有附國境之南的音樂，活動頁點閱人氣超過 2 萬人次。

海角七號 - 寄不出的情書徵選活動

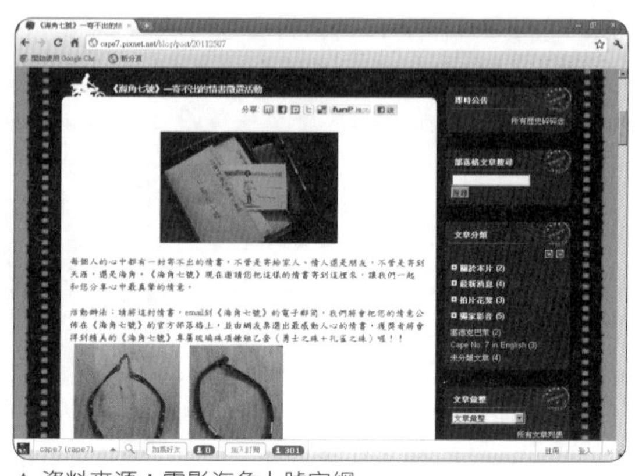
▲ 資料來源：電影海角七號官網

活動內容：每個人的心中都有一封寄不出的情書，不管是寄給家人、情人還是朋友，不管是寄到天涯，還是海角。「海角七號」現在邀請您把這樣的情書寄到這裡來，讓我們一起和您分享心中最真摯的情意。

活動辦法：請將這封情書，email 到「海角七號」的電子郵筒，我們將會把您的情意公布在「海角七號」的官方部落格上，並由網友票選出最感動人心的情書，獲獎者將會得到精美的「海角七號」專屬琉璃珠項鍊組乙套（勇士之珠＋孔雀之珠）喔！

此活動頁點閱人氣超過 1 萬 1 千多人次，企圖勾引起沈寂在網民內心深處的特殊情感，和海角七號電影情節緊密連結在一起，喚起網民對海角七號的認同感與向心力，並持續透過眾多網民內心特殊的情感，向外間接感動其他網民，藉以吸引網民來電影院看海角七號。

海角七號電影官方部落格還有一個重要的行銷策略，那就是一直持續不斷更新部落格的內容，每隔一段時間就發布新議題（如：「《海角七號》票房破色戒：從欠三千萬的債，變欠兩億多人情」，人氣 (23252)、「《海角七號》電影歌曲大全」，人氣 (156630)），以及舉辦演員和影迷互動的實體活動（如：「＜海角七號＞映後ＱＡ場次～ 9/25 更新版」，人氣 (75510)），讓網民之間可以一直有新話題持續討論海角七號，而且乘勝追擊此海角旋風，大舉拓展海角七號的周邊商品 (如：「舉手：好想要馬拉桑～」，人氣 (57660)），或是將電影情節片段置入到電視節目中，持續不斷累積海角七號的話題性與能量，海角七號電影官方部落格將「置入式廣告」行銷與「口碑行銷」徹底發揮出來，而且不斷創造出一波又一波強大的網路行銷效益。

▲ 資料來源：電影海角七號官網

海角七號電影官方部落格獲得 2008 年第四屆全球華文部落格大獎「最佳人氣獎」，至今累積人氣超過 1 千 337 萬人次，得獎的評語：「以豐富的電影幕後花絮、精彩預告，迅速更新的各式活動訊息，吸引網友、觀眾定期瀏覽迴響，創造國片票房奇蹟。」

問題討論

1. 海角七號發燒時，Facebook 尚未在台灣火紅，一直到海角七號下檔後，Facebook 才在一年內席捲全台，目前在台灣擁有超過 1000 萬個用戶，如果海角七號是在現在要發片，您覺得該如何運用 Facebook，來進行該片的網路行銷活動？
2. 海角七號電影官方部落格曾發起「海角七號串聯貼紙活動」和「海角七號 - 寄不出的情書徵選活動」的網路行銷活動，您覺得還可以舉辦何種網路行銷活動，可以再創造出更大的網路行銷效益？
3. 過去台灣新銳導演有好幾位，都拍攝出不錯的得獎作品，但卻未能獲得高票房的回饋，甚至多位新銳導演都是負債累累，如果未來台灣新銳導演有新作品要發片，都比照海角七號的網路行銷方法，是否也能同樣擁有海角七號所獲得的網路行銷效益？
4. 您覺得「海角七號」和「赤壁：決戰天下」的網路行銷方法相比較，何者的網路行銷效益較佳？
5. 如果海角七號與入口網站聯盟合作的話（如：YAHOO 或 PCHOME），何種網路行銷策略是能創造出兩者雙贏的策略？

參考資料

1. 海角七號電影官方部落格，網址：http://cape7.pixnet.net/blog。
2. 國家電影資料館電子報，網址：http://epaper.ctfa2.org.tw/epaper81003/2.htm。
3. 批踢踢實業坊 PTT，網址：telnet://ptt.cc。
4. 維基百科，網址：http://zh.wikipedia.org/wiki/。
5. 蘋果日報，網址：http://tw.nextmedia.com。

實戰案例問題 柚農希望透過網路拓展銷售商機

個案背景

彰化一位 70 多歲的陳姓柚農，擁有四甲地種植面積，每一植株可以長兩百多顆文旦，因為近年來工資漲、油價漲、肥料漲，種植柚子的成本變得很高，每公頃成本高達近 30 萬元，實收約 40 萬，四甲地順利收成大約在 180 萬左右，全家人一年一度賴以生存的收入，全靠這四甲地的柚子。

柚農要是遇上颱風，風災後可能掉到剩沒幾顆瘦小的文旦，萬一遇到雨水缺乏，文旦的水分和甜度就會變差，文旦賣價跟著會降低。柚農每次採收期需要耗損大量的人力資源，尤其遇到颱風要來攪局前，常要找來 50 多人衝進文旦田裡面，七手八腳搶收文旦。採收工人將文旦裝在一籃一籃塑膠箱中，再用小貨車把它們全部都送到山下倉庫裡，然後有 6-8 位成員將文旦再依照大小重量分類，賣相不好的文旦轉送親朋好友或當作肥料。

如果沒有遇到颱風來侵襲，就會有盛產的機會，一旦柚農盛產過剩，傳統市場就會出現大批販售文旦的攤販，叫價會低到 100 元 7 個，1 台斤不到 15 元，對柚農來說真是靠天吃飯，颱風來怕落果血本無歸，沒有颱風豐收又怕賣不出去，如果交予在地柚子收購商價格會更低，對柚農更是血本無歸，所以部分柚農會選擇自產自銷來增加利潤，但獲利還是相當有限，陳姓柚農常自嘲「外勞一年賺的錢都比他多更多」。

陳姓柚農曾看見電視新聞報導大學生幫助拉拉山水蜜桃阿婆的報導，透過網際網路來銷售水蜜桃的成功案例，因此，陳姓柚農也希望他的柚子能透過網際網路來進行銷售。

問題討論

1. 以陳姓柚農的案例，使用兩大拍賣系統銷售即可，還是非得建置一個商務網站不可？
2. 您建議陳姓柚農何種的整體商務模式，是最省錢又最有效的網路商務架構？
3. 該如何為陳姓柚農進行網路行銷？
4. 何種網路廣告策略、模式與方法最適合陳姓柚農？
5. 如何運用社群的力量來協助陳姓柚農？

重點整理

網路行銷是透過網際網路，以網路用戶為物件，利用各式各樣的方式去進行行銷的一切行為。

網路行銷運作步驟

1. 確立目標，以明確訂定出網路行銷的任務是什麼。
2. 聽取組織內各部門的看法，並徵求其配合。
3. 擬定網路行銷的預算。
4. 分派網路行銷任務至相關部門中。
5. 根據任務來規劃網路行銷活動的工作。
6. 設立具有互動性、訊息豐富的網站，提供顧客即時快速的資訊，並立即接收顧客的回饋意見。
7. 利用各式各樣的網路手段，加強網路行銷計畫的力度，獲取更佳的效果。
8. 及時性的檢討、調整與修改。
9. 績效評估，制訂指標來衡量效益。

正面行銷

新 4P：廣納資訊、明確定位、慎選市場、衡量輕重

新 4C：顧客經驗、顧客關係、溝通、社群

社交媒體行銷作法

- 社交媒體優化
- 編寫具有價值、可看性高的內容
- 由意見領袖在社交媒體網站發表文章，引起迴響

1. 請問以狹義和廣義的論點來說，網路行銷是什麼？
2. 請問網路行銷的新 4P 要素是什麼？
3. 請問網路行銷的新 4C 要素是什麼？
4. 網路行銷在運作過程前，會歷經哪三個階段？
5. 網路行銷的運作有哪些步驟？
6. 請問 WEB2.0 有哪兩個特點？

C H A P T E R

10 網路行銷規劃

網路行銷規劃就是先做好完整的市場區隔，而後選擇目標市場，最後再進行產品定位。而網路消費者的特性與實體世界又有所不同，行銷人員應瞭解其人口特性與生活形態、消費行為，才能確切掌握網路消費市場，並經由行銷績效評估了解最佳效益如何。

10.1 網路行銷規劃的程序

10.2 網路消費者行為

10.3 網路行銷績效評估

案例分析與討論 DHC VS e美人網

實戰案例問題 童話屋希望透過網路行銷增加客源

10.1 網路行銷規劃的程序

第一步：市場區隔

在網路行銷策略的流程中，市場區隔是最重要的關鍵，想要追求獲利、提升業績，最先要做好完整的市場區隔。因為行銷的觀念是以顧客需求為基礎的，但每個顧客的需求皆不盡相同，相同的產品不可能滿足所有的人，所以必須依照不同的顧客群與企業自身的能力來發展產品。

美國市場學家溫德爾·史密斯（Wendell R.Smith）於 1956 年時最新提出市場區隔（Market Segmentation）的概念，也就是依照顧客不同的需求、特徵，將其區分為不同的消費族群，每一個族群都有相似的生活習性，可以描繪出其特性、輪廓，而後再針對不同的消費族群提出相應的行銷組合策略，以滿足每一族群特殊的需求。

在滿足顧客的過程中，必須和某一特定的消費族群進行溝通，但是「特定的消費族群」又是怎麼劃分出來的呢？一般來說，會把依據整體市場的幾個變數來區隔消費族群，這些變數包括：

1. 地理變數

依照不同的地理位置來做區隔，如國家、都市、城鎮、地區…等，因為每個區域的族群需求不盡相同，企業可以依照區域特性來提供產品。

2. 人口統計變數

依照人口統計學或社會學上的科學調查方式來區隔族群，如年齡、性別、宗教信仰、職業、階層、教育、家庭人口數、薪資…等，把市場區隔為不同的群體。

3. 心理變數

每個人的心理需求、想法各有不同，當然也要依據不同的心理因素來做市場區隔，像是可以依照消費者的個性、興趣、生活形態、價值觀、人格特質，或是對產品的涉入程度來進行區隔。

4. 行為變數

當顧客對某個產品或服務所產生的行為，如使用頻率、品牌忠誠度、使用型態、使用時機、使用利益…等，就會產生行為變數，也因為顧客購買產品的動機不全然一樣，所以在設計行銷策略時，也要依其行為變數而有所變化。

圖 10-1 市場區隔的施行步驟

市場區隔是要對行銷資源做最有利的分配，但是該怎麼分配？該怎麼區隔？都要經過一定的步驟才能確立。

決定產品市場的範圍	需求舉列	調查與分析顧客需求	訂定行銷策略
要進入的產品市場是哪一個？以此作為開拓市場的依據。	儘量由心理、人口、心理、行為變數列舉出消費者可能的需要與購買行為。	針對潛在顧客進行抽樣調查，並依照所列舉的變數進行評估。	在調查、分析、評估各個區隔過後的市場，再確定最終要進入的市場，並訂定相關行銷策略。

圖 10-2 市場區隔的五大要項

市場區隔必須有效，其基礎條件有五個，如圖 10-2 所示：

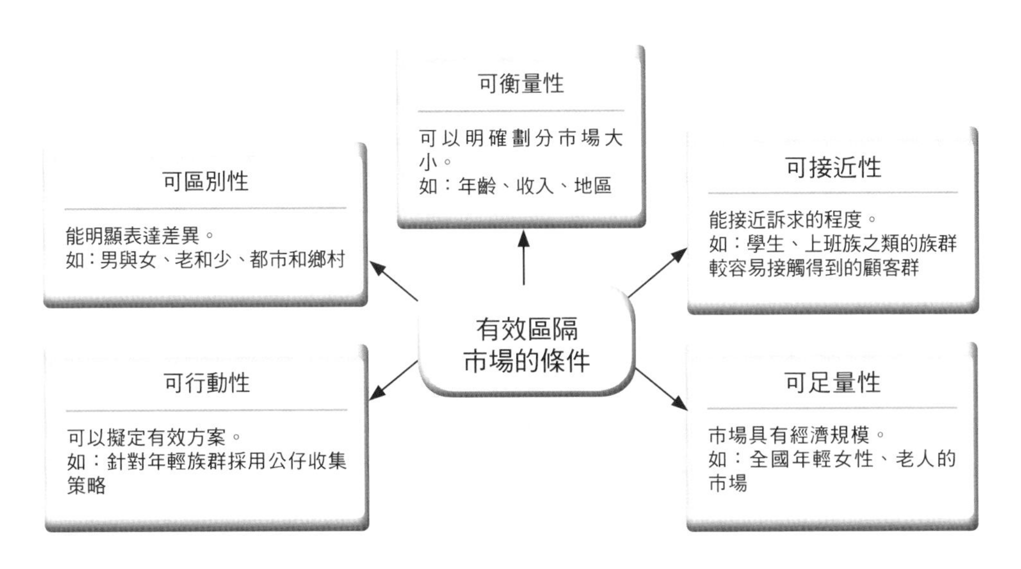

另外，除了企業對顧客進行市場區隔以外，企業對企業在做市場區隔時，也可用上述的變數為基礎，依據企業的所在位置、內部文化、營運模式、企業類型等來做區隔。

第二步：選擇目標市場

經過市場區隔後，已經劃分了多個細分市場，這時就要考量企業自身的能力與優勢，選擇一個或多個主要的市場進入，來作為目標市場。

行銷學者麥卡錫認為，要把顧客當作是一個特定的群體，這就是目標市場，再透過細分的動作，確立目標市場，而企業就要提供相應的產品、服務與行銷策略來滿足這些特定目標市場的顧客。

在鎖定目標市場時，有三個策略可參考：

1. 單一市場集中化

選擇某一個細分的市場，將力量集中，針對這個市場的顧客需求、特點提出相符合的產品與行銷組合策略。

2. 差異化市場專業化

選擇兩個或兩個以上的市場，針對不同的市場提出產品與服務，各自滿足不同區隔中的顧客。

3. 無差異市場覆蓋化

鎖定所有市場中的顧客，只考慮需求的共通性，企圖以單一性的的產品或服務就想滿足所有人。

通常企業在選擇目標市場策略時，會考量下列幾個因素，作為最有利的衡量條件：

1. 企業本身的資源

如果企業本身的財力雄厚、資源豐富，那麼選擇的市場就可以越廣泛，相反的，若是資源沒那麼充沛，就要針對某一市場來集中火力了。

2. 產品的特性與生命週期

同質性越低的產品，越要依照其差異性來行銷，而當顧客對產品的涉入程度越深時，也要區分顧客群的特點來做差異化或集中市場行銷。

圖 10-3　目標市場的選擇策略

在衡量可行的因素之下，依照企業的行銷資源與目標，選擇最有利的目標市場策略。

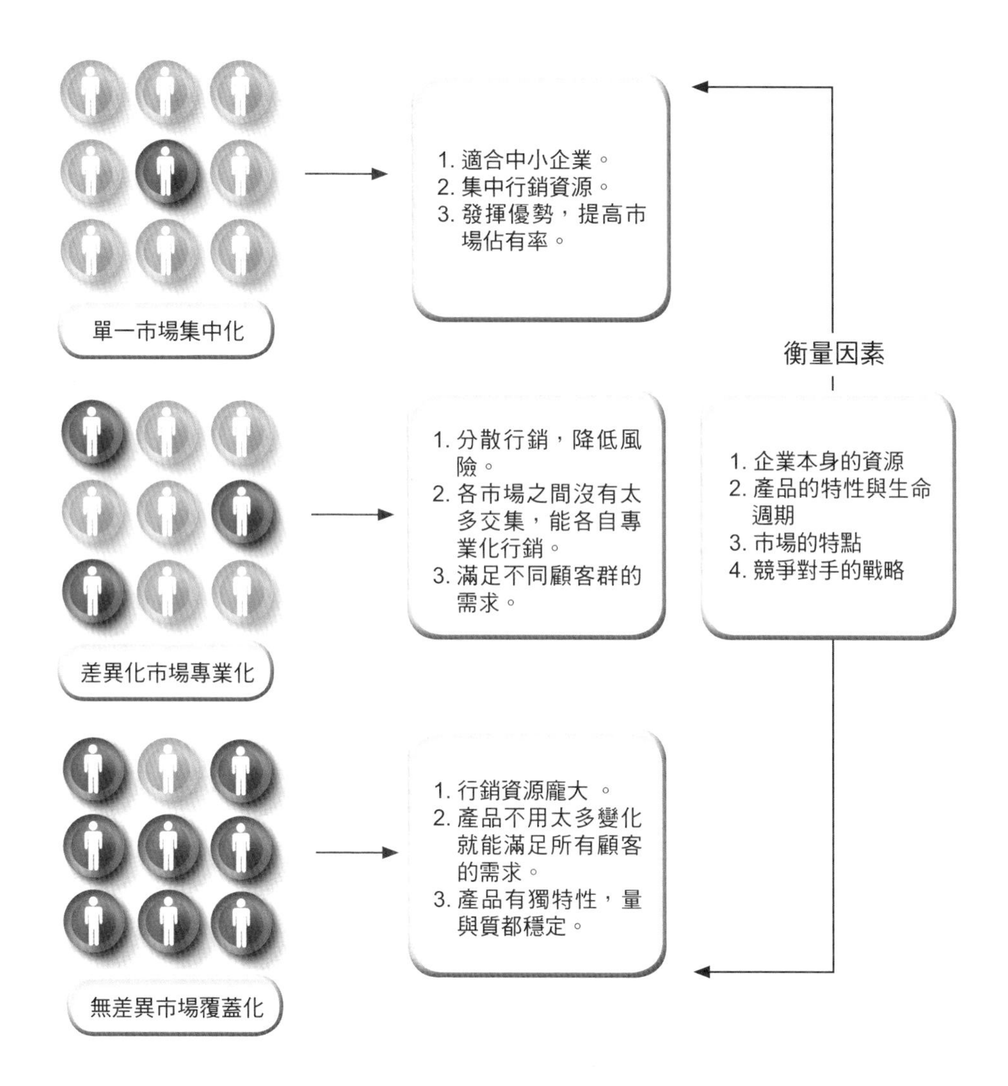

3. 市場的特點

當市場對某產品或服務是產生供過於求的狀態，企業為刺激市場的需求量，往往會針對某一或特定市場來做行銷。

4. 競爭對手的戰略

為了要與競爭對手相抗衡，更要選定目標市場才能與之區分顧客群。

第三步：定位

1972 年時，美國行銷大師艾爾 • 賴斯（Al Ries）與傑克 • 特羅（Jack Trout）提出了定位理論，主張定位要從產品開始，從顧客的角度進入，而不是從企業或行銷者的角度進入，讓產品在潛在顧客的腦海中得到一個最有力的位置。

定位並不是改變產品本身，但可以對名稱、價格、包裝做改變，只要能夠說明產品的主要賣點，就能夠發展成有利的定位了。所以，當行銷人員要尋找某一產品或服務的定位時，可以從市場需求、競爭品牌、產品內容、甚至是企業本身下手，只要能尋找到一個顧客未被滿足的需求，並讓產品能滿足該需求的，就是一個成功的定位。

資訊的過度爆炸，已經讓消費者在一天之中接收了過多的訊息，而定位可以把複雜的訊息簡單化，讓產品或品牌與眾不同，在顧客心中迅速地建立鮮明的印象，讓他在產生需求時，會把你的產品列入首要之選，所以說，定位是行銷策略的主要核心，利用顧客對產品或服務的看法、想法、認知之不同，找出產品的獨特性，是行銷人員在進行定位策略時的一大課題。

而要找出產品的定位，並不是特意去創造某個新奇的東西，而是去連結潛在顧客心中已有的想法，掌握攻心為上的真諦，因為顧客喜歡簡單的東西、只能接受一定的資訊、過度複雜的東西會自動忽略、心中容易產生不安全感、對某一品牌的產品印象不會輕易更改…，利用這些特點，正是可以攻佔顧客心靈的著力點。

透過精心設計的定位策略，這些潛在顧客才能感受到企業個產品與其他品牌的不同之處，通常行銷人員在進行定位策略時，會利用以下幾個方法：

1. 強化既定的印象

當企業的產品或服務在顧客心目中已經佔有一席之地的話，就可利用這個優勢不斷地加強自己的特色，藉以鞏固地位，一般這都是居於市場的領導品牌地位所會採用的策略。

圖 10-4 市場定位的依據點

當產品不同，面對的顧客有所差別，競爭環境自然不一樣，因此在市場定位的依據點上也會各自有異，總歸來說，市場定位可以依照四個方向為依據點：

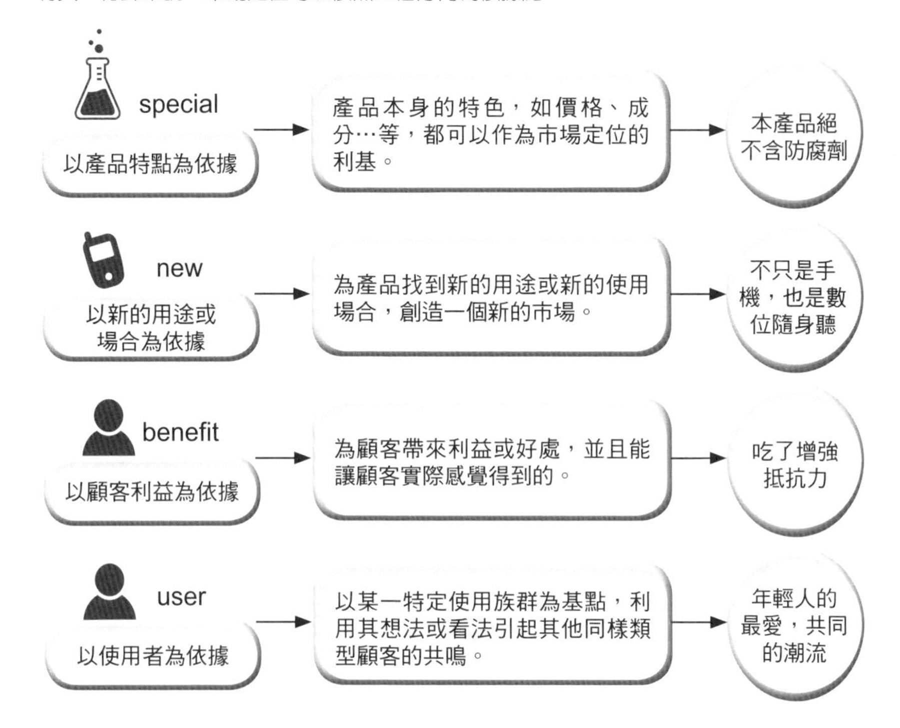

圖 10-5 競爭者差異化戰略

在市場定位上，為了與競爭對手的定位有所區隔，會採用的差異化戰略。

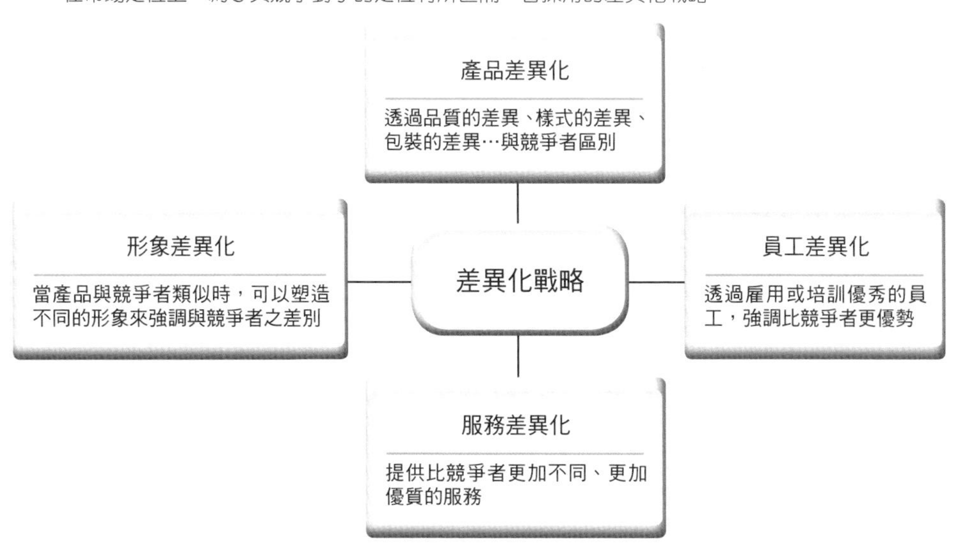

2. 依附知名的事物

對於大家已經知道、耳熟能詳的事物，將自己的產品與之連結，迅速地提升自己的知名度，在採用這種策略時，會有兩個切入點：一個是依附在與領導者的關係上，謙稱自己是第二，會更加努力達到目標，讓顧客對產品產生謙虛真誠的印象；另一個則是強調自己在某方面的特色可與領導者並駕齊驅，藉此來烘托的產品的身價。

3. 與競爭對手的定位相異

當競爭對手的市占率比較高時，為了不與之硬碰硬對打，可以找出與對手不同的定位，或是利用他的弱勢加以比較，強調自己的優點，尋求和競爭者非同一類的印象。

4. 創造一個新的概念

原本的產品在顧客心中已經形成一個既定的印象了，那麼要佔據新的位置，就要創造一個完全不一樣的概念來打破舊有觀念，將產品重新做定位的動作使新的概念重新改變顧客的認知。

5. 依照產品本身的特質

如果同質性產品過高，就可以根據產品的外型、設計來定位；如果產品本身的品質不錯，可以強調它的優越性；如果產品的價格低廉，可以突顯它便宜又好用的優點；如果產品的功能強大，就能在上頭做文章…，這些都是依照產品的特性來定位的，藉以向顧客傳達產品本身的優越性。

6. 創造使用的情境

藉由良好的使用的情境、使用的環境跟產品聯繫起來，讓顧客在處於該情境時，就會想到該產品，例如：休息時來一杯咖啡，這是從精神層面著手來觸動顧客的購買需求。

7. 以特定的顧客族群為主要訴求

產品若有目標顧客族群，就可描繪出其生活形態、特質或價值觀，與產品作為關連，突顯該產品是為此顧客族群量身訂作，藉以獲得顧客的歸屬感與認同感。

8. 尋求顧客心裡的空隙位置

一樣的產品不可能滿足所有的消費者，必定其心中還會有什麼不滿足之處，這時候就要仔細找出空隙的位置在什麼地方，以此為定位，並加以滿足。

圖 10-6 市場定位的內容

市場定位可以歸納出產品、企業、競爭者與顧客四大類，每一類則都各有細項變數可作為訴求點。

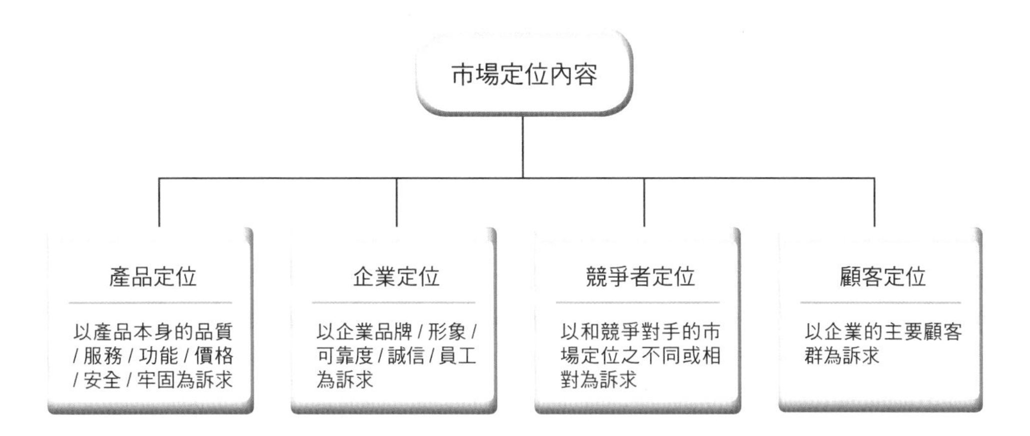

圖 10-7 利用定位圖來找出可能切入的定位

在設計時會找出兩個關鍵元素作為 X 軸與 Y 軸的要素，關鍵元素之間兩兩對比，如高價位 / 低價位、理性 / 感性。

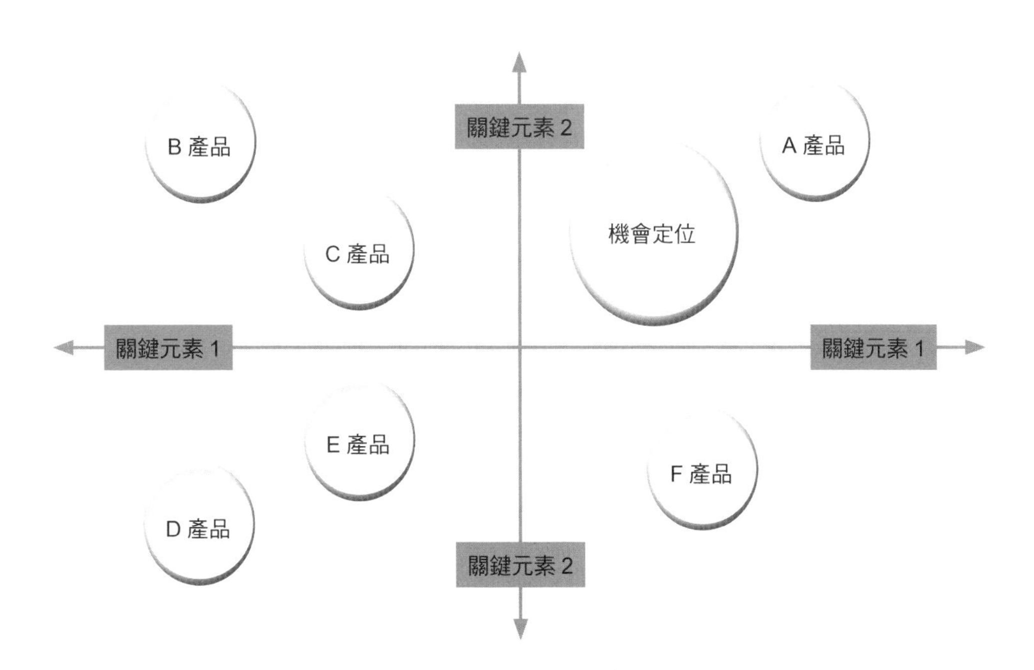

9. 衝擊顧客的心靈

每個人都有高興、悲傷、快樂、生氣、同情、關懷…等情緒，利用顧客心底的情緒而直接衝擊，喚起情感上的共鳴，進而刺激他的購買欲望與行動，像是以關懷兒童為定位，激發人們的惻隱之心，使之採取直接的行動就是一個訴求。

10. 以企業理念作為號召

如果企業本身有獨特的理念或形象，可以以此作為鮮明的定位，讓它深植在顧客的心中，讓人們看到該企業時，就會聯想到它的產品，這種作法既能博取顧客對企業的好感，又能提升產品的品牌價值。

第四步：4P 策略規劃

在進行市場區隔、選擇目標市場、決定市場定位之後，就可依照目標顧客的需求與特點來規劃行銷策略，企業可以找出可控制的因素來進行組合與策劃，作為策略規劃的基點，以便能清楚知道在什麼確定的情況下，能夠做什麼，以及如何去做，如此也會讓行銷策略更為具體化。

企業可利用的行銷因素非常之多，最著名的就是由麥肯錫（JeromeMcCarthy）所提出的 4P 策略規劃，亦即利用產品（Product）、通路（Place）、價格（Price）、推廣（Promotion）作為行銷因素而發展的整體策略規劃。

在進行 4P 策略規劃之前，有兩個必須注意的原則，一個是所有發展出來的行銷手段都要是根據先前所做好的市場定位為基礎，另一個則是所有的行銷手段都務必要能符合目標市場的需求。如此，掌握這兩個原則之後，就能開始制訂 4P 策略規劃了。

1. 產品策略

產品策略是 4P 策略規劃的核心，通路策略、價格策略、推廣策略也都是由產品策略為基礎而發展的，企業首先要靠產品去滿足顧客，產品策略所包含的範圍包括開發產品、行銷設計、新品創意、改良設計、拓展新用途，影響的關鍵則包括了產品特性、外觀設計、品牌、品質、服務、保固…等。

產品從進入市場到離開市場，這一整個過程稱為「產品生命週期」，全部的週期有導入期、成長期、成熟期和衰退期四個階段，每個階段的產品行銷策略也各有不同。

圖 10-8 市場定位的步驟

企業要找出有競爭力的定位，必須下一番功夫去研究，通常企業在找出適合定位時，會透過以下的步驟來完成：

對**目標市場**進行分析，
以確認競爭優勢**有哪一些？**

分析競爭者的產品定位。

分析顧客確切的需求，以及對市面產品的滿意程度。

分析企業能做到什麼地步，才能滿足顧客的需求，並和競爭者一較高下。

2 確認競爭優勢，**從七個構面中找出優勢與弱勢後**，再進行初步定位

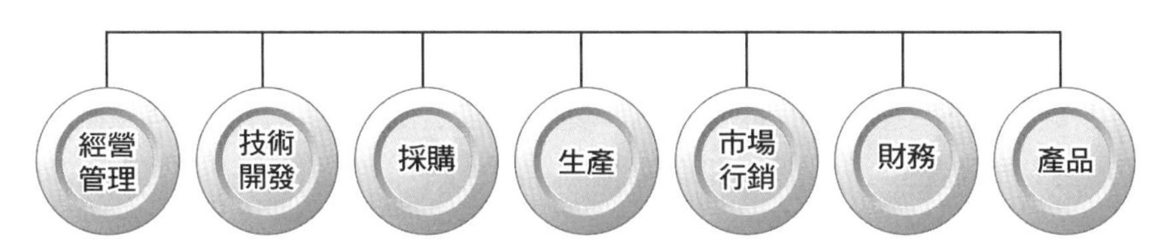

3 **找出獨特的競爭優勢，並進行最後的定位**

要讓顧客瞭解、認同並喜愛這個市場定位，並建立與顧客心中所認知的定位相符的形象。

藉由各種手段來讓顧客持續瞭解市場定位、加深顧客的印象、保持穩定的態度、鞏固顧客的忠誠度。

要密切注意與調查顧客所認知的市場定位，是否和企業所宣傳的市場定位是一致的，若產生混淆或誤會，必須及時修正與調整。

當產品進入導入期時，行銷策略的方針應該訂為將資源投入最有可能購買產品的創新者和早期採用者，並讓其發揮意見領袖的作用，使產品能快速擴展，易於被更多人接受。而當顧客對產品逐漸熟悉，銷售量也增加時，產品就進入了成長期，這時候應該採取尋求新的區隔市場、廣宣計畫改變、與競爭者區別的策略。處於成熟期的產品，則要開拓新的客戶、找尋產品的新用途、或改良產品的策略。另外，在衰退期的產品，就要採取轉移市場、縮編、或放棄的策略了。

2. 通路策略

通路策略是要讓產品以合宜的數量分布在各地區，並使之順利到達顧客的手中，主要的策略發展因素包括通路管道的選擇、通路的管理、銷售地點的分布、運送方式、儲存環境、批發商 / 零售商 / 代理商的選擇。

產品要透過一定的配送方式、運送路線到達顧客的手中，是一個由生產點向銷售點的過程，也因而在制訂通路策略時，要考量企業本身的能力、環境、以及眾多的因素。

在發展通路策略時，不管是基於什麼因素考量、選擇什麼方式，都要把握以下的原則：

❶ 暢通快速：要選擇快速、有效、暢通的通路，讓產品在最短的路線內到達顧客手中，才能降低通路成本。

❷ 適度覆蓋：要考慮市場範圍和需求，銷售點若分布過廣，反而會增加企業的負擔，但若是覆蓋不足，也會讓顧客難以購買。

❸ 穩定控制：通路管道需要花費龐大的物力、人力、財力去建立，一經確立後，就應保持通路的穩定度，將所有的變化因素儘量達到可控制的範圍內。

❹ 合作平衡：不管是藉由自身的通路系統，或透過中間商銷售，都應該維持合作協調的關係。

3. 價格策略

價格是決定企業利潤與收入的重要關鍵，許多顧客也會因價格考慮要不要購買產品，但產品的價格是否符合顧客的心理所需、以及所願意付出的成本有多少，最重要的在於價格策略的訂定與調整。

圖 10-9 市場行銷組合

企業要成功地發展行銷活動，首先要有戰略性行銷組合（市場區隔、目標市場、市場定位）為核心，在其指導下，再分別制訂包括產品、通路、價格、推廣的戰術性組合，而這兩個統合起來，就是市場行銷組合。

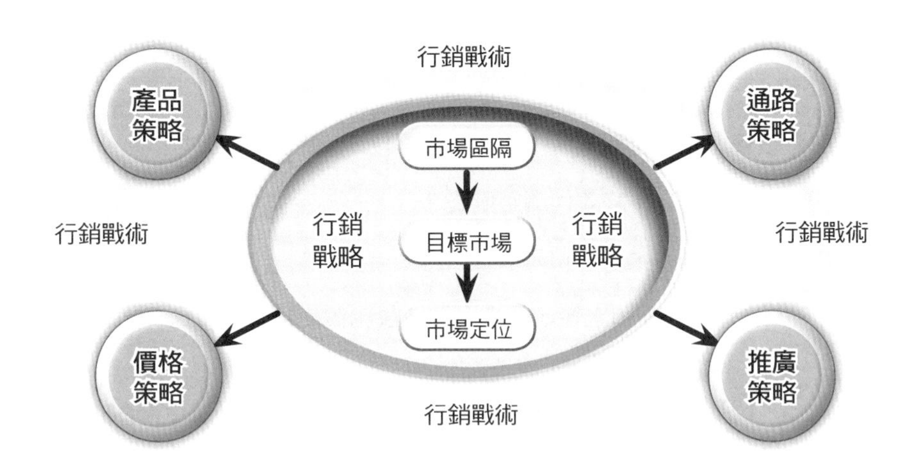

圖 10-10 產品生命週期與產品策略的採用

當產品的生命週期不同，所要採用的產品策略也會有所不同，行銷人員必須適時調整。

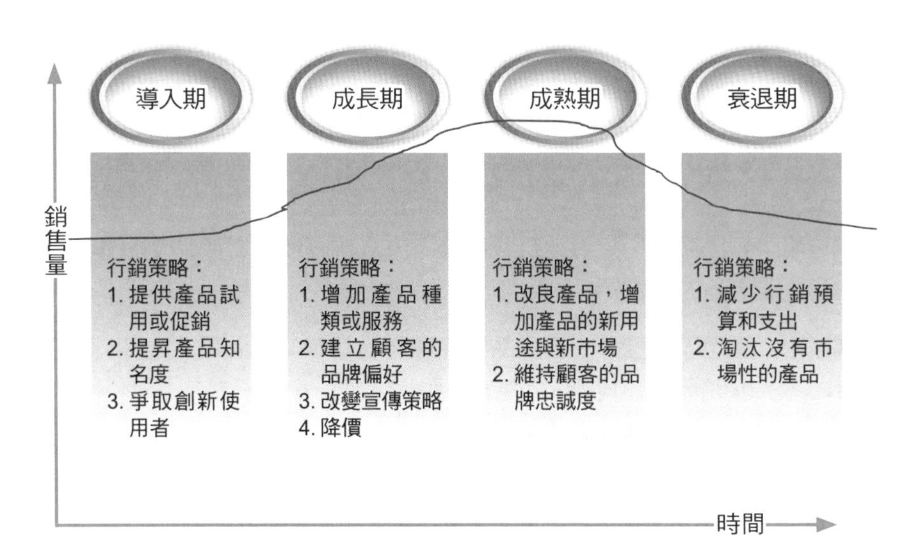

價格策略有三不原則必須注意：

❶ 不能盲目地跟著別人的定價而定價。

❷ 不管是漲價或降價，都要有明確的目標才能進行。

❸ 打價格戰沒有一定的模式，唯有出奇制勝才是贏家。

企業在規劃價格戰略時，也要同時思考三個問題：

❶ 第一次的定價該訂在哪個等級？高價位？中價位？或低價位？

❷ 隨著時間和環境的變化，該如何調整價格？

❸ 怎樣的價格最有競爭力、最能和競爭者抗衡？

掌握了原則，也思考過問題之後，通常企業在規劃價格策略時，會採用以下幾個方法：

❶ 成本導向法：以產品的成本為基礎，加上預計要有多少利潤而決定價格。

❷ 競爭導向法：經過調查競爭者的產品、服務、價格、市場佔有率後，考量自身的條件與成本，再確立價格。

❸ 顧客導向法：以市場的供需情況和顧客的心理價值、需求狀態來制訂價格。

4. 推廣策略

推廣策略是企業透過人員促銷、廣告、公共關係、營業推廣等方式，向顧客傳達訊息，引起購買欲望和激發購買行為，以擴大產品銷售量的綜合策略。

發展推廣策略時，依據出發點和作用之不同，一般會利用兩個方式：

❶ 拉式策略：藉由廣告、宣傳、公共關係等方式，讓顧客對產品產生興趣，進而激起購買欲望、主動購買。

❷ 推式策略：透過人員推銷，把產品推向顧客的整體銷售過程，人員不一定直接面對顧客，也可能經由中間商之後，再推薦給顧客。

圖 10-11 企業規劃價格策略的流程

價格不是一次訂出來的，通常要經過五個步驟後，才能確定最後的定價。

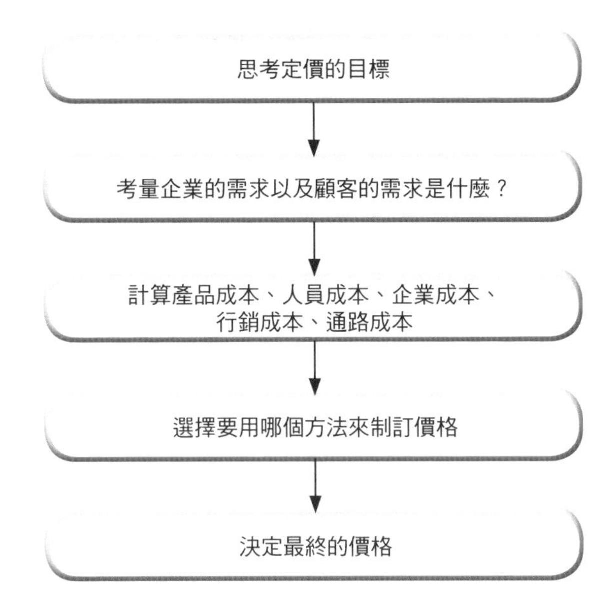

圖 10-12 影響通路管道選擇的因素

企業在選擇通路管道時，可以由六個主要因素與個別的細項因素來考量，再做出最合適的結論。

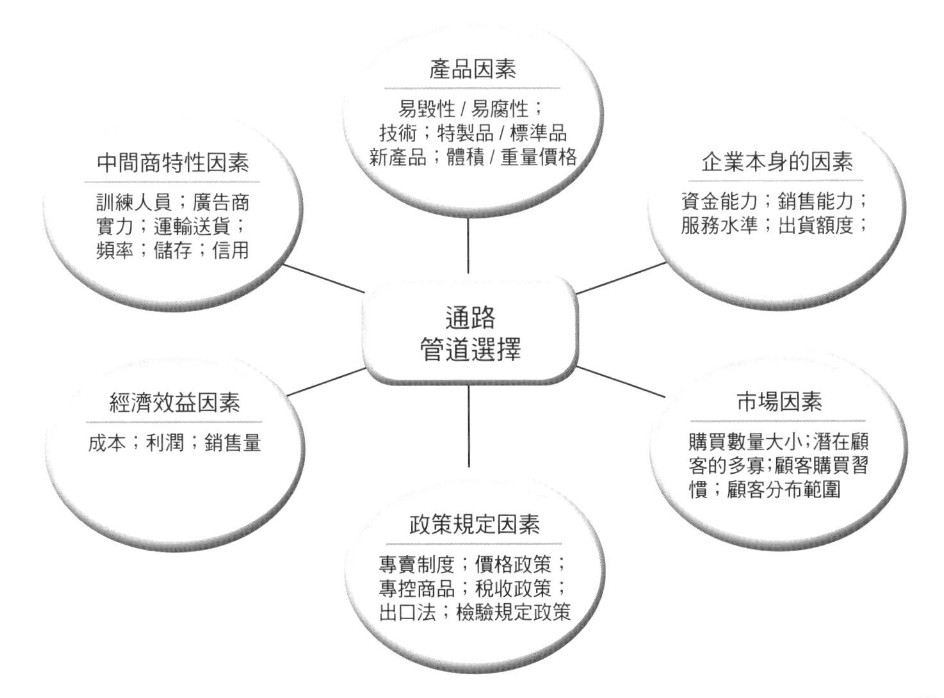

10.2 網路消費者行為

網路的影響力逐漸超越部分的傳統媒體，在網路上消費的人口也越來越多，也興起了行銷者對於網路消費行為的重視，這群消費者有什麼樣的特徵、採用何種購物決策、影響消費動機的因素又是什麼，是行銷者關注的重點，也是企業在進行網路行銷、鎖定目標市場、做出正確定位時所需瞭解的基礎。

網路用戶是網路行銷的主要對象，要做好網路行銷的工作，勢必要對其網路行為與消費行為做一透徹的瞭解，以便採取精準的相應對策，從網路消費者來看，這個族群的消費行為主要具有以下的特徵：

1. 著重自我展現

網路消費者非常喜歡展現自我，在消費的過程中，會以有創意的商品為優先，著重商品的個性化、差異化。

2. 冷靜、理性、思緒清晰

因為資訊的豐富，網路消費者在消費的過程中，會理性地去比較各項商品的特性、搜尋較便宜的價格，秉持著貨比三家的精神，較少出現衝動性購買的行為。

3. 喜歡追求新奇的事物

網路消費者喜歡嘗鮮，對於新鮮的事物接受度高，當有吸引人的新產品推出時，會更想要主動的去擁有它。

4. 缺乏等待的耐性

當網路消費者在搜尋相關的商品訊息時，由於必須在有限的時間內找到最豐富的資料，因此當網站連結速度過慢時，他們會比較缺乏耐心去等待，或是當訊息內容不明顯時，他們也會立即跳開。

根據學者顏永森（2000）對消費者線上購物行為的研究，購物行為是在消費者產生購物需求之後，才會開始在網路上蒐集資訊、並進行評估。另外，日本通電通公司在2004年時，針對網際網路消費者生活形態的變化，也提出了消費者行為分析模型－AISAS模式（如圖10-13所示）：

A：Attention（注意）

I：Interest（興趣）

S：Search（搜索）

A：Action（行動）

S：Share（分享）

AISAS 模式是指網路消費者會去注意（Attention）商品或服務，並對它產生興趣（Interest），而後藉由網路資訊的搜尋（Search），經過比較與評估後再採取購買行動（Action），而後，會撰寫有關商品或服務的使用心得，張貼出來與網路用戶分享（Share）意見。

圖 10-13　AISAS 模式

日本電通公司關西本部的互動媒體傳播局在 2004 年時，針對網路消費者的消費行動，可以用 AISAS 模式來代表。

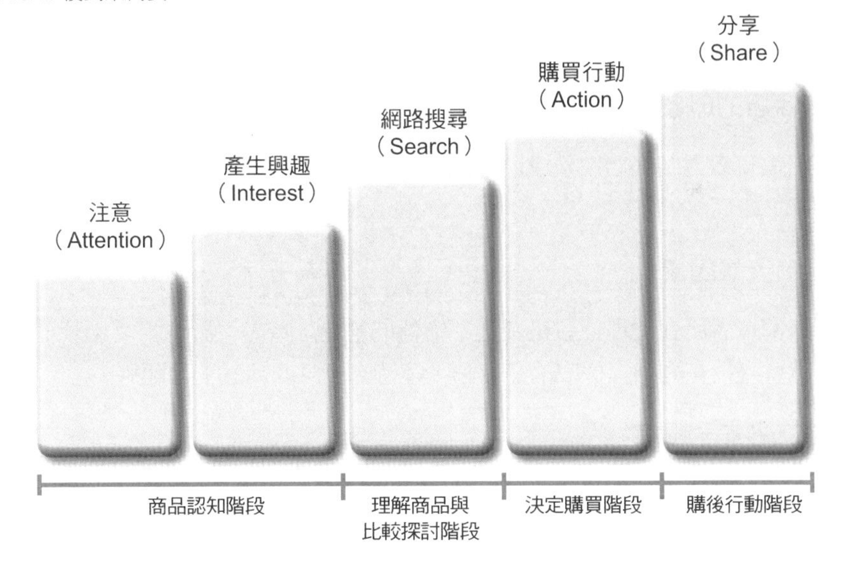

圖 10-14　iresearch 網路消費者的行為模式

iresearch 針對網路消費者的行為模式，提出另一個與 AISAS 模式較不同的觀點，當消費者知道商品後，會瀏覽各大網站進行比較與詢價，而後再決定是在網路上購買，或者經由實體店購買的方式來進行購買行為。

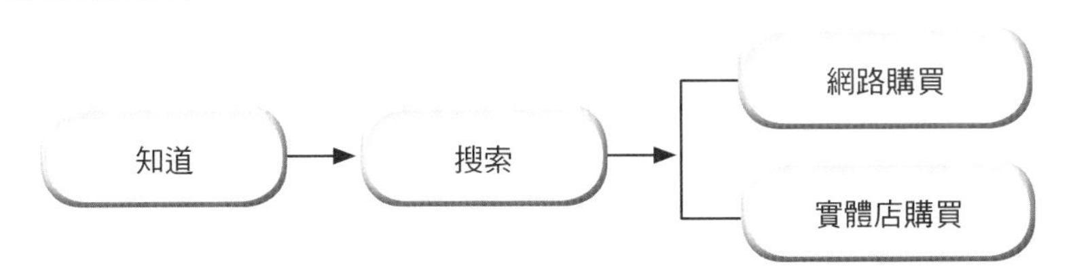

從注意產品、對產品產生興趣，一直到到購買產品，網路消費者也不是一下子就會採取購物行動，這期間除了受到所搜尋資訊的影響，還會受到以下幾個因素影響：

1. 網路消費者的特性

包括網路消費者是不是喜歡出門購物、對網路使用的熟悉度、性別、年齡、經濟能力…等，都關係著交易是否能在網路上順利進行並完成。

2. 網路消費者的購買涉入程度

當網路消費者對購買的涉入程度越高，在訊息蒐集上也會較為完整，並且較能理性分析與思考，再採取購物行動，並且也比較能將使用後的心得與他人分享。

3. 購物習慣

雖然是在網路上消費，但消費習慣仍會像傳統購物一樣，會受到商品展示方法、是否能立即拿到商品、是否有較優惠的價格的影響。

4. 網路商店的印象

當網路消費者對某商店或賣家產生良好印象時，也會比較容易採取購物行動，並再次回購。

5. 地理、天候因素

當網路消費者所在地理位置是交通不方便的地區，或是受天氣環境影響而不想出門時，就會直接在網路上採取消費行動，等待宅配將商品送上門即可。

6. 網路交易安全程度

由於暴露在網路上的資料極容易被二度利用，因此當購物網站缺少安全交易的機制時，會讓網路消費者擔心隱私與重要資料無法受到保護，而不願意在網路上消費。

7. 商品資訊多寡

對於平日較少接觸、或是個性化商品，由於在網路上看不到也摸不著，若是商品資訊提供較不完整，消費者往往會產生疑慮而不敢購買，但對於眾所皆知的商品、或具有品牌知名度的商品，則比較沒有這方面的問題。

圖 10-15 網路消費者購買意向圖

iresearch 在《2010 年網路消費品品牌研究報告》中提出網路消費者在知道商品的品牌後，會主動搜尋相關的資訊，並根據所收集的資訊形成購買意向。如購買意向圖中所顯示，搜索度為 X 座標，預購度為 Y 座標，構成了四個象限：

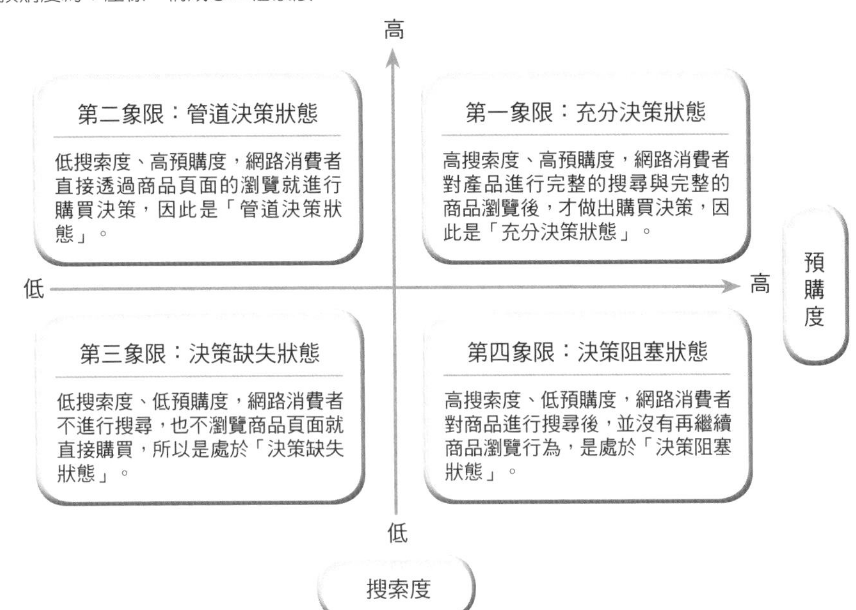

圖 10-16 網路消費者購買行為

網路消費者在購買某商品時，會因為價格、購買次數、或涉入程度不同而有差異，因而產生了四種類型的購買行為。

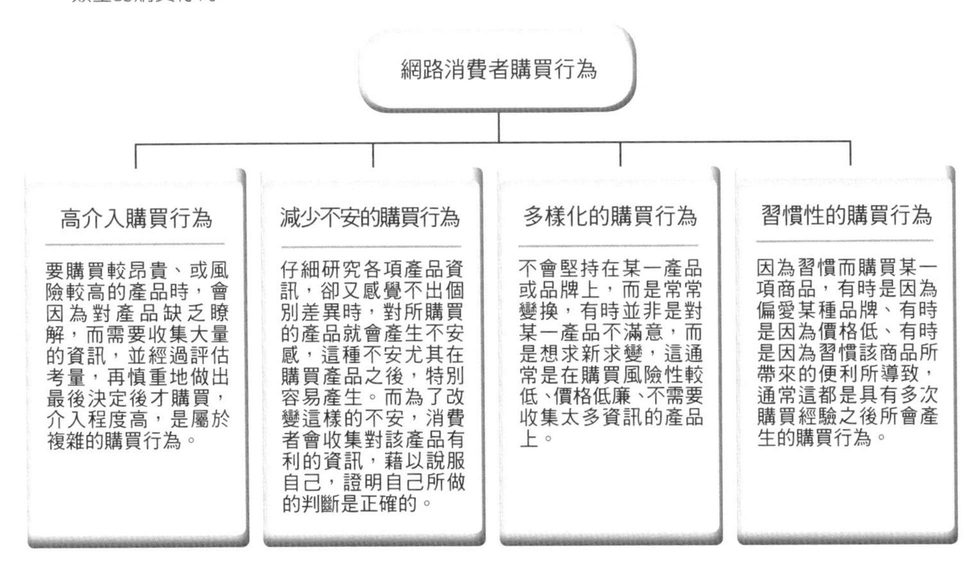

10.3 網路行銷績效評估

網路績效評估是指收集、分析與評價網路行銷有關的工作和行為，以用來衡量效益與需要改進的地方，而為了能夠將績效評估落實，制訂明確的指標是必須的，並依照評估的標準，在目標設定的基礎下，建立一套績效評估的系統或利用平衡計分卡的方式，將各個層面的表現給予不同的加重計分，最後再統合起來做最後的效益評量。

而關於網路行銷的績效評估指標，可以從以下四個層面來探討：

網站績效測量指標

常見的分析效益指標有：

1. 加入會員數量

有很多企業會喜歡用新會員的增加數量來評估網站的效益，每新增一位會員，就代表能為企業帶來可能消費的價值，這種指標很適合像俱樂部、補習班或其他需要快速擴張會員數量的網站。

2. 網站瀏覽人次

在一定的時間範圍內（如：30 分鐘），訪客發出的第一次瀏覽請求，一直到離開網站為止，就是一個瀏覽人次（User Session），而評估成效時可以計算一天或一個月總瀏覽人次為多少，越多則代表越好，當然，一個訪客如果在不同時間內進入網站的話，瀏覽人次是會重複計算的，因此在評估總成效時也要注意這一點。

3. 綜合瀏覽量

網站中各個頁面被用戶瀏覽的次數，即是頁面瀏覽量（Page Views），一個用戶可能會瀏覽多個頁面，因而也會創造許多的頁面瀏覽量，而評估時，就是要計算一段時間內的總瀏覽量為多少（Total Page Views）。

另外，從總瀏覽量去除以天數的話，也可以看出每日平均的頁面瀏覽數（Average Page Views Per Day）。如：

月總瀏覽量 / 30 天 = 每日平均頁面瀏覽量

4. 訪客回訪率

以獨立的用戶為單位來計算，可以看出哪些是新的訪客、哪些是重複訪問的忠實用戶，這種評估指標可以避免因為用戶重新整理頁面而虛高的頁面瀏覽量，且不管用戶進入、離開頁面多少次，都不會被重複計算到。

圖 10-17　Google Analytics

Google Analytics 具有完善的網站效益追蹤功能，可用來評估網站或行銷活動的效益。

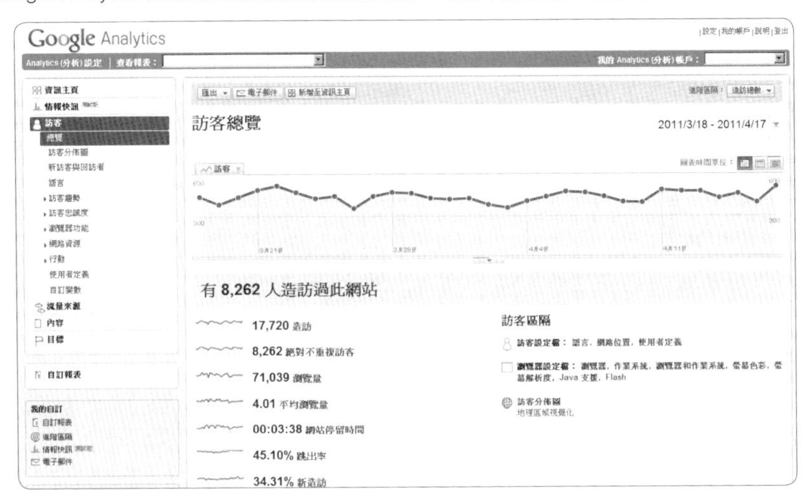

圖 10-18　Yahoo 站長工具

Yahoo 站長工具針對訪客資料、時段流量、來源地區、搜尋關鍵字…等均有詳細的分析報表可供行銷人員參考。

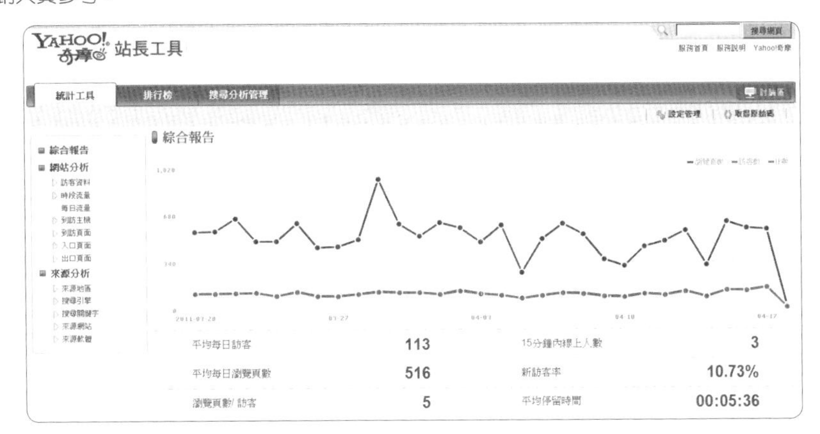

5. 訪客停留時間

用戶在網站上所花費的時間，當網站所提供的內容越豐富，越能吸引用戶時，停留的時間也會跟著提高，這類型的指標隨著 Web2.0 的興起，也讓尼爾森網路市調（Nielsen/NetRatings）之類的一些調查公司捨棄傳統的瀏覽頁數評估方式，而改以訪客花費時間進行排序，對網站受歡迎的程度來排名。

6. 崩失率

當網站過於乏味，或訪客誤闖、網站設計不當時，訪客常常一進來就離開了，而計算訪客離開的比率即是崩失率，從崩失率指標可以看出哪些頁面有問題，並作為改善的依據。

7. 連結來源

從訪客來源的網址可以知道所刊登的廣告交換連結是否具有效益，另外，還有來源關鍵字，也能看出訪客是使用哪些關鍵字進入網站的。

8. 目標設定指標

通常網站分析工具可以讓行銷人員根據企業的需求，自訂衡量目標，如針對重要的產品頁來計算訪客造訪次數、崩失率，就能藉以瞭解用戶為何瀏覽多次卻不購買的原因。

網路活動績效測量指標

在進行成效評估時，可以有以下幾個指標做為參考：

1. 覆蓋率

這是測量活動效益常用的指標之一，對於網路活動的範圍，要清楚瞭解覆蓋到多少用戶，也就是會直接影響或間接影響到的用戶，就可以計算出覆蓋率，其表達公式如下：

覆蓋率 = 網路用戶受到活動傳播的人數

值得注意的是，即使活動投放的網站不同，覆蓋率仍有重複的可能。

2. 成效率

針對活動投放網站的不同，有效率也會不一樣，當然企業主都會希望選擇有效率最高的網站。

3. 準確率

如果活動沒有命中目標族群，那麼所得到的效果也有限，準確率的考量包括時間的安排、發布的週期、以及內容與策略，但準確率沒有辦法以實際的數據來衡量，最好能搭配其他指標一起評估，以減少誤差。

圖 10-19 網路活動評估成效的步驟

企業評估網路活動的成效，是一個循環的步驟，藉由不斷的累積、調整，直至達到最高的目標為止。

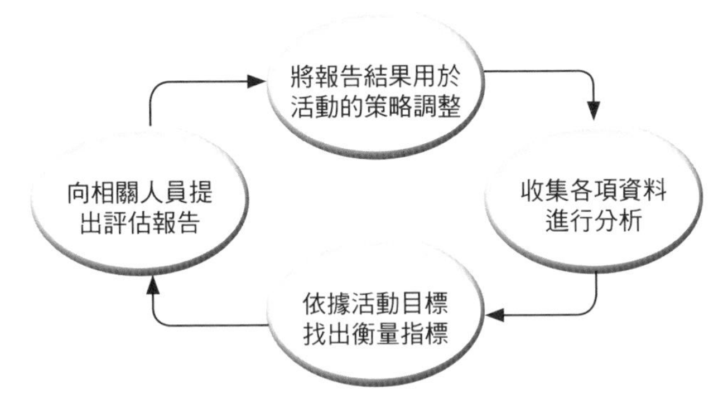

圖 10-20 網路活動評估的方法

網路活動評估的方法非常多，企業可依據目標與所要評估的指標，找出最適合的方法。

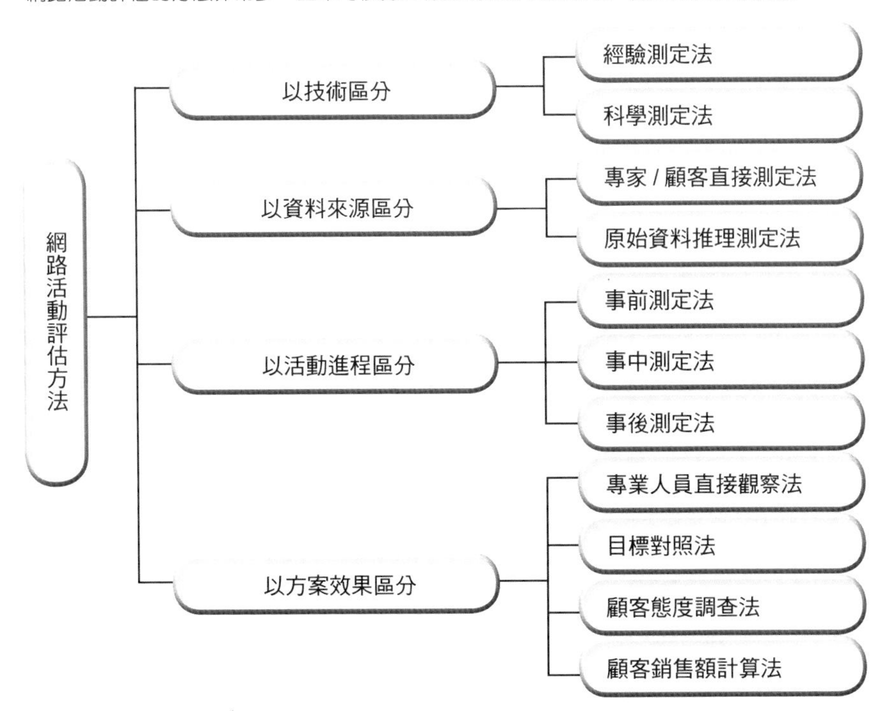

4. 傳閱率

網路文章或小遊戲、折價券等，會一再地被轉寄與傳閱、被搜尋到又再度閱讀，這就是傳閱率，這項指標對於影響顧客產生購買的決定是非常重要的，尤其當用戶面對與產品有關的活動訊息時，有趣的內容常會引起高度的傳閱率。

5. 形象提升率

藉由顧客態度調查的方式，可以看出企業的形象是否有隨著活動而提升，依活動前後的時間做對照，能夠瞭解形象提升的比率。

6. 關注率

當一段時間內，活動訊息發布且充滿多個網站時，會引起用戶對活動的關注程度，這項指標可以從活動內容被轉載的數量、媒體報導的數量來進行比對與分析。

7. 銷售增加率

以實際的銷售量增加率來作為衡量指標，是一般企業最喜歡的評估方式之一，因為能看出明顯的效益，直接瞭解活動對公司有何幫助。

網路廣告績效測量指標

以目前來說，評估指標有以下幾種：

1. 點擊率評估指標

點擊率是指網路廣告的曝光次數與被網路用戶點擊次數的比率數值，其計算方式是：

用戶點擊廣告的次數／瀏覽廣告人次（Pageviews）＝點擊率

一般點擊率落在 1% ～ 10% 是合理的範圍，以標題式文字廣告來說，也可能更低，約在 0.5% ～ 3% 左右。當網路用戶對產品或服務有興趣時，就會想要去點擊廣告，看看有什麼更詳細的資訊，因此對企業而言，這些點擊進來的用戶可能是潛在客戶或將會購買產品的準客戶，如能對他們再進行更強的行銷活動的話，成效也會跟著提高。

2. 成交率評估指標

是指網路用戶因為廣告而在網站中購買產品、直接下單的比率。當產品的訂單產生，測量程式就會追蹤顧客是從哪裡來的、購買了哪些產品、購買數量、以及銷售額是多少，從成交量的多寡來判定成效是最直接的測量方式。

圖 10-20 網路活動成效評估注意事項

評估網路活動的成效能否準確、有效，有幾個關鍵點是一般行銷人員常忽略卻十分重要的：

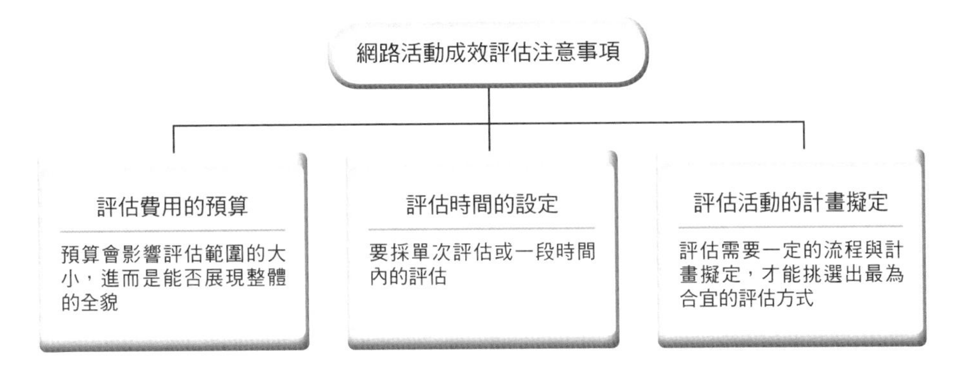

圖 10-21 網路廣告的評估工具

網路廣告具有科學衡量的特性，能定量、定位分析，可使用的追蹤成效工具有：

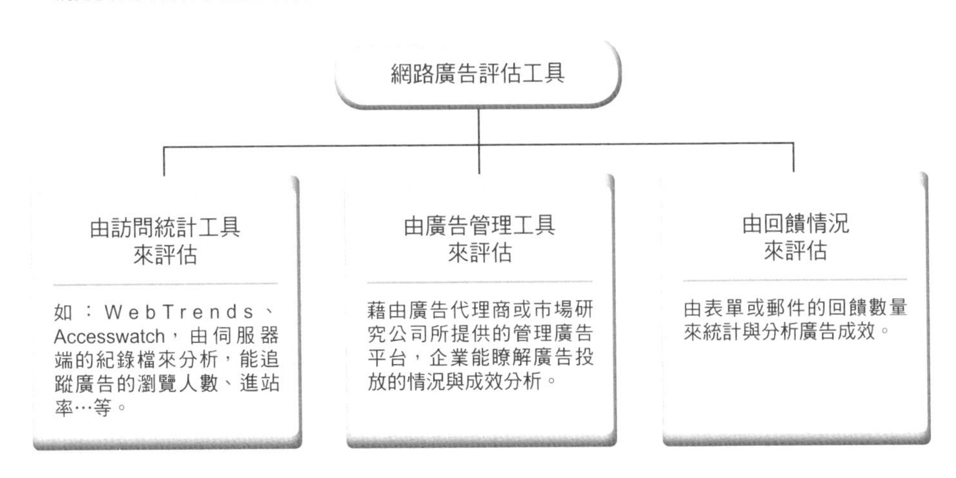

3. 回覆率指標

當網路廣告發布之後，用戶因為對產品或服務有興趣，而向企業詢問相關的訊息，若企業所收到的郵件、表單、電話或傳真有增加的話，代表回覆率也有所提高，但這項指標只能作為輔助性的成效判斷，因為事實上，是從其他行銷活動而來或是單純從網路廣告而來的回覆是很難看出來的。

4. 轉化率評估指標

網路用戶因為廣告的導引而註冊成會員，或參加活動、填寫調查資料…等，即是轉化行為的產生，從註冊人數的增加與否也可以看出轉化率是否提高。

5. 互動率評估指標

網路不同於傳統媒體的地方，就是他具有很高的互動性，當用戶在瀏覽廣告時，受到廣告的驅使，進而與企業所提供的遊戲或資訊產生互動，即會構成互動率，如果參與的人數多，則代表互動率也隨之增高。

6. 其他評估指標

另外還有一些可以作為指標的評估方式，像是查詢產品的次數、平均的購買金額、下載率…等，都能藉由數據的提取來分析廣告前後的變化。

社群經營績效測量指標

可以從集客力指標、忠誠度指標與貢獻度指標三方面來衡量企業在經營社群上的成效。

1. 集客力指標

社群經由媒體的宣傳或其他網站的轉貼連結導入…等，使得造訪的人數增加，且吸引更多的用戶一再點閱頁面內容，則表示社群有相當高的集客力，而可用來衡量集客力成效的項目有：

(1) 頁面瀏覽量

在一段時間內，被瀏覽的頁面數量有多少，當訪客瀏覽的頁面越多，代表效益越高。

(2) 造訪人次

造訪社群的總人次，時間的長度由各社群網站自己設定，例如有的設定一個小時，那麼在一個小時內，同一用戶即使多次造訪，也都被計算成一次。

圖 10-22 網路媒體廣告效果的可測量率

傳統的媒體的廣告效果評測是透過邀請專家、消費者的座談會方式，或是依照收視 / 收聽率，但會因時間、技術問題產生誤差，而網路媒體則利用技術上的優勢，在效果的評測上更為準確。

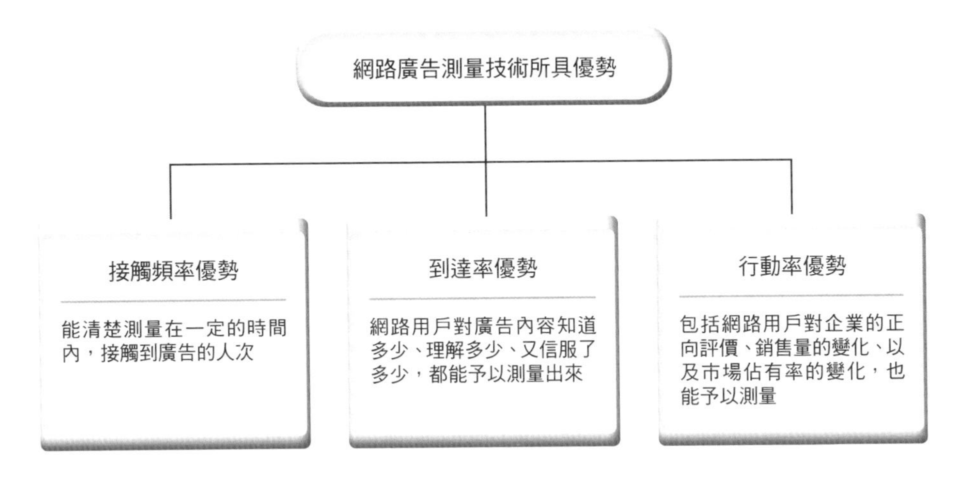

圖 10-23 社群經營成效目標

為了提高社群經營的成效，行銷者可以運用四個方向作為目標，再依據目標找出適合的指標衡量之。

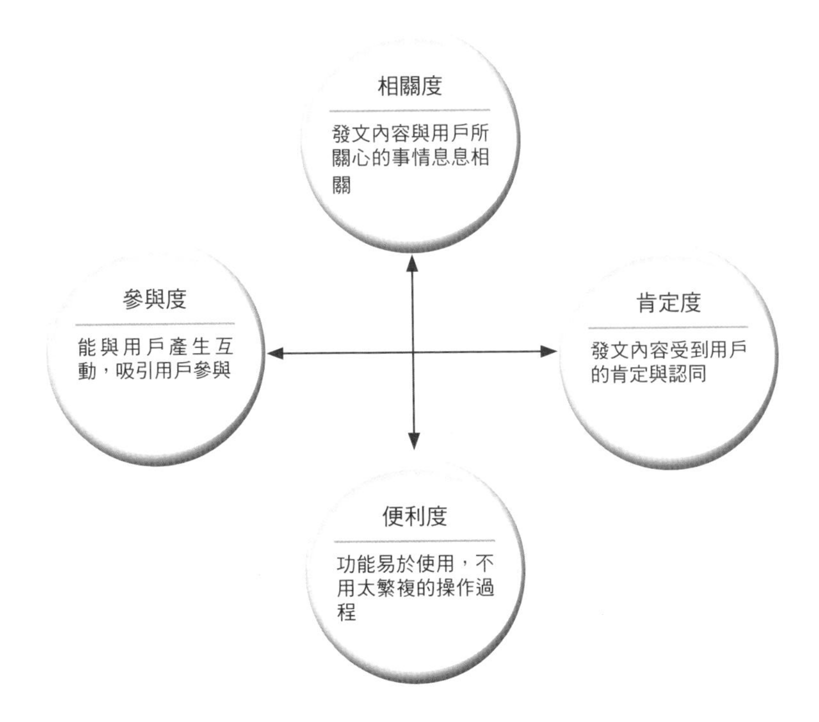

(3) 加入會員數量

加入會員的人數有多少，當會員人數越多，也代表社群越受到用戶的喜愛，另外，從不同天數、月份的加入會員數比較，也可以計算出會員的成長率。

2. 忠誠度指標

當會員與會員之間彼此的互動性越強，所停留的時間或願意再度造訪的次數也相對提升，且黏著度也就越高，而可作為衡量成效的項目有：

(1) 會員發表文章 / 相片 / 影片 / 檔案數量

會員發表文章、上傳照片、影片或檔案的數量越多，代表越能使社群的內容越豐富，當內容一豐富時，用戶自然會較願意在上頭花時間，而不會一下子就離開了。

(2) 會員停留時間

會員停留在社群的時間長短，時間長則代表忠誠度高，把時間、心血都花在這上面。

(3) 訪客平均來訪次數

訪客重複造訪社群的次數，當次數越多時，代表內容越能吸引人一再造訪，黏著度也就越高。

3. 貢獻度指標

當會員對社群產生信任時，會因為好友彼此的推薦，或透過廣告、網路活動…等而去購買產品，因而對社群產生實質的貢獻，其可作為衡量成效的項目有：

(1) 因社群而消費的次數

透過廣告、活動、或網友相互推薦的影響，使得會員在社群消費的次數，次數越多，也代表了會員對網站的貢獻度是越高的。

(2) 因社群而消費的金額

不論是口碑的影響、網友互相傳播的力量，只要會員消費的金額越多，對社群貢獻度也就越高。

圖 10-24 Facebook 和 Plurk 影響力評估指標

根據 i-Buzz 網路口碑研究中心所提出的，針對如 Facebook 和 Plurk 之類的社群，你在其中有多大的影響力，其評估指標為：

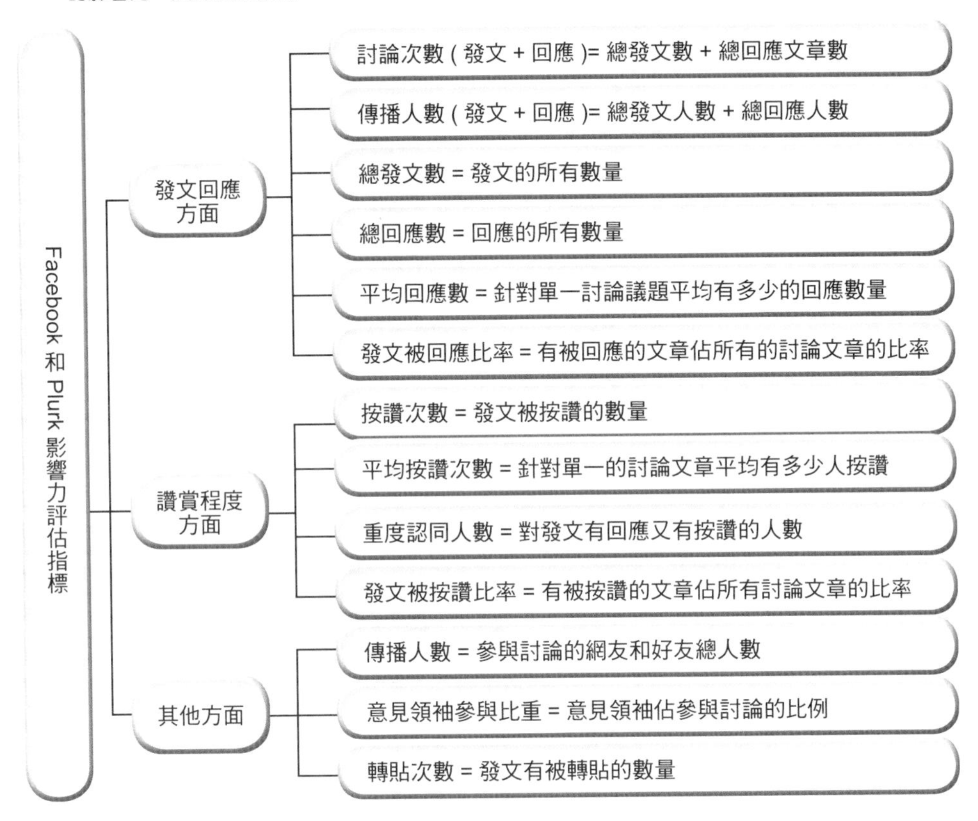

圖 10-25 計算 Twitter 社群影響力

想知道你在 Twitter 的影響力嗎？美國 Klout 提供一個由 20 種不同指標計算出來的機制，如：訊息被回推 (Retweet) 數、跟隨者 (follower)人數…等 就可以衡量出在 Twitter 的影響力分數有多少。

影響力分數結果

資料來源 KLOUT
http://klout.com/home

案例分析與討論

DHC VS e 美人網

e 美人網官網網址：http:// www.nicebeauty.com/、http://www.audike.com/nicebeauty/lotion.htm；DHC 官網網址：http:// www.27662000.com.tw/

個案背景

▲ 資料來源：e美人官網

e 美人網由中環集團轉投資的麗質佳人網路股份有限公司，在 2000 年 4 月成立，是台灣第一家在網路上以低價銷售保養品的女性購物社群網站，也是化粧品第一家在 2001 年 7 月將前端產品與後端便利商店實體通路串連的電子商務網站，2001 年 10 月在微風廣場成立 e 美人實體店，2001 年 12 月進軍香港網路化妝品市場，在當時可以說是台灣第一家電子商務網站拓展海外市場的成功案例。

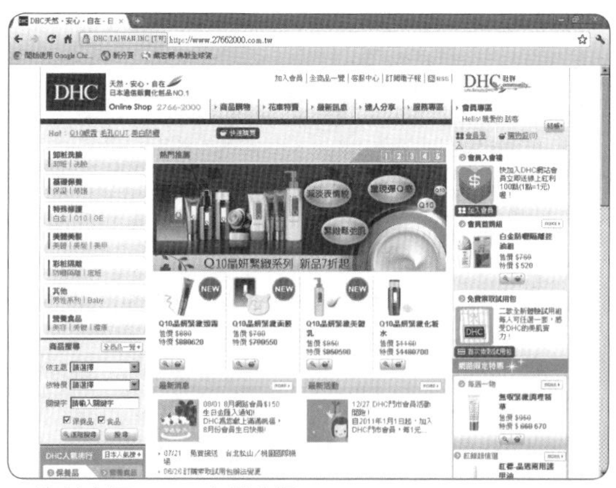
▲ 資料來源：DHC台灣官網

DHC 來自於日本「大學翻譯中心」，1972 年從事翻譯事業為起始，之後共發展出翻譯、教育、系統、出版、化粧品、醫藥食品、內衣、美容、國際廣告企劃等 9 個事業部躍身為 DHC 集團。

日本 DHC 在 1983 年成立化粧品事業部，主要生產各種保養品和化粧品，成立之初以「通信販賣」作為主要銷售通路，2001 年日本會員人數就已經突破 200 萬人，可說是位居日本化粧品業界和化粧品通信販賣的龍頭寶座，DHC 也在 1999 年 6 月正式進駐台灣。

簡易分析：e 美人網與 DHC 4P 超級比一比

產品方面

e 美人網代理 Dr. Bella 產品

e 美人網在網頁和產品標示上，號稱代理美國加州「Dr. Bella Laboratory」的產品，並標榜該實驗室有二十年的研發經驗，其成員包括擁有博士學位的醫學、科學、美容學家，本項宣稱也造成日後 2003 年 2 月重大危機的開端。

DHC 自有品牌

DHC 是由日本 DHC 化粧品事業部自行研發和製造出來的自有品牌。

價格方面

e 美人網會員免費贈送模式

e 美人網首創「會員免費贈送」模式成功打響網站的人氣，當時推出「付 180 元物流費，就能獲得市價 2000 元精華液的保養品」活動，這種放長線釣大魚的策略，成功拓展品牌的市場佔有率，2002 年 e 美人網快速擁有三十萬名會員，每月交易筆數超過十萬筆，才成立短短三年，年營業額就突破三億元。

DHC 偏高價位產品

台灣 DHC 標榜產品天天都打八折，但在化妝品市場行情上仍屬高價位，只比一般店頭產品價格便宜一點，消費者必須訂購整套，或是選購兩瓶以上同質產品才能享有較優惠的價格。

通路方面

e 美人網是台灣第一家擁有完整便利商店取貨通路的女性購物網

e 美人網初期是透過台灣宅配通物流產品，在 2000 年 7 月與 7-Eleven 策略聯盟，消費者可以在 7-Eleven 門市取貨付款，之後又拓展到全家、萊爾富、OK 等便利商店都可以取貨付款，是第一家擁有完整便利商店取貨通路的女性購物網。e 美人網以會員免費贈送模式，成功打下了龐大的市占率，7-11 統計店內代收業務中，e 美人網產品收件數連登好幾個月榜首。另外，e 美人也設置了京華城內的 e 美人生活館亞洲旗艦店、微風廣場的 Roberta 專櫃與高雄新光三越的 SereneSPA 等三處的實體通路。

DHC 通信販賣

DHC 以「通信販賣」作為主要銷售通路，不同於傳統認知單以「郵購」的方式來進行商品銷售，DHC 以「通信販賣」全新的服務方式，讓消費者可以透過電話、網路、傳真與 Olive Club 專刊所提供詳實的商品訊息、會員意見的交換、完整的銷售服務，來進行信息傳達、販賣與互動。

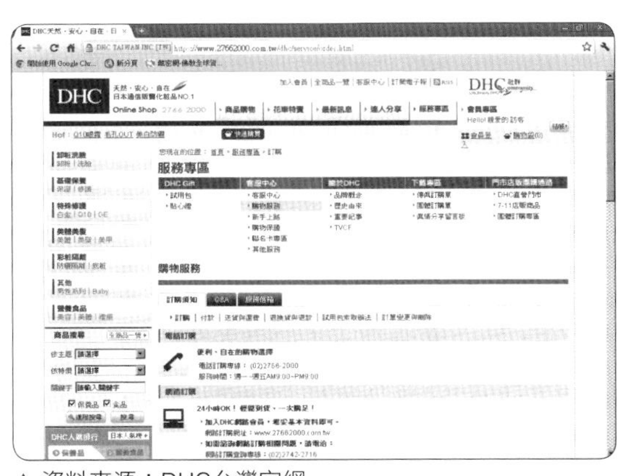

▲ 資料來源：DHC台灣官網

消費者可以在 7-11、全家、萊爾富…等便利商店拿到 DHC 的 Olive Club 專刊，也可透過電話、傳真、劃撥與網路來訂購產品，再經由郵寄和宅配的方式送貨到府，現今也可以透過各大便利超商取貨。另外，還有 DHC 直營門市和 7-11 店販商品的門市店販，以及公司行號、機關團體、福委會的團購通路可以購買產品。消費者單次購買 1000 元以上才能免除宅配的物流費用，未滿 300 元仍可使用 7-11 取貨服務，但需酌收運費 70 元。

推廣方面

e 美人網藝人代言、會員免費贈送

首先，e 美人網自 2000 年 4 月開站，即斥資千萬聘請知名女星藍心湄、王祖賢、江美琪為代言人的手法，在最短時間內來快速獲取最大廣告效益。

其次，「會員免費贈送模式」成功打響網站的人氣，當時推出「付 180 元物流費，就能獲得市價 2000 元精華液的保養品」活動，在開站兩個月內即擁有五萬多名註冊會員。

另外，透過虛擬社群來推動口碑行銷，e 美人網藉由社群討論版來瞭解消費者的想法和建議，並且在社群系統中提供紅利積點的方案，只要會員在網站上張貼有閱讀價值的文章，無論是提供產品的使用心得，或是美容小偏方…等等文章內容，就可以獲得紅利點數，會員可以在下次消費時，折抵購物金額或換取等值的贈品，這一個策略大大鼓勵會員願意主動參與互動和分享心得，讓會員自動成為商品成功見證者與行銷者，間接促進和帶動商品超高銷售量的佳績。

DHC 藝人代言、試用品、折扣

首先，DHC 在 2000 年正式進入台灣市場，採用藝人歐陽菲菲當代言人，投入大量廣告資金不斷放送廣告影片，強調消費者不必出遠門送貨到府的服務，強化 Olive Club 專刊購物的便利性，也透過遠傳電信針對特定用戶發送促銷簡訊，並且將 2766-2000 的客服專線號碼，登錄為 www.27662000.com.tw 的網址，透過電視廣告強力播送電話專線，徹底在消費者腦海中烙下 2766-2000 的印痕。之後台灣 DHC 也陸續邀請知性女星吳倩蓮、韓國第一美女金喜善、韓國人氣男星池珍熙、甜心主播侯佩岑、亞洲天王 RAIN、野蠻王妃尹恩惠出任代言人，每回代言人的廣宣活動總能引起廣大迴響，企圖全面滲透與撼動全台的消費者。

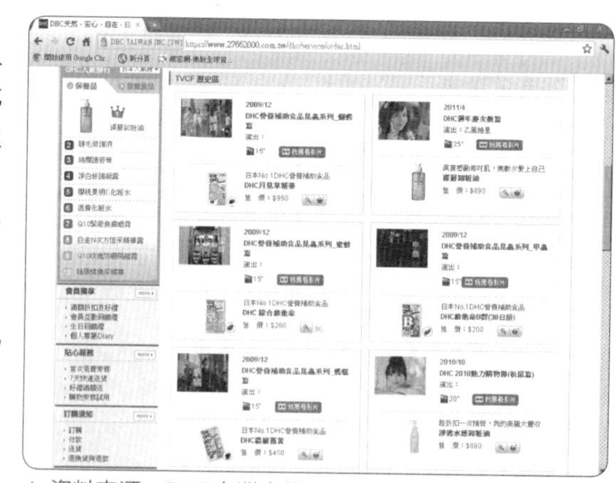

▲ 資料來源：DHC台灣官網

其次，消費者可以透過 Olive Club 專刊選擇配套的試用品，先試用再決定是否要購買 DHC 產品，消費者可經由網路、Olive Club 專刊、電話和傳真索取試用品，不需要負擔任何費用，但每位消費者只能索取一次試用品，試用品皆採用郵件的方式寄送到府。

另外，DHC 採取長期折扣的方式，打出天天享 8 折，當消費者大量選購或購買特惠組合商品，會再享有更低折扣。

VS	e 美人網	DHC
產品	銷售產品品項多、代理 Dr.Bella 品牌	研發製造和銷售、只銷售 DHC 自家產品
價格	低價	偏高價
通路	宅配、便利商店取貨付款、網路、實體店鋪	宅配、Olive Club 專刊、網路、實體店鋪
推廣	藝人代言、會員免費贈送 (需給付 180-199 元的物流費用)、社群討論區、紅利積點	藝人代言、試用品 (每人限索取一次)、社群系統、長期折扣
付款	線上信用卡刷卡、信用卡卡號傳真刷卡、ATM 轉帳、郵政劃撥	貨到付款、信用卡付款、ATM 轉帳、郵政劃撥
對象	18~30 歲的學生、上班族	20~30 歲的上班族、主婦

重大轉折點

2003 年 2 月虛構實驗室 e 美人網被罰 50 萬

（記者蔡靚萱／台北報導）公平會調查後赫然發現，美國並沒有 Dr.Bella 實驗室，e 美人網在網頁上放的實驗室照片，其實是美國另一家公司的廠房與研究人員。e 美人網向公平會承認，產品大多來自美國菁斯頓公司，而美國菁斯頓其實是台灣菁斯頓的子公司。但調查期間，e 美人網一直沒有提出美國菁斯頓公司的設立登記證明。公平會還發現，台灣菁斯頓公司與 e 美人網老闆是同一人。公平會委員認為，e 美人網用假的實驗室歷史及成員資料，意圖誤導消費者，已經違反公平交易法，決定處以五十萬元罰鍰，並應立即改善，如果再犯，將連續處分到改善為止。

水能載舟，也能覆舟

透過社群討論版的確可以進行口碑行銷來促進商品銷售量，但是同時也能撼動一家企業賴以生存的強大力量，虛構實驗室 e 美人網被罰 50 萬的事件，快速在網路上透過社群討論版和部落格被散布開來，在龐大社群輿論的壓力之下，e 美人網也逐漸緊縮社群討論版的服務項目，原本 e 美人網預估 2003 年可以突破 4 億的年營業額，e 美人網在

2003 下半年即傳出 2004 年 4 月要轉型為女性百貨網站，最大因素就是主要銷售的保養品業務成長停滯，再加上 PChome 和 PayEasy 也相繼加入女性保養品網購銷售戰場，搶佔不少女性保養品的市場，這些都是迫使著 e 美人網必須轉型成女性百貨網站。

2008 年後的 e 美人網與台灣 DHC

e 美人網逐漸失去過去風華絕代

1. 從 e 美人網電子商務系統機制來看，改用 OPEN SOURCE 免費購物車系統 OS-Commerce 來建構網站。
2. 瀏覽動線設計較為制式，商品呈現大小不一，欠缺整體美感的設計，商品呈現後內容也欠缺編排設計。
3. 商品種類已大幅度減少。
4. 已經無虛擬社群機制，只保留純商品上架功能，也無早期美容化妝品知識分享，無結合媒體廣告與贈品促銷，也無特價商品。

台灣 DHC 穩定中持續成長

1. 從台灣 DHC 電子商務系統機制來看，專為台灣 DHC 量身訂做的電子商務網站。
2. 瀏覽動線設計極佳，商品呈現美觀活潑，各種特價商品訊息清楚展現。
3. 商品種類豐富且多元化，不斷有新產品加入，商品說明清楚。客服機制提列分明圖解清楚，內容相當豐富。
4. 增加了多項社群互動性的系統機制，如：商品結合使用者心得報告、DHC 電子報、日記手札、私房推薦、房客服務、個人化首頁…等等設計。
5. 網站有豐富專家美容化妝品知識分享，也透過 Olive Club 專刊讓 DHC 的愛用者透過保養保健知識的累積，找到更適合自己的商品，創造自己想要的生活體驗。

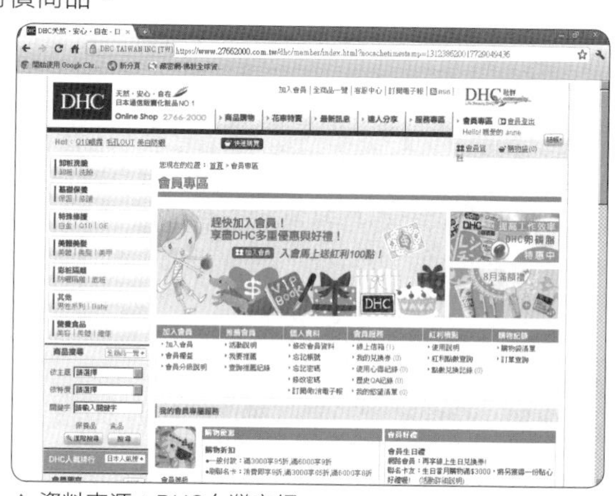

▲ 資料來源：DHC台灣官網

▲ 資料來源：DHC台灣官網

6. 不斷推出各種行銷活動，如：試用包、貼心禮、每週一物、月中超值選、會員首購組、紅綠超值選、活動獨享特區、新品特惠、每月之星、聯名卡獨享、限時特惠、超值出清、季節限定、感恩回饋、特惠組合…等等行銷活動設計。

至 2011 年的 e 美人網，幾乎已經呈現退場的狀態，原 www.nicebeauty.com 網址已經無法連結和顯示，反觀台灣 DHC 網站在 PChome、Pay Easy 與牛爾強勢夾擊之下，台灣 DHC 依然穩定成長，不以 Pay Easy 炫麗花俏來勾引消費者，反而走清爽高雅樸實路線來穩定拓展自己的商機。

問題討論

1. e 美人網首創「會員免費贈送」模式，給付 180-199 元物流費，就能獲得高價保養品的活動，如先不考慮「虛構實驗室 e 美人網被罰 50 萬」事件的影響，試問 e 美人網的獲利模式為何？
2. 為何 e 美人網便利超商付款取貨的物流模式，能讓廣大女性網購族所喜愛？
3. 當有損害企業形象的負面訊息，出現在公司所經營的社群平台之時，何種應對態度與處理方法，才是最佳解決問題之道？

參考資料

1. e 美人網，網址：http:// www.nicebeauty.com/。
   http://www.audike.com/nicebeauty/lotion.htm。
2. DHC，網址：http:// www.27662000.com.tw/。
3. 蘋果日報，網址：http://tw.nextmedia.com。
4. 聯合報，網址：http://udn.com/NEWS/mainpage.shtml。

實戰案例問題 童話屋希望透過網路行銷增加客源

個案背景

自從 2008 年遇上金融危機公司倒閉以後，張太太就回到彰化的家裡，本來小孩子都是給保母帶，現在沒了工作只能自己帶小孩多省點錢，孩子反而很高興老媽沒了工作可以每天都陪他玩。

但單靠張先生的薪資收入，全家都得過著提心吊膽的日子，深怕再有個萬一就難以度日了。因此，張太太也連續在 104 找了半年多，但是都一直找不到合適的工作，再加上也要為小孩找點知識性和娛樂性的東西，所以經常在網路搜尋兒童益智商品，家裡也陸陸續續添購了一整櫃的兒童繪本和益智商品，因為小孩喜新厭舊的速度相當快，為了每天能順利打發小孩，所以很快就買了一整個書櫃的各種兒童繪本和益智商品。

後來想，反正每天都要陪小孩玩，乾脆把自己彰化老家改裝成說故事的童話屋，這樣就可以把添購的一整櫃兒童繪本和益智商品的投資報酬率發揮到最高，也可以讓自己的小孩有玩伴，這樣一來就可以一舉數得。張太太花了一個多月才說服張先生同意開童話屋，為了節省開銷，全部都自己手工 DIY 來布置童話屋，前前後後總共耗費半年多的時間，終於將整個老家改裝成童話屋。

初期廣宣都是每天自己徒步在住家方圓 5 公里內住宅區塞信箱和發 DM，慢慢有小孩加入童話屋，童話屋的營業項目，包含：兒童繪本內閱、出租、超大本中英文繪本的故事屋（繪本高 150CM 打開總寬 200CM）、美勞教學和寒暑假活動營…等等，會員可以邊聽故事一邊把故事角色動手製作出來，從遊戲和娛樂中快快樂樂學習中英文。目前營收狀況剛好可以打平每月的開銷，為了增加客源和獲利率，今年也在無名小站建立童話屋的部落格，介紹童話屋的服務項目、會員在童話書裡的活動狀況、美勞成果發表…等等內容，希望能透過網路行銷的力量，能有效拓展彰化客源。

問題討論

1. 您覺得依張太太童話屋的服務項目，適合建置電子商務的購物車系統來拓展全國商務嗎？
2. 何種電子商務的架構，適合張太太的童話屋業務？張太太該不該加入兒童線上學習的部分？
3. 張太太童話屋如果直接與嬰幼兒實體店舖策略聯盟，會不會比透過網路銷售更快獲得更多的收益？
4. 張太太童話屋之兒童繪本出租的服務項目，如透過網路以會員制的方式，幫會員量身訂做益智成長計畫，您覺得是否能有效利用網際網路的優勢，來拓展全國網民的消費市場，爭取更豐碩的營收？
5. 如果張太太童話屋之兒童繪本出租的服務項目，增加 iPad 與平板電腦的電子繪本之出租服務，是否能有效增加童話屋的營收？

重點整理

網路行銷規劃就是先做好完整的市場區隔、而後選擇目標市場、最後再進行產品定位。

市場區隔
- 地理變數
- 人口統計變數
- 心理變數
- 行為變數

目標市場
- 單一市場集中化
- 差異化市場專業化
- 無差異市場覆蓋化

定位

進行定位策略的方法：

① 強化既定的印象。
② 依附知名的事物。
③ 與競爭對手的定位相異。
④ 創造一個新的概念。
⑤ 依照產品本身的特質。
⑥ 創造使用的情境。
⑦ 以特定的顧客族群為主要訴求。
⑧ 尋求顧客心理的空隙位置。
⑨ 衝擊顧客的心靈。
⑩ 以企業理念作為號召。

網路消費者特徵
- 著重自我展現
- 冷靜、理性、思緒清晰
- 喜歡追求新奇的事物
- 缺乏等待的耐性

網路行銷績效評估
- 網站績效
- 網路活動績效
- 網路廣告績效
- 社群經營績效

1. 請問美國市場學家溫德爾．史密斯提出的市場區隔概念是什麼？
2. 請問「特定的消費族群」的變數有哪些？
3. 請問鎖定目標市場時，有哪些策略可以參考？
4. 請問行銷人員在進行定位策略時，會利用哪些方法？
5. 請問網路消費行為具有哪些特徵？
6. 請問在網站績效測量指標中，常見的分析效益指標有哪些？

C H A P T E R

11 電子商務網站的建立與成效評估

不管是任何的企業或商家，在成立網路商店之前，一定要對電子商務網站的建置與經營策略有所規劃，平台技術是死的，營運與操作才是活的，並確立自己的經營策略是什麼，而後才能在電子商務網站中予以應用，並配合網站優使性、會員管理、網站建置與關鍵字優化的工作，以達到最大的獲利與效益。

11.1 網站規劃須知

11.2 網站建置方式

11.3 關鍵字優化

11.4 網站成效評估

案例分析與討論 階梯數位學院

實戰案例問題 房仲業者導入M化拓展商機

11.1 網站規劃須知

當企業建置一個網站之後，其實就已經具有網路商店的雛形了，如果再加上訂購與付款系統的話，一個完整的網路商店也就形成了。當用戶連結進入網路商店時，會瀏覽到關於產品的圖片展示與詳細說明，當用戶想購買產品時，也可以透過訂購功能來選購、支付。

不管是任何的企業或商家，在成立網路商店之前，一定要對網路商店的建置與經營策略有所規劃，平台技術是死的，營運與操作才是活的，無論是自己架站建置網路商店，或是租用商城空間，都要先做好網站的規劃、優使性的調整、以及會員的管理，而後才能在網路商店中予以應用。

網站的優使性

所謂網站的優使性，是指對網站的程式、內容、編排、佈局、流程做優化的調整，使網站更易於被用戶使用、更容易被搜尋引擎找到，以提高網站的價值與用戶的轉化率，充分達到以網站作為網路行銷的目的，所以可以將網站的優使性具體表現在：

1. 用戶的優使性

藉由對網站優使性的設計，當用戶在瀏覽網站資訊時，可以變得簡單而輕易找到所需的資料，網站是以用戶為導向，有完整的導航功能，美編、佈局、版面易於被用戶所接受，以不影響速度的情況下呈現最佳的美觀度。

2. 搜索引擎的優使性

從搜尋引擎的角度來看，網站若是有經過優使性設計的話，資訊不但容易被抓取，當用戶在利用搜尋引擎檢索時，也能很輕易的搜尋到網站，並在網站中快速找到自己所要的資料，甚至因網站的便利度與豐富度而成為忠實顧客。

3. 網站管理維護的優使性

比較常被忽略的，是在網站營運管理上的優使性，包括資料更新、網站維護、升級改版…等，越有利於營運人員進行管理的優化調整，越能提高網站於網路行銷的應用度。

以實務面來說，要對網站進行優使化的工作，可以按照以下幾個步驟來實現：

(1) 對網站進行診斷

依據網站的目標、定位，對網站的各項連結、內容、設計、動線、功能…等進行體檢，診斷之後再做出一份綜合性的報告。

(2) 分析網站關鍵字

按照網站的主題、方向，找出最佳關鍵字，而整個網站的頁面則按照關鍵字進行優使性的調整，使得網站在搜尋引擎中的排名能夠往前。

(3) 蒐集相關資料

對網站有助於優使性的調整的資料、意見全部予以收集起來，其中可以包括用戶意見的調查、專業人員的看法，作為參考之用。

(4) 對網站進行優使性的調整

有了完整的資料，可依此作為基礎，不論是結構或設計、內容、搜尋引擎等各方面，都要開始做優使性的調整。

圖 11-1　完美企業網站的 101 項指標

根據大陸銳商軟體所編撰的《完美企業網站的 101 項指標》一書中提到，要提高網站的優化度，可以從內容、設計、安全、易用性、性能、W3C 標準、SEO 等七大方面來調整。

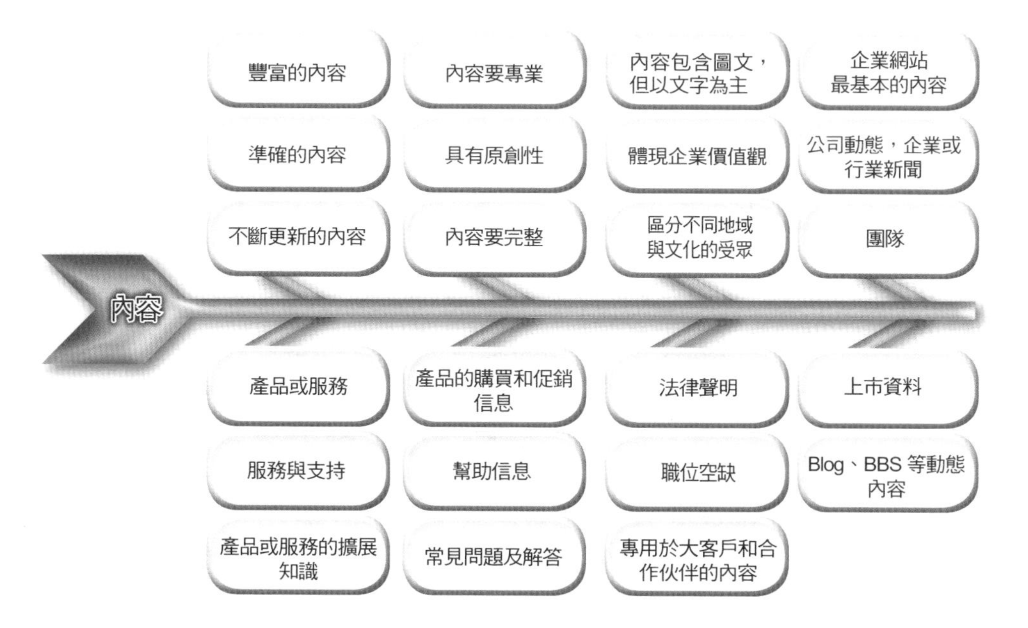

設計

- 為初次訪問者傳遞專業第一印象
- 設計不可喧賓奪主
- 面向行業設計
- 設計遵循優雅原則
- 設計遵守平和原則
- 包含醒目的 Logo
- 包含非常吸引人的企業 Banner
- 企業 Banner 體現企業動態
- 全站遵守一致的設計風格
- 優化圖片壓縮比尺寸
- 企業 Banner 應當定期更新
- 合理安排頁面重心，不頭重腳輕

易用性

- 只使用成熟、簡單、兼容的技術
- 純文本版本的站點地圖
- 不使用任何網頁特效
- 必須有麵包屑導航條
- 內容包含圖文，但以文字為主
- 圖片要設置 ALT 和 TITLE 屬性
- 清晰、統一的導航
- 每頁都有自己的標題
- 連貫性內容應提供向導式導航
- 使用真正降低尺寸的 Thumbnail
- 導航深度不超過三級
- 任何頁都有一個連結指向首頁
- 全文搜索
- 連結必須擁有可標識的視覺特徵
- 導航連結中必須包含文字
- 網站的 Logo 指向首頁
- 不使用歡迎頁
- 任何頁都有一個打印友好版本
- 頁面都使用一致的配色和結構
- 幫助信息
- 職位空缺
- 不用新窗口打開連結
- 使用當前主流的顯示器尺寸
- 在用戶操作現場提供幫助
- 用色彩區分未訪問和已訪問連結
- 不使用全螢幕模式顯示網頁
- 讓用戶看到您的完整聯絡方式
- 用戶可以對某些內容進行評論
- 使用所有人都能正確顯示的字體
- 不要彈出窗口
- 每個頁面的尺寸應當小於 50K
- 廣告不可使用欺騙伎倆
- 沒有支援元件，網頁仍能顯示
- 用戶註冊只需填寫用戶名和密碼
- 在主流瀏覽器中擁有一致的表現
- 頁面不可過分擁擠

安全

- 使用安全的資料庫技術
- 機密資料須加密再放到資料庫
- 機密資料須加密再通過表單傳遞
- 機密資料須加密再寫入 Cookie
- 要進行惡意代碼檢查
- 網站必須有安全備份和恢復機制
- 錯誤訊息必須經過處理再輸出

性能

- 對資料庫進行優化設計
- 分頁返回記錄不用業務層的分頁
- 使用 xhtml 等技術降低 http 請求
- 進行資料庫和業務層的資料交流
- 使用成熟的 Web 頁面渲染技術
- 使用 Javascript、CSS 等乾淨程式碼

W3C 標準

- 所建置的網站應該符合 W3C 標準

SEO

- 應具備和內容相襯的標題、描述
- 關鍵詞必須出現在頁面內容中
- 希望被收錄的頁要用靜態網址
- 不使用 META refresh 標籤
- 要包含一個符合標準的站點地圖
- 關鍵詞應出現在頁面的重點位置
- 不使用自動跳轉門頁
- 不使用偽裝頁欺騙搜索引擎
- 定期更新網站
- 內容要包含和站點相符的連結
- 不使用隱藏文本欺騙搜索引擎
- 內容以靜態連結形式在首頁推薦
- 最終輸出的頁面內容完全靜態
- 儘可能避免大量的 Flash 應用
- 不使用重複內容加大關鍵詞密度
- 不使用 Frame
- 是為用戶，不是為搜索引擎設計
- 導航系統絕不使用 Flash
- 提高網頁獲得站外連結的質與量

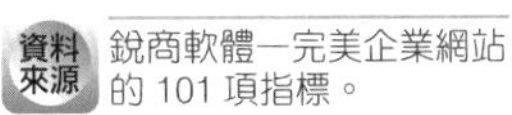
資料來源 銳商軟體－完美企業網站的 101 項指標。

(5) 測試優使性過的網站

當網站經過優使性的調整之後，還需要予以測試，找出是否有遺漏或需要再調整之處，務必使網站的方方面面都達到最佳狀態。

(6) 持續性的優使性工作

網站的優使性是必須不斷而持續的進行，而不是在測試、調整、上線之後，就不再去管它了，這是一條漫長的路，企業在這方面必須努力而有恆心。

會員管理

面對競爭激烈的網站環境，企業對於客戶服務、會員資料、會員增長數…等方面的管理，就成為在經營網站時，列為必要的工作項目之一，而會員的管理，就是指企業對會員做有效的採集、分類與服務，藉由會員管理工具，將所有加入網站的會員予以記錄基本資料，如嗜好、職業、或是消費記錄、購買特性…等，且能根據個別會員的不同，提供個別化的服務，像是在生日時寄送生日賀卡，或給予特別的贈品、優惠。

要將會員管理得好，不論是網站本身的系統平台，或是網站人員的日常工作，都應涵括以下三大部分，並將這三個部分應用於會員管理工具（如圖 11-3 所示）中，才能符合使用上的需求：

1. 資料採集與管理

會員的基本資料是必須採集的資訊，如帳號、性別、電話、地址、EMAIL…等，當資料愈明確，愈有利於日後的行銷工作，但一般用戶在註冊成網站會員時，並不喜歡填寫過度繁複的會員資料，因此在一開始的註冊程序上，應儘量簡化，而後當訪客註冊成會員之後，再以各種獎勵方式來鼓勵會員留下完整資料。

2. 會員分級與獎勵

對於加入的會員，可依照消費次數或發文次數等條件，予以不同層級的分類，像是白金會員、金卡會員、普通會員…等，分級制度不但有利於精準行銷，更能快速區分會員對網站的忠誠度與黏著度。

3. 會員活動行銷

在管理會員時，可以融入特殊節日、特殊事件來進行個人化的行銷方式，或是以會員累積積分的方式，再利用這些積分設計折扣、兌換獎品的活動，以引導會員做出對網站更有助益的行為。

圖 11-2 會員管理系統

完善的會員管理系統後台，可以對會員做編輯會員資料、分組、權限、積分設定、刪除會員等操作動作。

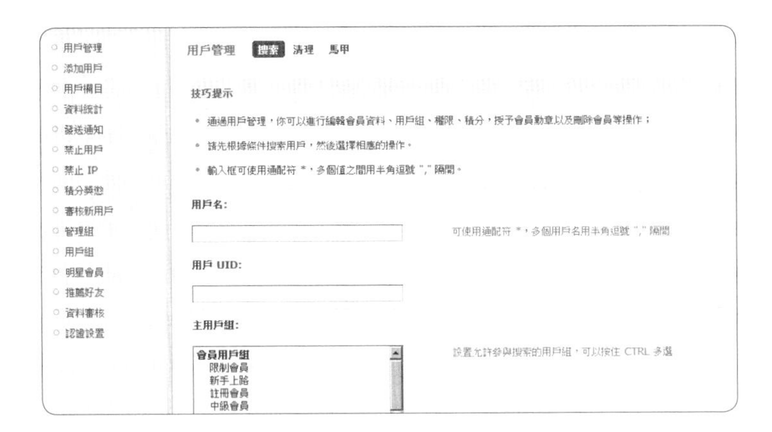

圖 11-3 會員管理工具的項目

通常一套完整的會員管理工具，除了要讓管理網站者易於操作以外，還應具備以下幾個項目，才能符合使用上的需求

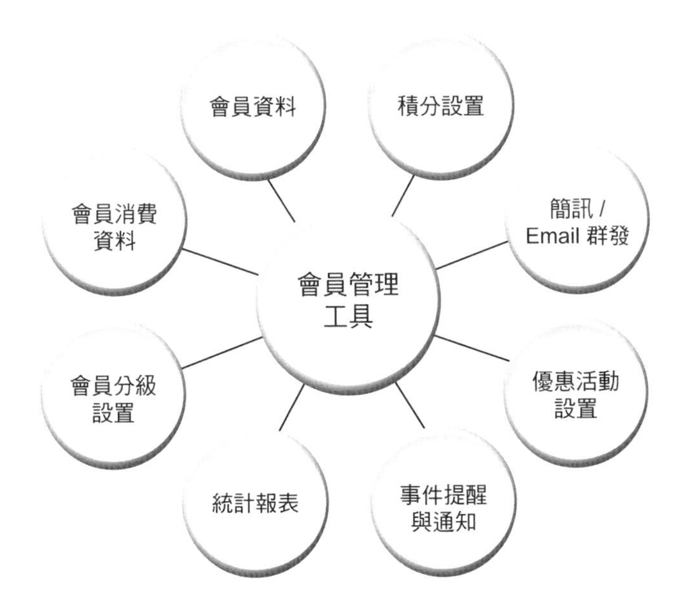

11.2 網站建置方式

在競爭激烈的網路環境中，為了能使企業的商務網站更具競爭力，並降低人事、設備、軟硬體、建置等各項成本，以提高獲利，因此電子商務的網站建置方式，變成為企業想要踏入此一產業環境所時，必須要思考與抉擇的任務之一。

以目前的現況來說，電子商務的網站建置，大致可區分為網路拍賣、網路商城與購物街系統、自行架設網站、以及其他新興的建置方式。

利用網路拍賣系統建置電子商務

所謂的網路拍賣，就是就是買賣雙方在一個虛擬空間中進行交易，賣方在拍賣系統中成立自己的網路商店，提供各項商品，定期維護商品、顧客問題資料，但建置網站所需要的軟硬體設施、平台維護等工作，則都是由拍賣平台商提供。對企業或是想從事電子商務的個體戶來說，利用網路拍賣來建置電子商務網站，有以下幾個優點：

1. 多媒體的呈現方式

除了文字圖片的描述以外，商品的特性也可以利用影音的多媒體方式呈現，使得內容更為多元且豐富化，增強對消費者的吸引力。

2. 超強的搜尋功能

當消費者想要購買某一商品時，可以利用拍賣網站的搜尋功能，以產品名稱、商家、品牌或價格等資訊來找到所需要的商品。

3. 具有高度的互動性

消費者利用拍賣網站中的問答功能，與商家進行溝通、交涉、殺價、諮詢，構成良好的互動，提高消費者的購買行動。

4. 大幅降低建置成本

企業或個人不需負擔伺服器、軟體、頻寬等各項設備，也不用花錢找工程師或MIS，只需負責商品的上、下架與顧客諮詢，省下許多建置成本。

網路商城與購物街系統

想要擁有一家獨立的網路商店，除了能將商品上、下架以外，還有購物車系統、本店搜尋的功能，同時又能解決金流、物流問題，那麼以網路商城與購物街系統來建置是十分理想的方式。

圖 11-4　利用網路拍賣系統建置電子商務

利用網路拍賣建置電子商務，可利用較為出名的拍賣平台，如：Yahoo 奇摩拍賣（http://tw.bid.yahoo.com/）、露天拍賣（http://www.ruten.com.tw/）。

圖 11-5　網路商城與購物街系統

Yahoo 奇摩超級商城（http://tw.mall.yahoo.com/?.rr=113985149）、Pchome 商店街（http://www.pcstore.com.tw/）也是國內著名的網路商城與購物街系統。

商店經營者不用申請網路空間與網址，也毋須架設伺服器、或開發商城網站，只要向購物街平台商租用、繳交費用，平台商便會直接開設一個網路商店，並提供各項行銷廣告資源給該商店。對企業來說，同樣可以節省建置電子商務網站的軟硬體費用，也擁有符合企業形象的網路商城，且能增加商品曝光的機率。

而網路商城與購物街系統與網路拍賣又有什麼不同呢？其實前者所具有的彈性和自主權更大，能夠自行備份網站與商品的資訊，也能擁有客戶的資料。另外，每當成交一筆訂單時，也不需受到拍賣網站的抽成收費或各項規定所限制。

自行架設網站

自己架設電子商務網站，以主機代管、租用獨立的虛擬主機、或自行架設伺服器的方式來建置，而網站的機制則可自己撰寫、外包、或使用免費架站程式，同時物流、金流的問題也由自己來整合，優點是可以從頭到尾掌控所有的流程，依照企業的需求來量身訂做，但缺點是所需負擔的成本高，無論是獨立網址、網路空間、網路專線、網頁程式、後續維護管理 ... 等，都要由自己來負責，一年下來的花費，少則十萬，多則上百萬。

其他新興的建置方式

由於近年來部落格、社群媒體的盛行，許多企業或個人會選擇直接利用部落格系統、社群機制來運作電子商務：

1. 在部落格上建置網路商店

有很多公司、社團或個體戶直接在部落格中成立商務性的部落格，不但能提供與消費者的互動性，且使用技術門檻低，上傳圖、文、影音皆十分簡單方便，且又毋須負擔網頁設計、網路空間、網站維護管理的費用，甚至只要一名人力即可完成所有的作業。只是缺點是無法有完整的購物車系統、金流與物流問題也需自行解決，當消費者在購買商品時較不便利，也無法立即查詢訂單或商品配送狀況，因而有的企業或個人，會與網路拍賣系統做一串連，當消費者欲購買商品時，只要連結至專屬的網路賣家即可。

2. 在社群媒體上建置網路商店

以社群媒體所提供的應用程式來建置網路商店，以 FACEBOOK 為例，若要設立店家，只需利用幾個應用程式，如：Payvment、Storefront Social、Ecwid。(如圖 11-7 所示)，即可解決金流支付、商品展示、線上交易的問題，且能將商品訊息分享出去，透過廣大的人脈創造業績。

無論以哪一種方式來建置電子商務網站，最重要的是要在事前就先做好評估與規劃，衡量所要在電子商務中所花費的資金、人力，以及自家的產品特性、想要吸引的消費對象，更重要的是，網站不只是要建置，更需要時常更新與維護，定期將商品資訊做替換，並寄送簡訊、電子報或以其他方式向消費者行銷，而對於消費者所產生的疑問或不滿，更須立即改善處理，唯有靈活運用網站所提供的各項功能，並發揮創意吸引消費者，才能帶來源源不斷的獲利。

圖 11-6　自行架設網站：利用免費架站程式架設

若要自行架設電子商務網站，有許多免費的架站程式可供利用，且功能相當完整，如 ECSHOP（http://ecshop.tw/）、osCommerce（http://www.oscommerce.com/）。

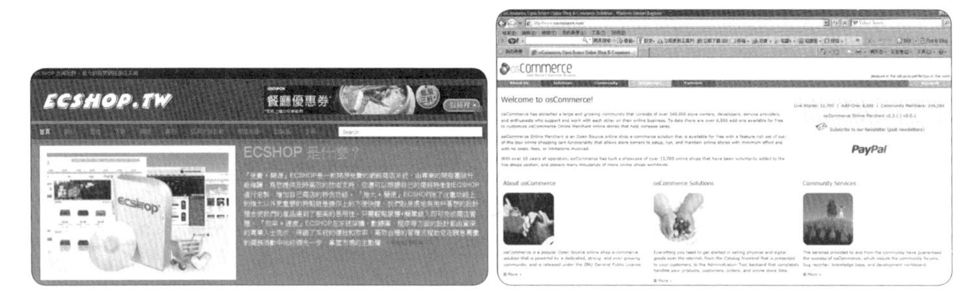

圖 11-7　其他新興的建置方式：在 FACEBOOK 上建置網路商店

在 FACEBOOK 中開店，是許多企業流行的建置電子商務方式，可利用的應用程式相當多，如 Payvment（http://apps.facebook.com/payvment/）、Storefront Social（http://apps.facebook.com/storefrontsocial/）、Ecwid（http://apps.facebook.com/ecwid-test-store/）。

11.3 關鍵字優化

在建置網站時，也要考慮到透過關鍵字所帶來的流量，藉由改善網站內容與關鍵字的使用，提升網站在搜尋引擎排名的結果，或以特定的關鍵字增加網站的曝光度，使之更容易被用戶所搜尋到，即是關鍵字優化。

為網站添加關鍵字，有助於搜尋引擎的蜘蛛機器人將網站內容收錄，但不用為了增加被收錄率，而堆砌一堆不必要的關鍵字，而是必須思考用戶可能會用什麼樣的關鍵字來搜尋與網站有關的內容，否則即使用了一連串的爆紅關鍵字，就算用戶搜尋到了網站，也會因看不到所想要找的資料，而迅速離開，如此所帶進來的流量，只是無效的表面數據。

透過關鍵字優化的幾個小技巧（如圖 11-8 所示），能讓搜尋引擎予以優先排序，讓用戶更容易搜尋得到網站，而理想的關鍵字優化，可以依照 SEO（Search Engine Optimization）的規則，應用於網站中，並從以下三方面來著手：

1. 網站中的任何一頁都要有與內容相等的關鍵字

由於搜尋引擎技術的進步，可以將網站中的任何一頁內容都收錄其中，用戶利用關鍵字進入網站的入口，不會只限於首頁，因此要在每一頁內容都加入關鍵字，且要使用容易被人聯想到，卻又不致於過度熱門的關鍵字，因為熱門的關鍵字往往使用的競爭網站也多，反而讓網站的排名很容易在後面才出現。

2. 內容所出現的關鍵字要注意密度

如果在內容中，同一個詞彙出現過好幾次，那麼可以把它列為關鍵字，相反地，雖然某個關鍵字是相當熱門的，但若是內容不曾提及過它，或只出現過一次，那是不適合列入關鍵字的。

3. 關鍵字的位置要經過統計

要相當重視關鍵字出現的位置，最好在第一段就出現，且對關鍵字的呈現要經過一些編排設計，如加粗、放大，那麼搜尋引擎和用戶自然也會對你的關鍵字有所重視。

值得注意的是，依照正常的規則所進行的關鍵字優化，一般稱為「白帽」，然而也有俗稱「黑帽」的作弊手法（如圖 11-9 所示），雖然可以讓網站的排序提前，但卻是不正當的方式，甚至可能會被搜尋引擎發現而遭到懲罰，建議行銷者切莫使用。

圖 11-8 關鍵字優化的小技巧

透過關鍵字優化的幾個小技巧，可以讓搜尋引擎予以優先排序，讓用戶更容易搜尋得到網站。

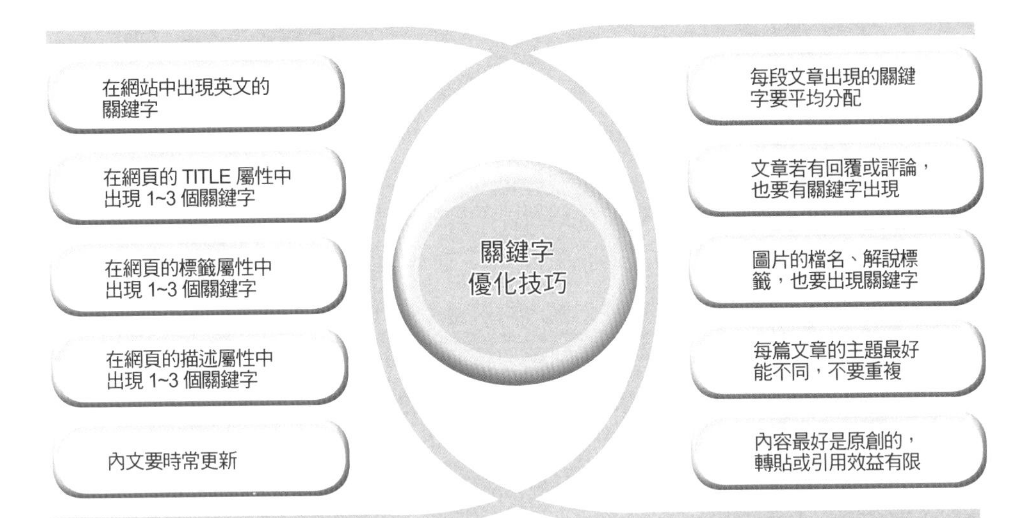

圖 11-9 關鍵字黑帽

依照正常的規則所進行的關鍵字優化，稱為白帽，但也有俗稱黑帽的作弊手法，建議大家切莫使用。

11.4 網站成效評估

為了瞭解網站的價值與投資報酬率，以及網站宣傳推廣的成效，對網站的效益進行評估是絕對而必須的，對於行銷人員來說，可利用如 Google Analytics 或 Yahoo 的站長工具來為自家的網站進行效益的追蹤，這些分析工具可產生相當完整的統計報表，讓行銷人員瞭解哪些是符合行銷目標的數據、哪些是可以計算網站有用與否的數據，進而做更精準的評估，因而不管對網站的營運或業務方面都具有很大的幫助。

另外，對於比較大的電子商務網站站點，為了保障經營的成效，不只是要做好效益的評估，所需進行的任務相對得比較多且複雜，因為對企業來說，網站除了作為推廣、銷售產品的據點以外，也代表了企業的形象，如果沒有辦法確切做好營運任務的話，不但無法使網站具有成效，還可能因為損失而造成企業的一大負擔，因為網站的經營成效影響了網路行銷能否成功進行，也影響了網站的價值，而為了讓網站更具效益，最先應落實的經營任務有：

1. 維持網站各項連結的有效率

當網站出現失效連結時，會引起用戶在使用上的反感，因此經營人員應時常對連結內容進行檢查，以確定它們是處於正常的狀態。

2. 定期更新資訊

網站經營人員應對內容做定期更新的工作，使用戶每次進來瀏覽時都能感到新意，而願意一來再來，否則要是將內容放在網站上就不管了，會讓用戶認為網站是處於不營運的狀態。

3. 檢查頁面內容的正常性

當內容發布之後，經營人員仍要持續對內容的正確性進行檢查，看看是否有資訊上的錯誤、拼字錯誤或錯別字，別小看這些細節，保持內容的正確性能夠提升企業的專業度形象。

4. 與用戶保持良好的關係，即時回應

善用網站的互動功能與用戶保持聯繫，建立完美的溝通管道，對於用戶提出的疑問要即時回應，並使用自動回覆程式加快處理速度。

5. 增加用戶的訪問率

利用搜尋引擎推廣、連結交換、網站聯盟、EMAIL 發送、廣告宣傳等推廣方式，讓更多人知道網站的存在，吸引用戶連結進來，並增加停留的時間。

圖 11-10 加入追蹤碼即可追蹤

只要將分析工具所提供的程式碼加至想追蹤的頁面，就能取得網站成效的統計資料。

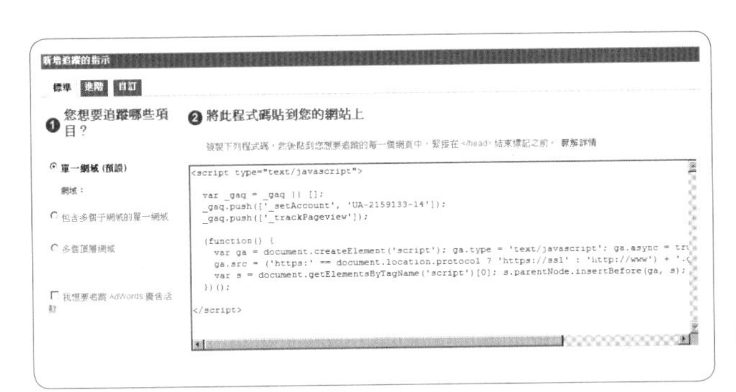

資料來源 Google Analytics，http://www.google.com/intl/zh-TW/analytics/。

圖 11-11 網站經營掌握關鍵

網站的經營需要企業上下全力配合才能達到效益，在營運工作上要掌握幾個關鍵：

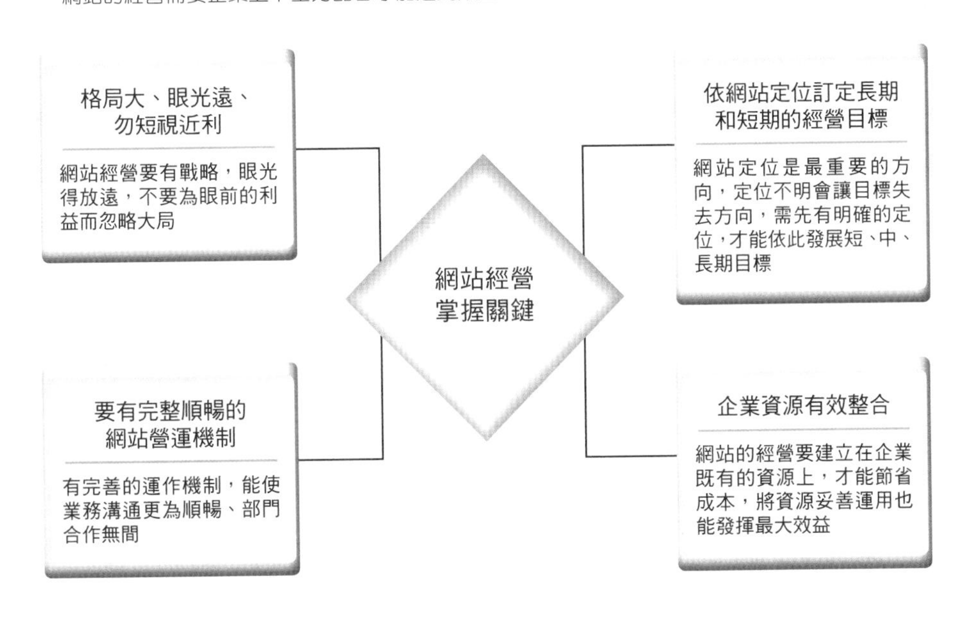

案例分析與討論 階梯數位學院

階梯數位學院官網網址：http://www.ladder100.com/

個案背景

階梯顏董事長於 1992 年建立「階梯夢工場研發團隊」，歷經 11 年陸續投資超過 10 億元新台幣，動員全球 760 位專家，讓學習數位化，知識產業化，2002 年建構了「階梯數位學院」，2004 年成為全球最大教育入口網。

線上課程超過 130 個學習頻道，1 萬個主題單元，總計 1 萬 5 千小時的學習時數，以個性化來設計個人專屬課程，提供多樣化的線上互動學習功能，擁有龐大的多媒體視訊資料庫。提供 0-100 歲全家人全方位全球化終身學習的線上教育課程，其中包括：0 至 15 歲兒童英語課程 YOU&ME 系列；6 至 18 歲九年一貫以及高中全科課程，包括：亞太系列台灣、大陸以及歐美系列，3 至 100 歲線上家教課程，邀請全球各地優秀教師，哈佛等長春藤名校名師線上授課，線上 AI 教室 ANTA 和 LUCY 虛擬英語教師與學員 24 小時英語自由交談。並且結合世界各地豐富的教學資源，不斷增加新的學習內容。藉由階梯齊全的教材，並且結合網路以及科技的力量，「階梯數位學院」將為學習帶來革命性的創新模式 (階梯數位、蘋果日報)。

以「5A」Plus 計畫為號召：A ＋代表快樂學習、考試滿分和成績保證 A ＋。Anytime 學習不再受制於時間，Anywhere 可以在任何地方學習，Anyway 提供最多樣的學習，Achievement 即學即通讓學習成效與日俱增，「階梯數位學院」提供學習有效的方法，也為線上學習開創新商機 (階梯 5A+ 行動學習網創業專案、5A+ 行動學習網)。

歷經 2.5 年至 2004 年底，業績大幅成長 600% 以上，全球營業額超過 40 億元，員工數總數超過 1 萬 2 千人，多媒體研發人員超過 760 人，經營範疇擴及美國、台灣、中國大陸 (28 個省市，94 家分公司)、俄羅斯、韓國、英國、澳洲等國，讓階梯穩坐數位學習產業的龍頭寶座。2005 年全球 60 億業績目標，廣告行銷投入 1.5 億，全球業績達新台幣 52 億，達成率 87%，業績成長 1.5 倍，台灣業績達新台幣 32 億，達成率 128%，業績成長 1.78 倍 (階梯數位學院翔鷹系統的階梯網)，徹底將「階梯數位學院」的事業體系推展到最高峰。

2006 年，階梯數位學院在台灣已經傳出消費糾紛，階梯數位科技股份有限公資本總額 500 萬元，並於 2007 年解散 (府產業商字第 09693041300 號)，階梯股份有限公司至 2011 年尚未廢止或解散。

▲ 資料來源：階梯數位學院官網

簡易分析：階梯數位學院的行銷策略

階梯數位學院過去針對數位學習市場所採取的行銷策略，確實將階梯數位學習產業順利拓展到台灣、香港、中國、歐美、東南亞等五大華人市場，2005 年訂定全球新台幣 60 億元的業績目標，主要策略就是採用消費型直銷商和事業型直銷商兩種模式，來快速滲透到每一個地域的市場裡。

龐大的直銷團隊

從階梯數位學院從業人員的資料顯示，階梯號稱擁有超過 1 萬 2 千人的直銷團隊，階梯數位學院的主要行銷管道是透過此直銷通路，完全主控市場末端售價絕對不二價，想加入階梯數位學院消費者需給付終身月費新台幣 990 元，每月使用費新台幣 3980 元，首創 3 年 1 次性訂購，36 期銀行分期付款機制（事實上是「消費性貸款」，總計 14.33 萬元），簽約後一組使用帳號可全家共同瀏覽 130 個學習頻道 (以家庭為單位)，並贈送 PC 或 NB 或平板電腦等 3C 商品擇其一，以及語文雜誌 3 年份和實體教材 3 選 1（書 + 光碟），外加可領教育學分 8 萬分和新台幣 1 萬元獎助學金 (如是參加加盟商則稱為創業資)。

豐厚的直銷獎金制度

新台幣 14.33 萬元消費額對小康家庭來說並不低，那為何還會有這麼多人願意加入，最主要是豐厚的直銷獎金制度，當自己加入會員在第一個月招生 3 人就可以獲利 4.25 萬元，每月招生 3 名學員 3 個月登上獲利 35%的保證班，消費者即可學習零負擔 (開創人生巔峰階梯啟動百萬年薪專案)。但直銷體系要能運作順利，首先階梯數位學院必須取得消費者的信任，所直銷的產品內容也必須取得消費者的信賴，缺其一此直銷體系很容易瓦解掉。

打優質形象牌取得消費者的信賴

▲ 資料來源：http://sam616.myweb.hinet.net/

2005 年，階梯數位在台灣市場大打優質形象牌，年度廣告預算投入新台幣 1.5 億元，找知名藝人張艾嘉代言，共拍攝「讓孩子做學習的主人（40 秒）」和「讓孩子在家也可以留學（30 秒）」2 支電視廣告，以及 400 位真實故事「階梯 e 優生」見證採訪特別報導…等，在各家電視媒體密集式不斷強力放送 (階梯雜誌 4 月號)。具後續 2006 至 2007 年所爆發的消費糾紛者，約百位階梯數位學院自救會成員表示，當初張艾嘉以「讓孩子作學習的主人」訴求代言，他們才購買階梯數位學院產品…（自由時報），可見得打優質形象牌取得消費者的信賴，是一個非常正確的策略。

網際網路出現大量網路加盟和推廣商

因實體加盟商需要店面(尤其要攻佔各小學附近與周邊，有一定程度成本門檻的限制)，沒實體店面又希望能獲取高額直銷獎金的網民，就轉戰各大部落格系統以及 PCHOME 和 HINET 的免費網頁空間，建立「階梯啟動百萬年薪專案」為號召的部落格，其廣宣範例內容例如：

1. 退休人員：煩惱退休金不夠養老，階梯為你再造事業第二春退而不休。
2. 婦女就業：生活不再只有柴米油鹽醬醋茶，階梯為你重登自信尊嚴。
3. 單親媽媽：母肩父職，階梯為你找到可以倚靠的生活重心。
4. 社會新鮮人：當你體認了社會的現實面理想與現實的掙扎，階梯為你找方向。
5. 中年失業：服務半輩子的工作背叛了你高不成低不就，階梯為你找答案。
6. 想要創業：想開店資金、經驗、店面、人力、賣商品而傷腦筋嗎？階梯為你規劃。

每月 3980 元加入階梯數位學院成功事業百分百，擁有終身經營權利(幫助親友創業子女學習)、讀書讀到不用錢…等，…再送 10000 元獎學金(等於您第 4 個月才需付費)，所有贈品價值 6～7 萬，並且可成為階梯推廣人員，只要幫階梯招生，招生一人 6 千至 2 萬不等的獎金…等訊息。

▲ 資料來源：階梯數位學院翔鷹系統的階梯網

其他百萬年薪參考內容請見：

- ★階梯數位學院★，網址：http://www.e-ladder100.com
- 創業 ‧ 兼職 ‧ 加盟【奇摩推廣中心】全國最大教育網、線上教學第一名，在家工作系統、網路人脈快速致富，網址：http://tw.myblog.yahoo.com/jw!Yam8hQ.XHBbSoFvNap_ZOGWe/article?mid=44&sc=1
- 階梯數位學院翔鷹系統的階梯網，網址：http://blog.sina.com.tw/ladder
- 【階梯】申請入學或加盟，網址：http://muyin168.myweb.hinet.net/1688fly.htm
- 開創人生巔峰 階梯啟動百萬年薪專案，網址：http://100ladder.blogspot.com

類似上述百萬年薪的信息網頁，不斷在網際網路上大量流竄，再加上張艾嘉代言 CF 影片，不斷的以催眠般全力播送之下，確實吸引到不少的退休人員、婦女、單親家庭、社會新鮮人、中年失業和想要創業者加入階梯數位學院的加盟商，這點可由階梯數位學院自救會成員背景得知。

2006 年階梯數位學院急遽走下坡

從 2006 年之後全球景氣大不如前，台灣整體經濟環境也是逐漸疲軟不振，加上雙卡風暴衝擊之下，當時台灣雙卡和無擔保放款餘額達 1.3 兆元，估計如果 30% 需打銷呆帳，台灣將高達 24 家銀行倒閉。有不少卡奴為了償還卡債，瀏覽了階梯啟動百萬年薪專案相關網頁之後，以為只要加入階梯數位學院就可以翻身有望，又申請新卡或是靠借貸等方式加入階梯數位學院。但是在全球不景氣的環境下，大部分的家庭幾乎都會選擇緊縮開銷，萬一招不到 9 位學生加入下線，反而變成得舉債 14.33 萬元，對未來景氣不明確的情況下，怎敢下 14.33 萬元的賭注。因此，部分卡奴以卡養債，結果又多再背負 14.33 萬元的新債務，雙卡風暴造成消費市場限縮，台灣消費人口大幅度降低的結果，導致原本加入階梯數位學院會員們，部分也因為不景氣或被裁員的影響，家庭收入總額頓時之間大幅縮水的關係，會員退費率與日遽增，結果更造成階梯數位學院現金流量出現拮据的窘況。

階梯數位學院數位內容服務遭消費者抱怨

前述提及直銷的產品內容，也必須取得消費者的信賴，否則直銷體系很容易瓦解掉。階梯數位學院是以家庭為單位，打著提供 0 至 100 歲全家人全方位全球化終身學習的線上教育課程，代表著全家裡有各種不同年齡層的學習需求，要製作符合不同年齡層所需求的多媒體數位學習內容，教材製作成本是相當沈重的負擔，為降低各頻道學習教材的製作成本，結果超過 50%的多媒體數位學習內容是北京腔和簡體字，台灣的小朋友在瀏覽時，會向家人抱怨看不懂簡體字，大部分的消費者又是為小孩子學習不能落後其他小孩，因而加入階梯數位學院，結果造成部分會員因過多簡體版的數位內容而選擇退費。

各頻道數位內容更新速度緩慢

再加上，網際網路的消費者是「主動式」點選瀏覽，不像有線電視是「被動式」接受瀏覽，所以對各頻道內容更新速度的要求絕對高過有線電視。階梯數位學院雖然提供超過 130 個學習頻道，但各頻道數位內容更新速度緩慢，企圖採取擴充更多新頻道的方式，來彌補教材降緩更新頻率的策略，其實此策略是行不通，如同有線電視裡有 100 多個頻道，但並非每個頻道所播映的影片內容，都適合全家不同年齡層來觀看，當各頻道的影片內容降緩更新速度之後，就會變成某些影片一年重播 800 次以上的窘況。而且階梯數位學院每月收取費用，是有線電視系統業者收費的 7 倍多，而且網路平台的消費者是「主動式」點閱，各個學習頻道更新速度降低之後，相對更容易引發會員們抱怨的聲浪，這也是造成會員要求解約退費的因素之一。

線上數位學習是「變動式成本」不適合以傳統直銷方式來行銷

其實線上數位學習服務業者，不該選擇直銷方式來行銷，這是因為以往直銷產品是「固定式成本」，業者只要壓低產品的成本，並且製造出高貴的價值感，再加上名人代言的加持，又有豐厚各層級的獎金制度，那就可以長久持續增加獲利度。但是線上數位學習是「變動式成本」，除了教材內容必須不斷加速和大量更新的成本耗損壓力之外，企業頻寬費用會隨著會員數增加必須跟隨逐漸擴大頻寬使用量，平均每新增 5 位會員，就得追加 1MB 的頻寬成本壓力，相對造成階梯數位學院的成本會不斷節節攀升，這也是當會員退費率與日遽增之後，階梯數位學院現金流量出現拮据的原因之一。

2007 年徹底引爆消費糾紛

階梯數位學院透過多層次傳銷招攬會員，聲稱會員不想學習時可退費，但會員申請退費，階梯竟然不退費，公平會決議重罰五百萬元，公平會委員懷疑，階梯有惡性倒閉之嫌，移送檢調單位偵辦。多數想退費的會員，卻遭百般刁難，當會員依規定再繳交近 4 萬元的費用，並且完成白紙黑字確定解約的退出程序之後，階梯數位學院卻沒有依約清償退費會員在銀行的分期付款，因此，銀行又繼續向會員進行分期付款的催繳通知，公平會調查發現，像這樣的情況多達數百件（自由時報）。

階梯數位糾紛　業者消費者爆口角

記者:陳儒桓　報導

國內知名階梯數位學院傳出消費糾紛，一群消費者組成自救會，表示向階梯終止合約時，付了違約金，卻仍被銀行追討帳款，當初也未明確告知消費者付款責任，痛批階梯是詐騙集團，今天階梯負責人出面協調，雙方爆發激烈口角。

消費者：「階梯！還錢！還錢！還錢！」

明明交了違約金終止合約，這群階梯數位學院消費者卻仍被銀行追討，甚至還被階梯重複收取費用，負責人一現身，情緒爆發。

消費者：「你沒有錢，你沒有錢，你是個董事長，你沒有錢！我們呢…。」階梯成員：「我現在要…。」消費者：「問題是你要知道，現在被追債的是我們，而不是你，你還是高高在上的董事長！」

階梯強調沒有不還錢，只是現在財務拮据，但消費者每天被銀行討債，怎麼都嚥不下這口氣！消費者：「你有沒有良心啊！我們

▲ 資料來源：TVBS官方網站

假「分期付款」真「消費性貸款」

當初階梯數位學院向會員簽約所收取 14.33 萬元費用時，多數會員都以為是分期付款，也拿到 35 期分期的繳款單，到後來才知道是「消費性貸款」，當會員完成退貨程序，階梯卻沒有清償退費會員在銀行的分期付款，嚴重影響會員的信用評價。

階梯數位學院的受害者，也透過網路自組自救會（階梯股份有限公司暨階梯數位學院購買者受害者自救會 - 官方網站），部分受害者透過網路串連才發現，原來先前被不肖客服或業務，以各種藉口和推託之詞阻擾解約，事實上還是可以進行解除合約辦理退貨。例如：超過 14 天的解約期，所有商品已全部折損，如要辦理退貨，需再給付給公司 20 多萬元的違約金，有的甚至企圖說服消費者替換成等值的健康食品…等，就是要用盡各種手段打消會員解除合約的念頭。

階梯數位學院傳惡性倒閉

最後 2007 年 4 月，台灣擁有 4 萬會員的階梯數位學院傳出惡性倒閉，會費總金額高達新台幣 57.3 億元，階梯受害者自救會會長陳玉鈴指出，由於金管會坐視不管，階梯數位學院不但惡性倒閉，後來又借屍還魂，2 月初成立另一間知識無限數位股份有限公司繼續吸金，地址在民權東路，後來被踢爆後，又改使用 e 優生教育網在網路上販賣（中廣新聞網）。2011 年，僅剩下首頁顯示，以及部分頁面可以透過關鍵字搜尋開啟網頁。

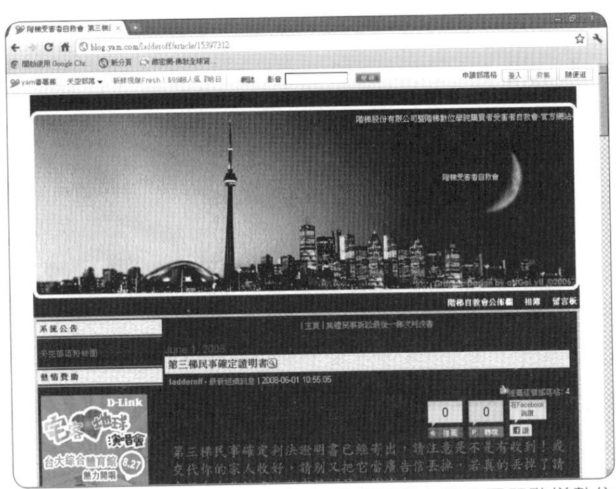

▲ 資料來源：階梯受害者自救會 階梯股份有限公司暨階梯數位學院購買者受害者自救會-官方網站

線上數位學習教材的互動性、適切性、獨特性和實質上的學習效益…等等都非常重要，終究獎金獲取額度，會隨時間和還可推銷的對象數量逐漸遞減，但會員對小朋友學習成效的要求，會隨時間不斷增加。如果線上教材和一般市面上所流通教材差異性不大，相似度又高，優越性和獨特性又不足的情況下，商品被替代的機會就會增高。

加入階梯數位學院 3 年需給付 14.33 萬元，約同等值當期月刊 1000 個月的費用，相較其他市面上一般書附光碟的語言教材產品來說，足夠可以購買到長達 95 年之譜。如果拆成 3 年訂購實體月刊（書 + 光碟）的教材，大約可以訂購到 30 多種的教材，而且可以確實選擇到適合家庭各個成員所需求的學習教材內容，不會出現 50%以上的北京腔和簡體字，以上所選購到都是實體商品，往後還可以以二手貨拍賣出清。

階梯數位學院有 130 個以上的頻道，姑且不論其內容好壞與適切性，如果把 130 多頻道視為 130 多種刊物，似乎感覺上好像就不貴了，不少會員是被這種說法給說服，但問題是各頻道更新速度緩慢，不像實體月刊每個月都是刊載新的教材內容，再加上簡體頻道佔 50% 以上，對台灣人來說要適用到全家每一個年齡層的人來閱讀，恐怕更加困難，這好比到一家擁有數千種商品的 10 元商店，進門先收千元任您挑百件，也未必能挑選到樣樣都適合全家各年齡層所使用商品。

問題討論

1. 如果階梯數位學院不是採取直銷方式，來推展線上數位學習，您覺得有辦法在台灣開創出 4 萬個會員，高達新台幣 57.3 億營業額的佳績嗎？
2. 如果階梯數位學院是在 2011 年推出，不採用直銷方式來行銷，您覺得該如何進行網路行銷策略，可以有效推展線上數位學習的業績？
3. 如果 2006 年全球未發生經濟不景氣的狀況，台灣也未發生雙卡風暴，您覺得階梯數位學院是否能持續保有全球數位學習市場的龍頭寶座？
4. 如某企業將先前階梯數位學院已經完成 15 萬小時的教材，以低價收購，再拆裝成適合不同年齡層所需的學習網站分別推出，該如何進行整體的社群媒體計畫，可以有效提高各網站的營業佳績？
5. 在 2006 至 2007 年所引爆的消費者糾紛，如果您就是該公司的執行長，有何種策略，是可以力挽狂瀾，還不至於淪落至惡性倒閉的下場？
6. 如果把先前階梯數位學院已經完成 15 萬小時的教材，改以 Apple OS 和 Android 編寫成 APP，分別上架到 Apple Store 和 Android Market 裡，您覺得是否還有翻身的機會？

參考資料

1. 階梯數位學院，網址：http:// www.ladder100.com。
2. 蘋果日報，網址：http://tw.nextmedia.com。
3. 自由時報，網址：http://www.libertytimes.com.tw。
4. 中廣新聞網，網址：http://www.bcc.com.tw。
5. 階梯股份有限公司暨階梯數位學院購買者受害者自救會 - 官方網站，網址：http://blog.yam.com/user/ladderoff.html。
6. 自救會會長部落格，網址：http://tw.myblog.yahoo.com/jw!IL0O.e2TFxjQuPfWXTnBSw--。
7. 階梯的驕傲，網址：http://blog.sina.com.tw/goladder100。

實戰案例問題 房仲業者導入 M 化拓展商機

個案背景

在新北市經營 30 多年房屋仲介的黃老闆，經過 30 多年來的努力之下，目前在萬里區、金山區、板橋區、汐止區、深坑區、石碇區、瑞芳區、平溪區、雙溪區、貢寮區、新店區、坪林區、烏來區、永和區、中和區、土城區、三峽區、樹林區、鶯歌區、三重區、新莊區、泰山區、林口區、蘆洲區、五股區、八里區、淡水區、三芝區、石門區共 29 區各有一家實體門市，每家門市依照台北捷運線延伸的狀況不同，所進駐的工作人員人數也會有所不同，有台北捷運線延伸到的門市工作人員會在 10 人上下，位居冷門區的門市也會有 2-3 名工作人員。

每一個門市點經營的態度與方式，黃老闆要求各區店長要把自己當區長和里長，所有工作人員都要把顧客當作自己的家人來對待，就是要把自己當作區裡的一位管家婆，管盡區裡各種大小事，各種芝麻綠豆事都要當成自己的事，無論是馬桶堵塞、水溝不通、路燈不亮、野狗肆虐、牆壁漏水、死貓、死狗…等等，各家門市的工作人員都會主動幫忙，因此，黃老闆各點的門市店幾乎都是里民每天熱門報到處，里民也會到門市店泡茶聊天，如門市外有較大空間，黃老闆也會設置幾個露天咖啡座，只要里民坐在露天咖啡座上，就可以享受到免費的無線上網服務。

黃老闆是一位資訊科技接受度極高的人，從 1991 年開始就接觸 286 電腦至今，他瞭解資訊化所帶來的便利性與優勢處，因此，都會要求各區店長必須將區裡各種大小事、客戶成交案件、工作人員績效狀況…等等資料都需輸入電腦，20 年來也建置數十萬筆的各種資料，黃老闆雖然無法像一線房屋仲介業者擁有全國和中國的事業版圖，但也已經擁有「新北市」29 區 29 間實體門市，他希望未來能穩坐「新北市」區域型頂級服務的房屋仲介業者，所以計畫透過網際網路來整合 29 區 29 間實體門市。

過去 29 區 29 間實體門市雖然每家門市都有內部網路系統，工作人員可以透過內部網路查詢各項資料，但 29 區 29 間實體門市的伺服器之間並未串連，所以無法跨區分享各區裡的各種資訊，各區的工作人員都必須透過電話來溝通，或是將到手顧客 pass 給其他區裡的店長，再由各區店長將 CASE 交辦給負責的工作人員，這一來一往，往往耗損不少寶貴的時間，顧客也無法得到立即完善的頂級服務，因此，黃老闆希望所有的工作伙伴都能透過 iPhone 或是 iPad，就可以快速連結到伺服器中查詢各項顧客所需的資料，立即滿足顧客的各種需求，黃老闆非常希望能在一年內完成這一個構想。

問題討論

1. 黃老闆該如何整合 29 區 29 台伺服器中的各種資訊？
2. 黃老闆該如何規劃新北市 29 區區域型頂級服務的房屋仲介業網站？
3. 黃老闆行動商務的應用型態和架構為何？
4. 黃老闆該如何進行 M 化導入？
5. 黃老闆進行 M 化導入後，可以為企業帶來何種的效益？
6. 對所有接觸到顧客，黃老闆的工作人員可以提供何種行動商務服務來滿足顧客需求？

重點整理

在成立網路商店之前，一定要對網路商店的建置與經營策略有所規劃，平台技術是死的，營運與操作才是活的，無論是自己架站建置網路商店，或是租用商城空間，都要先確立自己的經營策略。

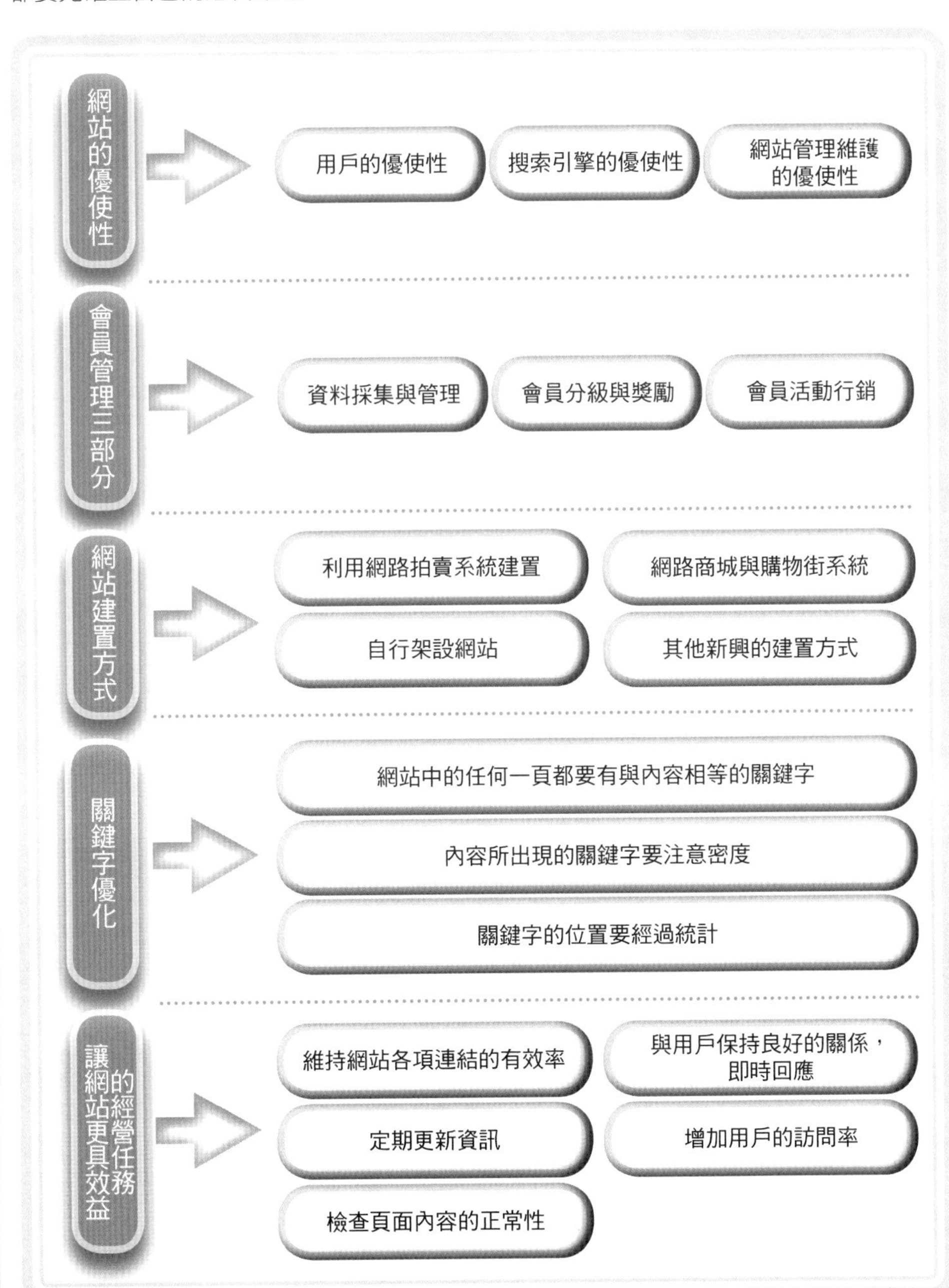

1. 請問網站進行優使化的步驟是什麼？
2. 請問會員管理應包含哪些部分？
3. 請問電子商務的網站建置方式有哪幾種？
4. 請問關鍵字優化可從哪三方面著手？
5. 請問為了讓網站更具效益，最先應落實的經營任務有哪些？

C H A P T E R

12 社群及部落格行銷

所謂的網路集客力，是要讓你的目標對象客群進入到你的網路圈之中，並與你互動，才能對這些客群做行銷上的瞄準，而要達到這樣的目的，必須要依賴網路社群的力量。網路社群從早期的BBS、討論板，進展到部落格、Wiki、網路相簿、影音平台等，其所呈現的形式眾多，已經成為一股特殊的力量；每個用戶都可以建立屬於自己的空間，藉由更新自己的動態消息或發表文章內容，來和其他用戶進行互動，更可讓企業與消費者之間的溝通更加順暢，利用社群或部落格來進行行銷的好處多多，但個人或企業究竟該怎麼進行社群及部落格行銷呢，這是行銷人員在此一章節中所需學習的課題。

12.1 網路集客的關鍵

12.2 網路社群行銷

12.3 部落格行銷

案例分析與討論 Facebook

實戰案例問題 如何透過口碑行銷拓展醃梅商機

12.1 網路集客的關鍵

所謂的網路集客力，是要讓你的目標對象客群進入到你的網路圈之中，並與你互動，才能對這些客群做行銷上的瞄準，而要達到這樣的目的，必須要依賴網路社群的力量。

網路社群又叫做虛擬社群、電子社群、虛擬社區，是指一群具有相同興趣、或共同身分的用戶，透過網路這個虛擬空間，彼此討論、溝通、分享訊息，在經過互動之後而形成的社會群體。

根據學者倫高德（Rheingold，1993 年）的定義，「網路社群是從網路的社會累積而來，當一定的人數持續在網路上討論，並累積了相當的情感，便會形成人際關係網路」。而阿姆斯特朗（Armstrong）和哈格爾（Hagel）則在 1996 年時提出了更清楚的解釋：「網路社群是把人們都聚集在一塊，藉由網路建立互動基礎，滿足人們興趣、幻想、人際、與交易的基本需求，也就是說，網路社群能滿足消費者在溝通、資訊與娛樂三方面的需求，並提供一個最佳的溝通管道、一個分享知識的媒介。」從結構面來說，高爾斯頓（Galston，1999 年）則強調網路社群的要素「包括了人數多寡、有無共通的行為規範、情感連結強弱、成員間是否有相互的責任感」。

但網路社群也不是有人的存在就能成形，學者里德（Reid，1998 年）認為，網路社群是否能產生、是否能延續，總結來說，必須要有三個條件存在：

❶ 成員間的責任感：透過有責任感的參與者的熱情與投入，將現實生活中經驗、特質與背景帶入社群中，並且建立起自我的行為規範。

❷ 人際關係的維持：當衝突產生時，成員要能溝通協調，要能去體諒他人，努力經營人際關係。

❸ 凝聚力量的機制：網路社群建立在機制之上，透過機制的運作，每個人都能有一些貢獻，予以維持社群的發展。

儘管各個學者對網路社群的定義不一，但仍有其共通之處，亦即網路社群有幾個特點：

❶ 網路社群是基於網路技術，在共同的興趣之下所產生的交流空間。

❷ 網路社群是用戶互動的結果。

❸ 網路社群能讓現實生活中的人們建立起新的人際關係，使生活空間得以延伸。

❹ 網路社群能滿足人們的情感需求。

網路社群從早期的 BBS、討論板，進展到部落格、Wiki、網路相簿、影音平台等，呈現的形式眾多，透過成員的發表、聚集、創造、分享，形成虛擬的社會組織，進而影響到現實社會的觀念、思想、文化、價值…等。而與傳統社群不同的是，網路社群不會受到地域性和需要面對面溝通的限制，只要興趣喜好相同，就能藉由網路聚在一起，但又同時具有傳統社群的完整性與獨立性，營造出一個「虛擬現實」的新空間。

圖 12-1 網路社群三大層面

網路社群不但能讓成員分享訊息、擴大交友圈，它還涉及到人們生活中的三個層面。

網路社群沒有時空的限制，能利用資訊技術與回饋系統讓人們自主性、自由性、互動性的學習，並共同利用網路上的教育資源。

網路社群成員可以在各式各樣的主題中彼此互動，如：健康、流行、美容、政治、理財…等，都與生活息息相關。

網路社群的廣泛應用，是帶給人們具有人性化的娛樂空間，像是在遊戲中放鬆、在藝術中沈靜，在虛擬空間中得到的娛樂回饋，可以調適現實生活。

圖 12-2 熱門社群網站

以目前的熱門度來說，像社交社群、商業社群、交友社群、主題社群、影音社群等這幾類，是較受網路用戶歡迎的。

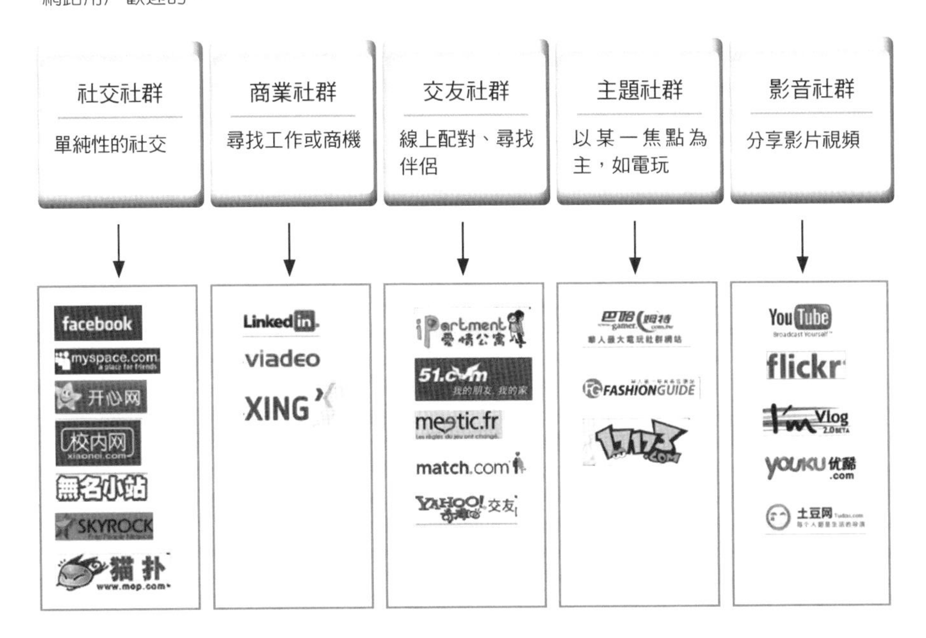

12.2 網路社群行銷

社群行銷是近幾年來受到企業所喜愛的網路行銷方式之一，隨著 Facebook、部落格、微博、推特…等社群媒體的熱門，而在其中衍生的行銷方式，就是社群行銷。在社群中，每個用戶都可以註冊自己的帳戶，然後有屬於自己的空間，藉由時常更新自己的動態消息或文章內容，就能和其他用戶進行互動，或發布大家所感興趣的話題，引起熱烈討論，如此就能達到行銷的目的。

社群的火熱可以讓企業與消費者之間的溝通更加順暢、更具個人化，消費者感覺備受重視，對企業來說，也可以透過社群製造話題、引起注意、或顯示專業度，讓消費者更加信任。

由社群來進行網路行銷的好處多多，但企業究竟該怎麼做社群行銷，以增加產品的銷售量或提升企業的形象與知名度呢？企業必須注意進行社群行銷時的幾項技巧：

1. 積極處理壞消息

壞消息傳播得比好消息快，根據一項調查顯示，一個用戶在知道好消息後，平均會傳播給身旁的 6 個朋友，但若知道壞消息，則會傳播給 23 個朋友，相較於傳統媒體，只要社群上一有對企業不利的消息，就很容易被轉發或傳遞，因此必須對負面訊息積極處理，千萬不能放著不管。

2. 主動的交流與溝通

在社群中找到目標對象，鎖定這些潛在客戶，並主動交流溝通，這些都是最基本的事情，千萬不要以為用戶會主動在社群中與你進行互動，你必須時時刻刻都要主動出擊。

3. 具有人性化與個性化

在社群中，像朋友一樣地交流是最重要的，不要以企業的身分出現，那會讓人覺得高高在上，而是多用個人身分去對待參與的用戶，距離也就因此拉近了。

4. 設定議題是必須的

雖然社群行銷不需花費太多的成本，但無意義的消息內容，會讓社群品質降低、人潮流失，不管你在上頭談論什麼，議題都要先予以設定，投用戶所好，傳播的範圍也才能愈來愈大。

圖 12-3 企業進行社群行銷的目的

有許多企業致力於社群行銷，主要是因為以下幾個目的：

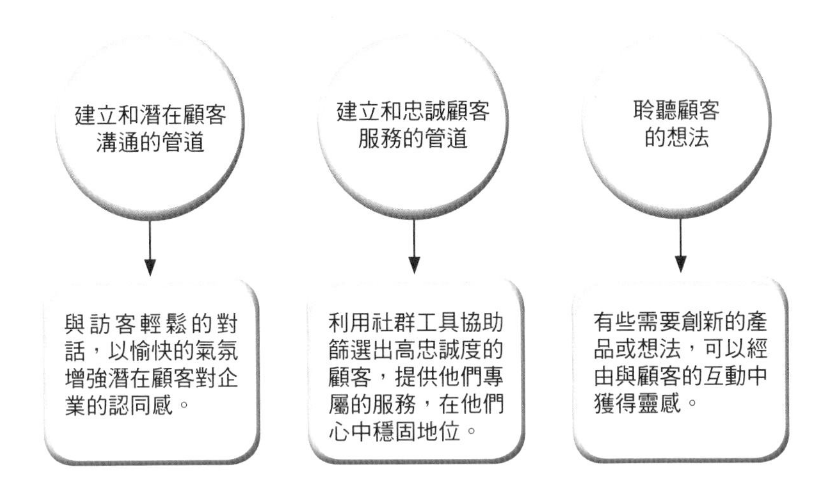

圖 12-4 善用各種社群行銷工具

社群平台提供了許多的工具，企業可以善用這些工具，運用不同的行銷操作手法，如新浪微博台灣站中，提供了「微博活動」與「微博應用」。

資料來源 新浪微博台灣站，http://tw.weibo.com/。

5. 少數人的聲音也不能予以忽視

在現實社會中，都是以大多數人的意見為主，但在社群中，每個人都能表達不同的意見，且居於平等位置，儘管觀點不同，但一旦某個觀點獲得其他人的認同，很可能會像滾雪球一樣愈來愈大，對企業來說，不論是正面或反面的意見，都要儘量引導其成為有利於公司的力量。

6. 抓住目標族群的特性

對於參與的族群用戶，要有一定程度的瞭解，他們喜歡什麼、討厭什麼，以歸類的方式去區分你的族群，進行不同方式的互動，才能在這群用戶中獲得最大的效益。

7. 善用各種社群行銷工具

舉辦活動、發布訊息、成立社團、應用程式…等，社群提供了相當多的工具給用戶使用，企業在進行行銷時，同樣也可以善用這些工具，設計不同的操作手法，使用戶的黏著度更高。

8. 從名人或人氣王中導流人群

明星藝人或交友廣闊的意見領袖，往往最能夠聚集人潮，加入名人的好友名單中，也可以藉此沾光，為企業帶來不少的人氣。

圖 12-5 社群行銷強調整合性

社群行銷不僅僅是經營粉絲團，其實它更重視的是將社群工具組合起來加以運用。

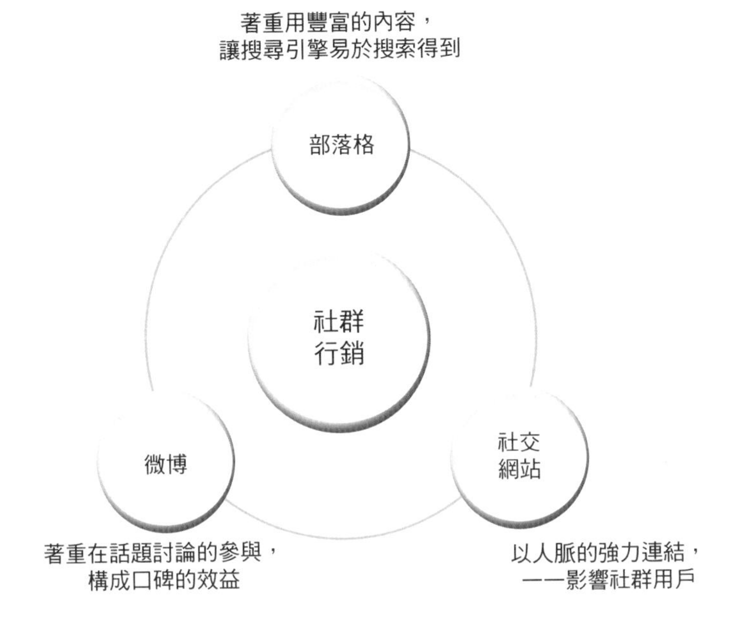

圖 12-6 社群行銷優缺點

利用社群來行銷產品或服務，具有以下幾個優點與缺點：

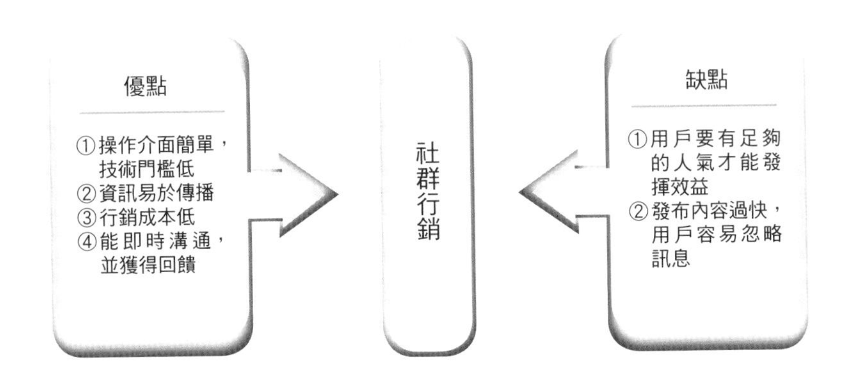

12.3 部落格行銷

部落格行銷從規劃到經營、舉辦部落格活動、以至於部落格宣傳，都在其行銷的範疇中，以企業經營部落格來說，不能像一般網路用戶在寫部落格一樣，想到什麼就寫什麼，而是必須對內容加以規劃和用心經營，才能達到利用部落格行銷的效益。

部落格規劃與經營

部落格的讀者，有可能是既有的老客戶，或是從搜尋引擎、其他網站連結進來的新用戶，但不管對象從何而來，由於網路上的部落格實在太多了，想要吸引用戶的駐足，甚至與之產生互動，還是需要一些技巧的，所以，在規劃與經營部落格方面，我們可以分為九個方向來進行：

1. 部落格的命名

部落格的名稱必須予以重視，因為當用戶搜尋時，面對的可能是上百上千的部落格，而名稱是第一個能吸引用戶注意的著力點，特殊、有趣的名稱往往能讓用戶有興趣點擊進來。

2. 定位與目標

部落格想要吸引哪些目標對象？主要的訴求是什麼？要提升形象或輔助產品銷售？亦或是作為企業公告訊息管道？這些都要先想清楚，才能讓部落格有個明確的定位，並為其制訂切實的目標。

3. 主軸文章的方向

企業的部落格必須要長久經營下去，因此在文章的題材上要選擇豐富而能持續延伸下去的，否則可能經營到後來就會發現文章寫來寫去都千篇一律，變化不出什麼新題材，自然願意閱讀的用戶就愈來愈少了。

4. 更新頻率

部落格要時常更新文章內容，才能讓用戶有值得關注下去的慾望，同時能成為忠實讀者，最少一個禮拜也要固定發表一～二篇文章。

5. 要有出奇制勝的標題

語不驚人死不休，文章標題除了會影響用戶是否進一步點擊閱讀以外，也會與搜尋引擎的關鍵字有關，儘量在標題中加入熱門關鍵字，可以為部落格帶來許多流量。

圖 12-7 主軸文章的方向

在部落格平台中，會有各種不同的主題分類，可以作為企業在確定主軸文章方向的參考。

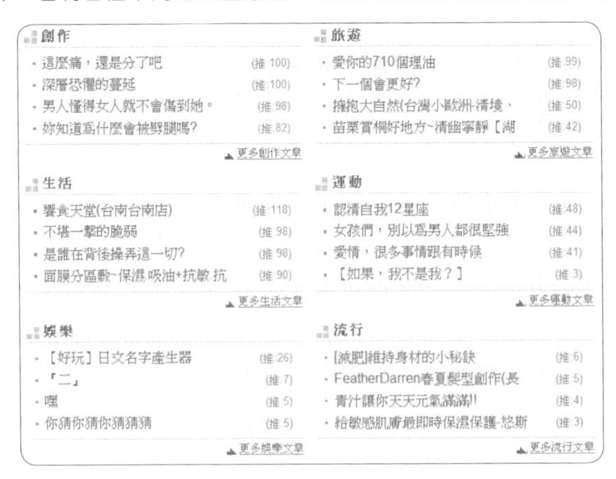

資料來源 無名小站網址：http://www.wretch.cc/blog/。

圖 12-8 更新頻率

在文章內容的更新頻率上，可以掌控時間的間隔性與密集性，但切勿一、兩個月才發表一次文章。

資料來源 無名瘋電影：http://www.wretch.cc/blog/wretchmovie/。

6. 內容與美編

寫部落格時，除非目標對象就是鎖定在專業人員，不然的話，要儘量用輕鬆有趣的口吻來寫，太過專業或生硬的文章會讓一般用戶想要馬上離開。另外，為了閱讀上的方便，寫好的內容一定要稍微排版設計一下，以圖文穿插的方式編排，否則滿是文字的內容很難讓用戶靜下心來閱讀。

7. 圖片或影片輔佐

一篇部落格文章，至少要有兩張以上的圖片或一則影片來輔助內容，因為圖片、影片總是比較能吸引用戶的目光，也會讓內容更顯生動活潑，有時千言萬語，還不如一張照片來得有用。

8. 自問自答 QA 內容

既然是企業所經營的部落格，勢必會有一些問題是客戶在購買產品前、或購買產品後會產生的問題，因此在文章的撰寫上，也可先模擬這些消費者可能產生的問題，並加以解答，如此不僅降低消費者對產品的疑慮，也能減少消費者對產品認知上的差距。

9. 宣揚企業理念

每個企業都有自己的經營理念，不妨藉由部落格表達出來，也可以將企業文化、辦公室生活以圖文的方式來呈現，更能增加用戶與企業之間的親和感。

部落格活動

由於 Web2.0 的興盛，部落格已經成為一股特殊的力量，它因為具有快速傳播的特點，讓每個用戶都成為個人媒體，而藉由部落格所舉辦的活動，也就因此引起更廣大的交流與效益。

我們會發現，有很多部落格的側邊欄位都會擺放一張串連貼紙，這是部落格中常使用的活動操作手法，發起活動者為了推廣某項活動，或想要爭取更多的認同，會透過貼紙產生工具取得串連貼紙的程式碼，而後再將程式碼發布出去，讓其他部落客張貼在自己的部落格中，如此就能建立起串連了。

但僅僅只是讓活動有所串連，其實並不能發揮太大的效益，最好還能再有其他的活動方式來配合，例如一般比較常使用的方式有：

圖 12-9 部落格貼紙產生工具平台

方便的串聯產生工具平台，只要準備圖片上傳，它便可以直接產生貼紙程式碼。

資料來源 http://stickeraction.com/。

圖 12-10 法鼓山【心安平安】活動專網「心安平安 – 你，就是力量」部落格串連活動

公益性質的活動運用部落格串連貼紙的方式，更容易得到網路用戶的支持。

資料來源 http://www.wretch.cc/blog/peace2009。

1. 串連貼紙抽大獎

將活動貼紙貼在部落格中，便可以參加抽獎活動，以此提高部落客串連的意願。

2. 點擊貼紙得大獎

鼓勵部落格訪客去點擊貼紙，使活動可以獲得更多人的關注，其中可以設計某一位數的點擊者（如：第 1000 位或第 10000 位），能夠直接得到大獎。

3. 活動留言回應接龍

針對串連活動來發表迴響，鼓勵用戶對活動有深度的參與感，更加認同活動，而為了增加留言數，也可以設計某一位數的留言者（如：第 200 位或第 300 位）可以得到大獎。

以部落格來進行網路活動，不同於一般的網路活動，它能夠將同類型或有共同興趣的用戶聚集起來，以部落格的迴響功能，能和用戶做立即性的交流，而部落客也能發揮意見領袖的作用，為活動做置入性行銷或推薦式行銷。

部落格宣傳

部落格也需要像網站一樣宣傳嗎？是的！除非把部落格當作個人心情記錄一樣，不要求有什麼用戶瀏覽，不然要是想藉由部落格來行銷的話，還是得要藉由宣傳導流流量進來，只是部落格與一般網站的宣傳方式仍有差異，必須先瞭解流量來源的特性，不能完全比照辦理，一般常見的宣傳方法有幾種：

1. 搜尋引擎優化

讓搜尋引擎更容易找到部落格，除了文章的撰寫內容要豐富以外，還要勤於使用部落格中內容標籤的功能，以擴大關鍵字的範圍，做搜尋引勤優化動作。

2. 鼓勵用戶 RSS 訂閱

當用戶訂閱 RSS 之後，只要部落格一有更新的動作，就會主動通知用戶，將 RSS 訂閱的功能置於明顯處，鼓勵用戶訂閱，有助於培養用戶忠誠度。

3. 發表迴響

時常到其他的部落格發表迴響，當有用戶瀏覽某篇文章時，也會看到相關的迴響，進而點擊到迴響者的部落格中，如此就能增加訪客來造訪了。

圖 12-11 宣傳方法－轉貼文章參加抽獎

以參加抽獎的方式，鼓勵格友轉貼文章。

http://blog.xuite.net/tia.c1/12。

圖 12-12 宣傳方法－發表迴響

時常到其他的部落格發表迴響，能增加訪客造訪量。

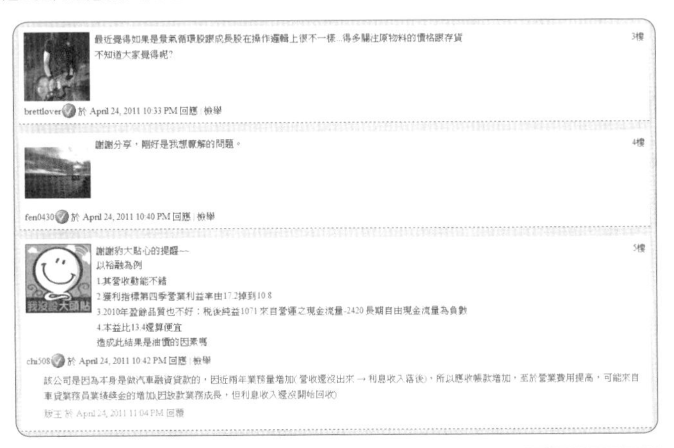

獵豹財務長郭恭克部落格 (JaguarCSIA)，http://www.wretch.cc/blog/JaguarCSIA。

4. 友情連結

和相關主題的部落格進行友情連結、相互推薦的動作，以吸引新的訪客進來，藉以增加流量。

5. 著重內容的特別性

有的部落格內容只是將別人的文章加以轉貼，並沒有什麼特別之處，其實很容易讓用戶來了就離開，如果能著重在內容的創意、豐富度的撰寫上，以引起用戶的注意，那麼自然能吸引更多的人進來了。

6. 作品免費分享

以有趣、好玩的作品讓用戶彼此分享、下載，可以讓資訊迅速擴散開來，就像病毒式行銷一樣，而這些受傳播的用戶人潮，終究會因作品而回歸到部落格中。

7. 特別推薦

很多部落格都會在首頁或顯眼處推薦優質的部落格，積極爭取這些位置的曝光，能夠引來大量人潮。

8. 至其他站點發布文章

想要讓部落格的內容被更多人看見，可以找尋一些流量大的網站或入口，在上頭發布文章，或是另外再建置一個相同的部落格以導引人潮。

圖 12-13 宣傳方法－友情連結

和相關主題的部落格進行友情連結。

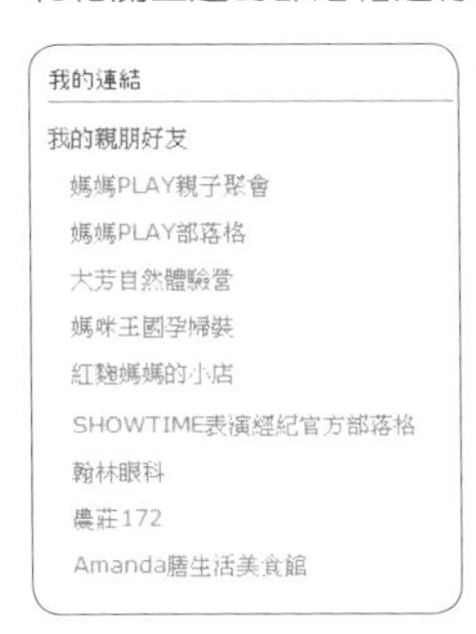

陳安儀的筆下人生，http://anyichen.pixnet.net/blog。

圖 12-14 宣傳方法－特別推薦

在首頁或顯眼處推薦優質的內容，能吸引大量人潮點擊至部落格中。

無名小站 http://www.wretch.cc/。

圖 12-15 宣傳方法－作品免費分享

以有趣、好玩的作品讓用戶彼此分享、下載，可以讓資訊迅速擴散開來。

彎彎的無名小站，http://www.wretch.cc/blog/cwwany。

案例分析與討論 Facebook

Facebook 官網網址：http://www.facebook.com

個案背景

2003 年，薩克柏（Mark Zuckerberg）和兩位室友在哈佛大學的宿舍裡，耗費一週的時間開發出 Facebook 網站，原始定位是哈佛校友的聯繫平台。因 facebook.com 網域已經被註冊，改以 TheFacebook 在 2004 年 2 月正式 online，12 月註冊人數就突破 100 萬人。2005 年 8 月以 20 萬美元買回 facebook.com。

2008 年 5 月，Facebook 獨立用戶訪問量首次超越競爭對手 Myspace，2009 年 11 月，Facebook 美國獨立用戶訪問量為 1.029 億，首次突破 1 億，成為美國第四大網站。2009 年全球有 3 億活躍用戶，2010 年活躍用戶總數已經超過 5.5 億人（市場研究公司 comScore）。

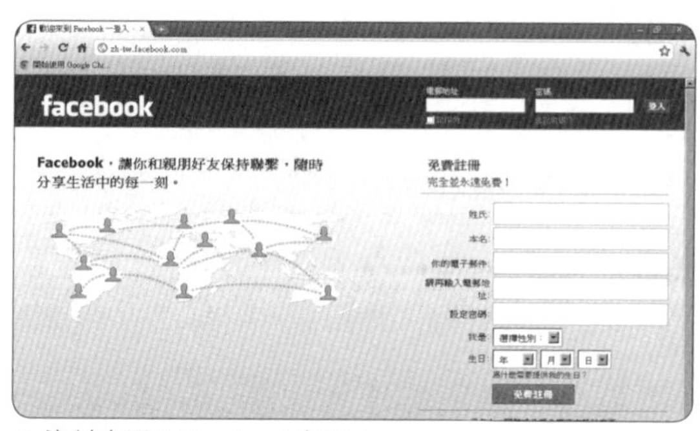

▲ 資料來源：Facebook官網

2011 年 1 月 Facebook 突破 6 億用戶數關卡，美國獨立用戶訪問量為 1.356 億，位居全美排行第二僅次 Google（市場研究公司尼爾森）。Facebook 市值飆上 829 億美元再創新高，超越亞馬遜 772 億美元成全美網路第 2 大，僅次於 Google 的 1920 億美元 (美國未上市股票交易平台 SharesPost)。

簡易分析：Facebook 成功之道

Facebook 核心競爭力

首創「實名制」的創新經營模式

早期社群網站的網民都以「暱稱」方式註冊帳號，因匿名性無法得知網民的真實特性與喜好，不易進行直效行銷。Facebook 是使用真實社會中的實名，讓網民以真實面對的方式進行交流，實名制要在一般社群環境下是很難推行，但 Facebook 原始定位是哈佛校友的聯繫平台，才能落實以實名制的方式進行交流。

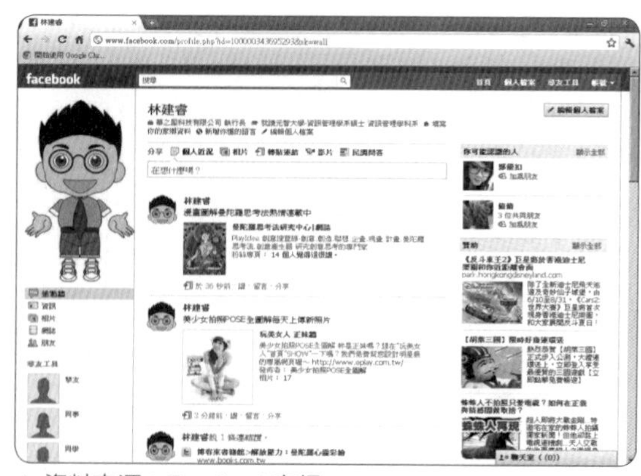

▲ 資料來源：Facebook官網

核心用戶擁有龐大的廣告商機

Facebook 的核心用戶是大學生和白領族，因資料登錄的項目和粉絲頁面…等功能，可以讓用戶可以自動再進行細分，可以產生各種具備特殊屬性的微型社區，這種微型社的互動交流相當高，甚至跳脫線上到實體環境中來進行社交，這是廣告業主最需要的分眾行銷，以最精確和最經濟的方式，將產品賣給最需要的消費者。

以學生族群為切入點共通性高

2004 年 2 月 Facebook 推出時，以哈佛大學生為主要註冊用戶，有著相同的學術環境、年齡結構相近、需求偏好相近…等特性，因此較能有引起高度共鳴的共通話題，且用戶主動度高，互動性強，互相影響相對變大，也能跳脫線上到實體社團活動中積極互動，這是一般社群網站所沒有的活躍性。2004 年底推廣到全美的高中學校，2005 年 9 月發展成全美國的高中生和大學生，2005 年底拓展到其他國家的大學生也成為 Facebook 用戶，2006 年 9 月開始開放給所有網際網路的使用者註冊。

開放式應用程式平台的策略

2007 年 5 月 Facebook 推出應用程式平台（API）的服務，應用程式開發商可以研發能在 Facebook 上運用的各種小遊戲、音樂、工具軟體…等程式，用戶經應用程式窗口安裝各種有趣的遊戲與軟體，這些小遊戲不但好玩，而且與其他用戶之間的互動性又高，相對可以增加用戶對 Facebook 的黏著度，即可從中產生龐大的獲利契機。

▲ 資料來源：Facebook官網

台灣網路鴉片戰爭 2.0

國際版 Facebook 的用戶，主要是因人際關係上的互動、交流與聯繫需求而使用，遊戲只是休閒和消磨時間的小配菜，來到台灣遊戲變成主菜，人際交流變成配菜。2009 年台灣用戶紛紛捲起袖子務農去，大家見面新問候語：「你今天偷菜沒？」，因 Facebook 的開心農場，台灣大部分的用戶逐漸變成超級大毒蟲（網路重度使用者），無論黑夜與白天，上班或上課，都得忙著去種菜，就連半夜

▲ 資料來源：Facebook官網

起床上廁所也要順便偷菜去，徹底顛覆台灣網族的作息和道德觀，甚至有用戶已經分不清虛擬和真實，居然到現實社會的農田裡偷拔高麗菜，最後被以竊盜罪送辦。

Facebook 之所以有如鴉片般讓台灣用戶成癮的關鍵，在於根本的社群交流與互動元素下，用戶可以透過「邀請」、「協助」、「競賽」與「贈禮」的方式，隨時與真實和虛擬世界中的朋友，藉由遊戲進行趣味式的高度互動。大部分台灣用戶並非是要拓展人際關係，而是因為從遊戲中，與朋友間跳脱現實社會的道德束縛下，所產生高度的互動樂趣，因而深陷其中。Facebook 的小遊戲普遍操作簡易，就連小學生也能輕易上手，再加上原本完善的社群機制，更容易讓用戶糾眾結黨，相對快速增加 Facebook 用戶數，2011 年台灣 Facebook 台灣用戶數已經突破 1000 萬人。

▲ 資料來源：Facebook官網

台灣有數百萬玩家沈溺在 Facebook 的遊戲裡，而且越來越多人願意付錢購買遊戲點數，以現金轉換遊戲虛擬貨幣，用以購買遊戲中的虛擬物品。而 Facebook 全球用戶超過 6 億，只要有一小部分的用戶購買點數，即可成為龐大的商業獲利來源，以製作「FamVille」的 Zynga 遊戲公司來説，全美年收商業獲利就超過一億美元以上。因社交遊戲內容和一般 OnLine Game 相較，實屬簡易型的設計內容，因此，遊戲的生命週期普遍較短，遊戲公司得絞盡腦汁不斷推陳出新，才能在競爭激烈的 Facebook 遊戲平台中屢創佳績。

網路革命 2.0

Facebook 不只可以交友和玩遊戲，還可以協助打贏選戰（請閱讀歐巴馬選戰 2.0 個案分析），現在還可以大搞革命：

突尼西亞革命

事件起源於單肩扛起一家 8 口生計的 26 歲蔬果小販，遭女警無理沒收攤子和商品，還被當眾掌摑，憤而自焚，半個多月後不治。感同身受的民眾透過 Facebook 快速傳播，讓原已對居高不下的失業率和糧價不滿的民怨更深，因而掀起示威潮，迫使總統賓阿里在 10 天後逃到沙烏地阿拉伯（法新社 / 蘋果日報）。

埃及人民革命

事件起源於 28 歲的薩伊德在一家網咖外，被兩名要錢不成的便衣警察凌虐至死，一張驗屍時所拍的臉部重傷照片在網路迅速流傳，讓向來冷漠的埃及民眾怒不可遏。

Google 駐中東行銷經理戈寧在 Facebook 開設「我們都是薩伊德」專頁，成為反政府意見的匯集地。該專頁出現貼文，號召民眾走上街頭。當天約 2 萬人參與示威，要總統穆巴拉克下台。並衝破鎮暴警察人牆，盤據開羅解放廣場，無畏催淚瓦斯與水柱驅趕。即使政府切斷網路與手機訊號，仍無法阻止群眾，更有百萬人上街抗議，最後在延燒全埃及的民怨中，穆氏倉皇交出總統大位（法新社 / 蘋果日報）。

中國茉莉花革命

網路革命 2.0 有如烽火燎原般快速蔓延開來，茉莉花人民革命已經燃燒到中東、北非各阿拉伯國家，甚至滲透進入中國，北京、上海、廣州等 13 個城市民眾響應網路號召的「中國茉莉花革命」集結行動，訴求中國社會公平、正義、結束一黨專政、新聞自由。據傳「中國茉莉革命」是由六四民運領袖王丹，和宗教組織法輪功所推動，並呼籲民眾每個星期日上街「散步」。王丹透過 Facebook 表示，這次行動非常成功，它為未來真正人民力量的集結，進行了嘗試和演練（蘋果日報）。

▲ 資料來源：Facebook官網

早在突尼西亞茉莉花革命爆發之後，中共當局就要求加強對網際網路的監控和管理，並封鎖所有「茉莉花革命」相關關鍵字和同音字在內的超連結，連轉載茉莉花革命訊息的網站、論壇、部落格都會被關閉或屏蔽，之後中國茉莉革命行動代號改為「兩會」，企圖突破中共官方的封鎖，到底中國茉莉革命能否像突尼西亞革命與埃及人民革命的結果一樣，迫使中共更加民主化，就要看 Facebook 能否再創造奇蹟了。

Facebook 暗藏危機

性工作者透過社交工具進行形象包裝和宣傳，尋找恩客，安排工作時程，再也不必冒著生命危險上街攬客，也不用受到老鴇與皮條客的擺布和抽成。紐約性工作者有 83% 使用 Facebook，25% 的常客來自 Facebook，Facebook 成為攬客的主要來源（Sudhir Venkatesh）。

▲ 資料來源：Facebook官網

台灣臉書除了網頁廣告量爆增之外，也吸引大量直銷人、保險經紀人和房仲業積極進駐經營粉絲團，但最糟的情況是情色業和詐騙集團也悄悄入侵台版臉書。只要用戶在頁面上方搜尋欄位，輸入與「援助交際」相關聯的字詞，就會出現不少情色服務的用戶，相片與塗鴉牆裡充斥著性暗示。也有不少「露奶不露臉」和「姣好身材臉蛋」的網友要求加入好友名單，一經聯繫互動之下，通常是打著伴遊服務和鐘點情人的個體戶在攬客，或急需繳交學費提供援助交際的服務，甚至假裝好友突遇災難亟需救助，懇求立即到提款機匯款江湖救急之類的詐騙行為。

▲ 資料來源：Facebook官網

用戶個人資料外洩

由於 Facebook 採實名制，很多用戶在註冊時，會輸入真實的姓名、生日、電話、住址…等隱私訊息，也會發布日誌和上傳相簿等訊息曝露出大量隱私，這些個人隱私的曝露有時會帶來諸多麻煩事，例如：被詐騙者冒用身分、垃圾廣告騷擾、網路暴力、被人肉搜索…等，嚴重者會帶來人身安全的危害。

別以為只要設定好「隱私設定」就可以高枕無憂，實際上 Facebook 遊戲和心理測驗的應用程式，就會造成個人資料洩漏，因 Facebook 開放應用程式廠商可經徵詢取得用戶的個人資料，如果用戶沒詳細閱讀，隨性點選「同意」，就會開始安裝遊戲，並進入遊戲中，這等於同意第三者可以任意取得用戶留在臉書中的所有隱私資料，小則垃圾郵件和電促騷擾不斷，大則個資慘遭惡意運用。

▲ 資料來源：Facebook官網

在 2010 年，全球最大的文件共享網站海盜灣（Pirate Bay），曾發布一份 1 億多位 Facebook 的用戶名單，包括：帳號、網址、住址、生日、電子郵件、手機號碼…等重要訊息。Facebook 否認用戶隱私數據被駭，更認為這些訊息早就免費在線提供（英國廣播公司 BBC/ 中國財經日報）。所以 Facebook 的用戶可得自求多福，別再盲目按下「同意」二字，最簡單自救方法，千萬別全面詳細填寫所有真實資料，需自我控管隱私訊息的公告範圍，用以減少個資慘遭惡意運用的危機。

虛擬小三與婚姻殺手

不少網民是透過 Facebook 找到人生中的終身伴侶，但更多網民是來到 Facebook 導致出軌而離婚，Facebook 成為最新「虛擬小三」婚姻殺手的群聚地。

▲ 資料來源：Facebook官網

因 Facebook 採實名制，讓網民很容易可以找到初戀情人或舊情人，久未重逢的情人特別容易舊情復燃引發乾柴烈火，因而導致婚姻出軌的離婚案件大增。Facebook 提供完善的社群系統，讓網民能輕易分享心情點滴與生活相片等訊息，相對容易加速遇到志同道合的小三，讓不少網民在過往平淡的婚姻生活中，再度激起漣漪，透過 Facebook 完善的社群工具可以輕易與小三談情說愛，因而導致外遇與出軌的案例層出不窮不斷上演中。

▲ 資料來源：Facebook官網

過往徵信業者接受委託調查案件，都需大費周章到處跟監與埋伏，甚至冒著生命危險深入險境之中，都是為了幫助委託者取得相關證據而努力，在現今擁有六億用戶的 Facebook，徵信業者也得深入瞭解和運用 Facebook 所提供的各項社群工具，才能有效協助委託者挖掘到最有力的證據。據調查顯示，在英國過去處理的離婚案件中，幾乎都跟 Facebook 有關，美國婚姻律師學會的統計中發現，有高達 80%會員律師透過 Facebook 收集出軌證據，更有超過 20%的夫妻因 Facebook 而離異，Facebook 被 66% 的律師視為是婚外情的罪魁禍首，美國所做的調查，與英國法務公司的調查結果一致，兩者都把 20% 離婚案的起因歸結於 Facebook（英國法務公司 Setfords/ 英國每日郵報）。Facebook 只是眾多社群媒體之一，如男女雙方早已消逝掉堅貞的愛情，理應無論使用何種社群工具，都有機會讓小三乘虛而入。

問題討論

1. Facebook 於 2011 年 7 月發行虛擬貨幣（Facebook Credits，簡稱 FB 幣），所有遊戲都需能以 FB 幣進行交易，10 個 FB 幣售價 1 美元，已有 70%，約 350 種遊戲接受 FB 幣，30% 營收歸 Facebook 所有。Facebook 強硬規定所有遊戲都要接受 FB 幣，引起小型遊戲公司反彈，請問您對此 FB 幣推行策略有何看法？
2. 針對 Facebook 用戶隱私數據資料洩漏事件，Facebook 認為這些訊息早就免費在線提供的看法為何？難道 Facebook 對此隱私數據資料不用擔負任何責任嗎？
3. 針對 Facebook 站上春色無邊的問題，您認為是必須嚴加管控（那該如何管控）？還是攬客歸屬人際關係的一環，不該干涉用戶自由使用的權利？
4. 台灣網際網路興起時，也有以學生族群為主的社群網站，如：同學會（CityFamily）和優仕網（youthwant），但卻無法像 Facebook 快速席捲台灣擁有超過 1000 萬個用戶，Facebook 嚴重威脅到本土學生族群社群網站的生存，有何策略可以對抗 Facebook 的鯨吞掠奪？
5. Facebook 不只可以交友和玩遊戲，還可以幫忙打贏選戰，也可以大搞革命推翻獨裁政權，您覺得 Facebook 還可以創造何種驚世之舉？
6. 水能載舟，也能覆舟。有手機時，怪簡訊害人離婚，網路興起時，怪電子郵件摧毀婚姻，現在社群媒體發達，罪魁禍首全推給 Facebook，請問您覺得 Facebook 真是婚姻殺手嗎？

參考資料

1. Facebook，網址：http://www.facebook.com。
2. 蘋果日報，網址：http://tw.nextmedia.com。
3. 聯合報，網址：http://udn.com/NEWS/mainpage.shtml。
4. 新浪全球新聞網，網址：http://dailynews.sina.com。
5. 中國財經日報，網址：http://hk.ibtimes.com。
6. 維基百科，網址：http://zh.wikipedia.org/wiki。

實戰案例問題　如何透過口碑行銷拓展醃梅商機

個案背景

張小姐從小生活在台南縣楠西鄉的梅嶺，父親是種植梅樹，種植面積大約三分地，也有兼種植其他的果樹。2008 年，張小姐在大學畢業後一年多，一直無法找到合適的工作，在這段待業期間，張小姐也報名參加職訓局委辦 300HR 的電子商務課程。

每當梅子收成時，張爸爸通常是把 90%收成的梅子，交予農產品產銷商，這是張家主要的收入來源。另外 10%的梅子由張媽媽製作成梅子商品，所有梅子商品都是純手工自製，不添加防腐劑和香料，保證純正天然由鹽和糖所醃製，自然發酵而產出的商品，先前梅子都只有使用紅蓋子的透明玻璃罐裝載，毫無包裝設計，母親直接在菜市場裡擺攤叫賣，賣價不高，銷售情況時好時壞。

張小姐在上完電子商務課程之後，覺得可以把父親種植的梅子，再加以包裝設計，增加賣相，透過網路拍賣來銷售。因此，重新挑選比較有質感的玻璃罐，為張家梅子設計了 LOGO 貼紙，張貼在玻璃罐外，也設計紙盒外包裝方便送禮之用。2009 年，開始透過網際網路來銷售張家梅子商品，經營一年多下來的情況：

1. 選擇使用 PCHOME 的露天拍賣系統。
2. 共上架了 12 種商品。
3. 運送方式：郵寄 80 元、面交自取、7-11 取貨付款 60 元、7-11 取貨 49 元、宅配 120 元。
4. 優良評價：60、普通評價：0、差勁評價：0

露天拍賣銷售量僅 60 多件交易，於是張小姐也把梅子商品上架到 YAHOO 拍賣系統與 ihergo 愛合購系統裡，一年多以來三個賣場銷售總和未能破百件交易，嚴重打擊張小姐對網路銷售的信心。反而是張小姐參加全省各地農產品市集，直接承租攤位銷售梅子商品，兩天的市集活動銷售下來，就可以突破百件交易量，遠遠超過網路銷售的成果。

張小姐有使用 YAHOO 部落格與地圖日記，在部落格中會分享梅子對身體健康的相關資訊，以及美食、梅嶺旅遊、心情點滴、健康資訊、教學…等等貼文，一年多來已經發布 700 多篇貼文，回應貼文也有超過 800 多篇，但是就是一直無法帶動露天拍賣的買氣，品嚐過張家梅子商品的買家，都覺得非常可口好吃，張小姐非常希望能透過口碑行銷來帶動網路拍賣的買氣。

問題討論

1. 張小姐該如何著手進行口碑行銷，來帶動網路拍賣的買氣？
2. 張小姐部落格雖然很努力張貼文章，但點閱率一年多以來未能超過 5 萬次點閱率，該如何進行網路行銷，可以有效提升部落格的流量？
3. 張小姐該如何規劃與運用社群媒體，有效將人潮導流到網路拍賣的賣場裡？
4. 張小姐在參加全省各地農產品市集之時，該如何做，可以將顧客再導流回部落格和網路拍賣的賣場裡？
5. 如果將張小姐整個梅子商務活動重新來過，該梅子商務網站的最佳規劃為何？整體的行銷策略與計畫為何？

重點整理

所謂的網路集客力，是要讓你的目標對象客群進入到你的網路圈之中，並與你互動，才能對這些客群做行銷上的瞄準，要而達到這樣的目的，必須要依賴網路社群的力量。

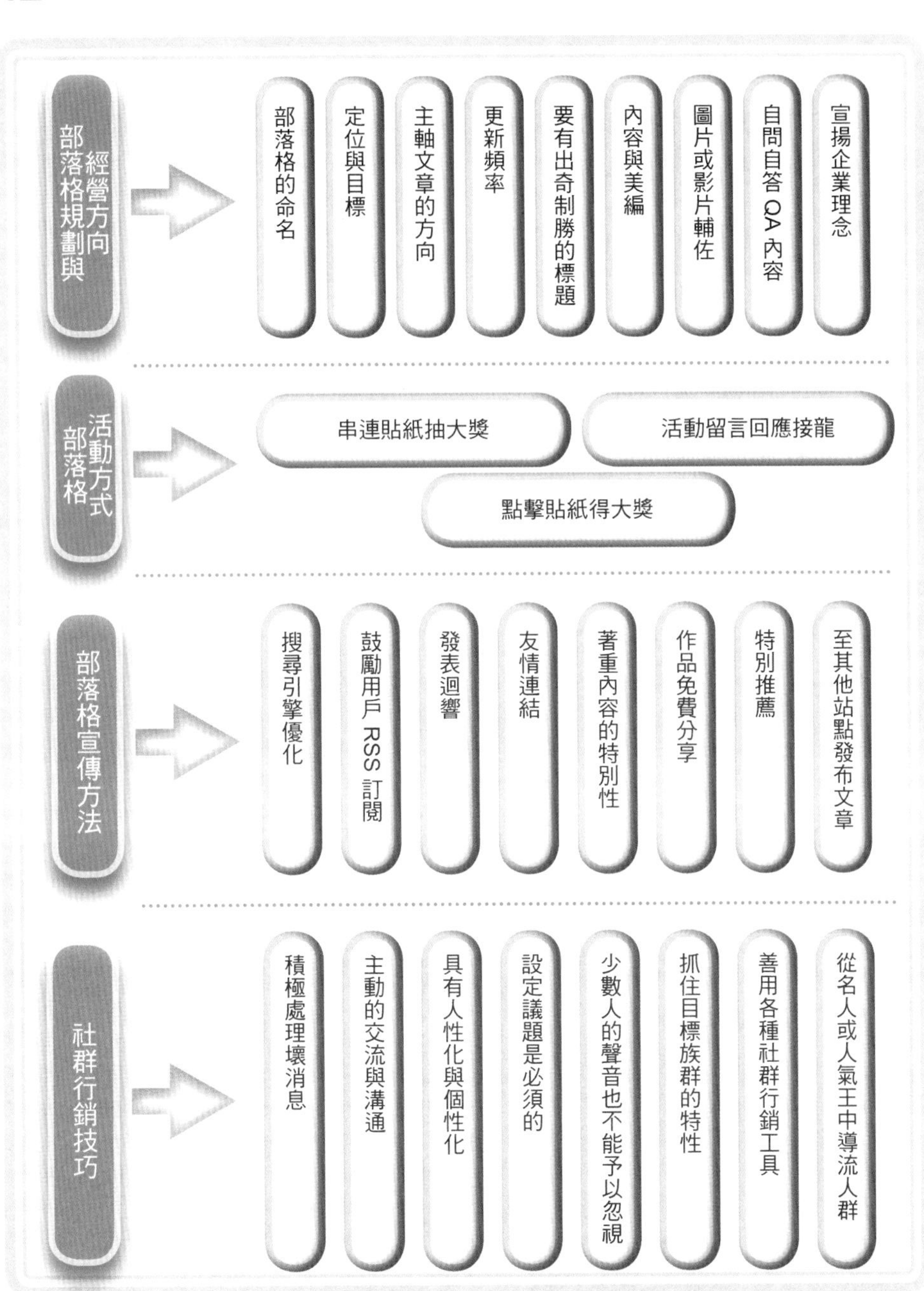

1. 請問網路社群有哪些特點？
2. 請問企業進行社群行銷時，可以使用哪些技巧？
3. 請問部落格規劃與經營的方向有哪些？
4. 請問部落格活動常使用的方式有哪些？
5. 請問部落格宣傳方法有哪些？

C H A P T E R

13 其他常見行銷手法

網路行銷的行銷手法五花八門，有許多極具創意的行銷方式，不必太大的花費，但同樣也能帶來非常大的效益，在此一章節中，探討了不同的行銷方式，行銷人員不妨可以多加學習與利用。

13.1 病毒式行銷

13.2 口碑行銷

13.3 資料庫行銷

案例分析與討論 豬哥亮復出行銷宣傳戰

實戰案例問題 鹿港香包希望拓展更大市場

13.1 病毒式行銷

病毒式行銷又可稱為基因行銷、核爆式行銷，由美國歐萊禮（O'Reilly Media）的總裁兼執行長提姆‧歐禮萊（Tim Olary）提出病毒式行銷的觀念，說明行銷訊息會從一個用戶傳到另一個用戶，再由另一個用戶傳到其他用戶中，這種一傳十、十傳百的力量會快速地複製到數以百萬、千萬的網路用戶中，就像病毒般的快速擴散。

和傳統的行銷方式來比，病毒式行銷是利用訊息傳遞的策略，藉由網路用戶把訊息複製，傳播給其他受眾，進而快速擴大影響力，因為這種傳播方式是出自於用戶主動性的傳遞，因此只要製造有價值、有意義、可信的資訊，就能花費低廉的行銷成本達到極高的效益。

過去病毒式行銷的方式是以電子郵件作為傳播媒介，透過網友不斷的轉寄郵件，將訊息散播出去，但愈來愈多的郵件讓無意接收的用戶當作是垃圾郵件，反而引起反感，因此當 WEB 2.0 興盛之後，行銷的媒介也逐漸由電子郵件轉為 Youtube 之類的影音內容來吸引更多的人願意點閱與散播。

不管用的傳播媒介是哪一種，要構成病毒式行銷的行銷手法，必須掌握三個基本元素：

1. 病毒

也許是一封感人的信件、也許是一張有趣的照片、也許是一支 KUSO 的影片，這些都可以被當作行銷的病毒，只要夠吸引人、有創意、或能感動人心，引起眾人的共鳴，病毒就能快速地被擴散。

2. 意見領袖

或許是有自我主見的人、或許是社群的領導者、或許是消息靈通的人物，都有可能成為意見領袖，只要能觸動他們的內心，意見領袖就會發揮力量廣為傳播、引發討論，使議題得以發酵，資訊得以傳遞。

3. 環境

當行銷訊息在網路用戶間大量擴散時，行銷者應該在此之前就要將相關的資料、複製訊息的手段、媒介、網站都準備好，創造一個傳播的環境，以便讓網路用戶更方便取得行銷訊息，並將取得的文字、圖片、影片…等病毒素材傳播出去。

圖 13-1 病毒式行銷的六大要素

美國電子商務顧問威爾遜（Ralph F. Wilson）歸納了病毒式行銷的六大要素，當一個病毒式行銷的手法掌握愈多的要素時，所得到的效益就愈高。

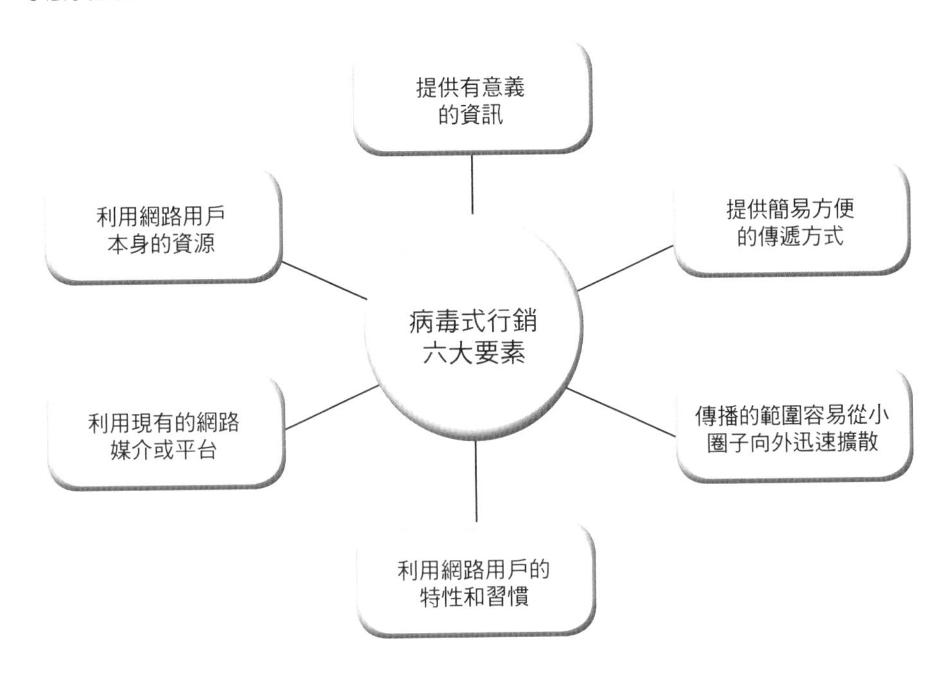

圖 13-2 病毒式行銷的特性

藉由網路用戶的積極度與網路人脈，讓行銷訊息像病毒一樣傳播出去，相較於傳統媒體，它具有以下的四大特性：

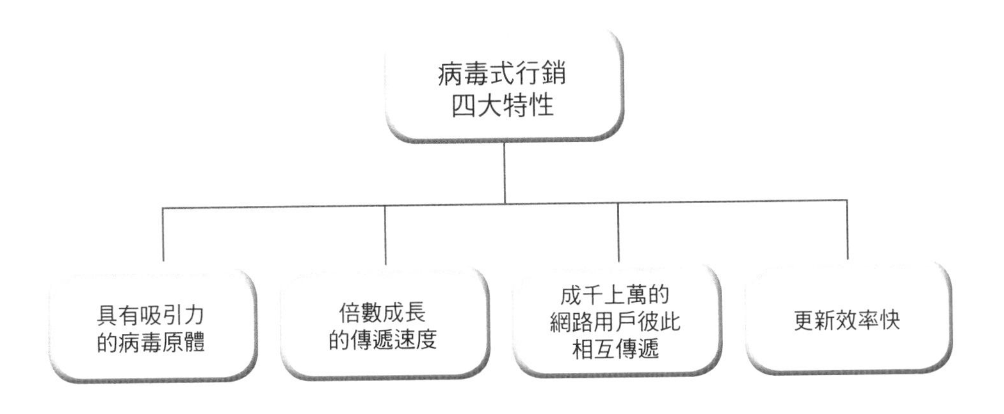

病毒式行銷的規劃

利用有意義的資訊或服務，藉由網路用戶間主動傳播的特性，來達到擴散的目的，就是病毒式行銷最主要的精神，行銷人員不見得要花費極大的金錢與成本，卻可以快速達到效益，是病毒式行銷的優勢之一。然而有些病毒式行銷雖然有著創意性十足的構想，執行起來時卻未能為產品帶來利益，有些病毒性行銷甚至讓人引起反感，更破壞了企業形象，因此如何成功地規劃與執行病毒性行銷方案，是行銷人員所需學習的課題。

在設計出病毒性行銷方案之前，仍需要更深入地瞭解其基本定義與規劃原則，避免以一知半解的狀態來規劃，否則可能會帶來負面的效果。通常在規劃病毒式行銷的流程中，有四個步驟要注意：

1. 決定目標

在進行病毒式行銷之前，必須要先確立行銷目標是什麼，是想增加流量、亦或是想提高銷售量、提高品牌知名度？目標不同會影響整體走向。

2. 鎖定對象

雖然病毒式行銷所能傳播的範圍很廣，但並非亂槍打鳥，得分清楚要對哪些族群進行病毒式行銷，意見領袖在哪裡、要從哪些族群開始？

3. 分析用戶

這些族群有什麼特徵、興趣喜好是什麼、最常瀏覽哪些類型的網站…，都要事先進行分析，否則對厭惡垃圾郵件的人進行 EMAIL 行銷手段的話，效果肯定是事倍功半的。

4. 選擇方法

當你知道目標是什麼、對象是誰、使用網路習慣、興趣喜好是什麼之後，就可以選擇要用什麼方式來進行了，EMAIL、KUSO 影片、免費工具、遊戲…等，都是可以互相搭配與利用的。

病毒式行銷的實施

有了規劃方案後，就要開始實施與執行了，病毒式行銷的基本核心在於「有效的病毒」，如何讓病毒經由用戶的主動性而傳播出去，是需要經過一些設計的，為了能讓病毒式行銷發揮威力，在實施過程中可以利用以下幾個策略：

圖 13-3 病毒式行銷的計畫流程

病毒式行銷需要事先計畫、擬定與設計，在規劃的過程中，有以下四個步驟：

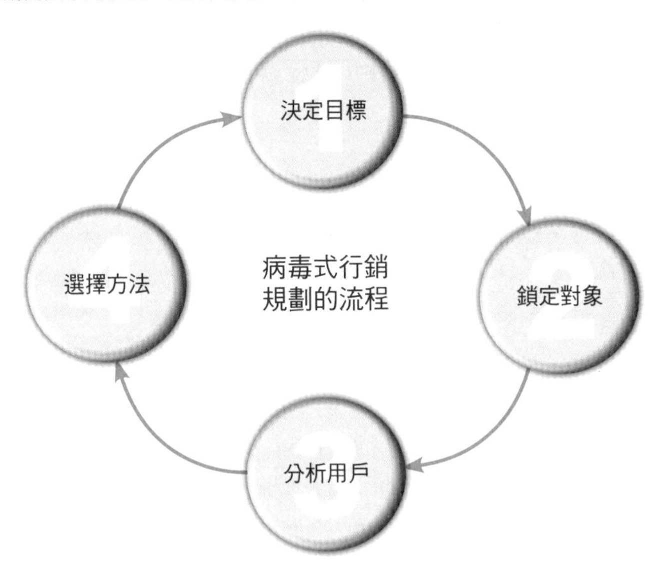

圖 13-4 病毒式行銷的原則

病毒式行銷要發揮最大的效益，可以掌握以下三個原則，作為實施的方針：

1. 隱藏行銷目的

將娛樂價值提高，商業訊息淡化，以免招來用戶反感

2. 符合網路用戶的文化與習慣

不能以傳統媒體的觀點來處理，有時出奇制勝的招數反而容易被接受

3. 傳播的範圍不一定要大，但一定要有相關性

不要覺得病毒的訊息該讓全世界的人都知道，正中目標才能產生效益

1. 製造有創意、有價值的病毒

病毒式行銷必須要有病毒作為源頭，而最具效果的病毒往往是有創意的、有價值的。成功的病毒除了可以是自己所創造的話題，也可以藉由時事來帶動；對企業來說，還需要能與行銷目標相互結合，否則純粹是傳播病毒而沒有帶來行銷效果，那麼等於是白費力氣了！

2. 找尋散發病毒的目標族群

每一種病毒都對應著極容易感染的目標族群，感染的人數愈多，散播的範圍就愈廣，而形成一種趨勢、一種潮流，進而讓人願意主動感染，因此找到對的人、有規模的族群來散發病毒是相當重要的。

3. 製造引爆點

網路用戶一天在網路上瀏覽的資訊、圖片不計其數，但真正引起注意的可謂少之又少，病毒要引起用戶的關注與興趣，還需要設計一些引爆點，像是免費的小遊戲、免費的服務…等，讓用戶花時間嘗試，並分享出去。

4. 提供方便的發散管道

利用影片、圖片、文字、FLASH、遊戲、軟體、電子書、小程式…等不同種類的病毒內容，藉由電子郵件、社交網站、部落格、論壇、即時通、網站連結等傳播管道擴散出去，就可以構成各種形式的變化與組合。

所以，行銷人員可以利用這些形式的變化和組合，讓用戶只要經過幾個步驟，或是點選滑鼠按鈕就能將病毒散播出去，這對於用戶來說是很方便的，也很樂意去做的。因此若能藉由簡單的傳播方式，讓用戶隨手散播病毒，不需花費太多的力氣與思考時間，他們就會即刻展開行動。

5. 提供散發病毒的激勵政策

小小的激勵政策，也能夠增加用戶幫忙散播病毒的意願，例如轉寄連結後可以參加抽獎，當用戶的積極性增加時，傳播病毒的效益自然也會跟著增加。

6. 營造散發病毒的氛圍

有時候為了避免競爭對手的模仿，或是想在短時間內達到最大的效益，藉助大眾媒體的輿論傳播也是必要的，透過新聞的報導、媒體的力量，大量聚集人們的好奇心與注意，就會有許多網路用戶也跟著熱心炒作，將準備好的病毒發布出去。

圖 13-5 病毒的引爆點

在病毒式行銷的實施過程中，設計出容易引人關注的引爆點，或加速擴散的效果，病毒的引爆點可以分為以下 5 類：

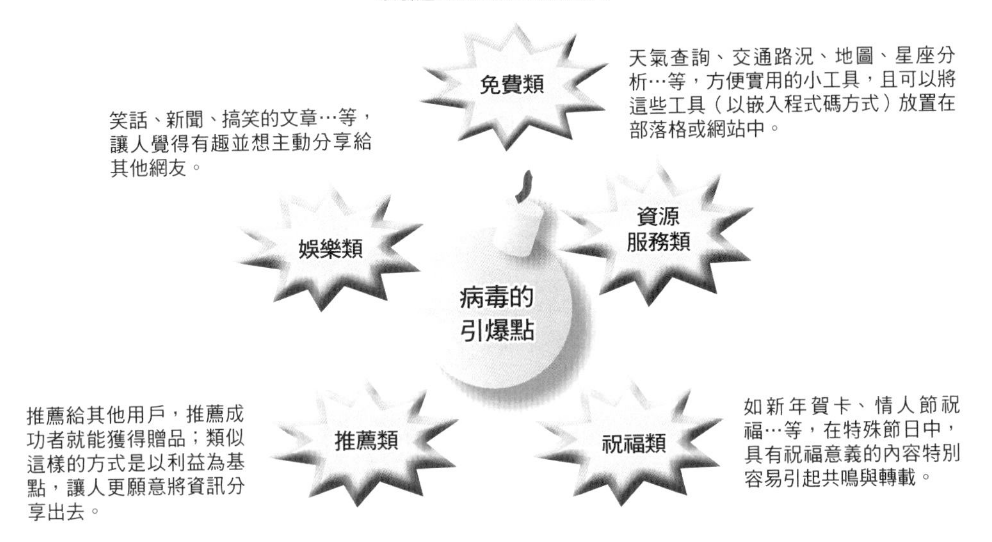

圖 13-6 病毒式行銷的形式

利用影片、圖片等不同種類的病毒內容，藉由電子郵件、社交網站、部落格…等傳播管道擴散出去，就可以構成各種形式的變化與組合。

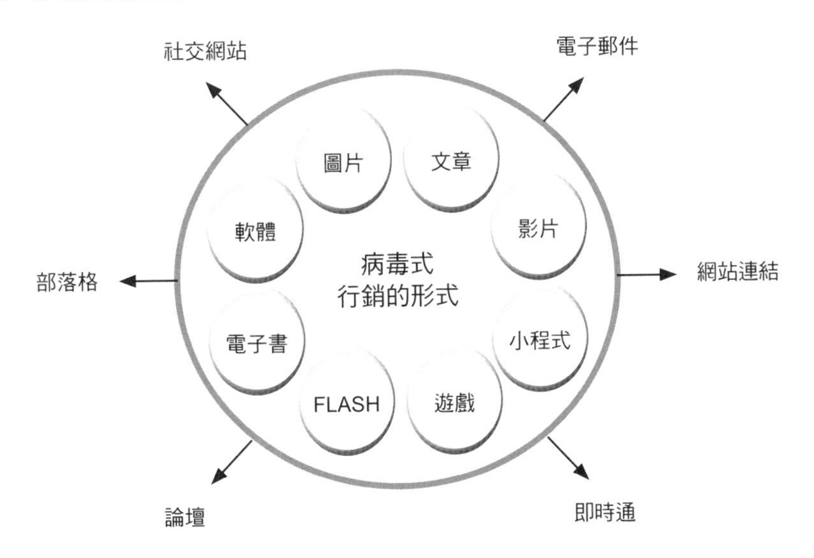

7. 病毒的更新與再次傳播

當病毒注入人群中一陣子之後，威力便會減弱，淪為休止狀態，就像產品有生命週期一樣，病毒也會有週期，會了讓病毒的生命延長，必須不斷地進行更新，才能讓用戶一再地傳播出去。

8. 對病毒效果的追蹤與管理

當病毒傳播到一定的規模，背後所攜帶的產品或服務訊息的作用才會開始發揮，因此對於所達成的效果也要能進行追蹤與分析，例如藉由網站流量的報表來觀看病毒式行銷所帶來的成效。如此才能立即掌握該病毒行銷手法是否有用、是否需要調整，並作為下一次計畫的參考。

病毒式行銷的誤區

在信箱中常會出現一大堆的垃圾郵件，值得一提的是，這些垃圾郵件並不等同於病毒式行銷，許多對病毒式行銷瞭解不深的行銷者，以為只要在郵件裡加上「請幫忙轉寄」，或是大量發送廣告信函就是病毒式行銷了，殊不知此種方式仍是屬於讓受眾被迫接受，並引來反感與困擾，而非病毒式行銷主動推薦、內容分享的基本精神。

在設計出病毒性行銷方案之前，仍需要更深切瞭解其基本定義與原則，避免以一知半解的狀態來規劃，否則處理不當的結果可能會帶來更負面的下場。

病毒式行銷的優缺點

病毒式行銷是許多企業喜歡使用的網路行銷手法之一，然而水能載舟、亦能覆舟，瞭解病毒式行銷的優缺點再決定是否採行，才是行銷者所須先做的功課。

圖 13-7 垃圾郵件並不是病毒式行銷

垃圾郵件、廣告信函並不能與病毒式行銷劃上等號。。

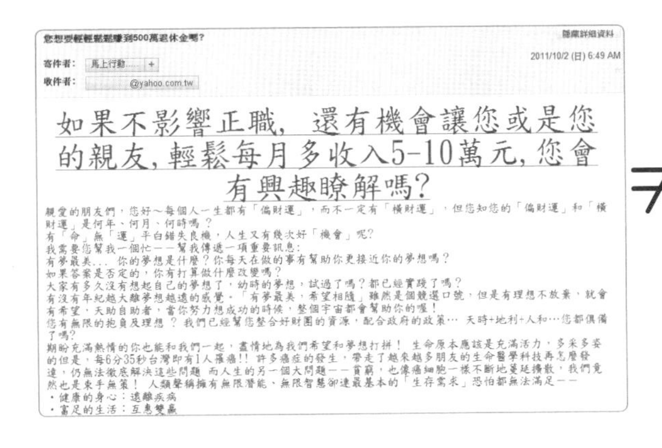

您想要輕輕鬆鬆賺到500萬退休金嗎?

隱藏詳細資料

2011/10/2 (日) 6:49 AM

寄件者: 馬上行動……

收件者: @yahoo.com.tw

如果不影響正職, 還有機會讓您或是您的親友, 輕鬆每月多收入5-10萬元, 您會有興趣瞭解嗎?

親愛的朋友們，您好～每個人一生都有「偏財運」，而不一定有「橫財運」，但您知您的「偏財運」和「橫財運」是何年、何月、何時嗎？
有「命」無「運」平白錯失良機，人生又有幾次好「機會」呢?
我需要您幫我一個忙——幫我傳遞一項重要訊息:
有夢最美... 你的夢想是什麼？你每天在做的事有幫助你更接近你的夢想嗎？
如果答案是否定的，你有打算做什麼改變嗎？
大家有多久沒有想起自己的夢想了，幼時的夢想，試過了嗎？都已經實踐了嗎？
有沒有年紀越大離夢想越遠的感覺。「有夢最美，希望相隨」雖然是個競選口號，但是有理想不放棄，就會有希望，天助自助者，當你努力想成功的時候，整個宇宙都會幫助你的喔！
您有無限的抱負及理想？我們已經幫您整合好財團的資源，配合政府的政策… 天時+地利+人和…您都俱備了嗎?
期盼充滿熱情的你也能和我們一起，盡情地為我們希望和夢想打拼！ 生命原本應該是充滿活力，多采多姿的但是，每6分35秒台灣即有1人罹癌!! 許多癌症的發生，帶走了越來越多朋友的生命醫學科技再怎麼發達，仍無法徹底解決這些問題 而人生的另一個大問題——貧窮，也像癌細胞一樣不斷地蔓延擴散，我們竟然也是束手無策！ 人類聲稱擁有無限潛能、無限智慧卻連最基本的「生存需求」恐怕都無法滿足——
・健康的身心：遠離疾病
・富足的生活：互惠雙贏

≠

病毒式行銷

圖 13-8 病毒式行銷的優缺點

瞭解病毒式行銷的優缺點再決定是否採行，是行銷者所須先做的功課。

・訊息的受眾往往是自願傳播的
・傳播效果高、擴散範圍大
・利用網路用戶的資源，花費成本低

・不正確的訊息或謠言會誤導網路用戶
・負面的信息會更容易被擴散，反而影響到企業本體
・許多惡意的連結或程式碼，是違反網路道德的

13.2 口碑行銷

美國行銷大師馬克．修斯（Mark．Hughes）說過：「口碑行銷是一種目的，它要消費者、媒體通通都來幫你的商品宣傳。」東方線上副總經理潘曉蘭也曾表示，「網路是掌握在消費者手中的新媒體，資訊權回到消費者手中，他們可能比行銷人員更懂產品，『口碑』才能取信消費者。」

口碑（Word-of-Mouth, WOM）來自於傳播學，而後在行銷領域中被廣泛應用，因而產生了口碑行銷（Word Of Mouth Marketing），廣義來說，口碑行銷就是要創造一個評價，讓消費者與親朋好友間在相互交流時，將產品或服務的評價傳播出去。

而從網路行銷的層面來說，則是消費者透過文字、圖片等表達方式作為口碑資訊，應用網際網路的傳播科技或平台，如部落格、BBS 或相冊等管道，與網路用戶彼此分享、討論、推薦產品或服務。就企業層面來說，在從事口碑行銷時，可以利用各種有效的方法，引起消費者對產品、服務或企業的交流與討論，同時鼓勵消費者對周遭親友進行推薦或介紹，所以，「口碑行銷協會」將口碑行銷定義為：「對消費者與消費者，以及消費者與行銷人員，建立積極、互惠式溝通的藝術和科學。」也就是說，口碑行銷是企業到消費者再到消費者（B2C2C）的整個過程，是一種讓消費者願意為企業進行免費宣傳的行銷方式。

消費者願意將口碑傳播出去，背後來自於多種可能性的動機與因素，整體而論，我們可以將口碑行銷歸類為三種類型：

1. 經驗性口碑

這是最常見的類型，當消費者對某種產品或服務有直接性的經驗時，如果與預期的程度有所差異，就會產生正面口碑與負面口碑，如圖 13-9，負面口碑會影響傳播受眾的觀感，而正面口碑則能幫助產品或服務的推展。

2. 繼發性口碑

當消費者接觸到企業對產品或服務所發起的行銷活動時，該活動所傳遞的訊息會對消費者帶來影響，此即會產生繼發性口碑，像是企業舉辦的公益性活動，會為消費者帶來具有正面意義的口碑。

圖 13-9 經驗性口碑的構成

基於對企業、產品或服務的接觸，顧客會有所期待，這種期待值在顧客產生使用行為時會出現落差，而產生正面或負面的評價，最後將評價轉化為行動，就成為了經驗性口碑。

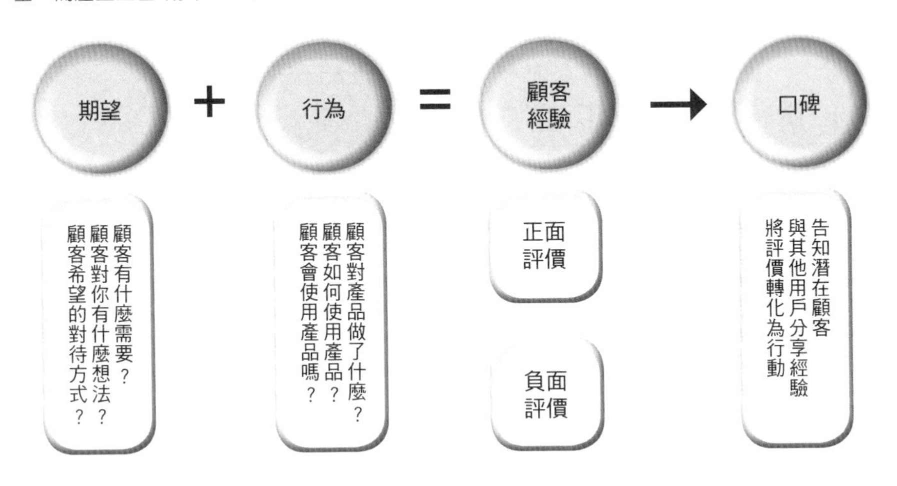

圖 13-10 口碑行銷的作用

口碑行銷會讓網路用戶產生極高的信賴度，如同好的商品才會介紹給對方，他所帶來的作用會展現在兩方面：

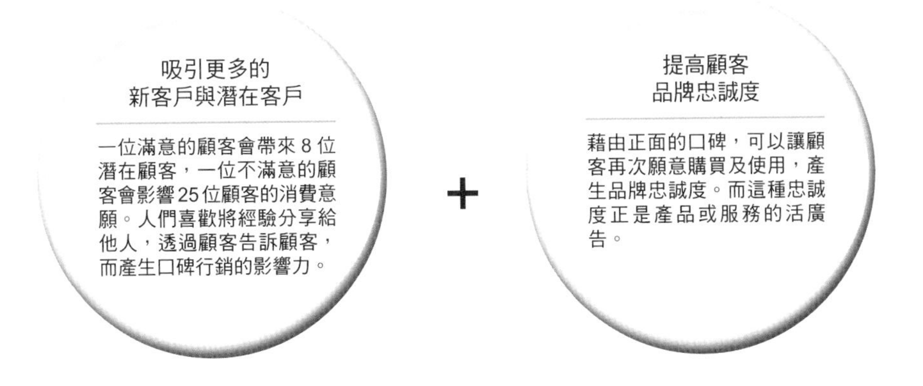

3. 意識性口碑

你無法知道消費者會說些什麼，因此可以利用名人、明星、或具有影響力的人來代言，準確的控制代言人向消費者傳遞的口碑內容，營造消費者對產品或服務的正面口碑，以降低消費者對消費者在進行傳播時的口碑內容之不確定性。

口碑行銷的操作手法

在影響消費者的購買決策中，有 20% ～ 50% 的因素是來自於口碑，尤其當消費者對某產品或服務不熟悉，或是需要付出昂貴的代價時，他們會進行更多的資訊搜尋，尋求更多人的意見，這時候口碑的影響力也就發揮了極大的效果了。

在網際網路中，口碑會以一對多的方式傳播出去，使用者會發表對產品的看法、經驗，並與其他用戶分享正面的意見或負面的評價，因為用戶的彼此信賴、真心交流，口碑行銷才得以發揮力量，也就是說，口碑行銷的本質在於消費者的信賴，你不能假借網路用戶虛假的吹捧產品有多好，也不能矇住眼睛一味的讚揚產品有多棒，更不用花費無謂的力量到各個平台中進行假宣傳，否則的話，消費者會對你失去信賴，因為商業意圖是很容易被看穿的。

口碑行銷所帶來的效果極大，它可能不用像電視廣告一樣花費太多的廣告金額，卻需要花費許多的精力、時間、真誠、耐心和毅力，絕對不要小看消費者的力量，尤其是虛假的口碑往往會招來負面的結果，過於商業化的操作手法也得不到消費者的好口碑。

口碑行銷內容元素

在進行口碑行銷時，口碑的內容是可以事先規劃的，但要避免有商業或廣告的成分，才能帶來正向影響，通常可以包含以下幾種元素：

1. 情感元素

當內容帶有濃厚的情感時，較能打動人心，像是運用故事性的口碑行銷方式，因為感染力強，傳播的速度也愈快。

2. 議題元素

當大眾媒體中的某個議題正在發酵之時，準備好與之相關的產品資訊內容，當消費者主動搜尋時，便能將內容提供給他們，藉此擴散出去。

圖 13-11 實施口碑行銷的注意要點

在實施口碑行銷時，有一些核心問題要不斷的提出來反覆詢問，以提醒自己在過程中該注意些什麼。

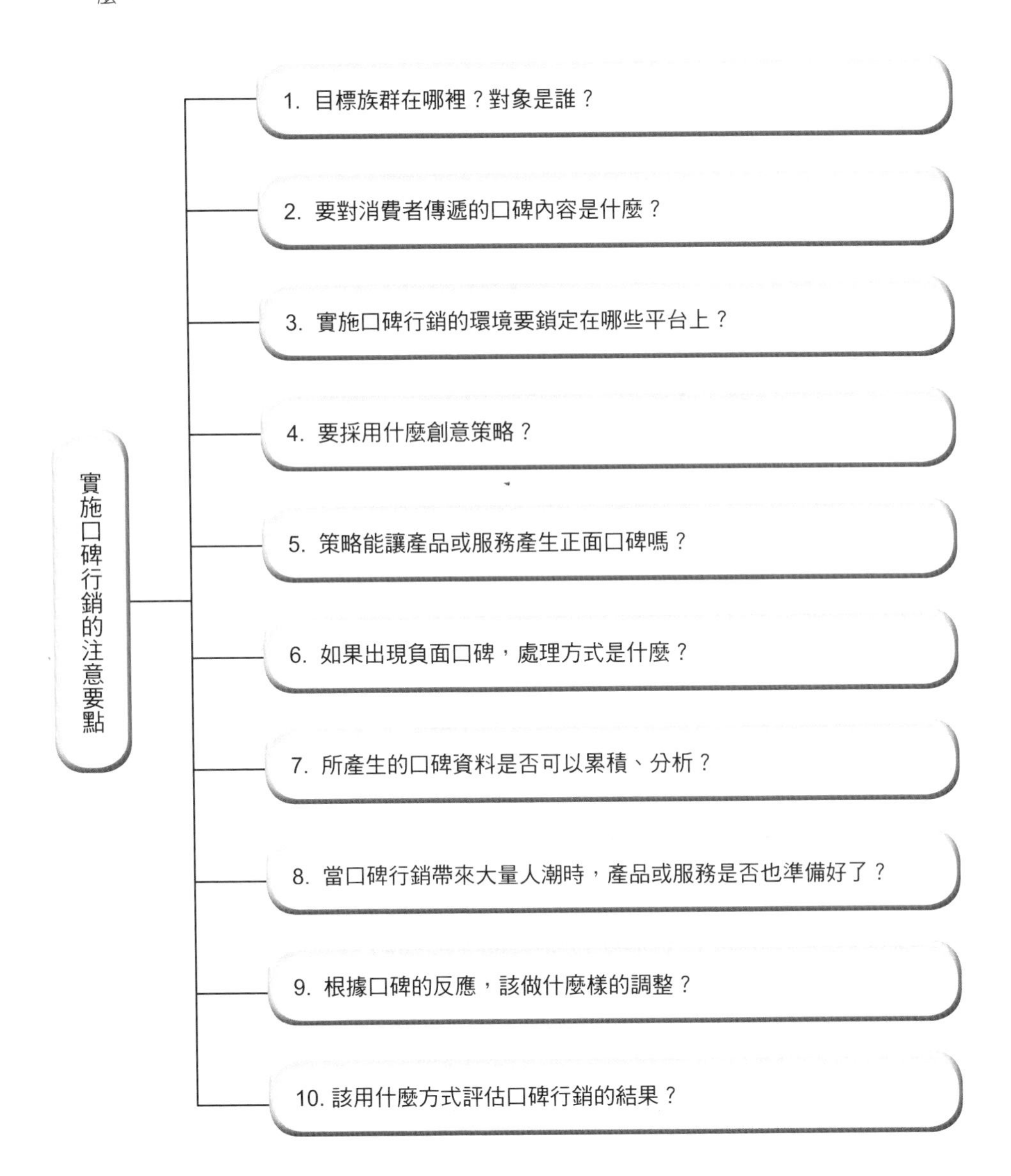

3. 領袖元素

以某個領域中的達人或意見領袖的觀點，來傳達產品或服務的優點，形成具有影響力的口碑力量。

4. 經驗元素

圖文並茂的使用的經驗往往最容易吸引潛在消費者，像是部落格中的試用文、開箱文…等。

口碑行銷的運作

要怎麼將口碑變成低成本、效益大的行銷活動，美國口碑行銷協會（WOMMA）的行銷大師安迪・塞諾威茲（Andy・Sernovitz）提出了「5T 模型」（如圖 13-13 所示），透過 5 個步驟：談論者（Talkers）、話題（Topics）、工具（Tools）、參與（Taking Part）與跟蹤（Tracking），很清楚地說明了運作口碑行銷的方向和流程。

1. 談論者（Talkers）

誰會是談論產品或服務的人？口碑行銷需要找到人來交流，尤其是樂於分享自己經驗的人，或者對企業的產品有興趣的人，也許是消費者、也許是某個領域的專家、也許是意見領袖，這些都需要由行銷人員來尋找與確認。藉由合適的談論者來幫助企業邁出口碑傳播的第一步。

當然，如果不曉得談論者在哪裡，那麼藉由建立粉絲團、俱樂部之類的團體機制，再加上活動與話題的配合，也可以吸引人們到網站上來討論。事實上，在不同的平台上實行口碑行銷，所能帶來的效果亦有所不同。

2. 話題（Topics）

口碑是從網路用戶的相互交流開始的，只要可以吸引人們的注意力，都有可能成為傳播的內容，因此，它不用帶有廣告產品的內容，也不用說明產品有多好；真正可以引起人們廣泛討論的，也許是一支影片、也許是一張好笑的照片，或者是使用某項產品的經歷。

不要認為網路用戶會主動去談論企業的產品或服務，如果行銷人員不主動提供的話，恐怕沒有人會開頭。因為口碑行銷就是一個找尋話題、不斷炒作的作法，一旦成功創造了一個話題，那麼更要努力地維護下去，時時注入活水，才能讓口碑持續散播出去。

圖 13-12 網路口碑行銷平台

口碑行銷可利用網際網路上不同平台之特性，個別採用不同的行銷方式，以達到最大的效益。

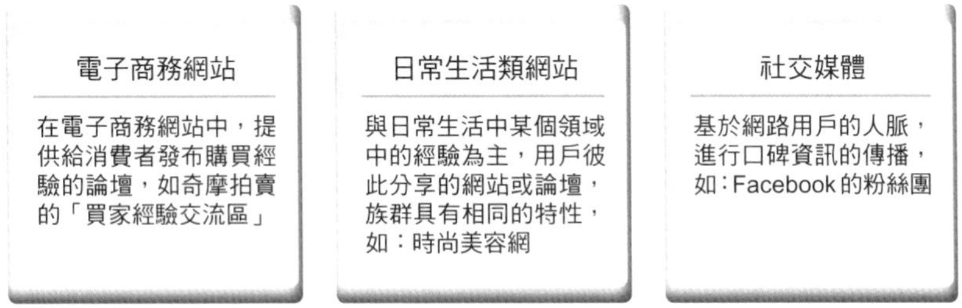

電子商務網站	日常生活類網站	社交媒體
在電子商務網站中，提供給消費者發布購買經驗的論壇，如奇摩拍賣的「買家經驗交流區」	與日常生活中某個領域中的經驗為主，用戶彼此分享的網站或論壇，族群具有相同的特性，如：時尚美容網	基於網路用戶的人脈，進行口碑資訊的傳播，如：Facebook 的粉絲團

圖 13-13 口碑行銷 5T 模型

由安迪・塞諾威茲（Andy・Sernovitz）所提出了「5T 模型」：談論者（Talkers）、話題（Topics）、工具（Tools）、參與（Taking Part）與跟蹤（Tracking）。

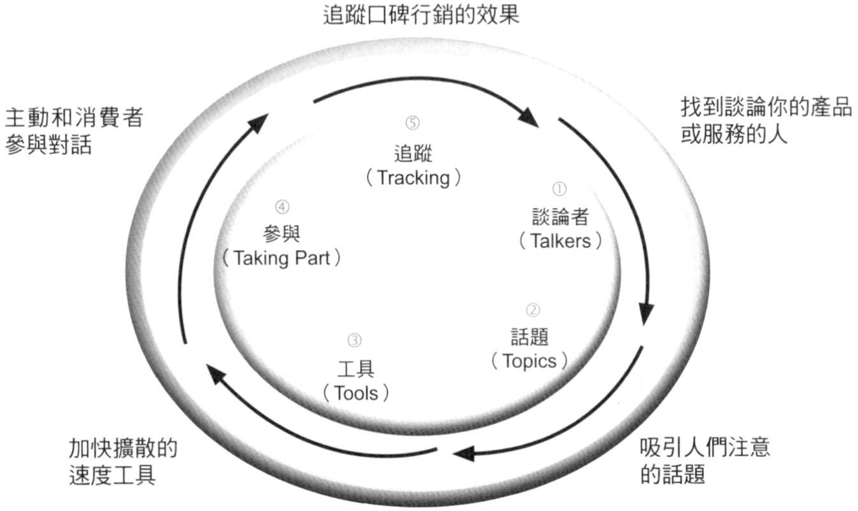

追蹤口碑行銷的效果

找到談論你的產品或服務的人

吸引人們注意的話題

加快擴散的速度工具

主動和消費者參與對話

⑤ 追蹤（Tracking）

① 談論者（Talkers）

② 話題（Topics）

③ 工具（Tools）

④ 參與（Taking Part）

3. 工具（Tools）

合適的工具可以有助口碑的傳播，加快擴散的速度。行銷人員可以設計一些優惠券、試用品來引發消費者討論的興趣；也可以利用部落格或 Facebook 隨時發布新的觀點，並將類似的文章集結在一起，以方便消費者存取文章內容；或者發送具有趣味性的電子郵件，並把自己的想法加入郵件中，讓網路用戶不會覺得這是一封廣告郵件。另外，在網站或部落格中加入「告訴朋友」的小工具，讓用戶能更簡易地將口碑傳播給親朋好友。口碑行銷雖然擁有強大的力量，但也需要好的工具推一把，才能更加順利地進行下去。

4. 參與（Taking Part）

以客觀的角度，而不是以行銷者的角度，主動參與用戶之間的對話。當有人談論有關產品的問題時，可以藉由討論讓話題不斷地延伸下去。說出自己的觀點，而非企業的觀點，對於贊同自己意見的人表達感謝，對於持反對意見的人也不用過度打壓，只要盡力消除他們所產生的疑慮，久而久之便會改變持反向意見者的態度。

參與討論可以讓口碑話題不斷延燒下去，如果不積極參與，口碑內容可能就此無疾而終，又或者會朝著負面口碑的方向發展，只有認真傾聽客戶的意見，特別關注批評者的不滿，那麼正面口碑便會隨著行銷人員的積極參與而擴大發散。

5. 追蹤（Tracking）

追蹤口碑行銷為企業帶來了什麼效果？帶來了哪些客戶？帶來了多少客戶？清楚的界定哪些客戶是由口碑行銷所帶來的，並藉由監測與記錄工具，來分析客戶是從哪個網站來的、談話內容的重點、真實的看法是什麼？此外，還有具體的瀏覽時間、瀏覽內容、以及哪些話題能夠引發客戶的興趣，並願意討論下去，當行銷人員能夠確實掌握這些資訊時，不但能瞭解口碑行銷帶來的效益，更可以作為下一次口碑行銷計畫的依據。

口碑行銷的誤區

縱然口碑行銷有很多優點，但仍有行銷人員會踏入誤區，忽略了口碑形成的最重要基礎，是在於優秀的產品品質，使消費者在經過體驗後能形成良好的口碑，但要是本身產品不佳，卻採用吹噓捏造等錯誤的操作手法，或在負面口碑產生時，沒有積極去處理，如此種種反而會招致反面的結果。

圖 13-14 實踐口碑行銷常犯的錯誤

縱然口碑行銷有很多優點，但仍有行銷人員會踏入誤區，採用錯誤的操作手法，反而招致反面的結果。

以為好商品就會有好口碑

商品好，不見得會有好口碑，消費者的口碑不只是對商品的評價好壞，它也代表著傳播媒體的力量，只要其中一個環節有錯，負面口碑來得會比正面口碑快

偽造消費者的口碑

許多行銷者會以偽造的方式來進行口碑行銷，希望能傳播更多的正向口碑，但消費者不是愚蠢的，對於虛假的口碑更是厭惡痛絕，除了產生副作用，並不會有任何好處

隨便傳播口碑，而不事先定位

在口碑行銷之前，行銷者必須先想清楚，希望消費者會如何討論商品，並藉由消費者的調查來驗證問題的答案，如此才更能瞭解商品在消費者心中的優點，更能掌控正向口碑的方向

以為進行口碑行銷就能讓所有商品大賣

口碑行銷不見得適合所有的商品，只有好商品才經得起消費者的考驗，而當商品本身有問題或是黑心商品時，負面口碑的力量會讓產品提早結束生命

不積極處理負面口碑

好事不出門，壞事傳千里，對於負面口碑更要積極面對，不要以為視而不見它就會自動消失，在它還沒有擴及到不可收拾的地步前，就應該儘快的處理

資料庫行銷

資料庫行銷源自於直效行銷，又可稱為關係行銷、一對一行銷、個人化行銷、分眾行銷，是運用得很廣泛的網路行銷方式之一，行銷大師瑞普（Rapp）和柯林斯（Collins）就曾提出：「資料庫行銷是透過電腦為基礎的行銷手法，企業收集顧客與潛在顧客的各項人口統計資料、興趣、喜好、生活形態與購買行為，以作為顧客資料庫，並利用這些資料與可能回應的顧客或潛在顧客，發展長期且穩定的關係。」

另外，傑克遜（Jackson, R）和 Wang 對於資料庫行銷的定義也下了這樣的註解：「資料庫行銷是一種是以顧客為基礎，且資訊密集、長期化的行銷方式，必須要先收集顧客與潛在顧客的各項資料，而這些資料則會影響到企業的決策，並決定產品在未來的銷售量與通路管道。」

資料庫行銷策略

在過去，建立顧客資料庫是需要花費龐大的人力與行銷費用，一般中小企業不太有什麼機會可以採用此種行銷方式，但隨著網路科技的進步，施行資料庫行銷的成本大為降低，即使企業不建立專屬的顧客資料庫，仍然可以進行資料庫行銷。

與傳統的行銷方式比較之下，採用資料庫行銷可以讓企業與每位客戶個別接觸，瞭解顧客會不會購買產品、以及會購買什麼類型的產品，而且深具靈活性，能更以不同的方式吸引個別的顧客，與之交流、互動，建立起超越買賣的長久關係。

資料庫行銷的目的，就是要讓顧客對企業或產品產生良好的評價，使顧客願意二度、三度…重複購買，企業要爭取顧客，維持與顧客間良好的關係，才是行銷成功的基本之道，因此，企業所需採取的資料庫行銷策略可以從以下幾個方向來著手：

1. 以顧客為導向為發展基礎

企業要成功地發展資料庫行銷策略，最重要的就是要先建立以顧客為導向的觀念，所有的施行政策與作法都要以顧客的利益為優先考量，所提供的產品或服務不是以企業利潤為目標，而是要讓市場認同、切合顧客的需要，如此在運作資料庫行銷時，才會受到顧客喜愛，因而產生購買行為。

2. 確定建立資料庫的目的

顧客資料庫是否具有可用性、是否具有價值，關鍵在於一開始，要先決定資料庫建立的目的，因為目的會影響所收集的內容、功能性如何，像是單純的只收集性。

圖 13-15 顧客資料庫取得方式

顧客資料庫不見得要由企業自己建立，也可用租賃或購買的方式取得，可根據行業、產品生命週期、或行銷策略之不同來決定，找出最適合的方式。

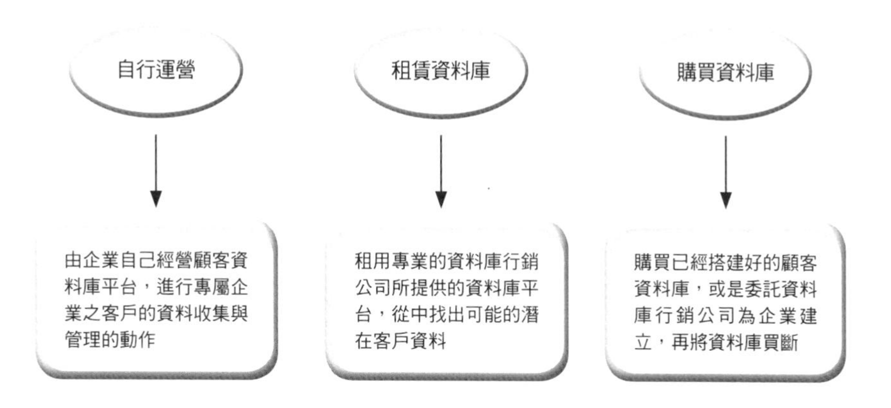

圖 13-16 構成資料庫的六個階段

顧客資料庫從決定建立到可以運用資料，會歷經六個階段：

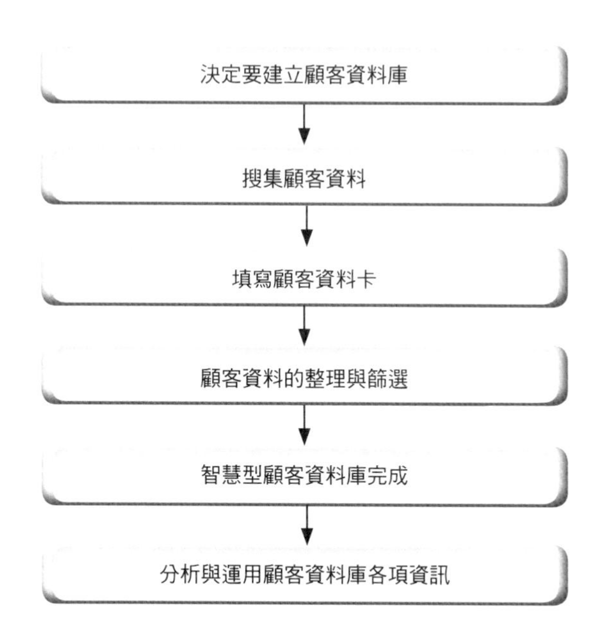

別、年齡、電話、地址的資料庫，以及還收集了顧客的性格、消費習慣、生活形態、產品偏好、品牌評價…等資訊的資料庫，價值性是完全不同的，而其價值高低也會影響資料庫行銷成功與否。

3. 尋找有價值的顧客

許多企業有錯誤的認知，以為只要把客戶的資料存入資料庫中，再依地區、性別等條件篩選，就是進行資料庫行銷，卻忽略了要先將資訊整合起來，再從中發覺值得使用的資料，進行差異化分析，找到真正有價值的顧客。

4. 運用資料挖掘技術找出規則

要做到能夠預測顧客的行為，對顧客的購買趨勢瞭若指掌，就要從資料庫中的大量資料去發現、去挖掘相關模式，找出隱藏的、對企業有價值、對決策有幫助的潛在規則和知識，並根據這些規則和知識做出預測行為。

5. 培養顧客忠誠度

資料庫行銷的目標之一，不僅是要能發覺有價值的潛在顧客，還要能與舊有顧客維持良好關係，維繫顧客比挖掘新顧客需要耗費更大的心力，行銷找要依照資料庫行銷所篩選出來的資料，針對不同的顧客採取不同的行銷手段、與顧客互動，提供與建議有關產品或服務的訊息，並和顧客共同努力，在合理預算的情況下幫助顧客購買產品。

6. 制定有效的關係管理計畫

對企業有價值的顧客，除了採取維繫關係的行銷手法以外，更要制訂出一套有效、具體的關係管理計畫，該針對哪些客戶維持什麼種關係、該如何提供產品、以什麼方式告知產品訊息、該提供哪些完善的後續服務、以及最適當的互動交流管道可以採取哪些方式…等。

如何進行資料庫行銷

資料庫行銷的實施過程是一個繁瑣而複雜的機制，它不但要能夠識別、蒐集、紀錄、追蹤顧客的資料，還要能針對顧客的個別需求予以差異化的行銷策略，並維持長久而良好的關係。透過與顧客的接觸，逐漸對顧客的喜好、需求有所瞭解，這也從而成為資料庫當中的重要資訊來源，顧客資料庫並非一次到位，而是不斷地收集資訊而來，它是具有擴充性的，而進行資料庫行銷也並非一次就能見到成效，它是長期性的關係維持，掌握的資料愈多、付出的努力愈多，顧客所回饋給你的就愈多。

圖 13-17 資料庫行銷效益

成功的資料庫行銷，能節省了大量行銷經費與時間成本，也能更加精準實現行銷定位，並帶來以下效益：

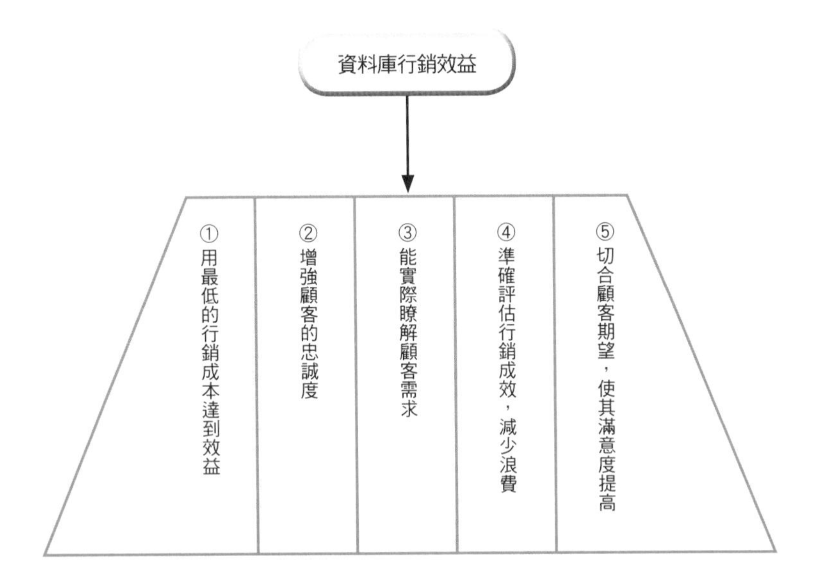

圖 13-18 資料庫行銷失敗原因

資料庫行銷不保證會帶來成功的結果，招致失敗的原因往往來自於以下幾個因素：

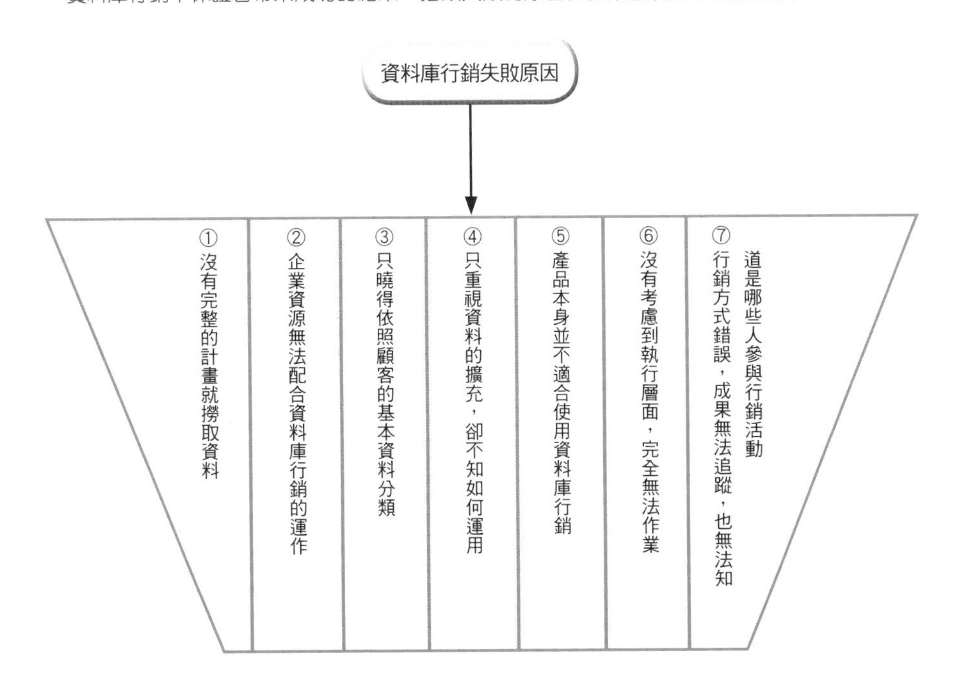

資料庫行銷實施的主要步驟

個人化的行銷方式日趨成熟，企業要滿足不同顧客之間的需求，但卻又要在滿足需求與獲得效益之間取得平衡點，企業在進行資料庫行銷時，可以透過以下六個步驟來開始：

1. 確定行銷計畫

企業在考慮進行資料庫行銷之前，要先確定利用此種行銷方式，是不是可以達到行銷計畫所要求的目標，像是客戶滿意度的增加、銷售量的提高、顧客的再購率…等。

2. 組織團隊成員

為了能成功實施資料庫行銷，企業還需組織相關的團隊、統整業務資源，以負責該專案所有執行事宜。

3. 評估實施過程

在進行資料庫行銷之前，行銷人員還要多花一點時間，評估、分析與規劃所有的實施流程與具體細節，並徵詢公司內部員工的意見與公司主管的支持。

4. 確立資源需求

在掌握實際的操作流程後，還要將過程中所可能會利用的資源整列出來，以方便日後隨時運用。

5. 選擇資料庫建立方式

評估公司是否有能力、有預算自己建置顧客資料庫，亦或是以承租、購買的方式來取得潛在客戶的資料。

6. 進行配置與部署

要先決定哪些事務是需要最先著手進行的，哪些是需要分階段實施的，而後再予以進行人員與相關資源的部屬、分配。

資料庫行銷實施的主要執行工作

行銷人員必須在一般的工作流程中，就要落實對資料庫行銷的處理工作，與客戶保持良好的互動關係，著重於日常逐漸的累積，才能讓執行工作更為順利、更具成效，而這些處理工作可以分為幾個階段來進行：

圖 13-19 運用顧客資料庫的過程

顧客資料庫從採集資料開始，一直到修正與更新資料為止，會歷經以下的過程：

圖 13-20 以挖掘與分析技術找出有價值顧客

藉由資料挖掘技術與智慧分析技術去發掘顧客資料庫中有價值的顧客，並以顧客年齡、性別、人口統計或其他因素為依據，對顧客的購買行為做出預測。

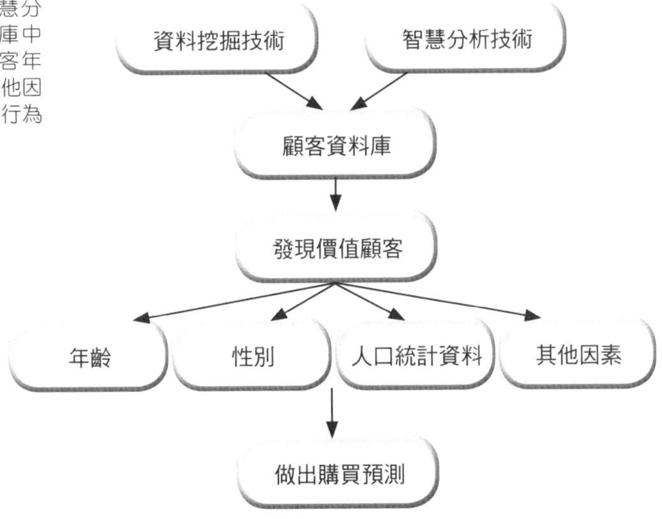

1. 第一階段：處理顧客資料

主要工作項目：

❶ 儘可能收集客戶的姓名、電話、地址等基本聯絡資訊，並增加至資料庫中。

❷ 以基本資料為依據，再採集與之有關的各項資訊。

❸ 定時更新顧客的資料，汰舊換新。

2. 第二階段：顧客差異化整理

主要工作項目：

❶ 區分哪些顧客對企業是有價值的，並依照價值高低分為前 5%、前 20% 與後 20% 三類。

❷ 區分哪些顧客會增加企業的成本。

❸ 整理出去年度有哪些顧客是大宗客戶。

❹ 列出大宗客戶對企業或產品的滿意度與負面評價。

❺ 研究出去年的大宗客戶在今年度是否也有同樣大量的購買量。

❻ 研究哪些客戶對企業所提供的產品是少量購買，卻從其他對手處購買大量的產品。

3. 第三階段：與價值顧客保持良好的溝通

主要工作項目：

❶ 給自己企業的客服部打電話，測試顧客的問題是否能得到解決。

❷ 給競爭對手的客服部打電話，進行服務品質的比較。

❸ 顧客打電話來抱怨時，不要覺得困擾，要當作是一次危機處理的機會。

❹ 對顧客的紀錄進行後續追蹤。

❺ 對有價值的顧客進行主動溝通與接觸。

❻ 藉由資訊科技的幫助，使得與顧客的接觸更具便利性，加速問題處理速度。

4. 第四階段：對接觸顧客的執行工作進行調整動作

主要工作項目：

❶ 儘量以不麻煩顧客為優先，不要佔用顧客太多的時間。

❷ 針對顧客所發的 EMAIL 要更具個性化。

❸ 儘可能幫顧客填寫表格，非要顧客動手時，最好能以選單的方式設計。

❹ 直接詢問顧客可接受的產品訊息發送方式與頻率次數。

❺ 列出大宗客戶的意見，檢視企業能向他們提供哪些產品與服務。

❻ 找出顧客真正的需求是什麼。

5. 第五階段：客制化方式滿足顧客需求

主要工作項目：

❶ 將所有的生產過程予以分析，看看哪些能獨立出來改善，以便利的方式重新組合，滿足顧客需求。

❷ 依照顧客的需求，以實現個性化行銷為目標，為顧客提供量身訂做的產品或服務。

❸ 設計客制化工具或程式，處理資料庫行銷中的主要工作，尤其是對顧客的溝通與分析。

圖 13-21　顧客資料庫的資料來源

顧客資料庫的資料來自於企業的內部資料，以及從調查公司、政府機構…等而來的外部資料。

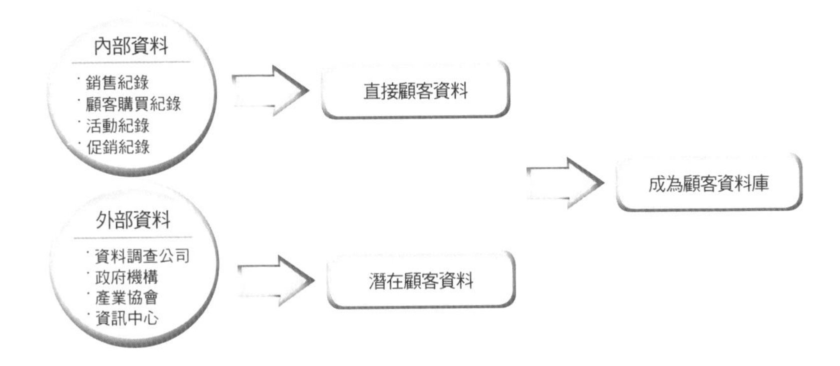

圖 13-22　顧客資料庫所應包含的資料

顧客資料庫中的資料除了基本的顧客資料以外，還應該有記載各種顧客特徵、習慣的擴展資料。

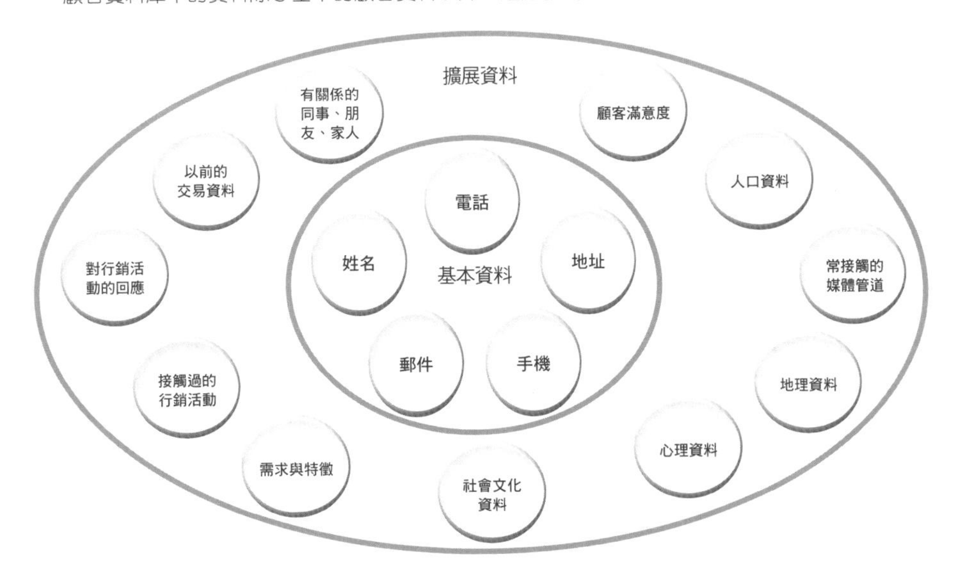

案例分析與討論 豬哥亮復出行銷宣傳戰

豬哥亮復出線上記者會!? 獨家搶先看!(瀏覽超過 25 萬多人次)
網址:http://www.Youtube.com/watch?v=dQsOQDeWf3g
豬哥亮燦坤廣告:0 元本舖電器醫生~冷涼卡好(瀏覽超過 41 萬多人次)
網址:http://www.Youtube.com/watch?v=B1Tc18haVRI
豬哥亮全新廣告:花絮(瀏覽超過 7 萬多人次)
網址:http://www.Youtube.com/watch?v=BPjoLT42Y30

個案背景

本名:謝新達

家庭:結婚3次,育有2女2子,么女為藝人謝金燕、么兒10歲

出道:原在演藝界大老楊登魁的高雄藍寶石大歌廳打雜,因主持人臨時生病告假缺席,暫由他豬哥亮代班主持,結果一戰成名一炮而紅。

經歷:1980年代,主持《豬哥亮歌廳秀》風靡全台。1995年,傳出積欠賭債而落跑。1997年,短暫復出。1998年和1999年間沉迷六合彩,每次下注動輒數千萬元,積欠上億賭債跑路,再度落跑後銷聲匿跡。2009年,在大高屏地區被平面媒體直擊,開始持續追蹤報導…。

豬哥亮復出之後拍攝第一部廣告片是燦坤新廣告片,豬哥亮 1 人分飾 5 角色,片酬新台幣 250 萬元。之後主持《豬哥會社》每集酬勞 30 萬元,45 集共 1350 萬元。拍攝燦坤、維士比、潮 T、《明星三缺一》和龍泉啤酒,5 支廣告共賺 1200 萬元,作秀 1 次行情 200 萬元,赴新加坡 3 次共賺 600 萬元,到 2010 年已經獲利超過 3150 萬元以上。

▲ 資料來源:SoChannel的頻道

▲ 資料來源:SoChannel的頻道

▲ 資料來源:SoChannel的頻道

簡易分析：豬哥亮復出行銷宣傳戰

豬哥亮梳著油頭在高雄吃黑輪的照片開始引爆話題

病毒式行銷的特性之一，事件的內容必須深具話題性，「豬哥亮復出事件」就符合名人窺探性話題的特性。最早是從 2009 年 2 月「蘋果」拍攝到躲債逃亡 10 多年梳著油頭的豬哥亮，在高雄吃黑輪的照片之後，平面媒體開始持續追蹤報導豬哥亮各處現蹤跡的新聞事件，逐漸受到社會大眾的關注和網民的討論，接著電子媒體的娛樂性節目和談話性節目，也紛紛開始挖掘豬哥亮的過往是如何竄紅成名，之後又為何躲債逃亡的故事，不斷穿插播送「豬哥亮歌廳秀」的片段影片，企圖呼喚起社會大眾沉睡已久的豬氏記憶。

接著有線新聞節目，也開始不斷播送豬哥亮過往親朋好友的真情喊話，以及演藝圈情義相挺的影片內容，希望豬哥亮要勇敢站出來面對一切，更藉由談話性節目幾位名嘴，開始議論豬哥亮復出的可能性。豬哥亮的話題性從平面媒體引燃，在延燒至社群媒體上，一路蔓延來到電子媒體上，幾乎每隔 1 ～ 2 天就會出現一個豬哥亮的新話題產生，整個豬哥亮復出的過程，像是經過一個精心策略規劃下，再逐步引爆和鋪陳的結果，似乎就是要讓豬哥亮復出的商業價值不斷向上攀升。

豬哥亮躲債跑路 10 多年之後，決定要復出就已經深具新聞性，再加上廣告人范可欽採取「每日一爆」的策略，更以分階段進行四波行銷的手段，不斷讓豬哥亮的話題性持續增溫：

第一波：豬氏風格的感性告白

范可欽採取持續保持神祕感來提升話題的熱度，所召開的豬哥亮復出記者會，本尊居然沒現身，也不願透露豬哥亮為誰所代言，只透露是某家電用品商。接著范可欽透過 NB 播放豬哥亮感性告白的光碟影片，以台語說：「十多年沒跟大家見面，因為我出國深造，我很感謝，也很佩服媒體可以拍到我去吃黑輪，我一直想復出，但一直沒勇氣，幸虧有好朋友如余天、高凌風等人給我鼓勵，加上導演操刀，從來沒有人像他這麼愛我」。范可欽表示為了重現豬哥亮昔日歌廳秀的風采，特地請人打造一頂招牌馬桶蓋頭的假髮補強。

▲ 資料來源：SoChannel的頻道

豬哥亮復出的感性告白影片，在有線電視主要 6 家 24HR 的新聞台各 14HR 強力持續強力放送之下，若以新聞播放秒數換算廣告效益，廣告影片播放市場行情平均 1 分鐘在新台幣 8 萬元左右，6 家新聞頻道每節時段單次播報，起碼價值超過百萬元以上廣宣費，如果從早上 10 時召開記者會開始計算，播放到午夜 24 點為止，共有 14 小時的時段，等於免費為廣告主放送價值 1400 多萬的廣宣費，這還不包括其他非 24HR 早中晚會播放三時段的新聞頻道。

在豬哥亮復出的第一支廣告尚未播放時，以前曾為五洲製藥拍攝的斯斯感冒藥廣告影片，在五洲製藥的超強市場敏銳度之下，趁勢搭上豬哥亮復出的順風車再度不斷播放豬哥亮斯斯感冒藥廣告影片。

PTT 實業坊（telnet://ptt.cc）影劇版從平面媒體開始追蹤報導豬哥亮各處現蹤跡時，就陸續出現不少討論豬哥亮的話題，再加上秀場天王豬哥亮消失在螢光幕前十多年，不少年輕一輩的網民，並不熟悉這號曾經轟動武林驚動萬教的風雲人物，所以有不少部落格主，也主動轉載豬哥亮所有相關新聞報導與網友分享。范可欽也將豬哥亮復出的感性告白影片上傳到 Youtube 網站，標題：「豬哥亮復出線上記者會 !? 獨家搶先看 !」瀏覽超過 25 萬人次以上（網址：http://www.Youtube.com/watch?v=dQsOQDeWf3g），

大多數網民在看過豬哥亮復出的感性告白影片後，都看好豬哥亮絕對可以再戰江湖，再次掀起豬氏旋風，甚至還有網友把瑤瑤「殺很大」的巨乳照，改合成豬哥亮的頭，變得相當 KUSO 與趣味化，有如病毒感染般迅速在網路上散佈開來（關鍵字：豬哥亮 VS 瑤瑤、豬哥亮 + 瑤瑤）。

第二波：特殊百變造型的攻勢

第二次豬哥亮復出的記者會，仍然不見豬哥亮現身會場，范可欽正式公布豬哥亮為燦坤代言的廣告影片，廣告影片中豬哥亮 1 人分別扮演 5 種角色，包括：成年女性、老奶奶、七歲小孩、醫生與本尊，為了扮演成年女性的角色，豬哥亮還穿上吊帶褲襪、束腹、胸罩和塗上彩繪指甲…等。除了馬桶蓋的本尊之外，豬哥亮突破以往給觀眾的刻板映象，讓觀眾看到一個全新的豬哥亮、入木三分的演技和用心度。豬哥亮表示：「本來很想開記者會，但我好像從未開過記者會，如果大家要我出來，請繼續給我鼓勵。」范可欽表示整支廣告影片耗時兩天兩夜拍攝完成，為防止消息外洩，相關人員都簽定保密條款。

▲ 資料來源：SoChannel的頻道

廣告要在媒體正式託播的前一天，范可欽將完整版的廣告影片放上傳到 Youtube 供網民點閱，徹底吸引電子媒體和網民的目光焦點，又成功在網路上炒熱豬氏話題，這支廣告影片標題：「豬哥亮燦坤廣告：0 元本舖電器醫生～冷涼卡好」，影片上傳 5 天就超過 20 萬多人次瀏覽，因為該廣告影片是鎖定在中南部觀眾的電視台密集播出，所以部分電視台是無法看到這支廣告影片的全貌，因此網民蜂擁連結 Youtube 瀏覽影片，連續幾週累計下來瀏覽就超過 41 萬多人次（網址：http://www.Youtube.com/watch?v=B1Tc18haVRI），登上最受喜愛影片和最熱門娛樂影片等多項第 1 名的頭銜。

第三波：幕後拍攝花絮持續話題性

這次由造型師出面，展示將豬哥亮由男變女裝的各種道具，詳細解說整體變裝的過程，又播放豬哥亮現身說明拍攝廣告經過的影片，也上傳到 Youtube 網站，標題：「豬哥亮全新廣告 - 花絮」，瀏覽超過 7 萬多人次以上（網址：http://www.Youtube.com/watch?v=BPjoLT42Y30）。

▲ 資料來源：SoChannel的頻道

第四波：燦坤旗艦店首播造勢活動

最後在燦坤旗艦店召開首播記者會，將首播廣告花絮和完整影片播放一次。在廣告還沒正式上線放送的情況下，范可欽先前所推出三次豬哥亮的記者會，從感性告白、到正式公布豬哥亮為燦坤代言，以及豬哥亮現身說明廣告拍攝過程，再加上這第四次首播造勢活動，累積四次新聞播放秒數，如果 6 家電視台都達到 14 個時段的播報次數，換算成廣告效益，等於免費為廣告主放送價值 5 千多萬元以上的廣宣費。據媒體報導燦坤給付豬哥亮 250 萬元的片酬，所帶來的廣告效益就已經超過 20 倍，就算只計算第一波感性告白和第二波特殊造型攻勢的廣告效益，最少也有超過 10 倍以上的廣告效益。

▲ 資料來源：SoChannel的頻道

「冷涼卡好」持續話題性

在豬哥亮復出首支代言的廣告中，豬哥亮一句「冷涼卡好」的台詞，是要表示燦坤所販售的空調產品是又冷又涼又好的文意，主要是取自豬哥亮過去主持歌廳秀常說的一句口頭禪「恁娘卡好（台語粗話）」，再轉譯成國語發音來呈現「冷涼卡好」的新台詞和新語意，企圖藉此拉近往昔中南部鄉親的親和度與認同感。

但新聞局認為「冷涼卡好」語音同等於「恁娘卡好」的粗話，廣告人卻將「恁娘卡好」解釋為是問候語，問候人家媽媽好不好，並不能歸類在粗話中，但為了避免造成廣告主的困擾，還是再次進行錄音重配的動作。如再把這次「冷涼卡好」新聞播放秒數換算廣告效益，等於免費又為廣告主放送價值千萬以上的廣宣費。燦坤表示以往冷氣銷售業績在 5 萬台 10 億元左右，豬哥亮代言後銷售業績可以多 1 倍以上，創造出 20 億元的銷售業績。

Pollster 波仕特線上市調

豬哥亮回鍋綜藝節目主持「豬哥會社」首播收視率破 8%，第二週破 10%，並創下綜藝節目史上新高，之後因八八水災新聞的影響，呈現下滑到 5.2%。波仕特線上市調網進行一項「豬哥亮主持功力」的網路民調顯示：有 75.24% 表示看過他的節目，近 50% 回答「還 ok，有點好笑」，有 20% 表示「超級好笑的」，20%多表示「普普通通，沒什麼感覺」，僅有約 6% 表示節目「不太好笑」。男性看過豬哥亮節目肯定其搞笑主持功力的比例，比女性來得高，有 28.58% 女性沒看過豬哥亮的節目，其中以未婚女性 30.49% 的比例最高。

25 ～ 34 歲的青壯年族群，最肯定豬哥亮的搞笑主持風格，收視群中表示「好笑」的比例超過 70%。往昔豬哥亮歌廳秀最主要的 35 歲以上收視族群，雖然還是覺得豬哥亮頗為搞笑，但回答比例卻沒有 25 ～ 34 歲的青壯年族群來得高，尤其從 45 歲以上民眾，表示「不太好笑」的比例是所有各年齡層最高。

針對波仕特對「豬哥亮主持功力」的網路民調顯示數據來看，一般人解讀認為往昔豬哥亮歌廳秀最主要的 45 歲以上收視族群，表示「不太好笑」的比例是所有各年齡層最高，顯示豬哥亮已經失去致命的吸引力，只是賣弄過去的老梗而已。

但是這樣的評斷潛在著問題性，首先豬哥亮躲債逃亡 10 多年，在分析數據時必須再加入這段消失 10 多年的時間因素。過去豬哥亮歌廳秀最主要的 45 歲以上收視族群，現今這群 55 歲以上中南部的觀眾群，會經常性使用網路或 EMAIL 的機率實在很低，而數據中 35-45 歲以上收視族群，應該是過去 25-35 歲以上的族群，本就是對豬氏接受度不高的族群，反而是 25 ～ 34 歲的青壯年族群，是過去 15-25 歲較少有機會接觸到豬哥亮歌廳秀的族群，卻成為新一批最能接受豬氏搞笑的廣大觀眾群，若再加上過去豬哥亮歌廳秀最主要 55 歲以上中南部的死忠觀眾群，事實上豬哥亮反而是因為網路所引發的話題性，間接擴展了更廣大的觀眾群。

問題討論

1. 吳念真為全國電子製作一系列「足感心」的廣告，來打動中南部鄉親，范可欽以豬哥亮復出的話題性，豬哥亮 1 人扮演 5 角色的特殊百變造型攻勢，以及豬哥亮昔日歌廳秀所累積的龐大觀眾群，企圖協助燦坤來搶奪中南部消費者市場，您覺得何者廣告手法較能打動中南部消費者？
2. 不少人認為豬哥亮在當時屬於形象負債的藝人，選擇具負面形象的藝人來代言，您覺得是否會影響到企業的形象？
3. 如果廣告人范可欽不選擇採用「每日一爆」的策略，以及分四波來廣宣的話，您覺得豬哥亮的話題能在網路上持續發燒嗎？
4. 針對波仕特對「豬哥亮主持功力」的網路民調顯示數據來看，您的看法為何？
5. 您覺得「冷涼卡好」的台詞，是故意為了炒作下一個話題所埋下的伏筆，還是純粹藉此拉近往昔中南部鄉親的親和度和認同感？

參考資料

1. 豬哥亮復出線上記者會獨家搶先看，
   網址：http://www.Youtube.com/watch?v=dQsOQDeWf3g。
2. 豬哥亮燦坤廣告：0 元本鋪電器醫生「冷涼卡好」，
   網址：http://www.Youtube.com/watch?v=B1Tc18haVRI。
3. 豬哥亮全新廣告花絮，網址：http://www.Youtube.com/watch?v=BPjoLT42Y30。
4. 蘋果日報，網址：http://tw.nextmedia.com。
5. 中國時報，網址：http://news.chinatimes.com。
6. 波仕特線上市調網，網址：http://www.pollster.com.tw。

實戰案例問題　鹿港香包希望拓展更大市場

個案背景

陳女士是一位單親媽媽，因為需要照顧小孩，所以無法選擇全職的工作，曾為了如何能一面工作又可以同時能照顧小孩，而苦惱許久。有一天因端午節回鹿港老家過節時，看到路邊小販在販賣鹿港的傳統香包，與小販的阿婆閒聊時，阿婆說：「傳統香包現在只能在端午節隨便賣，其他的時間都是放在倉庫裡生霉（台語）。」那天之後，陳女士嘗試把傳統香包上架到 YAHOO 拍賣裡，結果發現有很多人會買傳統香包去送給國外的朋友。

陳女士又回到鹿港老家，透過親戚的介紹下，認識到幾位國寶級製作傳統香包的老前輩，在幾番懇談之下，這幾位國寶級的老前輩們，終於願意傾囊相授傳統香包的技藝給陳女士，在與這幾位老前輩學習技藝的同時，更希望鹿港小鎮的傳統香包能持續淵遠流傳下去。因此，一直持續不斷努力發想，如何把傳統香包打入全球禮贈品的市場，更嘗試把傳統香包加入現代藝術的設計概念與元素，陸續推出各種設計感十足的新式香包，甚至還開發出精緻化的香包禮盒等商品。

因為自己是單親媽媽，以同理心也希望藉由傳統香包這樣的商品，能讓和她一樣的單親媽媽們，都能在家裡一面照顧小孩，同時還能保有穩定的工作可以謀生，所以陳女士非常希望能擴大事業版圖，打進全球禮贈品的市場。

關於陳女士所設計製作的香包商品：

1. 有 10 大分類，300 多種各式香包商品，部分純手工縫製，部分可機械大量客製化製作。
2. 電子商務交易系統，目前只使用 YAHOO 拍賣系統上架販賣。
3. 香包所有零組件 100%台灣製作，堅持 MIT 製造，而且絕不採用化學芳香劑。
4. 除了既有已經上架商品之外，也能為顧客量身訂做各式香包商品，以及外包裝都可以為顧客設計製作。部分香包商品，顧客只要一次訂購 500 個以上，即可開版製作。
5. 接單數量：從單 1 個到 10000 個香包都願意接單製作。
6. 正面評價超過：2500，普通評價：10，負面評價：0。
7. 運送方式與費用：郵寄掛號 30 元，貨到付款 60 元，未使用 7-11 取貨付款。
8. 尚未使用任何社群媒體，也沒有進行任何網路行銷，只單純將香包商品上架 YAHOO 拍賣。
9. 目前全省各地有 10 位單親媽媽加入她的家庭小代工廠。

問題討論

1. 如依陳女士的構想，希望打入全球禮贈品的市場，她該不該跨足中國、歐洲與美國 B2B 的商務平台，申請一個專屬的商務網頁？
2. 陳女士需不需要另外規劃與建置一個獨立的香包商務網站？還是繼續使用 YAHOO 拍賣系統即可？
3. 陳女士想建置一個專屬的香包商務網站，該如何規劃與建置，可以有效拓展國內外的市場？
4. 您建議陳女士該如何應用網際網路的工具，來有效穩定各個家庭小代工廠的品質管控？
5. 陳女士如果想把香包以材料包的方式，打入小學生美勞的市場，那該如何規劃商務網站，可以有效拓展該市場的商機？

重點整理

病毒式行銷是行銷訊息會從一個用戶傳到另一個用戶，再由另一個用戶傳到其他用戶中，這種一傳十、十傳百的力量會快速地複製到數以百萬、千萬的網路用戶中，就像病毒般的快速擴散。

口碑行銷就是要創造一個評價，讓消費者與親朋好友間在相互交流時，將產品或服務的評價傳播出去。

資料庫行銷是透過電腦為基礎的行銷手法，企業收集顧客與潛在顧客的資料做為顧客資料庫，並利用這些資料與可能回應的顧客或潛在顧客，發展長期關係。

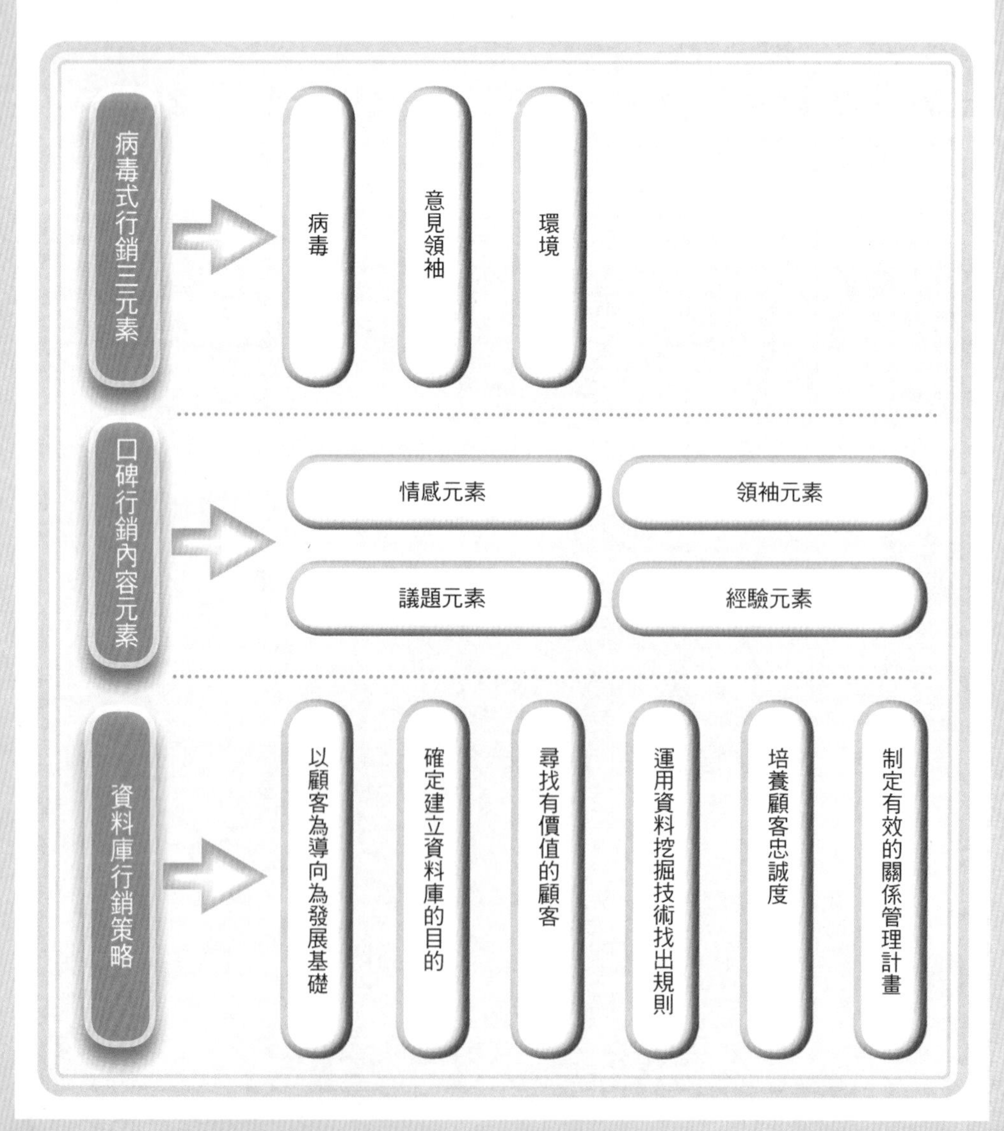

1. 請問和傳統的行銷方式相比，病毒式行銷有什麼不同？
2. 請問病毒式行銷的基本三元素是什麼？
3. 請問口碑行銷可分為哪三種類型？
4. 請問口碑行銷的內容包含哪幾種元素？
5. 請問資料庫行銷的定義為何？
6. 請問資料庫行銷實施的主要執行工作有哪些？

NOTE

C H A P T E R

14 網路廣告與關鍵字廣告

希望網路廣告能夠吸引的族群有哪些、分布在哪些區域、國內或國外、要鎖定哪些階層的人…，只有吸引到正確的目標對象，才有真正的廣告成效可言，否則吸引到無效的對象都只是一種廣告資源的浪費，但要如何能吸引到正確的目標，首先要對網路媒體與網路廣告有所瞭解才行。

而傳統的媒體廣告，企業必須付出高額的廣告費用，但由於閱聽群眾過於龐大，因而難以命中目標族群，關鍵字廣告則可吸引對產品或服務有興趣的用戶點擊，直接過濾非目標族群，針對目標族群可再進一步行銷，命中率更高。

14.1 網路廣告

14.2 關鍵字廣告

14.3 其他廣告模式

案例分析與討論 歐巴馬網路選戰2.0

實戰案例問題 哺乳實體商店希望拓展網路商機

14.1 網路廣告

常見到的網路廣告有 Banner、Flash 廣告、彈出式廣告、電子郵件廣告…等，但這只是眾多類型中的其中幾種，事實上，可運用於網路廣告上的創意之多，也造就了各種不同類型的廣告，以投放目的來區分的話，可分為：宣傳資訊類、品牌形象類與銷售產品類這三種，而若是以呈現形式來劃分，則可多達十多種。

依投放目的劃分的網路廣告類型

1. 宣傳資訊類

將某個重要的資訊宣傳出去，如產品上市的訊息、店面開幕的消息、或商品折扣的資訊…等。

2. 品牌形象類

為了提高品牌形象與品牌知名度，進行網路廣告的宣傳，例如以線上影片的播送來贏得網路用戶的好感。

3. 銷售產品類

以增加產品的銷售量為目的，通常廣告的超連結會直接連到商品販售頁面。

依呈現形式劃分的網路廣告類型

1. 橫幅廣告

這是最常見的長條型網路廣告，大多使用 JPG、GIF、FLASH 等格式，有固定的尺寸，如 430×80 像素、728×90 像素，可以是動態或靜態的圖片呈現方式，點擊之後則會連結到廣告內容頁面或企業網站中。

2. 擴張式廣告

只要將滑鼠移到廣告上，便會呈現自動擴張的形式，這類型的廣告可以吸引網路用戶的注意，但在播放上卻會造成使用者的困擾，並引起不便。

3. 寬屏廣告

廣告位於首頁或重要頻道頁面的中間，屬於黃金位置，通常廣告價位也較高，但網路用戶一進入網站時，第一眼一定會看到該廣告，相對的點擊率和曝光率也會隨之大大提升。

圖 14-1 橫幅廣告

資料來源 Yahoo 奇摩信箱，https://login.Yahoo.com/config/mail?.intl=tw。

圖 14-2 擴張式廣告

資料來源 Yahoo 奇摩購物中心，http://buy.Yahoo.com.tw/。

圖 14-3 寬屏廣告

資料來源 payeasy，http://www.payeasy.com.tw/index.shtml。

4.Button

或可稱為圖示廣告、按鈕廣告，由於圖像較小，可以放置的位置也有多種選擇，通常會加上文案予以輔助，而點擊 Button 時，則會連結到相關內容頁面。

5. 固定版面廣告

會在固定的頁面、固定的位置出現，不管網路用戶進入網站多少次，除非有新的廣告出現取代，否則廣告內容並不會變換。

6. 隨機輪替廣告

雖然在網頁上有固定的位置，但網路用戶每次一進入網站或重新整理時，廣告內容都不相同，是以隨機的方式出現。

7. 文字連結廣告

一般的文字連結的簡單型廣告，不需要任何多媒體的技術或圖片設計，只需要發想文案即可，點擊文字時便會進入廣告頁面，對網路用戶的干擾最少，但較無法引起立即性的注意。

8. 彈出式廣告

除了網站的主要頁面以外，還有另一個廣告視窗，通常會出現在當網路用戶進入該網站時跳出、或是從一個網站連結到另一個網站時跳出，廣告尺寸可大可小，並具有強迫觀看的性質。

9. 電子郵件式廣告

企業直接以 EMAIL 的方式針對目標族群發送廣告內容，即是電子郵件廣告（E-mail Ads），由於它的費用低廉、又有確實的客戶郵件名單，因此廣被企業所使用。

10. 電子報式廣告

企業固定發送給網站的電子報中，會將廣告穿插其中，針對會員做宣傳。

11. 置入式廣告

將商品訊息包裝成文章或新聞稿的方式，或者在網路用戶玩線上遊戲時，出現在虛擬物件當中，主要是讓人覺得是有價值的內容，而非商品廣告，以降低排斥感。

圖 14-4 Button

資料來源 Yahoo 奇摩，http://tw.Yahoo.com/。

圖 14-5 固定版面廣告

資料來源 Pchome 線上購物，http://shopping.Pchome.com.tw/。

圖 14-6 隨機輪替廣告

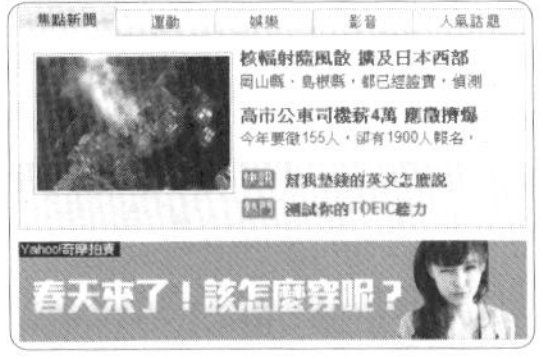

資料來源 yahoo 奇摩，http://tw.yahoo.com/。

圖 14-7 文字連結廣告

理財專區

【快速捷】銀行貸款10萬~200萬速貸

【銀行貸款】現金5-200萬1-7年自由選

【財經報導】陶晶瑩：做自己的勇敢女人

【個人理財】上班族都要知道的投資術

資料來源 Yahoo 奇摩，http://tw.Yahoo.com/。

圖 14-8 彈出式廣告

資料來源 迅雷看看，http://www.xunlei.com/。

圖 14-9 電子郵件式廣告

圖 14-10 電子報式廣告

圖 14-11 置入式廣告

比夢想領先一步 Volkswagen New Passat全新上市

本報訊

自1973年推出以來，Volkswagen Passat在全球超過100個國家銷售突破1500萬輛，是汽車史上少數非常成功的中大型房車。身為第七代全新Passat，Volkswagen為其詮釋為「比夢想領先一步」，意謂這款車將能充分滿足消費者的夢想，甚至超乎預期！總代理太古標達汽車特地選在3月17日於台北小巨蛋隆重上市，並一口氣發表1.8 TSI、2.0 TSI以及2.0 TDI BlueMotion Technology三種房車車款，以及2.0 TDI BlueMotion Technology之Passat Variant旅行車款，建議售價自新台幣119.8萬元至164.8萬元不等。

資料來源 今日新聞網，http://www.nownews.com/2011/03/24/11391-2699173.htm。

12. 漂浮式廣告

在瀏覽網頁時，無論滑鼠向上或向下移動，廣告都會跟著滑鼠移動，除非關閉廣告，否則它是不會消失的，有時會遮住網頁重要內容，因而引起用戶的反感。

13. 對聯式廣告

就像門聯一樣，利用網站的左右兩側刊登對稱式的廣告，這類型的廣告不會過度干擾網路用戶瀏覽網站，但卻又能吸引目光，提高廣告的點閱率。

14. 豎式廣告

為直條式的廣告，可放置在網站的左邊或右邊，由於廣告區塊大，很適合用來做商品的詳細說明或線上調查廣告。

15. 贊助式廣告

當網路媒體商要進行行銷活動時，企業可予以贊助，而媒體商也會給予企業贊助廣告的版面，達成彼此互利、共同宣傳的效果。

16. 行為分析型式廣告

網站會依照瀏覽者的瀏覽的網頁內容、閱讀行為和點擊行為進行即時性的分析，而出現與之符合的廣告。

17. 互動式廣告

企業為產品或服務而訂做出的一套遊戲，在網路用戶遊玩的過程中，廣告會不定時出現，並與用戶產生互動的動作。

18. 即時通訊式廣告

出現在 MSN、Yahoo 即時通中的網路廣告，大多以 Banner 或 Button 的方式呈現。

圖 14-12 漂浮式廣告

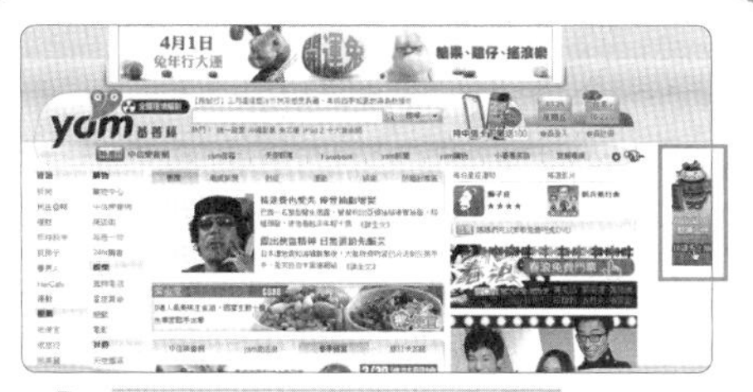

資料來源 蕃薯藤，http://www.yam.com/。

圖 14-13 對聯式廣告

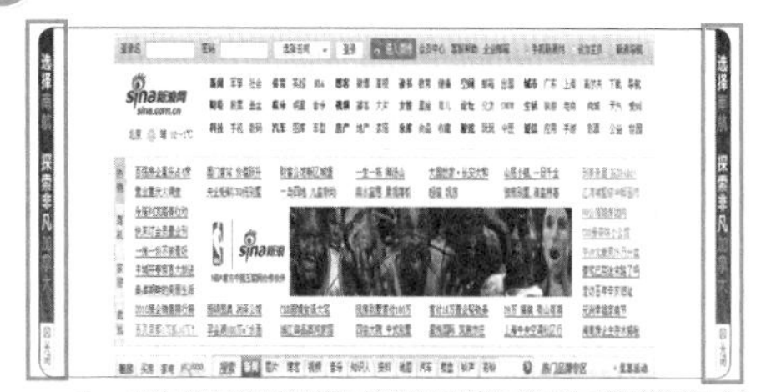

資料來源 Sina 新浪網北京，http://www.sina.com.cn/。

圖 14-14 豎式廣告

資料來源 99club，http://www.sina.com.cn/。

圖 14-15 贊助式廣告

資料來源 財團法人中華民國建國一百年基金會，http://www.taiwanroc100.org.tw/。

圖 14-15 行為分析型式廣告

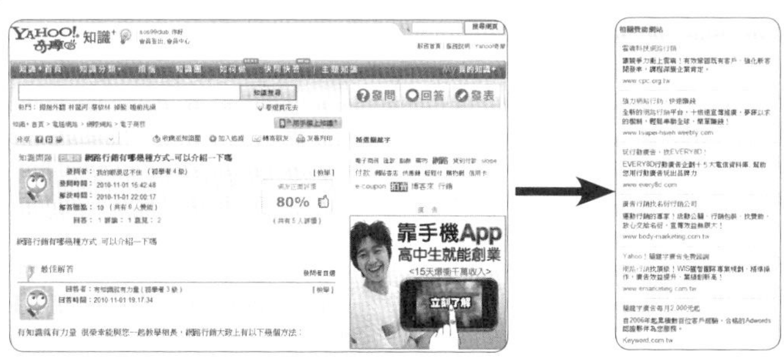

資料來源 Yahoo 奇摩知識，http://tw.knowledge.Yahoo.com/。

圖 14-17 互動式廣告

資料來源 桂格食品活動網站：桂格歡樂 30 拉 BAR 樂，http://www.quaker.com.tw/。

圖 14-18 即時通訊式廣告

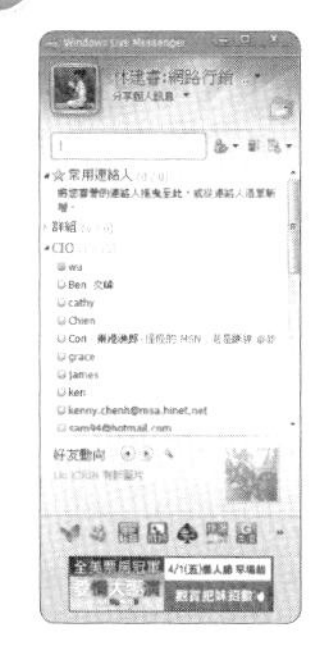

如何加強網路廣告成效

網路廣告最大的目的是要讓網路用戶可以對廣告有興趣、進而在點擊後能得到產品資訊，並形成對產品的偏好與購買欲望，最後產生購買行動。提供網路用戶會感到興趣的廣告，可以有折扣優惠的方式、創意的顯現方式、聳動的標題…等各種方式，但怎麼成為有效的網路廣告，發揮最大的成效，是每個在網路上發布廣告的企業所關心的一件事，雖然透過瀏覽人次和點擊率是評估成效的方式之一，但無效的點擊率只是讓數字看起來漂亮，卻無法為企業帶來實際的利益，更不能收集到潛在顧客的有效資料，因此要讓網路廣告不管在質或量方面都具有效益的話，必須要注重以下幾個環節：

1. 要先思考關於網路廣告的幾個問題

從網路行銷的觀點來思考發布網路廣告的目的是什麼？產品的市場定位又是什麼？希望受眾要鎖定在哪個族群？當問題釐清之後再來策劃網路廣告的整體策略方案與計畫，如此才能更清楚發布的媒體、對象、時間與內容設計等種種細節該如何進行下去。

2. 網路廣告目標的確立

在產品的不同生命週期中，有著不同的廣告目標，例如在新產品上市時，要先引起廣告用戶的注意，或者是廣告目標是要提升企業形象，針對不同的目標對用戶進行溝通，才能達到最高的效益。

3. 網路廣告目標受眾的確立

希望網路廣告能夠吸引的族群有哪些、分布在哪些區域、國內或國外、要鎖定哪些階層的人…，只有吸引到正確的目標對象，才有真正的廣告成效可言，否則吸引到無效的對象都只是一種廣告資源的浪費。

4. 設計具有吸引力的廣告內容

有好的網路廣告內容等於是成功了一半，在設計上可以掌握幾個重點：

(1) 使用能引起注意的詞彙

在用語的選擇上不一定要誇張驚奇，但可以挑選使用頻率最高的詞句，如免費、下殺…等，以一句話或一個用詞就將網路用戶吸引過來，進而喚起點擊的行動。

圖 14-19 消費者點選網路廣告的原因

要讓網路廣告具有成效，首先要知道消費者點選網路廣告的原因，依據 E-ICP 東方消費者行銷資料庫的調查，能吸引消費者點選的前三項因素是：

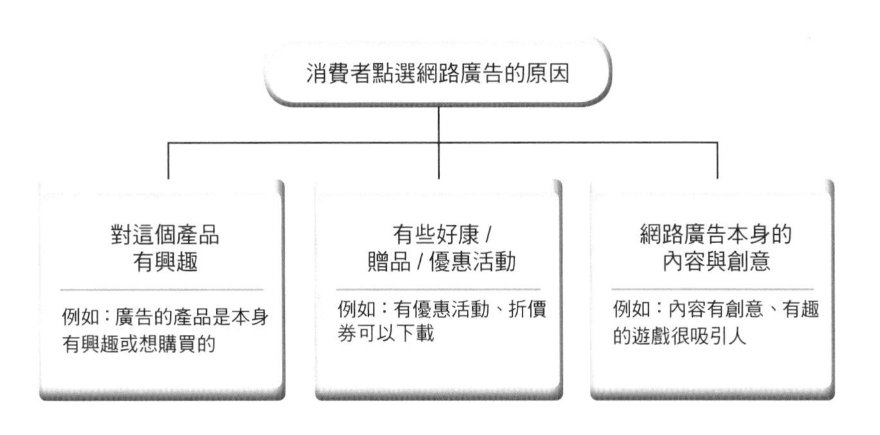

圖 14-20 選擇廣告服務商時需考慮的條件

廣告服務商是提供網路廣告的網站，可以是大型網站、搜尋引擎或入口網站，選擇適合的服務商來投放廣告，也會影響到廣告效益的成敗，企業在選擇服務商時，應該考慮以下幾個條件：

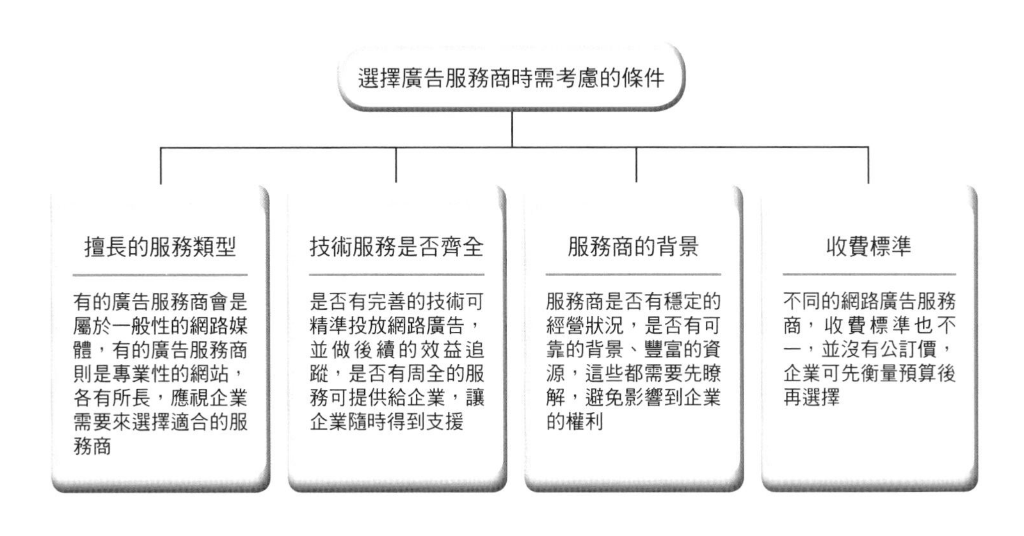

(2) 用詞或圖片要簡單、明瞭

網路廣告大多具有大小尺寸的限制，或是文字字數的範圍，在有限的空間內，最好能讓網路用戶一眼就能瞭解廣告的訴求是什麼，而不用到了點擊之後才知道究竟是什麼。

(3) 突出的色彩、文字、圖片與動畫

一般網路用戶很少會有耐心去看太繁複的文字或圖片廣告，因此在廣告的色彩、文字、圖片與動畫設計上，要儘量簡單、清楚、具有創意，引起視覺上的注意力，使用戶在瀏覽時能夠稍微停留一下眼光，甚至有興趣去點選。

(4) 具有互動性的功能

如果能夠增加互動的功能，如遊戲，那麼用戶在瀏覽廣告時，也會因為覺得有趣而增加點擊的意願。

5. 適合的廣告時間區段與發布時限

廣告發布的時間與區段的選擇、出現頻率、時限…等，都要經過精密的策略考量再予以安排，以達更精確的效益。時限是指廣告從開始一直到結束的時間，如投放時間為 2 個月；頻率則是在一段時間內，廣告出現的次數；區段則是指每天出現的時間，如晚上 11 點。

此外，還可以考量在產品上市前後，眾多廣告出現的順序要如何安排、鋪陳，要在產品上市前發布，或是在產品上市後發布…等因素。

6. 合理的網路廣告預算

當企業決定整體的行銷預算、打算在哪些媒體投入多少的廣告預算之後，就可計算要在網路廣告預算方面要佔整體廣告預算多少的百分比，通常預算的計算方式有三種：

❶ 既定預算法：依照企業自身的能力，固定一筆預算，在預算內盡力達到廣告目標。

❷ 百分比預算法：要佔產品銷售額或售價的多少百分比作為廣告預算，如售價的 10%。

❸ 競爭預算法：依照競爭對手的花費來決定廣告預算。

❹ 目標預算法：當廣告目標確立之後，計算要達到此目標需有多少的花費，而該花費就是廣告預算。

圖 14-21　完善效益分析服務與建議可以帶來更大的成效

現在的網路廣告代理商已經不僅僅是著重在曝光率或點擊率的數據提供，完善的技術與建議，往往會為廣告主帶來更大的成效。

圖 14-22　網路廣告沒有成效的原因

不管是哪一種型式的廣告，即使再有創意、再有策略，都可能面臨沒有成效的困境，主要的原因來自於：

對廣告訊息不信任

廣告充滿了商業意味，很明顯就是在做廣告，不信任的成分居多

網路用戶不想看廣告

認為廣告的出現是煩人的，連看都不想看

網路用戶不需要廣告

若需要某些產品時，自己搜尋就好，根本不需要廣告

14.2 關鍵字廣告

關鍵字廣告（adwords）又叫做「關鍵字搜尋」，是指當網路用戶利用某一字詞進行搜尋時，在結果頁會呈現與該字詞有關的廣告，它是屬於按用戶點擊次數（cost-per-click）來收費的型態，而出現的位置不會是固定在某些頁面的，但會有特別顯著的位置，例如會是在搜尋結果頁的右側、最前面的幾筆列表。

關鍵字廣告呈現方式

關鍵字廣告是透過文字吸引有興趣的網路用戶進行點擊，由超連結的方式連結到廣告內容頁、網站或相關頁面。所使用的關鍵字可以是人事時地物、與新聞趨勢有關、或任何抽象 / 具體的詞句，一般來說，可以有以下這幾種方式的呈現：

1. 企業關鍵字

使用企業的名稱、產品、服務、品牌來作為關鍵字，只要網路用戶搜尋相關字詞，便可以連結到企業的網站或部落格中，但這種方式比較適合已具有知名度的大型企業或品牌。

2. 一句話關鍵字

以簡短的一句話就能吸引網路用戶的注意，進而點選瀏覽相關的廣告頁面，這是目前在關鍵字廣告中常見的手法。

3. 資訊關鍵字

使用與企業、產品、或服務有關的資訊作為關鍵字，當網路用戶搜尋到相關資訊時，便會出現該關鍵字的廣告連結。

4. 精準關鍵字

關鍵字的範圍過大，會讓進入企業網站的流量與實際銷售量不成比例，也難以將瀏覽者轉化為顧客，但是利用精準關鍵字的方式會較容易吸引目標顧客進來，其作法是利用一個問題或幾個字詞的組合來增加曝光率，讓網路用戶更容易搜尋得到。

圖 14-23 企業關鍵字

圖 14-24 一句話關鍵字

資料來源 Yahoo 奇摩，http://tw.Yahoo.com/。

資料來源 Yahoo 奇摩，http://tw.Yahoo.com/。

圖 14-25 資訊關鍵字

圖 14-26 精準關鍵字

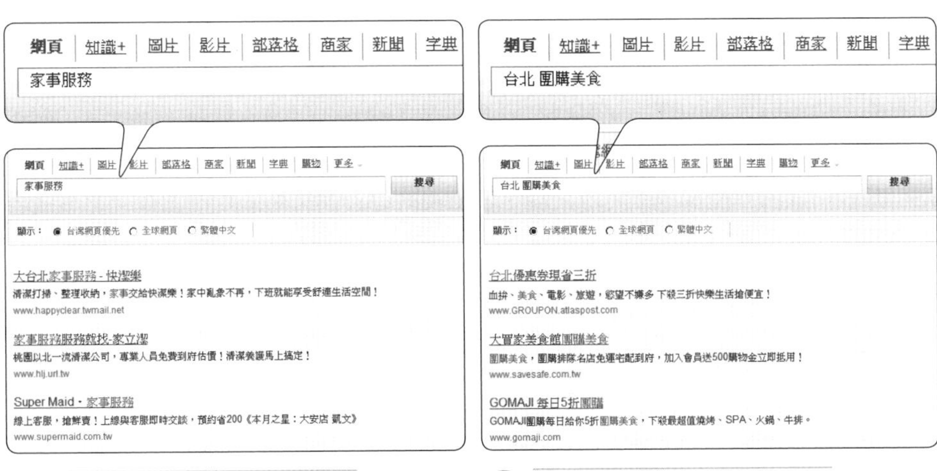

資料來源 Yahoo 奇摩，http://tw.Yahoo.com/。

資料來源 Yahoo 奇摩，http://tw.Yahoo.com/。

5. 熱門、趨勢關鍵字

與新聞時事有關或熱門訊息有關的字詞，都可以作為關鍵字，一般搜尋引擎都會提供關鍵字排行榜，將近期爆紅、最多人使用的關鍵字依照排名列出來，使用這類型的關鍵字可以在短時間內大量增加網站流量。

6. 長效型關鍵字

要讓關鍵字的生命週期維持得較久，又要是網路用戶所感興趣的，可以使用日常生活中常用得到的資訊作為關鍵字，這種類型的關鍵字沒有時效性的問題，可以維持穩定的網站流量。

關鍵字廣告種類

從搜尋引擎付費排序的經營模式獲得成功，開拓出無數成功案例之後，有更多的企業喜歡採用這類型的行銷方式，目前關鍵字廣告的種類可分為三種模式：

1. 以排序效果來計費模式（Paid Listing）

依照付費的高低來決定關鍵字的排名，以及在搜尋結果頁上呈現的位置，排名越前面、位置越明顯者，自然所要付出的廣告費用也就越高。

2. 一定搜尋得到的固定計費模式（Paid Inclusion）

有的企業擁有太多的產品，但時常更新關鍵字的方式又過於繁雜，因此為了能讓該企業的網站或廣告頁面能被搜尋得到，企業會付出固定的費用，在一定的時間內，讓網路無論怎麼搜尋都可以出現，但出現的位置與排名則無法選擇，有可能會是最末端的位置才出現。

3. 異業合作的內容關聯模式（Contextual advertising）

搜尋引擎業者以及技術，結合其他的廣告主或業者所進行的廣告模式，也就是網路用戶並不進行搜尋的動作，但是在瀏覽某一文章時，便會出現與該文章有關的關鍵字。這種方式可以增加廣告的曝光量，主動將關鍵字廣告推向網路用戶。

圖 14-27　熱門、趨勢關鍵字

資料來源　Yahoo 奇摩搜尋榜，http://tw.buzz.Yahoo.com/。

圖 14-28　長效型關鍵字

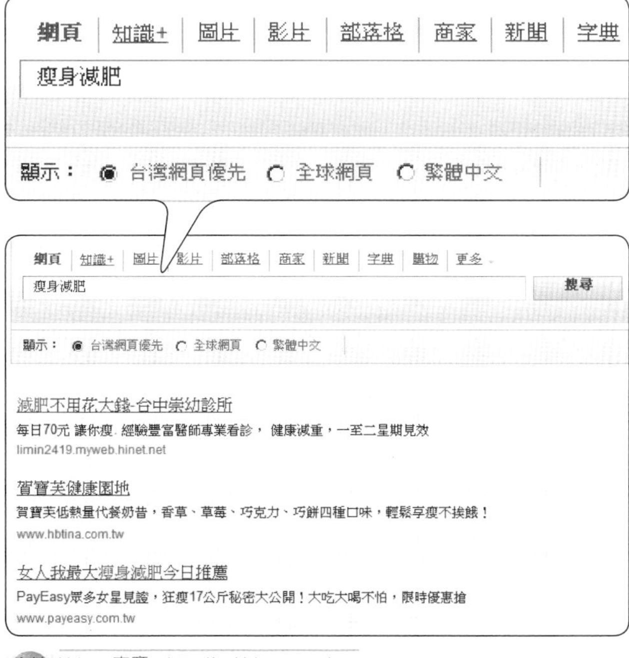

資料來源　Yahoo 奇摩，http://tw.Yahoo.com/。

關鍵字的選擇與管理

關鍵字廣告也是屬於網路廣告的範疇中，但因定位度高、關鍵字又能隨時修改、可立即掌控與追蹤效果…等特性，因此逐漸變成企業所喜愛使用的行銷方式。

在關鍵字廣告中，首重之事為選擇關鍵字，並為關鍵字進行管理，由於企業所須投放的關鍵字往往是大量的語詞，尤其是特別著重在關鍵字廣告的企業，其關鍵字更可能使用到上萬個，因此關鍵字的選擇與管理要有一定的條理與步驟，才可發揮精準命中的效益，而非僅是詞句的堆疊。

1. 找出與產品或服務相關的關鍵字

儘量列出具有主題性的詞句，鎖定在與企業、品牌產品、服務、產業、產品特性、行銷活動相關的範圍內，並加以排列出所有可能性的組合，儘量擴展關鍵字的範圍。

2. 與網路用戶的搜尋習慣相互比較

將列出來的關鍵字與網路用戶的搜尋習慣比較，瞭解他們的行為、採用他們的語言，尤其是網路上常使用的詞彙，或突然爆紅的用語，更要列為第一選擇，將列出的關鍵字予以修正。

3. 考察歷史關鍵字的績效

通常搜尋引擎或關鍵字行銷公司會提供關鍵字請求量的統計工具，讓企業參考與應用，行銷人員可依照統計報表來查看相關關鍵字過去的績效表現，像是以「網路行銷」為關鍵字者，可以參考前一年或前一個月的用戶搜尋請求，是否大到足以成為主要關鍵字的效益。

另外，還可以察看不同的關鍵字在不同的目標族群中，其影響力與搜尋請求量如何，藉由報表的統計數量來列出關鍵字的優先順序排列。

1. 對關鍵字進行分類

不用一次就將所有的關鍵字全部投放進去，可以依照不同的行銷階段或針對不同的目標族群，將關鍵字予以分類後再進行投放，或逐漸累積關鍵字的投放量、隨時調整投放的策略，讓運作的方式更有更多的彈性變化。

圖 14-29 關鍵字廣告的特性

關鍵字廣告也是屬於網路廣告的範疇中，但因定位度高、關鍵字又能隨時修改、可立即掌控與追蹤效果，因此逐漸變成企業所喜愛使用的行銷方式。

特性	說明
形式簡單，不用做過多的設計	以文字為主，內容包含廣告關鍵字、標題、網站介紹與網址，不用太多的設計，即使小企業都能輕易上手
顯示方式使網路用戶容易區分	固定的顯示位置能讓用戶在搜尋資料時，輕易分辨哪些是廣告、哪些是自然搜尋的結果
廣告預算可以掌控	計價模式固定，或是依照點擊量來計算，對廣告預算不足的企業來說，可以有效掌控支出
可以追蹤流量與成效	有報表提供，可依照週、月之不同查看流量與個別的成效
易於管理與替換	大量的關鍵字可分類管理，且調整彈性高，對於無效之關鍵字可予以替換

圖 14-30 關鍵字廣告群組

關鍵字廣告可以設定廣告群組，並為該群組撰寫一則以上的廣告簡介與標題，在同一群組中，所有關鍵字的相關度要高，若性質差異過大，則可建立為另一廣告群組，當用戶使用不同關鍵字搜尋時，便會出現相對應的內容，但實則都連結到同一網站中。

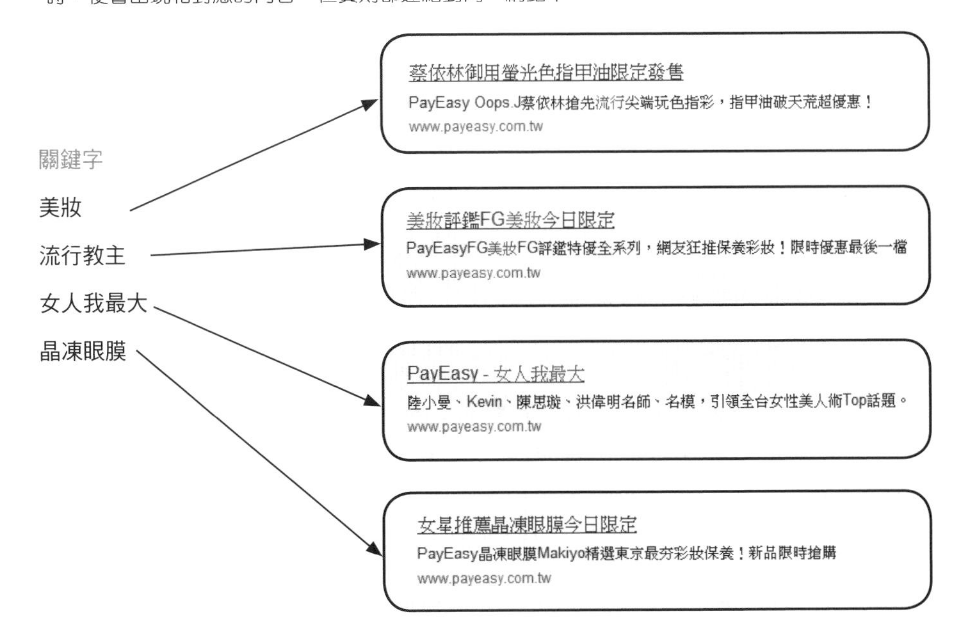

2. 觀察競爭情況來調整關鍵字

除了競爭對手所使用的關鍵字以外，還有相關產業的競爭情況，都可以作為行銷人員的參考，隨時調整所投放的關鍵字，讓每一個關鍵字廣告都能發揮應有的績效。

3. 根據關鍵字的績效表現予以優化

關鍵字廣告所求的是精準命中目標族群，所使用的關鍵字績效，不管在收錄層、排名層、點擊層、或轉化層中，都要能確實掌握，瞭解網路用戶的點擊量是否提高、對產品或服務是否有所認知、銷售量是否有隨著增加，以此作為優化的基礎進行調整。

關鍵字投放策略

投放在搜尋引擎的關鍵字，為了達到其效益，行銷者還需採取最合適的方式來發布，通常有以下幾種策略可以使用：

1. 挑選符合目標族群的搜尋引擎

購買關鍵字廣告時，搜尋引擎的使用率是最大的考量因素，但使用量大不見得能切中目標族群，再加上每個搜尋引擎的技術、排名規則也不盡相同，以 Yahoo 來說，關鍵字廣告著重於搜尋結果頁的顯示，而 Google 則可以顯示在一般網站或部落格中，並根據內容的關鍵字自動篩選廣告，行銷者必須瞭解個別的特性再進行購買，才能將錢花在刀口上。

2. 安排關鍵字發布的時間

關鍵字廣告也可以像電視廣告一樣選擇出現的時段，時間的安排是否得宜，對廣告效果有極大的影響，如果可以瞭解目標族群上網的時間主要集中在什麼時段，在這些時段中安排關鍵字密集地出現，也可以增加廣告的點擊率。

3. 關鍵字的投放要在合理範圍

雖然關鍵字可以有無限多種組合，但要是企業所投放的關鍵字，與產品或服務內容關連性不高，那麼網路用戶在搜尋資料後，再進行點擊時，會發現與期望有所落差，反而會很快的跳開，並不能將瀏覽用戶有效轉化為顧客，那麼即使購買再多的關鍵字廣告也是枉然。

圖 14-31　關鍵字廣告層次

關鍵字廣告可以分為四個層次：收錄層、排名層、點擊層、轉化層。在不同層次中，行銷目標也有所不同，但最終的目標都是希望能把用戶變成真正的顧客。

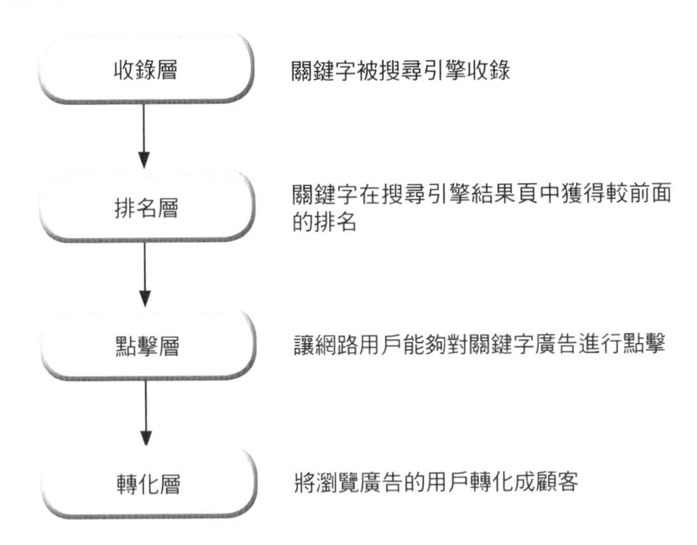

圖 14-32　搜尋引擎自然排名與關鍵字廣告

關鍵字廣告與搜尋引擎自然排名雖然同為關鍵字行銷的一種，但在性質上並不相同，以下針對兩者在位置、性質、收費、點閱成效、與優缺點等方面進行比較。

方式	搜尋引擎自然排名（SEO）	關鍵字廣告（Adwords）
顯現位置	中間	最上方與右邊
性質	依照用戶點擊量產生排序	付費即能取得優先位置
收費	固定計費	依照競價來決定每次的點擊費用
點閱成效	62% 的用戶只會看結果頁的第一頁 48% 的用戶會繼續看結果頁的第二頁 13% 的用戶會繼續看結果頁的第三頁 8% 的用戶繼續看結果頁的第四頁（根據 iProspect 調查）	上方關鍵字廣告點閱率：3% ～ 8% 右方關鍵字廣告點閱率：2% ～ 5%
優點	1. 依自然搜尋結果顯現，易被用戶信服 2. 成本低，可降低廣告預算 3. 不易被其他網站取代排序名次	1. 短時間內立即顯現排序 2. 可使用無限多組關鍵字 3. 可靈活調整關鍵字
缺點	1. 無法立即展現排序效果，約需 60 ～ 90 天的時間 2. 排序的頁面與位置無法確實掌握	1. 容易被取代 2. 競價越高，所須支付成本越多 3. 易被競爭者惡意點擊而增加成本

關鍵字廣告成效

傳統的媒體廣告，企業必須付出高額的廣告費用，但由於閱聽群眾過於龐大，因而難以命中目標族群，而關鍵字廣告則可吸引對產品或服務有興趣的用戶點擊，直接過濾非目標族群，針對目標族群可再進一步行銷，命中率更高。

通常搜尋引擎業者會提供給企業關鍵字廣告管理的後台，藉由後台的報表與統計數字來瞭解廣告效益和投資報酬率，行銷者必須善用這些資料進行分析與追蹤，利用以下幾個方法來幫助策略的調整：

1. 查閱與分析廣告報表

在廣告報表中，會提供有關瀏覽量、點擊量、點擊出價、與曝光收益等資訊，可以依照每週、每月的時間性不同，瞭解操作手法所帶來的效益。

2. 追蹤網址與成交率計數器的資料分析

利用追蹤網址的功能，可以知道各個關鍵字的實際流量，而成交率計數器則可以讓行銷者知道透過關鍵字廣告進來的用戶，在進入網站後會做些什麼事情，如購買商品、或是隨便看看後就離開了。

3. 由廣告評估指標瞭解投資報酬率

廣告評估指標包括點擊率（CTR，Click Through Rate）、每千次曝光成本（CPM，Cost Per Millenarian）、每次點選成本（CPC，Cost Per Click）、每筆購買成本（CPA，Cost Per Action）、每筆名單成本（CPL，Cost Per Lead），瞭解各項數值的高低，有助於計算投資報酬率。

圖 14-33 關鍵字廣告較傳統媒體能命中目標族群

關鍵字廣告能過濾非目標族群，針對目標族群可再進一步行銷，命中率較傳統的媒體廣告高。

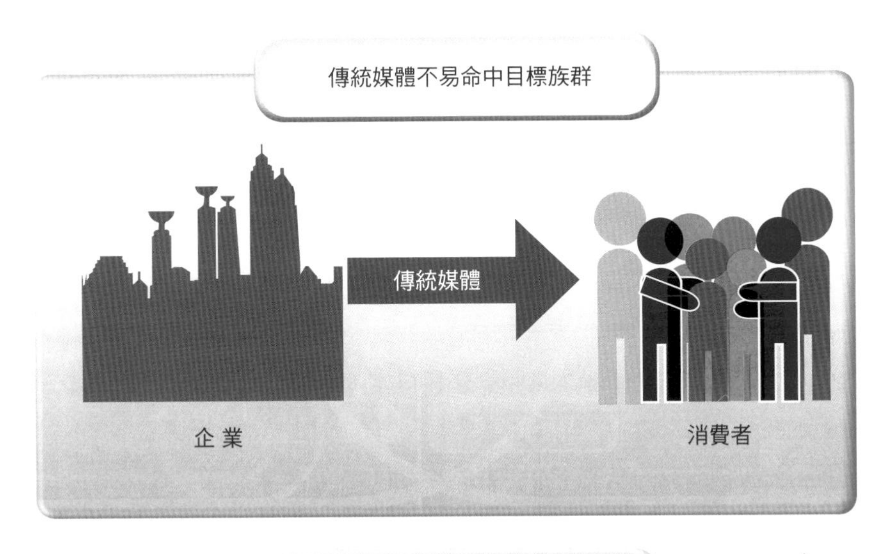

14.3 其他廣告模式

話題行銷

話題行銷是利用商業色彩低的宣傳手法，引起媒體和消費者的注意，而產生話題，藉由人們茶餘飯後的討論，一傳十、十傳百，把訊息傳遍整個大街小巷。

由於廣告資訊過於氾濫，人們並不像從前那樣會去注意廣告訊息，或對廣告內容照單全收，但話題行銷的廣告效益，卻是一般廣告的 3 ～ 5 倍，話題行銷之所以能夠成功，關鍵在於找出一個能夠讓人們樂於討論的話題，並在相互交談的過程中覺得有趣，進而不斷討論下去，因此只要操作得當，企業就能夠創造出帶動社會潮流的話題，為產品或服務製造宣傳效果。

而能夠引起人們注意的話題，主要有幾個方向：

❶ 一般禁止碰觸的禁忌。

❷ 有趣、好玩的事物。

❸ 內幕八卦，會想讓人們一探究竟。

❹ 平常少見的事物。

❺ 不合常理的事物。

有了吸引人的話題，也需要運用一些手法來強力播送，直到得到人們的關注，通常可以利用的方式有：

❶ 創造一個新的詞彙，即使是曾經為人們所知的事物，但重新給予一個新名詞，也能夠產生效益。

❷ 無論如何，都要讓它成為某個族群間的一種流行，藉以帶動風潮。

❸ 不斷曝光、反覆播送，讓人們有印象。

❹ 從感情面著手，並與媒體結合創造出話題性。

當企業要推出新產品時，利用話題行銷的方式來製造一個話題，增加媒體的關注、報導，能使廣告成本大幅降低，但要注意的是，話題內容雖然是可以操控的，但消費者對話題的討論內容卻是不可控制的，當話題引起了負面效果，要是處理不當的話，話題便形成了危機，因此，當負面評論出現之時，態度應更為積極，將問題解決掉，否則若是像滾雪球一樣越滾越大時，屆時反而是一發不可收拾了。

圖 14-34 創意話題的發想

話題要經過設計，但創意不容易發想，掌握六個要點也可以很輕鬆的想出來。

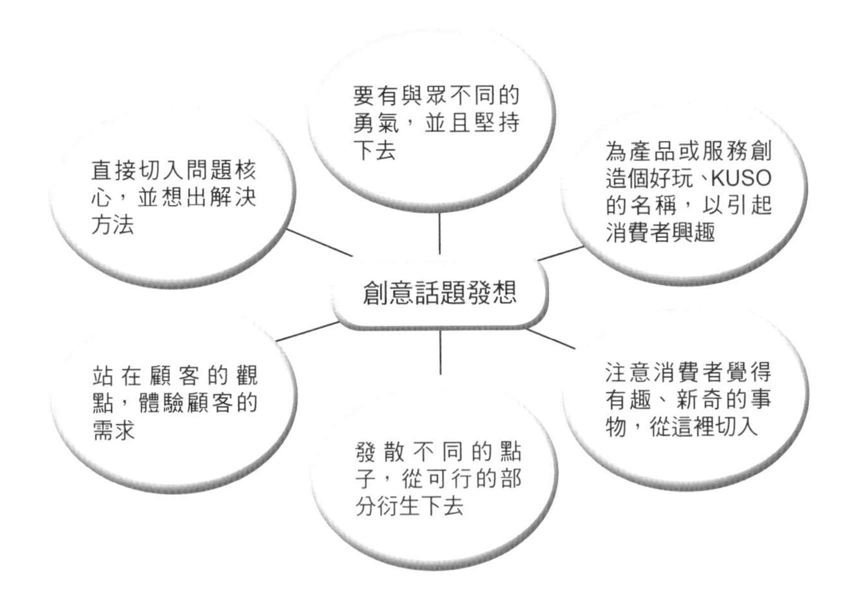

圖 14-35 故事性話題

行銷大師馬克．休斯（Mark Hughes）提出，要受到媒體的關注，可以利用故事性的方式來創造話題，而故事可以有以下 5 個切入點來敘說：

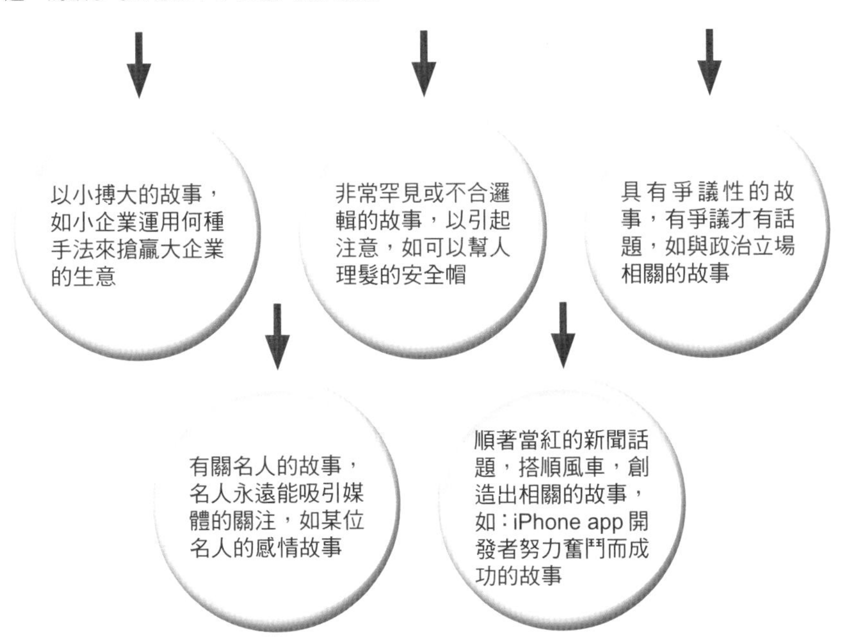

狀態廣告

即時通訊工具是許多網路用戶不可或缺的對外聯絡工具，它可以讓人在同一時間與身處在不同地方的朋友群聊天、溝通，以 MSN 來說，全球用戶已超過 4 億 6 千萬名，在台灣也超過 800 萬名用戶，這是相當龐大的數字，而有人的地方也代表著是廣告宣傳的好地方，因而有許多業者紛紛以即時通訊作為行銷工具，將促銷、優惠、活動、產品訊息…等廣告放置於狀態列中，使得用戶一上線時，就能看到該廣告訊息，這便促成了狀態廣告（StatusAd）新行銷方式的崛起。

簡單來說，在即時通或 MSN 中，常常看到有朋友會利用狀態列來顯示心情或傳達事件，而狀態廣告即是在狀態列中擺放廣告文字與連結，如：「免費化妝品試用，大家快點來領取」，讓親朋好友等聯絡人看到之後，能夠去點擊或瀏覽的廣告方式。

狀態廣告利用的是人際關係的特性，與其他展現給不認識的網路用戶的廣告方式不同，它所傳播的對象是熟悉的聯絡人，利用個人的宣傳行為，讓自己的朋友以為這是「我所推薦」的產品與服務，進而更有意願去點擊，而達到快速宣傳的效果，也就是說，狀態廣告是建立在人際與口碑的基礎上，來產生效益的一種新型態廣告方式。

在追求分眾的行銷趨勢下，狀態廣告能夠讓網路用戶成為媒體，藉著朋友的力量將廣告帶入更精準的目標族群中，而不是透過冷冰冰的數據資料去分析目標族群在哪裡。此外，狀態廣告也不同於一般的輪播廣告，因為在人際特性的發揮下，瞭解朋友喜好、態度與觀念，所以能夠從中挑選適合的廣告放在狀態列中，再搭配一些有趣的文字，而朋友也會因為看到更貼近他的需求的廣告，引起來點擊的意願，進而對產品或服務有所認知、偏好，並產生購買意願。

而為了提高一般網路用戶在自己的即時通訊中放置狀態廣告的意願，企業或廣告主也會提供給放置者一些利潤回饋，當朋友點擊廣告時，放置者便可以獲得獎金或獎品，也因為有了實質的回饋，促使放置者會更加用心去挑選適合朋友族群的廣告，以增加點擊率，這種方式讓網路用戶可以額外賺到一些廣告收入，而企業也能夠達到宣傳目的。

不過值得注意的是，狀態廣告畢竟還處於尚未十分成熟的階段，因而常常會有網路用戶為了增加點擊率，使出一些作弊的手法，將狀態廣告放置在非即時通訊的工具中，或利用惡意程式來提高點擊率，以賺取更多的廣告費，反而造成了企業的損失，這也是行銷者在考慮採用狀態廣告來宣傳產品或服務，所該考慮的風險之一。

圖 14-36 狀態廣告顯示位置

即時通訊的狀態列可以讓使用者自由編輯內容，這也成為可以放置廣告的宣傳管道。

這是狀態廣告的放置者可以自訂狀態訊息、張貼廣告的地方

當開啟即時通訊時，可以看到其他的連絡人放置的廣告訊息，即是狀態廣告顯示的地方，而點擊網址時，即可連結到宣傳頁面

圖 14-37 狀態條

廣告商會提供狀態條供網路用戶挑選與放置在狀態列中，並提供回饋與獎勵。

資料來源 Statusad，http://www.statusad.com/。

置入式廣告

置入式廣告是把具有代表性的品牌、招牌、產品、吉祥物、包裝等，融入文章、新聞、部落格、論壇或遊戲中，使消費者產生深刻的印象，達到潛移默化的廣告效果，並不致使消費者引起排斥的觀感，這種手法過去在電視或電影中常常看到，而應用於網際網路時，可以表現的空間反而更加廣泛。

像是在網路小說中，置入式廣告可以表現在主角對某件商品的喜好；在網路新聞中，可以表現在對某個企業或品牌的專題報導；在部落格中，可以表現在格主對某個產品的推薦與使用效果；在網路遊戲中，則可以表現在場景或獲取的寶物中，甚至在遊戲開始、中間或結束時，廣告隨時都可以出現。

置入式廣告的投放方式有三種，第一種是企業可以直接與網路媒體、遊戲公司或個人部落格合作，指定發布的內容與位置。另一種方式則是透過專業的網路行銷公司，將廣告發布在各大新聞媒體中。而第三種則是自製有趣搞笑的影片，將產品或品牌置入其中，再將影片予以發布。

置入式廣告的效果其實是難以掌控的，有的廣告出現時會讓人莞爾一笑，有的則會引起反感，這完全在於創意是否運用得宜，以及是否在運作時有考慮到以下兩個環節：

1. 是否考慮到目標族群

產品的目標消費者與廣告的目標受眾是不是有交集，這是在採用置入式廣告時應該最先考慮的問題，如果答案是否定的，那麼廣告等於是白做了。

2. 是否考慮到品牌或產品的特點

由於置入式廣告是屬於比較隱匿性的行銷方式，對於已經具有品牌知名度的產品或企業來說，是較為適合採用的，反而是一些剛上市的新產品，知名度都還不夠，即使消費者看到了該廣告，也不容易產生印象，只有當產品或品牌還在生命週期的中後期時，才能具有較好的傳播效果。

置入式廣告在運作時的困難度在於很難兼顧內容與行銷目的需求，太過遷就內容，廣告便沒有效益，太過遷就產品，又會因過於商業化而導致反效果，為了能在這兩者之間獲得平衡，行銷人員事前與網路媒體、製作公司、乃至於所有參與的人員做好充分的溝通是必須的，包括出現的數量、頻率、位置、大小…等，都要一一確認，當產品與內容結合得越不著痕跡時，所獲得的效益也就越高。

圖 14-38 置入性廣告深淺類型

以深淺程度來劃分，置入性廣告可分為三種類型：

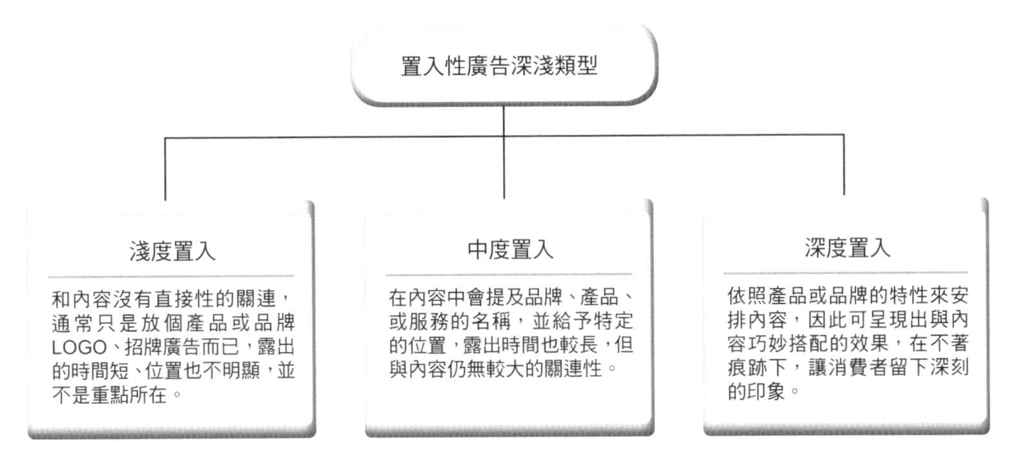

圖 14-39 置入廣告出現方式

以置入的方式來劃分，置入廣告可分為以下六種類型：

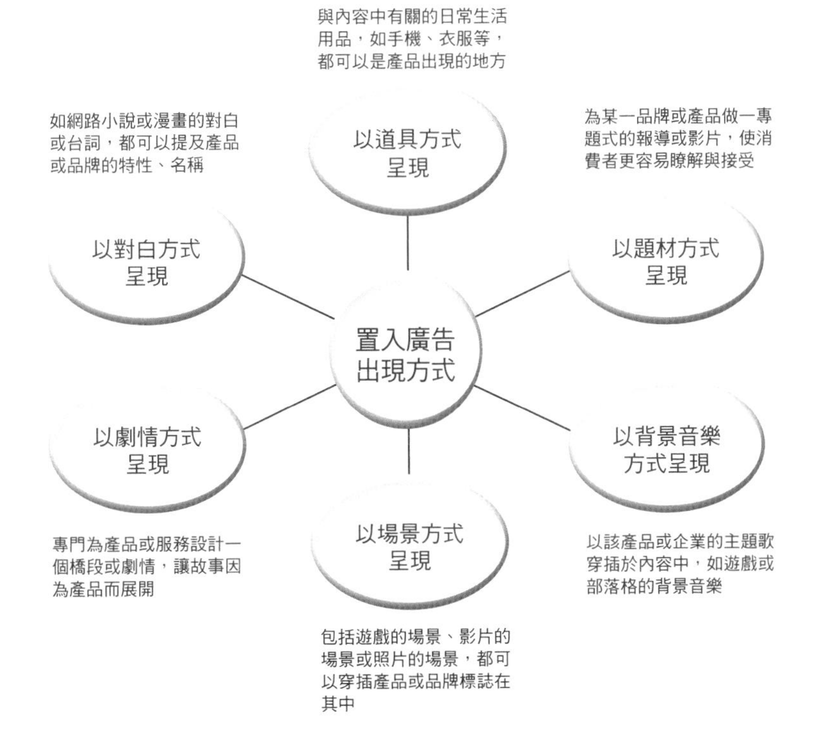

遊戲行銷

遊戲行銷是一種新型態的網路行銷方式，企業透過網路小遊戲的發布來宣傳產品，或與遊戲軟體公司合作，在遊戲中嵌入廣告，使得網路用戶在玩遊戲的同時，企業也能達到廣告或行銷、宣傳的作用。

由於線上遊戲有著獨特的魅力，又具有互動、交流、參與與娛樂性強的特點，用戶族群也多分布在 16 ～ 30 歲之間，玩遊戲的時間動擇超過 2、3 個小時以上，對企業與廣告主而言，可說是具有明確的目標族群與使用習慣，能避免行銷資源的浪費，只要針對年輕人的喜好、性格等特徵予以制訂行銷策略，就有助於品牌形象與產品業績的提升。

此外，有些遊戲需要讓網路玩家留下資料以便購買點數，或是在註冊時留下詳細的個人資料，這也成為在企業眼中相當有價值的客戶資料庫，更有助於行銷推廣。遊戲行銷有著比傳統行銷更多的優越性，不但可運用的方式靈活多變，且幾乎不帶有任何強迫性就易於被網路用戶接受，以遊戲行銷的形式來說，有幾種作法：

1. 發布網路廣告

在大型的遊戲商網站或專門以遊戲為主題的入口網站發布橫幅廣告、彈出式廣告或互動式廣告。

2. 藉助衍生媒體來宣傳

有些線上遊戲也會衍生出以遊戲攻略、介紹遊戲內容為主的刊物、電子報、書籍，企業可與之合作，在上頭放置宣傳廣告。

3. 與遊戲商異業合作

可與遊戲開發廠商合作，共同推出為商品量身訂做的遊戲，或是在既有遊戲中置入商品廣告、讓產品化身為虛擬寶物、在場景中出現品牌符號，藉以增加曝光的機會。

4. 作為遊戲贊助商

有的線上遊戲會讓玩家累積積分以兌換獎品，企業可成為這些獎品的贊助商，讓玩家在實際體驗獎品後，加強日後購買的意願，同時也達到宣傳效果。

5. 自行開發各類型遊戲

開發以產品或品牌為主角的小遊戲，並免費讓網路用戶使用，一方面可以讓用戶在不知不覺中接收到行銷訊息，另一方面，當用戶覺得該遊戲相當吸引人時，也會主動分享給親朋好友，進而產生病毒式行銷或口碑行銷的效果。

圖 14-40 遊戲行銷的優勢

遊戲行銷比起傳統行銷方式而言，具有更高度的靈活性，且很少帶有強迫性，並具有高度接受性與互動性，發展空間是極高的。

訴求對象明確 針對性強	展現方式多樣化 可靈活運用	可搭配多種具創 意的促銷方式
從調查顯示，網路遊戲玩家多聚集在年輕族群，男性多過於女性，由於對象明確，更有助於企業針對其鮮明特性規劃行銷策略。	不管是置入遊戲的內容，或化身為遊戲的道具、在開始與結束時出現廣告…多樣化的方式都能相互運用，並讓玩家易於接受。	遊戲廠商為了增加玩家人數，常會舉辦許多具創意的促銷活動，或銷售衍生性的周邊商品，搭上順風車也能達到宣傳的效果。

圖 14-41 常見的遊戲商與企業合作之共同促銷手法

遊戲行銷吸收了許多市場行銷的精髓，促銷方式更有高度的創意性與變化性，通常企業在與遊戲商合作共同促銷時，會有以下幾種方法：

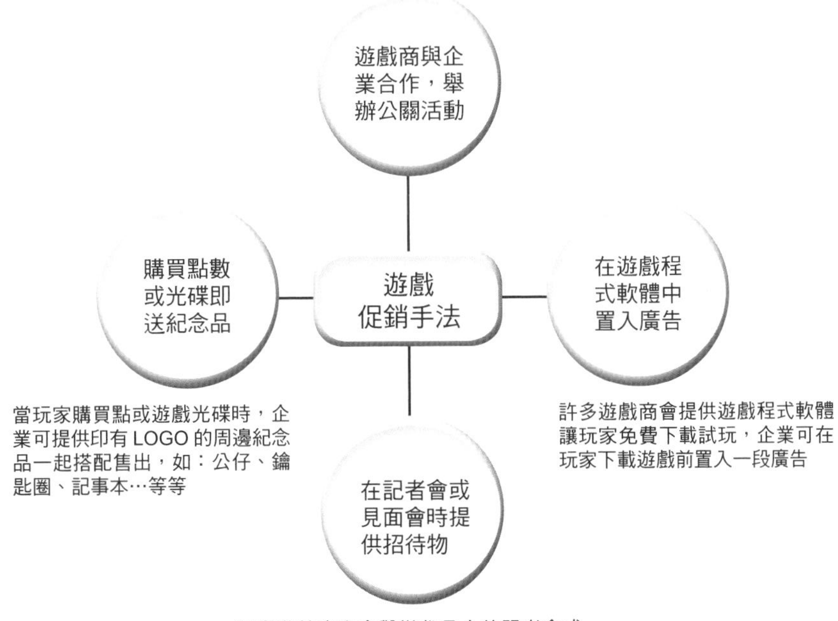

行動行銷

美國行動行銷協會指出，「行動行銷是對於品牌和用戶之間，作為通訊和娛樂管道的行動媒體之使用，行動行銷是帶給用戶即時、直接、相互溝通的一種管道，也是透過行動管道來規劃、實踐對產品或服務進行定價、促銷、通路的過程。」

行動行銷是網路行銷所延伸的一塊新領域，它是基於網路平台的技術所實現的，這個平台可以是行動電信，也可以是無線網路，而使用的設備可以是手機、PDA、平板電腦、筆記型電腦或其他移動型設備。

行動行銷是基於行動媒體的一種新行銷方式，行動媒體也被稱為是繼網路媒體之後的「第五媒體」，有著不限時間（Any time）、不限空間（Any where）、可做任何事情（Any thing）的 A3 特性，帶給了人們生活、工作與學習的顛覆性改變，用戶可以發簡訊溝通、使用 3G 或 Wifi 上網，隨時隨地下載影片、瀏覽信件…等，使得行動行銷有更多的空間可以發揮。

行動行銷的作法不是把網路行銷的模式一比一搬上來，對企業來說，更需要瞭解行動媒體能帶來什麼創新，同時注意以下幾點實施原則：

1. 消費者感受為主

行動行銷也是把「分眾」再細分為「個人」的一對一行銷方式，消費者感受是重點所在，著重的是互動體驗，用戶不會在乎行動技術可以進步到什麼程度，只在乎行動媒體可以帶給他們什麼，因此企業更要以人為本，以行動媒體的特點和消費者做到相互交流，才有出奇制勝的可能。

2. 不可要求短期見效

許多用戶可能只會使用手機的幾個簡單功能，並沒有上網的概念，企業必須有足夠的耐心去引導他們，而非只是發幾封垃圾簡訊就想達到效益。

3. 找到核心競爭力

在行動媒體中講求的是殺手級應用（KillerApplication），創新是必然的，但更重要的是得找到產品或服務的競爭力在哪裡，否則隨時都可能被淘汰。

4. 基於 AIPI 模型來運作

在行動行銷的世界中，企業一定要瞭解新的行銷模型：AIPI -- Accurateidentification（精準身分識別）、InstantConversation（即時溝通）、Personalization（個人化）與 InteractCommunication（互動溝通），在此模型之上，發掘自己的潛在客戶，並與之互動，滿足其個人化的需求。

5. 整合其他產業的資源

行動媒體具備了無線網路與有線網路的各項技術之優點，但最終仍須回歸到貼近人們的生活中，對企業來說，要能與其他產業異業結合，才有更大的發展空間，也才能將市場做大。

圖 14-42　行動行銷的應用手法

行動行銷的應用方式五花八門，目前在企業中常使用的手法有以下幾個：

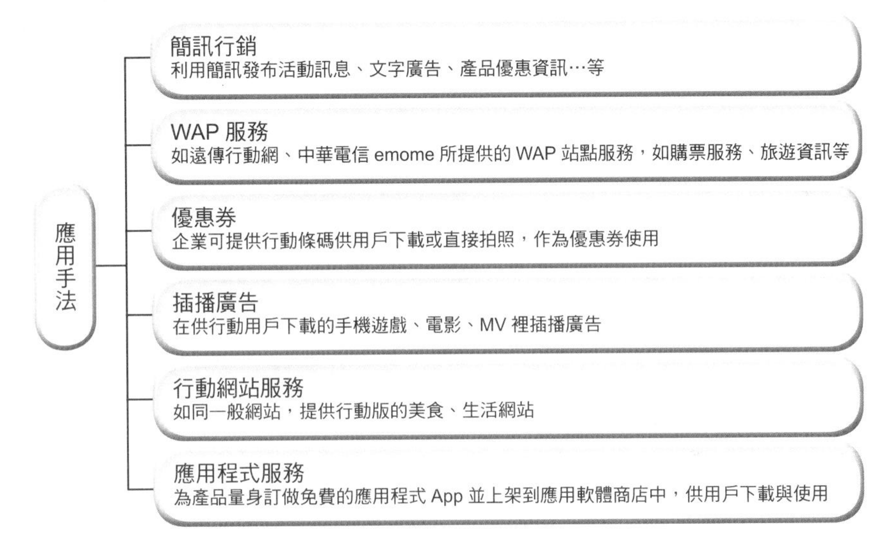

圖 14-43　行動行銷優勢

行動行銷可針對更為細分的個眾，在特定地區的選擇之下，對用戶進行直接、個人的行銷方式，其優勢是傳統媒體無法比擬的。

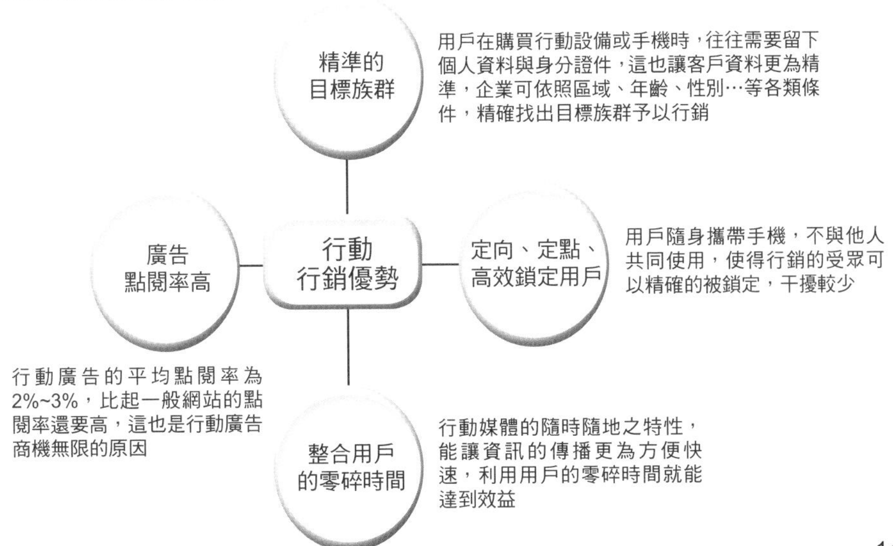

歐巴馬網路選戰 2.0

個案背景

歐巴馬（Barack Obama）
職位：美國總統
婚姻狀態：已婚
族裔：黑人/非裔
宗教信仰：基督徒
生日：1961年8月4日
星座：獅子座
子女：已為人父母
學校：Harvard University Cambridge, MA
畢業年份：1991
在學狀態：校友
學位：Professional
主修：J.D. - Magna Cum Laude
社團：President - Harvard Law Review
網址：http://www.barackobama.com
http://www.whitehouse.gov

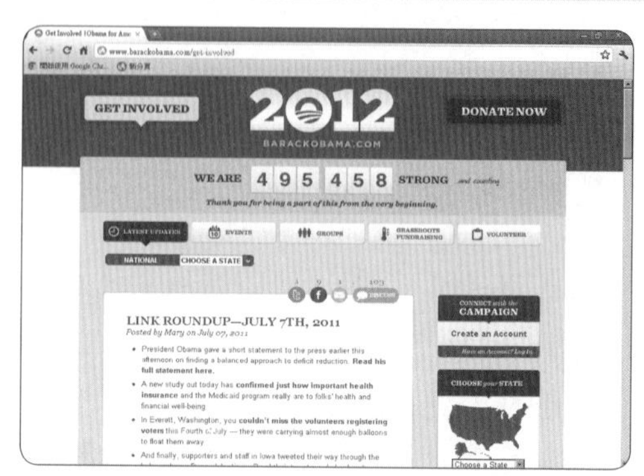

▲ 資料來源：barackobama官網

▲ 資料來源：barackobama官網

簡易分析：歐巴馬選戰過關斬將

全方位運用社交媒體

歐巴馬官網 (http://www.barackobama.com)

2007 年 2 月成立，可以說是線上虛擬的超大型競選總部，透過官網串連所有社交媒體，選戰期間募集超過 200 萬註冊會員資料，會員中超過 30%又捐款又當志工，組織超過 35000 個志工團隊，95% 以上的志工不到 30 歲，超過 1300 萬人主動留下個人資料，蒐集到 1300 多萬筆電子郵件位置，線上募得款項超過 5 億美元，支持者為歐巴馬建立超過 40 萬個部落格。

歐巴馬官網 / 電話銀行

這是一項成功的數位行銷方式，在過往的選戰裡，通常候選人需花費鉅資向電信業者購買廣告簡訊服務，往往亂槍打鳥成效不彰，而且密集轟炸的結果，反而容易引發眾怒。電話銀行在選戰期間，創下註冊高達 300 萬隻行動電話的使用者，願意接收歐巴馬選戰中心所傳遞的競選動態訊息，並且願意主動透過電話銀行的平台，將競選文宣發送給親朋好友為歐巴馬拉選票，不但省下鉅額廣告服務費，且命中率大幅度提高，也大大降低接收者的抱怨率。

Facebook（http://www.Facebook.com/barackobama）

選戰期間 Facebook 是歐巴馬主要的網路後援會，好友數超過 600 萬人，支持者可以得知最新競選動態資訊，並且再將選戰訊息分享給好友們，有如病毒式行銷一般快速在 Facebook 中散佈開來，光 Facebook 網路後援會所勸募的競選經費就高達 3800 萬美元。2011 年已經超越 2195 萬人，目前還在不斷增加中。

▲ 資料來源：歐巴馬Facebook專頁

Youtube（http://www.Youtube.com/barackobama）

選戰期間製作 1800 支影片，頻道觀看次數超過 2000 多萬人次，影片內容主要是政見演説和廣告宣傳影片，在選戰尾聲前，幕僚平均一天要上傳 20 多支影片，上傳影片觀看次數超過 7700 萬次。支持者也主動在自己的頻道中分享影片，並且製作出更多、更有趣味的各式宣傳影片，上傳到 Youtube 為歐巴馬拉票。2011 年上傳影片增加到 1995 支，頻道觀看次數超過 2448 多萬次，上傳影片觀看次數超過 1 億 6257 多萬次，訂閱人數超過 20 多萬人。

▲ 資料來源：歐巴馬Youtube專頁

Twitter（http://twitter.com/barackobama）

選戰期間幕僚透過 Twitter 發布簡短即時競選活動訊息，並且附上連結，支持者透過超連結可以瀏覽更完整的動態訊息。選戰期間跟隨者超過 177 萬人，到 2011 年中跟隨者超過 900 多萬人。

▲ 資料來源：歐巴馬Twitter專頁

Flickr（http://www.flickr.com/photos/barackobamadotcom）

相片超過 5.3 萬張，主要是記錄歐巴馬、幕僚和支持者競選過程的點滴，大多數的支持者會主動轉載到其他社群媒體中。2011 年超過 5.6 萬張，歐巴馬有 6911 位自己人。

▲ 資料來源：歐巴馬Flickr專頁

MySpace（http://www.myspace.com/barackobama）

這裡是主攻年輕族群選票之處，好友數超過 179 多萬人，留言數超過 10 萬筆。2011 年下滑至 1754248 位好友。

▲ 資料來源：歐巴馬MySpace專頁

其他社交媒體像 LinkedIn、Digg 和 Scribd 社交網站也是選戰期間主攻網站之一，無論是那一個社交網站，在每一個社交網站裡的網族，都有著獨特屬性、特點和喜好，因此，歐巴馬競選團隊會針對個別社群網站的特性，針對網族的使用習慣和喜好，精心策劃與特別設計專屬的廣宣內容。

歐巴馬在競選期間還有滲透到不同族群的社交網站，如：Blackplanet（非裔）、Migente（拉丁裔）、Falthbase（教會人士）、Eons（銀髮族）、Glee（同志）、Mybatange（西班牙裔）、Asianave（亞裔）、Dnc Partybuilder（民主黨人）等社交網站，傳達歐巴馬的政見和競選動態訊息。在 2011 年還有運作中的社交網站剩下 LinkedIn、Blackplanet、Migente 和 Dnc Partybuilder。

選戰期間網際網路上有超過 16 萬個宣傳者，主動幫歐巴馬張貼和分享競選訊息，也可以同時發布即時簡訊給超過 12 萬個志工。無論歐巴馬要在何處舉辦競選活動，幕僚只要在網路上發布協助動員、電訪、掃街…等的各項需求簡訊，立即會有當地的支持者和志工，主動透過 Facebook、Twitter、MySpace 等社交媒體來組織臨時競選的志工團隊，甚至提供適合當地的公共和社區議題來強化歐巴馬演說成效，並利用 Google Map 來告訴支持者和志工最近的競選服務站。

由於歐巴馬在競選期間成功運用社交媒體，因此在入主白宮之後，也為白宮開設 Facebook、Youtube、Twitter、MySpace、Flickr、LinkedIn、Vimeo 等帳號，持續與全民互動，就連馬英九總統也開始學習歐巴馬式的社交媒體策略，如：「治國周記」、「馬英九總統」臉書。

台灣政治人物爭相仿效歐巴馬式的網路選戰策略

在 WEB 1.0 的時代裡打選戰，候選人的官網通常只是用來單方向廣宣之用，從五都選戰開始正式進入 WEB 2.0 的選戰時代，社交媒體成為網路選戰的主戰場。台灣政治人物看到歐巴馬的網路選戰策略奏效爭相仿效，所運用的社交媒體主要鎖定在 Facebook、Plurk、Youtube、無名小站等社群網站上，不像歐巴馬競選團隊全方位滲透到不同族群的社交網站中。

台灣城鄉之間還是有著數位落差的問題，再加上傳統社會習俗與鄉土風情的種種因素下，越往南，越往鄉鎮，社交媒體在選戰中的運用度會大幅度降低，反而是在都會型的選戰中，才能產生顯著的影響力。若以藍綠兩邊候選人來看，藍軍過往習慣打傳統樁腳式的選戰，綠軍候選人對社交媒體較為擅長，而且是較有計畫性的來使用社交媒體。

歐巴馬的小額募款策略，有幾位候選人也在五都選戰中仿效推行，雖然募得款項不多，但其中一位已經抓住小額募款策略的推廣精髓，線上小額募款重點是在支持者的凝聚力與分享力，而不單純只是在勸募的行為上。歐巴馬官網中電話銀行的行銷策略，在五都選戰中並沒有看到候選人仿效，倒是藍營候選人的競選宣傳車中，配備藍牙簡訊發射器，方圓一百公尺內，若有民眾打開手機的藍牙功能，就可以接收到多媒體動畫簡訊。另有立委候選人，直接向電線業者購買該選區用戶資料，密集傳送競選宣傳簡訊，反而引起選民嚴重的反感。

台灣政治人物仿效歐巴馬式的網路選戰策略，如只是模仿到表面廣泛去使用各種社群工具，就想要達到歐巴馬的網路選戰效益，那就實在是太小看社交媒體，偏偏絕大多數的候選人，只有在競選期間才開始積極著手使用社群工具，選後隨即棄置一旁，或是交由助理隨性打理，殊不知社群經營是需要長時間真誠的傾聽、互動與即時回饋反應，更何況不同的社群組織，都有其特別的屬性與喜好，如只想要靠短暫的炒作與利用，是很難得到廣大網族的青睞。

針對 2012 年台灣的總統大選，筆者撰稿時間是 2011 年 7 月初，馬英九團隊的 2012 總統競選網站尚在工事中，目前全靠馬英九總統臉書（http://www.Facebook.com/MaYingjeou 、超過 691687 人說這讚）和中華民國總統府網站（http://www.president.gov.tw/）作為主打，連 YouTube 影音社群平台之台灣加油讚 taiwanbravotw 的頻道，還是在 6 月初才草創 (http://www.Youtube.com/user/taiwanbravotw 、頻道觀看次數：1958、上傳影片觀看次數總計：219453、加入日期：2011-06-07、最近瀏覽日期：1 月 以前、訂閱人數：66)。

▲ 資料來源：馬英九粉絲團

反觀蔡英文競選團隊的主要對外網站（http://www.iing.tw）已經經營數年，也從主網站串連到「Facebook(http://www.Facebook.com/tsaiingwen 、226679 人說這讚)」、「twitter(https://twitter.com/#!/iingwen 、536 Followers)」、「plurk」、「You Tube (http://www.Youtube.com/user/ingwen831 、頻道觀看次數：110593、上傳影片觀看次數總計：1156765、加入日期：2008-12-28、最近瀏覽日期：4 天以前、訂閱人數：1201)」等社群媒體上，甚至還為行動載具提供了「手機網站 (http://www.iing.tw/?m=1)」的連結服務，蔡英文競選團隊是以較長時間、持續與認真經營社群媒體，這一點與綠營其他幾位重量級大老相同，也是與藍營網路選戰最大差異點的所在。

▲ 資料來源：蔡英文粉絲團

社交媒體 / 五都選戰候選人	郝龍斌	蘇貞昌	朱立倫	蔡英文	胡志強	蘇嘉全	郭添財	賴清德	黃昭順	陳菊
官網		●	●	●	●	●		●	●	
Facebook	●	●	●	●	●	●	●	●	●	●
Plurk	●	●		●			●	●		
Youtube		●	●	●		●	●	●	●	
無名小站	●	●		●	●		●		●	●
Flickr		●				●				
Twitter		●		●						
UCute			●							
justin.tv		●								
MSN									●	
Xuite									●	
Google Tool	●	●	●	●		●				
行動軟體應用程式		●	●							
線上小額募款策略		●		●		●				
多媒體動畫簡訊			●							

問題討論

1. 如何運用台灣的社交媒體，達到歐巴馬網路選戰的成效？

2. 歐巴馬競選期間，在網路上最受歡迎的虛擬世界 Second Life 網站上，有一個「歐巴馬競選總統」團體，為了替歐巴馬募款，發起一場音樂節的募款活動。您覺得在台灣各大線上遊戲平台上，也能為候選人成立虛擬競選總部，或是成立候選人的後援會？甚至為候選人發起各種募款活動嗎？

3. 過去台灣選戰社交媒體主要鎖定在 Facebook、Plurk、Youtube、無名小站等社群網站上，您覺得台灣候選人可以滲透到特定屬性的社群網站，如：同志、婚友、美食、旅遊、讀書會…等社群網站嗎？

4. 企業主向廣告商購買廣告簡訊服務，屬商業行為較少遭受議論，但候選人購買廣告簡訊服務傳送競選文宣，卻容易引起選民的反感，您覺得候選人有沒有購買廣告簡訊的權利？

5. 假如台版臉書的一位網民，好友數超過 50 萬人，以無黨籍的身分，出馬參加台灣區域性的選舉，您覺得他可以透過台版臉書的社群力量贏得選戰嗎？

參考資料

1. 歐巴馬官網，網址：http://www.barackobama.com。
2. 美國白宮網，網址：http://www.whitehouse.gov。
3. Facebook，網址：http://www.Facebook.com。
4. Youtube，網址：http://www.Youtube.com。
5. Twitter，網址：http://twitter.com。
6. Flickr，網址：http://www.flickr.com。
7. MySpace，網址：http://www.myspace.com。
8. 蘋果日報，網址：http://tw.nextmedia.com。
9. 聯合報，網址：http://udn.com/NEWS/mainpage.shtml。
10. 數位時代，網址：http://www.bnext.com.tw。
11. David Plouffe，大膽去贏：歐巴馬教你打贏商戰和選戰，時報出版。
12. 台灣加油讚 taiwanbravotw 的頻道，
    網址：http://www.Youtube.com/user/taiwanbravotw。
13. 馬英九總統臉書，網址：http://www.Facebook.com/MaYingjeou。
14. 中華民國總統府網站，網址：http://www.president.gov.tw/。
15. 蔡英文網站，網址：http://www.iing.tw/。
16. 蔡英文 ingwen831 的頻道，網址：http://www.Youtube.com/user/ingwen831。
17. 蔡英文臉書，網址：http://www.Facebook.com/tsaiingwen。
18. Follow 蔡英文辦公室 on Twitter，網址：https://twitter.com/#!/iingwen。

實戰案例問題　哺乳實體商店希望拓展網路商機

個案背景

林太太自從生了小孩以後，對她原本生活在自由浪漫情懷的世界裡，產生了重大的轉折，兒子就像是一隻小章魚一樣，整天吸附黏貼在林太太身上，因為以往生活喜歡到處趴趴習慣了，可是為了哺餵母乳只好暫時乖乖待在家裡坐母乳監，但又按耐不住那股想去郊外透透氣的欲望，到處找適合出外哺餵母乳的周邊配備，但總覺得別人的哺餵母乳商品不能滿足自己的需求，也希望一定要能達到能方便外出輕鬆育兒的心願，所以就自己 DIY 設計各種符合小孩在不同年齡的成長狀態下，適合出外哺餵母乳的周邊配備，如此一來，她又可以恢復到以往到處趴趴走的生活。

起初，林太太 DIY 設計的各種哺餵母乳的周邊商品，只有自己在使用，但鄰居看到之後也委託林太太設計類似的商品，之後，林太太就在自家隔出五坪大的空間，開始服務社區裡也有哺餵母乳需求的鄰居們。慢慢的在鄰居口耳相傳之下，林太太租下另一層房子，也邀請 5 位太太加入一起設計製作哺餵母乳，林太太目前所製作的哺餵母乳周邊商品，有量產型的商品，也有量身訂做型，共有 50 多項各式商品的創意設計。

先前主要通路是透過嬰幼兒實體商鋪寄賣銷售，不但獲利較少，而且貨款結帳期又拖很長。另一位共同創業的太太提議，為何不透過網際網路的通路銷售，不但獲利較高，可以貨款還可以在一週內結清，怎算都比透過嬰幼兒實體商鋪寄賣銷售要來的好。

因此，就將她們創意設計的 50 多項哺餵母乳的周邊商品，全部上架到拍賣系統中，但是幾個月以來銷售狀況，常常是靜悄悄的情況，偶而才有 1-2 件訂單，但是金額都不高，林太太想問到底該怎進行經營電子商務，才能有效增加實質訂單數量？

問題討論

1. 您覺得林太太該不該先將商品上架到母親社群網站上，開放免費使用體驗的名額，用以累積網路上的口碑與品牌知名度？
2. 目前林太太是只有單純將 50 多項哺餵母乳的周邊商品上架，是否應該先有一個完整的社群媒體計畫，才能有效拓展網路商機？請為林太太提出一個有效拓展網路商機的社群媒體計畫。
3. 如單靠在台灣擁有超過 1000 萬用戶的 Facebook 經營粉絲團，是否已經足夠拓展台灣的網路商機？該如何經營粉絲團才能有效增加訂單？
4. 您覺得林太太直接進駐 Yahoo 和 Pchome 的商城平台，即可有效拓展網路商機？還是應該要依照自己商品的特色，建立特色風格的電子商務網站，才能有效拓展網路商機？
5. 您覺得林太太哺餵母乳的商務網站，應該加入哪些元素和策略，才能有效拓展網路商機？
6. 如果林太太針對哺餵母乳的媽媽們，設計貼心專屬服務的應用程式，來綁住林太太所設計哺餵母乳的商品，是否更能有效拓展網路商機？

重點整理

網路廣告常見到的有 Banner、Flash 廣告、彈出式廣告、電子郵件廣告…等，但這只是眾多類型中的其中幾種，事實上，可運用於網路廣告上的創意之多，也造就了各種不同類型的廣告。

關鍵字廣告是當網路用戶利用某一字詞進行搜尋時，在結果頁會呈現與該字詞有關的廣告，它是屬於按用戶點擊次數來收費的型態，而出現的位置不會是固定在某些頁面的，但會有特別顯著的位置。

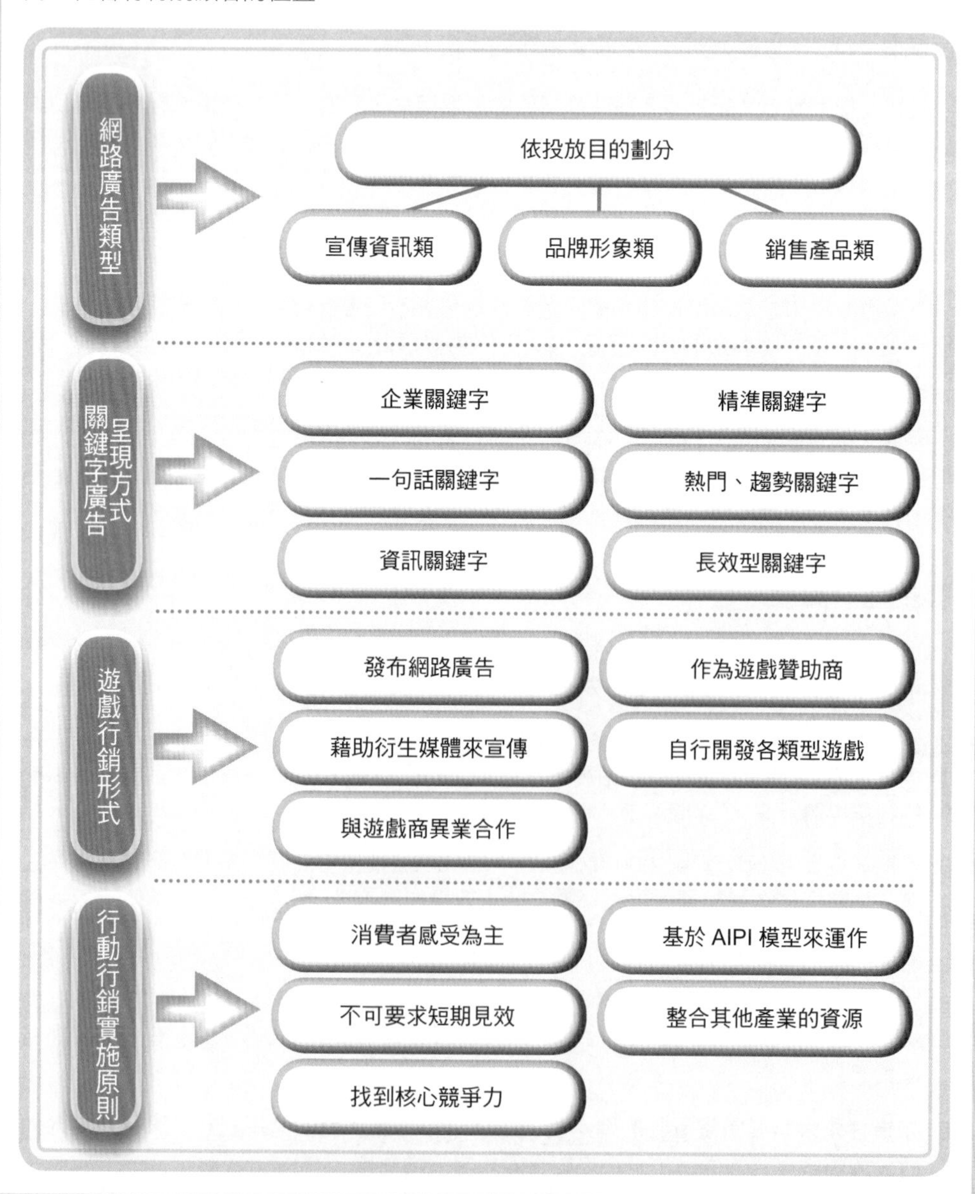

1. 依投放目的劃分，網路廣告可分為哪幾種類型？
2. 依呈現的形式劃分，網路廣告可分為哪幾種類型？
3. 請問關鍵字廣告的呈現方式有哪幾種？
4. 請問關鍵字廣告的種類可分為哪三種模式？
5. 請問遊戲行銷有哪幾種作法？
6. 請問行動行銷實施的原則為何？

NOTE

C H A P T E R

15 網路公關

網路公關又可稱為線上公關、e公關，是指企業利用網際網路來發展各種公共關係，以科技的手法、工具來打造企業形象，和公眾維持良好的關係，提升市場的知名度，促進品牌的推廣，進而帶來更多的商機。網路公關、以及與之相關的網路活動該如何運作？發生危機時該如何處置？都將在本章節中一一為您探討。

15.1 網路公關的基本概念

15.2 網路活動

15.3 網路危機管理

案例分析與討論 世界上最理想的工作：澳洲大堡礁保育員

實戰案例問題 該如何經營Yahoo拍賣並超越夜市營業額

15.1 網路公關的基本概念

網路公關又可稱為線上公關、e 公關，是指企業利用網際網路來發展各種公共關係，以科技的手法、工具來打造企業形象，和公眾維持良好的關係，提升市場的知名度，促進品牌的推廣，進而帶來更多的商機。

網路公關為公共關係帶來新的思維、新的媒介與新的策劃方式，相較於傳統的傳播方式，網路媒體在公共關係中的力量越來越大，該怎麼善用網路媒體的影響力，為企業帶來效益，是網路公關的重要課題之一，而以網路媒體所進行的網路公關，其形式可以分為三種：

1. 網路新聞發表

發表與產品、服務或企業有關的新聞，可以利用的平台有三種：

❶ 第一種：大型入口網站。像是 Yahoo、Pchome、Google 等，這些入口網站具有大量的人潮，並極具知名度，所能擴及的用戶範圍較廣，若是目標對象較為廣泛的企業或產品，如手機、3C、保險…等，則適合利用此平台來發表網路新聞。

❷ 第二種：專業性入口網站或大型網站。在單一產業或以專門性的內容為主的網站中發表新聞，像是 Fashion Guide、台灣裝潢網等，這類型的網站用戶族群較為集中，宣傳的命中率也較高。

❸ 第三種：新聞性網站。如中時電子報、聯合新聞網、壹蘋果…等，這類型網站在傳統媒體的輔助之下，也具有相當大的流量，只是族群範圍也很廣泛，也適合目標對象層面較大的企業。

2. 社群網站與 BBS 公關

在社群媒體、網站、論壇、或 BBS 等，與用戶進行密切的互動，藉以提高好感度，可以利用的網路平台有兩種：

❶ 第一種：入口網站或綜合性網站的社群、論壇。這些社群所討論的內容五花八門，能聚集的人潮也是多而廣，且具有高度的互動性。

❷ 第二種：專業性社群入口或論壇。如咖啡社群、花卉社群，討論的內容單一，有高度的專業性，能吸引興趣相投的用戶互動。

3. 網路公關活動

是指企業利用網路來進行各項線上活動，以達成公關的目的，可利用的平台有入口網站、大型網站、綜合性網站、社群網站等，只要其族群與所要吸引的目標受眾相近，就能吸引更多的網路用戶參加。

圖 15-1 網路公關的優勢

網路公關不同於一般的傳統公共關係，它以網際網路的特性為基礎，具有以下幾項優勢：

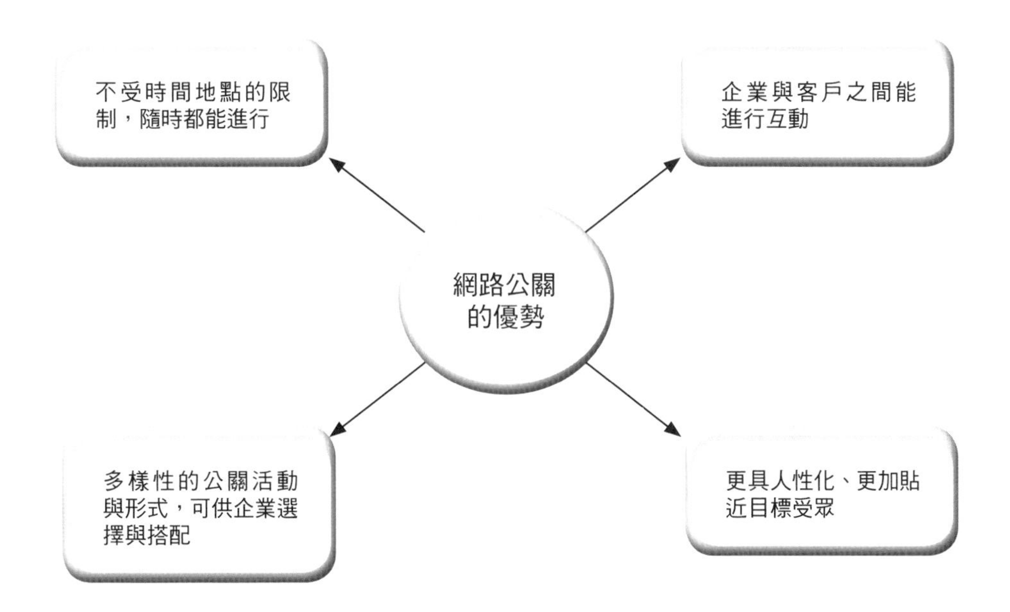

圖 15-2 網路公關人員的專業性要求

網路公關人員在進行公關活動時，需要保持一定的專業性，並做到以下三點：

公歸公、私歸私

不以私人娛樂目的而與用戶聊天玩樂，而是以公關目的為出發點與用戶互動

時間要做好控管

在利用網路進行公關活動時，會嚴格掌控上網的時間與時機

遵守網路道德規範

在使用網路的過程中，無論是溝通、聊天，都能在規範之下做好自我操守的把持，以維護自身的形象

15.2 網路活動

網路活動又叫做線上活動，是以網際網路為平台，以全新的方式、想法來實現行銷活動的模式，它必須具備鮮明的主題，將單一或一系列的行銷活動串起來，才能帶動整體效應，促進傳播和銷售的提升。

網路活動的形式，如果依照時間長短與出現次數來劃分的話，可以分為多次性網路活動與一次性網路活動。

1. 多次性網路活動

也就是以長時間、循序漸進的方式來運作，事前需要精密的策劃，讓活動接著一波又一波，有大有小相互組合，不斷有話題存在，時間通常會持續在兩個月以上，因而不容易在短時間內看出成效。

2. 一次性網路活動

只有舉辦一次就結束了，大多在短時間內就能完成，如單次的線上抽獎活動、折價券下載、填表單送贈品…等，所需花費的人力物力較少，效果也能立即顯現，是目前網路活動中最為常見的形式。

而依據網路活動的形式來衍生，又可以細分成各種不同類型的網路活動手法，其中最重要也最為廣泛運用的有以下幾種：

1. 折價式活動

利用打折、降價的活動來吸引顧客、刺激消費，這是目前時常見到的一種方式，尤其當網路上的價格比起實體店面還要低時，往往會吸引更多的人前來購買，即使網路上的商品看不到、摸不到，也無法使用，但使用價格戰對消費者來說，的確是相當誘人的。

2. 贈品式活動

以免費贈品索取或購物送贈品的方式來進行，可以獲得較好的活動效果，但值得注意的是，贈品雖然要鎖定在預算之內，但不能是劣質品，否則收到的人只會更反感，另外，要注意贈送的時機，像是冬天不要送夏天才用得到的物品。

3. 抽獎式活動

這也是許多網站會使用的網路活動之一，抽獎活動可以搭配填寫問卷、留言、註冊、購物滿額等方式來進行，另一方面也能獲得詳細的客戶資料。

圖 15-3　網路活動的特性

網路活動不同於傳統的行銷活動，具有以下五個特性：

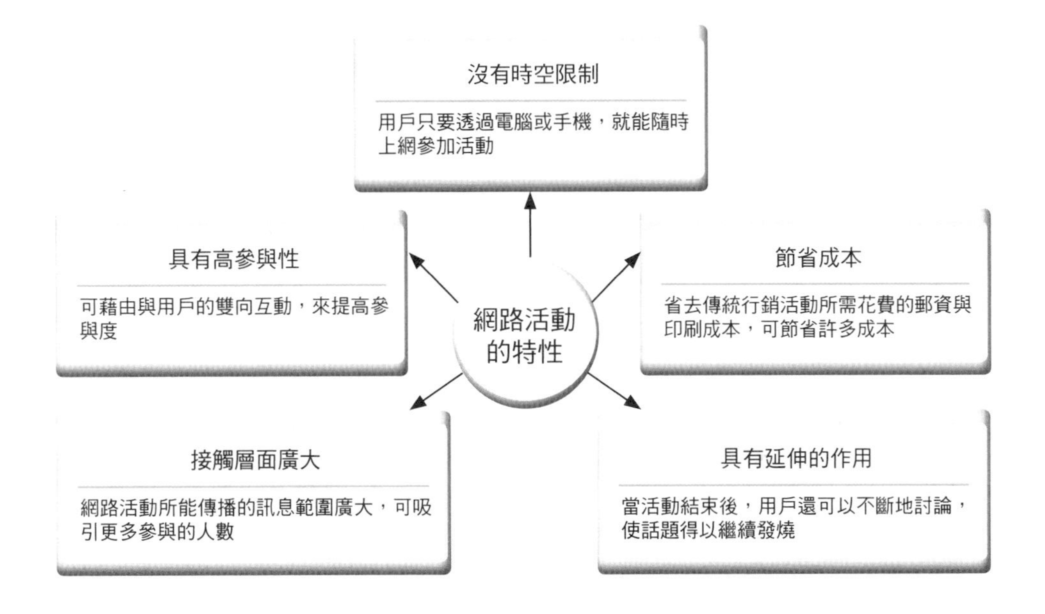

圖 15-4　抽獎式活動的操作方式

抽獎式活動可依據產品、行銷目的、網路技術等之不同，還採取不同的操作方式，但最重要的仍是活動必須要公正，以取信於網路用戶。

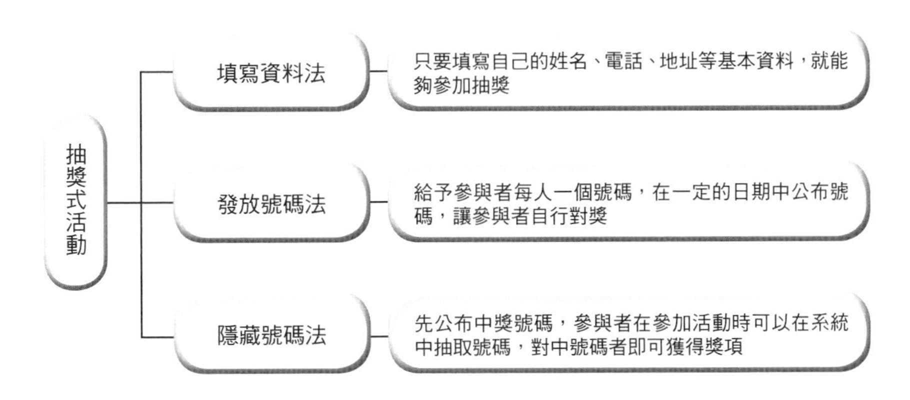

進行抽獎式活動時，要注意獎品必須是當紅或誘人的，才能吸引龐大的人群參加，搭配的活動方式也得簡單明瞭，太繁瑣的過程會讓消費者沒有耐心參加，而最重要的是，抽獎過程必須具有公信力，以保證在下一次進行時，消費者會因公平公正的結果而提高參與意願。

4. 積分式活動

以累積積分或積點的方式換取高額的獎品，或可以參加某一項活動，這種手法可以讓網路用戶的忠誠度提高，且能多次參加活動，並號召親朋好友一起來累積。

5. 聯合式活動

透過異業結合的方式共同進行活動，像是以聯合促銷的手段，買 A 公司的產品即贈送 B 公司的禮券，不同企業各自發揮優勢，讓消費者覺得有誘因而願意參加活動。

6. 虛擬貨幣式活動

當網路用戶購買商品或註冊成會員時，即可獲得該網站所發行的虛擬貨幣，藉由貨幣的累積，能夠得到更多的優惠，如商品購物的折抵金。

7. 團購式活動

這是近幾年來較為流行的活動方式，藉由大數量集合，提供較為優惠的折扣，一方面能讓銷量增加，一方面也能在消費者之間產生口碑效應。

8. 遊戲式活動

提供互動式的遊戲，如拉霸對獎、寫下最心動的一句話…等方式，網路用戶有參與感，又可獲得實質的回饋，活動形式要特別而創新，以簡單為原則，如此能增強用戶對品牌或產品的好感度。

9. 競賽式活動

網路用戶必須參加某種具有競爭性的活動，獲得名次者才能得到獎品，如網路徵文比賽、網路票選…等。競賽式的活動能提升網路用戶參與活動的深入程度與時程，並且對產品或服務有一定程度的瞭解，有助於提高忠誠度。

網路活動流程與操作手法

網路活動可大可小，像是填寫資料、回答問題就可以是一場活動的舉辦，門檻不高、毋須複雜的程式設計，也能夠利用如 Facebook 的舉辦活動工具來進行，運作起

圖 15-5 遊戲式活動運作原則

遊戲式活動可發揮的方式非常多，像是猜謎、拼圖、拉霸、留言…等，但無論哪一種方式，都要把握以下幾個原則：

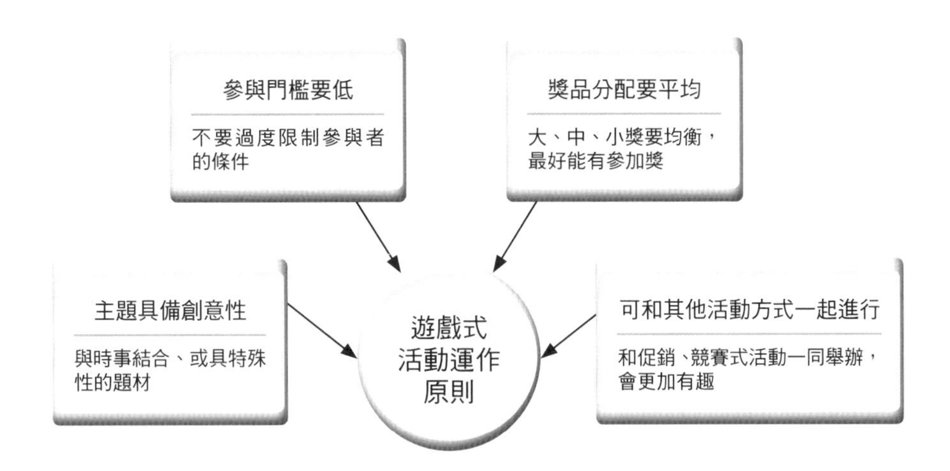

圖 15-6 競賽式活動的操作方式

透過競賽式的活動讓用戶對產品或服務產生興趣，並願意投注心力去參與，而其操作手法可利用以下三種手段來進行。

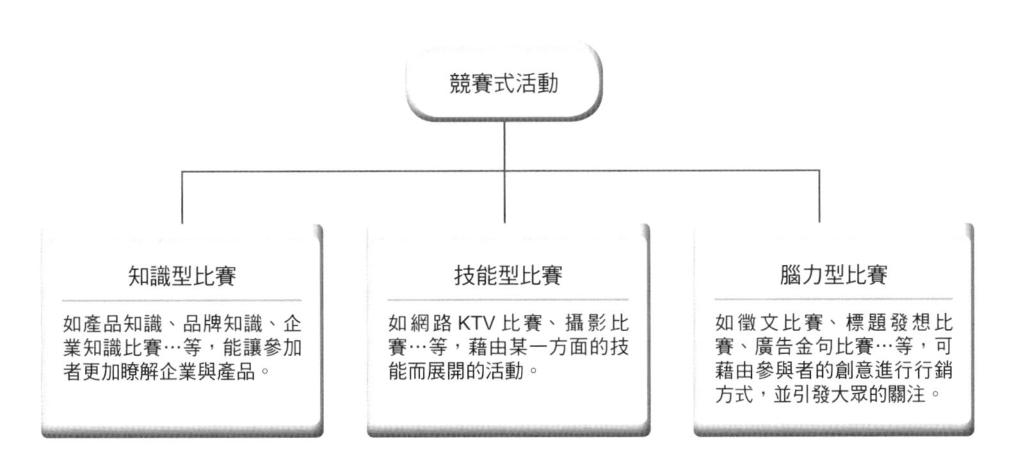

來相當簡易。然而也有大型的網路活動，同時結合好幾種類型，有抽獎、有投票也有遊戲，越是難度高的活動，越需要事先擬定完整的規劃與實施方案，才可依此方向著手進行。

1. 第一步：規劃網路活動的方案

在規劃時，務必要依照以下四個原則來擬定方案，才能掌握正確的方向：

(1) 要具有系統性

網路活動是基於網際網路為平台的行銷活動，越是複雜的活動，越需要有系統性的方案，將所有的要素清楚列出，並依照各個要素擬定與整合，而規劃網路活動主要的要素有：

❶ 活動背景介紹。

❷ 活動主題。

❸ 活動目的。

❹ 預期效果。

❺ 資源需求。

❻ 活動詳細說明。

❼ 活動宣傳管道。

(2) 要具有可操作性

網路活動規劃方案是實施活動的主要方針，既然要實施，就得具有可操作性，行銷人員要依據活動的目的、背景與主題，規劃網路活動該做什麼（What）、誰來做（Who）、在何時做（When）、在哪裡做（Where）、對象是誰（Whom）、以及如何做（How），透過詳細的安排與描述，讓方案具體化。

(3) 要具有經濟效益

在進行網路活動中，需要相當的資源來配合，藉由方案的規劃，才能知道這些資源該怎麼運用、怎麼分配，也才能獲得一定的經濟效益，而不致於有浪費資源的情況產生，因為活動是有成本的，該如何在最低的成本內達到最高的經濟效益，是行銷人員所要努力的方向。

圖 15-7 網路活動可達到的目的

網路活動必須有其目的性，才能依此思考如何操作、如何分配資源，絕非盲目進行的。

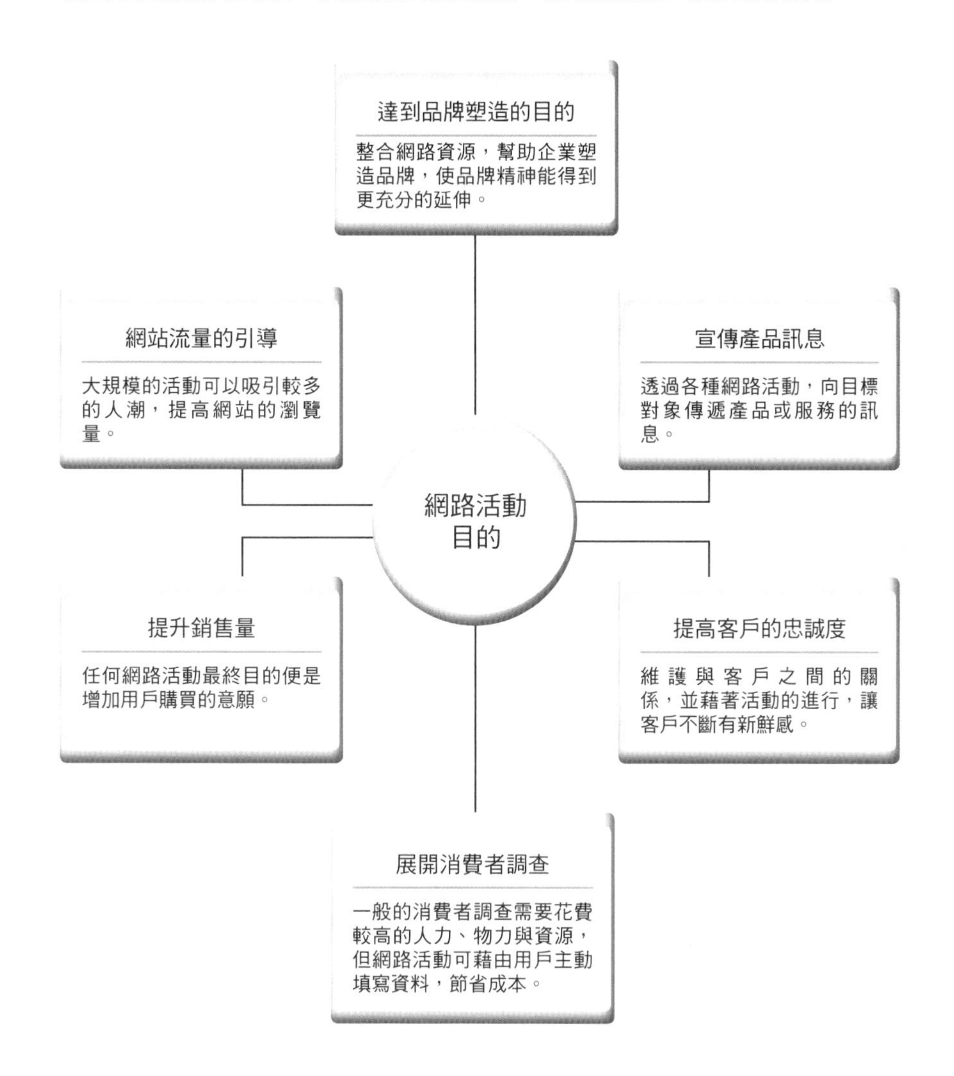

(4) 要具有創新性

網路為企業的產品與服務帶來了前所未有的價值性，但在個人化消費需求越來越提高的網路環境中，有創新才能帶來更高的價值，創新能給產品新的特色，也能讓它更與眾不同、更有競爭性，因此在規劃活動方案時，也要清楚瞭解消費者的實際需求與競爭對手的動向，再依此擬定出讓用戶所喜歡的活動項目。

2. 第二步：實施網路活動

對行銷人員來說，要怎麼著手進行網路活動方案的實施是一大問題，參與的執行者要瞭解網路活動能發揮什麼特性，能為產品或服務帶來什麼利益，能達到哪一種目標，可以透過什麼樣的工具程式來進行，如此種種可以由以下六個方向來著手進行：

(1) 確定網路活動的目標對象

網路活動主要針對的對象，是可能在網路中購買產品或使用服務的人，而這一族群也有逐漸擴增的趨勢，因此要確定要以哪些目標對象為主，並瞭解老客戶、新客戶、與潛在客戶各有什麼喜好與特徵，才能有個個別依據其需求的活動方式。

(2) 選擇適合的活動戰略

網路活動的實施戰略有推、拉兩種，推戰略是要將企業的產品或服務推至消費者中，而拉戰略則是要將消費者吸引過來，主動要求瞭解產品的相關訊息，要採用哪一個戰略，也關係著活動內容與方式的操作。

(3) 設計網路活動的內容

網路活動的目標之一，就是希望能刺激消費者對產品的購買欲望，活動的內容可以依據產品目前的生命週期是處在哪一個階段來發展。

(4) 分配網路活動的組合類型

網路活動可以採用的類型、方式眾多，但必須依照企業的產品特性來決定，尤其當產品線眾多時，活動方式與產品種類就可以產生多種的變化組合，行銷者可以根據市場情況的分析與顧客的特性，挑選適合的組合，以達到最佳的效益。

(5) 制訂可接受的預算

在施行網路活動時，往往最困難的是在於制訂預算方案，任何企業都希望以最少的預算來達到最高的效益，但對行銷人員來說，有龐大的預算經費才能順利進行任何事項，兩者之間很難達到平衡，因此必須要更加確定想到達到活動目標的程度，以及吸引族群的大小範圍，才可控制預算的花費。

圖 15-8 網路活動對企業所帶來的好處

經過精心策劃的網路活動，可以為企業帶來更多的傳播與銷售效益。

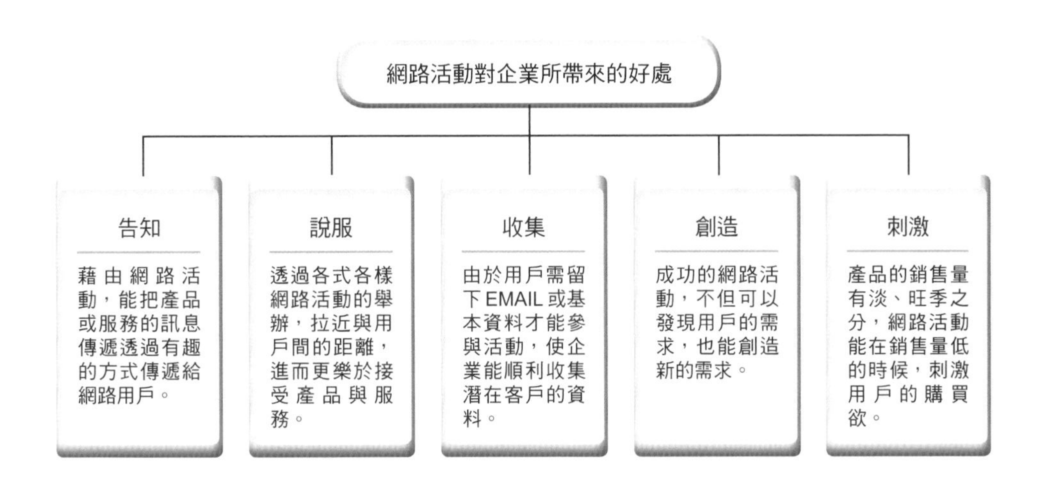

圖 15-9 網路活動對行銷對象所帶來的好處

網路活動可以讓消費者無時空距離接觸到訊息，並利用網路的特性讓消費者更瞭解產品內容。

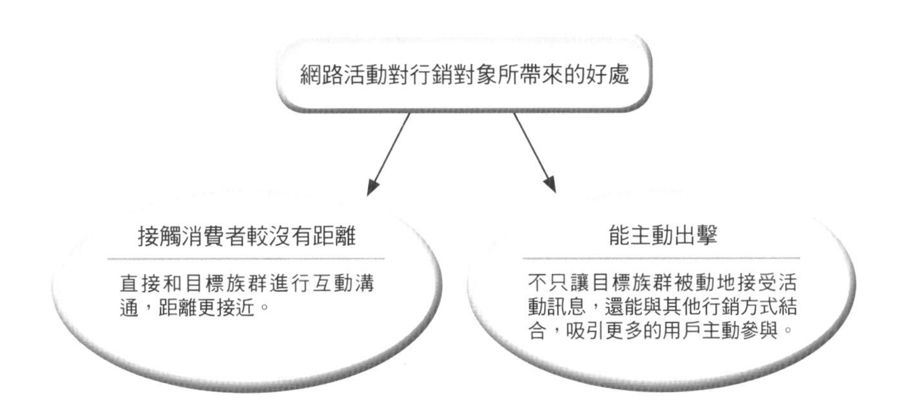

(6) 網路活動效果的評量

實施網路活動的最後一個階段，就是要將已執行的活動內容進行評價與衡量，看看實際的效益是否如預期的一樣，而後再做修正與調整。

最後，決定網路活動實施成敗與否，還有幾個關鍵點是值得行銷人員注意的：

❶ 在實施過程中，執行力的程度攸關活動是否能順利進行。

❷ 做好整個活動過程的資料整理、歸納，有圖文與影片的紀錄，以作為下一次活動的參考資料。

❸ 要注意參與者意見、基本資料的保護，讓網路用戶對活動更具信賴。

❹ 所運用的相關資源要予以整理，以便於日後再度使用。

❺ 活動的總執行者要負責協調的工作，確保設備、程式、工具、人員、資金…等種種的穩定性。

網路活動的成效

網路活動成效測量是針對為推廣網站或產品、服務的所有網路活動的效果評估，它可以為新的活動提供有助益的資料，也可以作為日後的活動的指導資料。通常在進行網路活動時，企業會希望活動能帶來利潤，或提高產品的銷售量、提升企業形象，而以此為基礎下，當然會希望瞭解所進行的網路活動是否能達到所設定的目標，因此對企業來說，評估效益主要是為了兩個目的：

1. 瞭解銷售效果

在活動進行後，是否能對市場佔有率、銷售額、顧客消費情況…等有所幫助，這是企業最為關心的事情，而測量成效可以讓企業更清楚知道整體的活動效果與花費的人力、成本是否值得。

2. 瞭解心理效果

企業也關心消費者對產品或服務的評價、印象能否隨著網路活動的進行而有所提升，因為這也會影響到消費者日後在購買商品的選擇。

如何提升網路活動成效

網路上的訊息多如牛毛，用戶對於網路活動能否予以注意、參與，其實就在於行銷者能否正確命中目標族群、能否以具有創意的方式提高用戶參與的意願，尤其當

圖 15-10 網路活動對行銷專案所帶來的好處

網路活動可以以不同的方式呈現，對於行銷專案的執行與推廣更具彈性、更有幫助。

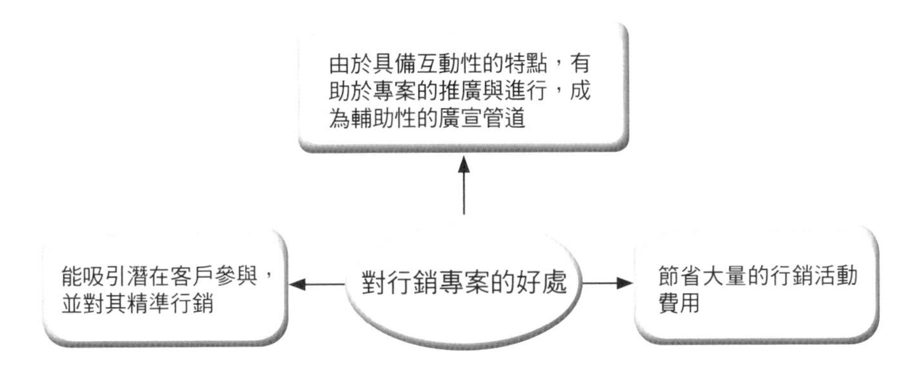

圖 15-11 用戶最常參與的網路活動

從益普索（Ipsos）的調查中可以得知，目前用戶最常參與的網路活動為直接打折、積分兌換和促銷優惠券，但秒殺這種新興的活動方式排名第四，也是值得注意的地方。

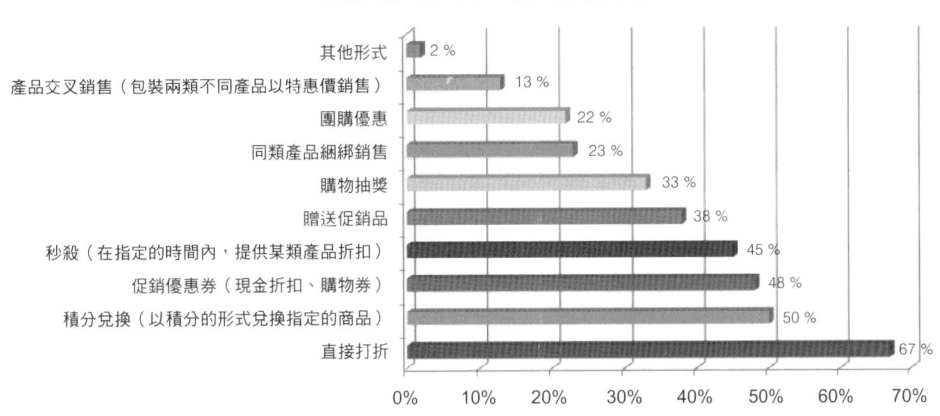

資料來源 易普索（IPSOS）市場研究公司（2010 年 5 月）。

各家企業分別進行著各式各樣不同的網路活動時，即使打著免費或特惠的招牌，也都不見得能吸引用戶上門，引此以對的方式切中對的目標族群，就成了提高網路活動效益首要重視的課題。

網路活動能接觸的用戶，比一般實體活動還要多，但網海茫茫，行銷人員就要更著重目標對象的鎖定，對有價值的潛在客戶傳播訊息，進而能使他們成為忠實顧客，因此要進行網路活動之前，最先要找到想要訴求的對象是誰、他們對哪些訊息有興趣、以及他們的生活形態、消費習慣…等，才能做精準的活動行銷，而能幫助行銷人員在活動上提高精準度的方式，目前於網路上可運用的有：

1. 種類瞄準方式

依據網路用戶所搜尋的內容去投放相關的活動，例如所要進行的活動是跟旅遊有關的，那麼就可以投放在部落格遊記或旅遊網站中。

2. 輪廓瞄準方式

藉由鎖定目標行為的特徵，如年齡、職業、性別、區域…等，找出他們常上網的時間、常出沒的網站，去投放網路活動。

3. 行為瞄準方式

藉由網路用戶的行為，找出與其相關的行為，像是曾經造訪過 A 網站的人，也造訪了 B 網站，那麼鎖定這些有共同行為的人，針對他們做網路活動，就能得到較高的效益。

4. 追蹤瞄準方式

直接針對潛在客戶，以追蹤程式工具去瞭解曾經和企業有過互動、交流的網路用戶是哪些人，或是用戶的瀏覽記錄，以便當他們再次造訪時，可以提供網路活動的訊息。

而當有多種網路活動提供行銷人員運用時，又該選擇哪種方式才是對用戶具有吸引力、又能刺激參與欲望的呢？以易普索（IPSOS）市場研究公司的調查來說，大多數的用戶還是喜歡直接打折、積分兌換、或促銷優惠卷的方式（如圖 15-11 所示），但所有的產品不見得都適用於這些活動方式，必須依其特性、目的來設計符合產品的網路活動方式，因而當行銷人員在進行網路活動時，要先掌握以下幾個原則，才能使成效更為顯著：

圖 15-12 網路活動思考點

要進行網路活動前，可以先依照以下幾個思考點來發想，更有助益效益的提升：

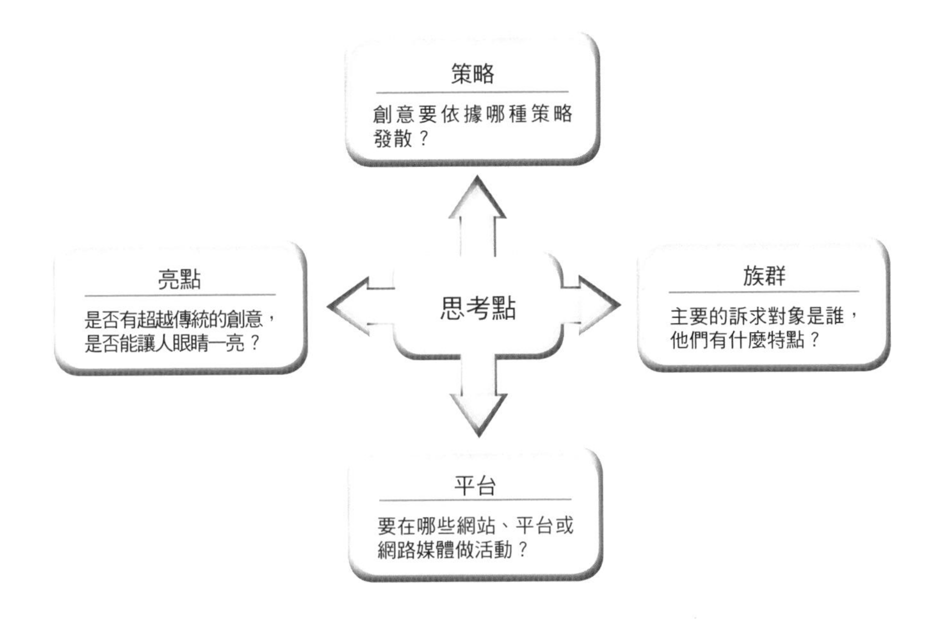

圖 15-13 讓瞄準工具更具效益

如何運用瞄準工具，使其能發揮更大的效益？可以透過以下幾個方式來進行：

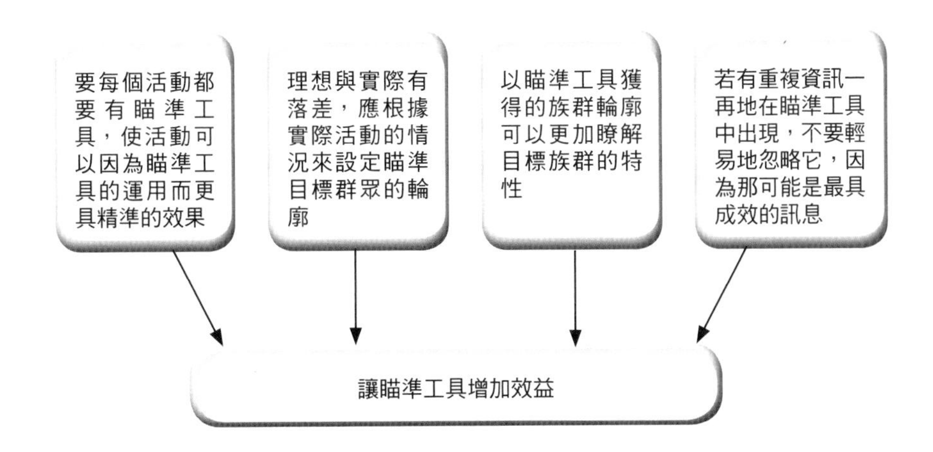

1. 流程方便，加入容易

繁複的活動流程會讓用戶感到不耐煩而迅速離開，千萬不要考驗用戶耐心，也不需設計困難重重的關卡，需讓他們能在三步驟內就得到結果，活動的過程最好能反覆經過測試與調整，直至最佳化後再予以上架。

2. 訴求聚焦，主題明確

如果活動是需要主打某一項產品，那麼主題的焦點就要聚集在產品的優勢特性上，要能讓用戶一眼就瞭解活動內容的訴求與目的，否則即使用戶參與整個活動，還是會不清楚這個活動究竟要做什麼？

3. 創意內容，易於流傳

網路活動的內容還是需著重在創意的發揮，才能吸引用戶的目光，進而參與活動，但有創意的內容，也要有方便轉寄或傳遞的工具，才能使活動內容經由一個又一個用戶擴散開來。

4. 交流互動，增進趣味

一個小遊戲，或一個表單的回覆，都能產生與用戶的互動性，而使用戶感到有趣，並提高參與的意願，互動過程不用複雜，把握簡單的原則即可。

5. 虛擬真實，相互結合

網路活動能將用戶的行為從虛擬延伸到真實世界中，以網路帶動實體，以實體助長網路，兩相結合可以得到更高的效益，像是線上提供優惠卷下載，可至實體店面抵用，而憑消費後的發票，又可至網站中登錄號碼，參加抽獎。

6. 安全機制，隱私保護

提供安全有保障的機制，可讓用戶在參與活動時，不致於擔心資料會外洩，因而能更放心參與，做好隱私保護的動作，勿讓用戶資料經過二手轉賣，會讓用戶更有意願參與一次又一次的活動。

7. 適度特惠，引人進入

對於優惠或免費獲得的商品，總會多了那一點注意力，如果想提高用戶對活動的興趣，那麼提供一些促銷特惠的訊息是必要的手段。

8. 引導顧客，介紹朋友

網路的傳播無遠弗屆，對於已參與活動的用戶，可以提供一些誘因，使他們能介紹更多的新用戶進來，例如轉寄活動訊息可得到小贈品。

圖 15-14 哪些手法的運用，可以讓活動更吸引用戶

各種網路活動的手法五花八門，但有些手法之所以有用，是因為正確擊中人們的心理，讓人無法抗拒。

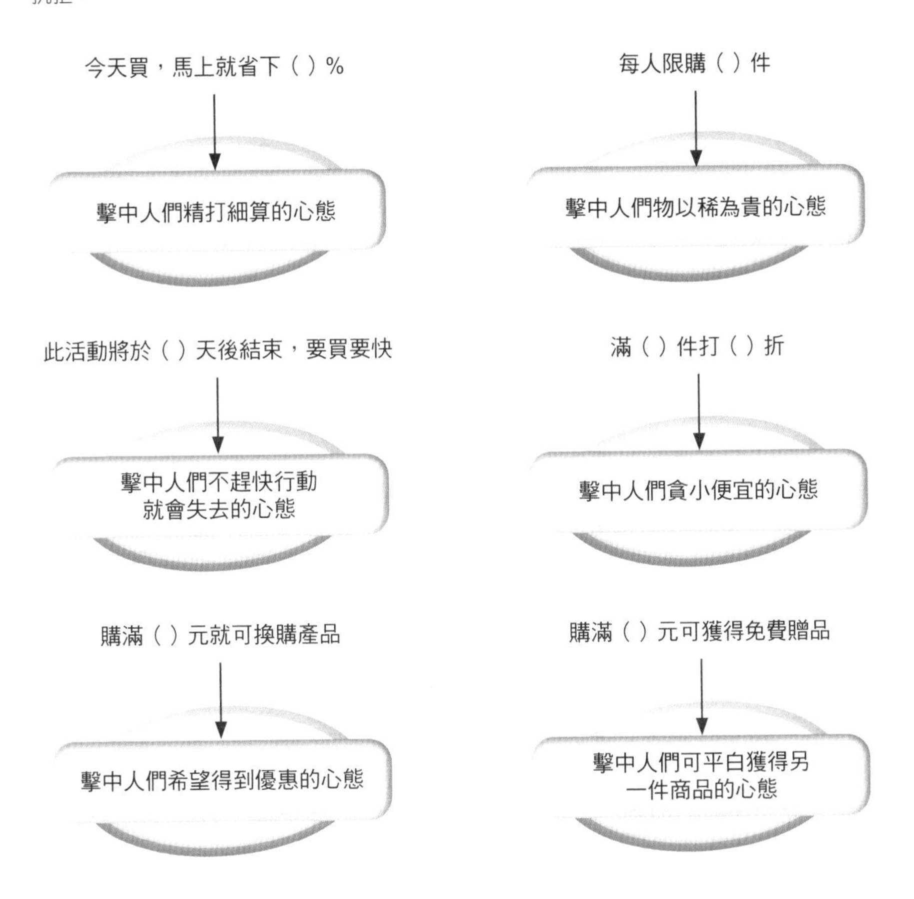

15.3 網路危機管理

網路的世界是寬而廣的，什麼事都可能發生，自由自在的討論，有時會為企業帶來諾大的效益，但有時也會產生惡意的謠言或麻煩，使得危機事件一發不可收拾，且擴及的影響力往往是比現實生活還要大的，因而當網路危機發生時，要如何利用網路傳播的特性，化被動為主動，扭轉不利於自己的情勢，可以從以下幾個面向來著手，做好網路危機管理的工作：

1. 積極面對勿推卻

危機是考驗企業能耐的時候，若是一味採取推卻責任或逃避的態度，其實只會讓網路用戶更為反感與厭惡，越想要粉飾太平，越會得到反效果，使負面觀感不斷擴散，用戶所希望看到的，是企業勇於將責任承擔下來，無論錯的那一方是誰，將責任扛下來、展現認錯的勇氣，更能建立起正面的形象。

2. 著重細節的巧妙操作

處理危機時，一些毫不起眼的細節，有時反而會是壓垮駱駝的最後一根稻草，無論是發出去的聲明稿、內部人員的說法、與網友的溝通互動…等，任何一字一句都要三思謹慎，避免因為一些微小疏忽而釀成重大事件。

3. 危機事件的處理策略

當危機爆發的一開始，企業就該積極追查消息源頭，除了釐清事件的來龍去脈以外，更重要的是要瞭解目前企業所處的情勢是在危機發生後的哪個階段，以便採取相應的策略，使事件儘量能導引到對企業有利的方向來發展。

4. 疏通比圍堵更為有用

網路的好處就是可以讓你將所有詳細的訊息都呈現出來，並立即觀看用戶的反應做立即性的調整，因而正大光明的面對會比躲躲藏藏來得有用，與其閉口不提，採取圍堵的方式，不如大方地去面對，疏通網路用戶的不滿。

5. 善用身邊各種資源

網路危機事件不僅僅是只能在網路中處理，若能善用身邊的資源，使之整合起來，讓傳統媒體與網路媒體相互搭配，各發揮所長，其實是十分有利於危機的消弭的。

總而言之，危機的處理並不是要去辯駁自己到底有沒有錯，或是找藉口給自己台階下，更不是為了要粉飾太平，而是要將事件大化小、小化無，若能進而扭轉受損的形象，那當然是最佳的狀態了。

圖 15-15 網路危機的處理原則

當危機發生時，若能遵照一些處理原則去進行，對於扭轉劣勢是有幫助的。

圖 15-16 善用各種網路媒體來處理危機

每一個媒體都用不同的特點，若能各自發揮、巧妙運用，定能得到最大的效益。

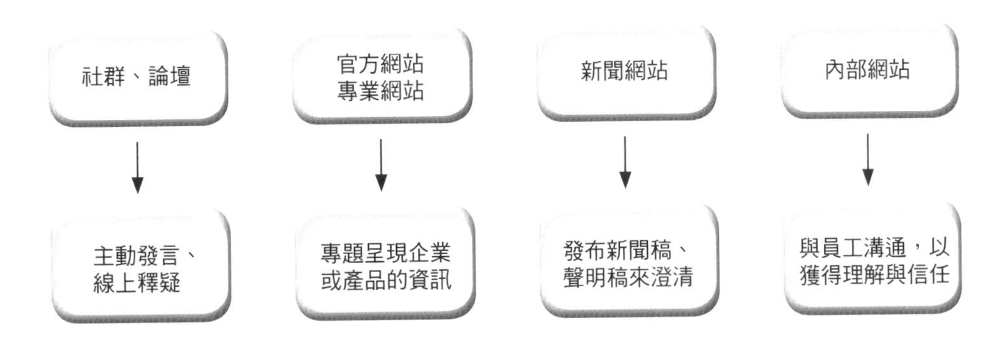

案例分析與討論

世界上最理想的工作：澳洲大堡礁保育員

網址：http://www.islandreefjob.com

個案背景

世界上最理想的工作 誠徵澳洲大堡礁保育員

澳大利亞昆士蘭 (Queensland) 旅遊局釋出一個世界上最理想的工作機會「大堡礁群島保育員」，昆士蘭旅遊局聘請你到澳洲哈密頓島上當島主，工作地點在澳洲哈密頓島上，不僅可以入住豪華宿舍，並提供工作時將需要的設備，包括：電腦、網路、數位攝影機和相機。

不分男女老少，不用相關工作經驗，沒有國籍限制，只要你年滿 18 歲、英語溝通能力良好、熱愛大自然、會游泳、勇於冒險嘗試新事物，並能享受昆士蘭熱帶的氣候與生活方式。

工作時間十分彈性，每日工作只要 3 小時，職責主要是探索大堡礁水域內群島，用以發掘新景點，工作內容還包含：清潔魚池、餵養魚群、定期向昆士蘭旅遊局總部回報工作狀況和探險歷程、每週撰寫心得日誌、並拍攝當地生活的照片、影片上傳至部落格、不定期參加記者會，將大堡礁的美景分享給全世界，還可以免費去大堡礁群其他的島嶼遊玩，6 個月後就有 15 萬澳幣的薪水（大約新台幣 460 多萬元，平均每個月月薪高達新台幣 76 萬元左右）。

申請方法：第一步：製作一支不超過60秒的英文短片，介紹自己為何是最適合的人選來勝任這份保育員的工作。第二步：上網填妥申請表，並上傳自我介紹短片至 www.islandreefjob.com。

申請程序：申請截止後，昆士蘭旅遊局會從來自世界各地的申請人中篩選出50位候選者，並聯同國際市場的代表一同挑選出15位最理想的人選，最後入圍的11位候選申請人（包括10位由昆士蘭旅遊局挑選的候選人及1位「百搭牌」候選人），將於5月3日至6日獲邀到大堡礁水域的島上進行面試。昆士蘭旅遊局將負責11位入圍候選人申請簽證及任何有關之費用，如：經濟客位機票（來回面試目的地及最接近您居住城市的機場）及在澳洲的酒店住宿的費用。

▲ 資料來源：澳大利亞昆士蘭旅遊局官網

簡易分析：大堡礁保育員

全球金融風暴澳洲昆士蘭旅遊局逆勢操作

澳洲領土面積排名世界第六大，但是光沙漠就佔去70%以上的土地，人口數比台灣還少只有2100多萬人。澳洲相對世界各國的距離來說都是很遙遠，想到澳洲旅遊得比到其他國家旅遊，需付出更多的代價，要耗費更多的時間和旅費。

▲ 資料來源：澳大利亞昆士蘭旅遊局官網

2009年，全球正當籠罩金融風暴，世界各國失業率節節上升，澳洲昆士蘭旅遊局卻選擇灑下170萬澳幣（大約新台幣5220多萬元），在世界各國重要的平面和網路媒體刊登「世界上最理想的工作，誠徵澳洲大堡礁保育員」的人才招募廣告，之後就藉著社群媒體的力量散播此徵才廣告訊息。

病毒式行銷「全球最讚的肥缺」掀起網路狂潮

此則徵才廣告一出，48小時內，就有7500人完成線上報名，澳洲昆士蘭旅遊局官網在7天內，共吸引了超過20萬瀏覽人次。此活動會這麼容易受到網民的熱烈反應的原因，主要是世界各國從2008年在金融風暴無情的摧殘下，2009年普遍都尚未脫離經濟不景氣的影響，工作不但難找，就算有找到工作，薪資狀況也明顯比往年要降低許多，但澳洲昆士蘭旅遊局卻選擇逆向操作，釋放出這一個快樂逍遙玩樂6個月，就可以獲得比平常要耗費5-10年辛勤工作下才能賺到的薪資，在2009年這一個時機點，對一般人來說根本是一個不可能會真實存在的工作，因此，「大堡礁群島保育員」人才招募訊息能在社群媒體中，有如病毒傳播般被快速散佈開來。

▲ 資料來源：澳洲昆士蘭台灣官方旅遊網

據澳洲昆士蘭旅遊局官網表示，全球除了北韓和幾個非洲國家除外，幾乎世界各國的網民都有來瀏覽這一個職缺。「世界上最理想的工作，誠徵澳洲大堡礁保育員」先順利在全球網際網路上掀起狂潮，之後才引起世界各國平面、網路和電子媒體開始主動爭相報導，之後澳洲昆士蘭旅遊局官網光在一日內累積上網的瀏覽人次，更高達30多萬人次，此號稱「全球最讚的肥缺」報名截止時，共吸引來自超過 200 多國家 34684 人申請報名。

為何澳洲昆士蘭旅遊局，要先選擇在世界各國重要的平面和網路媒體刊登此徵才廣告？

▲ 資料來源：澳大利亞昆士蘭旅遊局官網

首先，這是因為報紙、雜誌、網路和電視都是世界各國主要廣宣的媒體工具，依照各國媒體的特性，再選擇幾家重要且適當的媒介進行刊登，主要是取得各國國民的信任，澳洲昆士蘭旅遊局確實發起世界上最理想的工作之招募活動，並非只是一般網路的旅遊廣告或是網路謠言，以及向全球宣告「大堡礁群島保育員」人才徵選活動正式啟動，然後再回歸到社群媒體上進行各種網路行銷活動。

其次，澳洲昆士蘭旅遊局發現來澳洲度假旅遊的觀光客，大部分是在網路上尋找澳洲旅遊資料，透過瀏覽各種介紹澳洲旅遊的部落格之後，才選擇前往澳洲旅遊，因此，澳洲昆士蘭旅遊局特別注重網路社群媒體的宣傳力量。

▲ 資料來源：澳大利亞昆士蘭旅遊局官網

所有應徵者都必須拍攝不超過 60 秒的自我介紹影片，除了是要讓主辦單位認識每位參賽者的特點之外，其中最重要的因素，是 60 秒的影片，可以便利 200 多個國家的新聞媒體引用和剪輯報導，這等於是全球電子媒體幫澳洲昆士蘭旅遊局做了免費的宣傳廣告。當然澳洲昆士蘭旅遊局還是著重在社群媒體的廣宣力量上，主辦單位看上 YouTube 影音社群平台的各項優勢，半年來一共有 34684 段參賽影片都被上傳到 YouTube，來角逐這個盡情玩樂 6 個月就能領薪 15 萬澳幣的大肥缺。

仿效國際選美比賽的模式全球網民網路票選

為了持續世界各國網民對澳洲旅遊的關注度，澳洲昆士蘭旅遊局仿效國際選美比賽的模式，從 1 月到 5 月分成初賽、複賽和決賽三個階段，第一階段公布入選的 50 名，進入第二階段徵選，再選出 15 名進入最後階段的決選，主辦單位將入選第一階段的 50 人名單和參選者自製的英文影片，放在澳洲昆士蘭旅遊局官方網站中，讓世界各國網民都一起來參與投票，最高票數得主，將可以成為唯一 1 名「外卡」候選人參與決選。藉此網路票選活動能繼續不斷網際網路上，創造各種話題性和持續力。此票選活動的策略，果然引起世界各國的網民熱烈迴響，因為各國有不少網民透過自己的部落格，都在努力為自己國家的參賽者強力催票，間接也等於協助澳洲昆士蘭旅遊局推廣澳洲旅遊。

投資報酬率遠超過 64 倍以上

曾有不少人質疑透過「世界上最理想的工作，誠徵澳洲大堡礁保育員」人才徵選活動，所徵選而來的非專業人士，真能擔當大堡礁的生態保育和探索大堡礁水域內群島的職責嗎？澳洲昆士蘭旅遊局推行此「大堡礁保育員」人才徵選活動，最主要的目的並非是要應徵大堡礁專業生態保育人員，而是藉此活動向全世界網民廣宣澳洲昆士蘭旅遊。

此「大堡礁保育員」的人才招募活動，也確實為澳洲觀光旅遊帶來實質的效益，從活動 1 月開始到 5 月的期間，澳洲昆士蘭飯店的住房率，以及世界各國遊客前往昆士蘭旅遊的數量，都比往年同一時期呈現「數倍」的成長，甚至不少國家到訪澳洲昆士蘭的遊客數量，等於是累積以往 1 ～ 2 年遊客總數才能達到的旅遊盛況。

澳洲昆士蘭旅遊局憑藉社群媒體的力量，使用最少的廣宣經費，卻得到最大的廣告效益，經澳洲昆士蘭旅遊局最保守估計的統計之下，至少賺進超過 1.1 億澳幣 (新台幣 33.8 億元) 以上的廣告費用，投資報酬率超過 64 倍以上。大堡礁保育員的人才招募活動，不但讓全世界見識到澳洲舉世驚人的創意力，更讓澳洲進一步成功累積了更優質的國家品牌形象。

企圖再創網路行銷的新奇蹟

2011 年，澳洲昆士蘭旅遊局再推出百萬澳幣獎勵旅遊計畫，其活動內容為：讓各大公司有機會贏取總值 100 萬元澳幣的獎勵旅遊體驗，讓僱員來到澳洲昆士蘭旅遊。這是獎勵辛勤員工的妙法，亦有效反映出獎勵旅遊的優點。昆士蘭旅遊局推出本運動作為環球獎勵 (Global Incentive) 策略的一部分，旨在讓獎勵業界的機構再次參與，同時推動昆士蘭成為澳洲獎勵旅遊的首選勝地。100 萬元備忘錄 – 只需 1 分鐘時間閱讀，有 100 萬個理由值得你閱讀 ....。

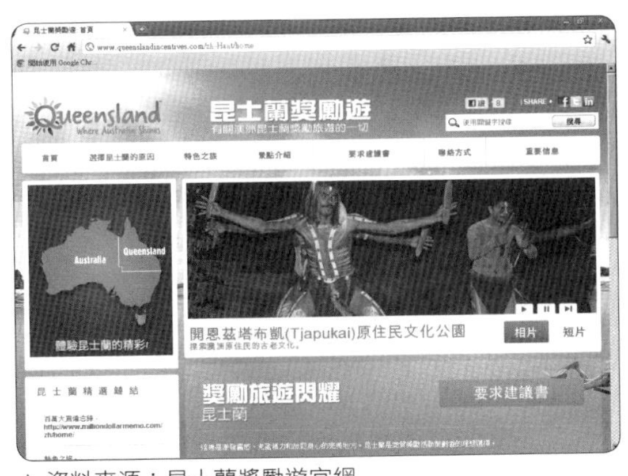

▲ 資料來源：昆士蘭獎勵遊官網

澳洲昆士蘭旅遊局提供獲選公司，價值超過新台幣 3000 萬元的員工旅遊行程，報名截止時，全球共有 1000 多家企業報名參加，共同角逐「全球最讚的員工旅遊」唯一名額。本次昆士蘭百萬澳幣獎勵旅遊活動與前次大堡礁保育員人才招募活動不同之處，在於本次活動的報名者是以「公司為單位」，一樣需自製上傳 60 秒影片來參賽，也需經歷初賽、複賽和決賽三個階段的考驗，前兩階段初賽和複賽入選的名單，除了由澳洲昆士蘭旅遊局挑選之外，還有來自全球網民共同參與投票評分，將於 6 月公布入選前 50 強的公司名單，7 月再篩選出前 20 強的公司名單，而入選 20 強的公司，必須在 8 月派代表前往昆士蘭的黃金海岸和大堡礁參加最後的挑戰賽，之後 8 月底公布最後唯一能獲得百萬澳幣獎勵旅遊的超級大贏家。

本次百萬澳幣獎勵旅遊活動是鎖定在以公司為單位，全球僅 1000 多家企業報名參加，參賽者的數量並不多，雖然各國電子媒體也有報導的篇幅，但全球網民的反應狀況，卻不見先前大堡礁保育員人才招募活動那麼熱絡。筆者撰稿時間是在 5 月初，剛好是在報名截止之後，本次活動是否還能創造出舉世驚人的投資報酬率與廣告效益，就讓我們拭目以待吧。

澳洲大堡礁效應台灣觀光局也仿效

台灣觀光局推出「世界最棒的旅遊」百萬旅遊金發現台灣活動，透過 Google 和 YouTube 影音社群平台，強力在網際網路中放送，也在全球網友旅客之間引發話題。本活動從開放線上報名至截止收件時，活動網站總瀏覽次數總共達 1322071 次，總投票數達 1001512 票，影片總觀看次數 59660 次，總迴響達 3984 則，共有 1123 組分別來自 5 大洲的 44 個地區旅遊玩家報名，提出各具創意的旅遊台灣計畫，經台灣觀光局邀請評審從中選出 18 國 52 組旅遊玩家，提供旅遊津貼，由團隊自行安排來台旅遊，並將 4 天 3 夜的創意旅遊編輯成短片與旅遊札記。

▲ 資料來源：世界最棒的旅遊-旅遊達人台灣走透透官網

入選團隊將參加第 2 階段活動，需在限定時限前完成行程及 4 日遊程影片剪輯，不僅可獲得每組每日新台幣 7000 元的旅遊津貼，還有機會獲得「機 + 酒 4 天 3 夜台灣自由行程雙人遊」，以及最後 1 組唯一「百萬獎金遊台灣」的大獎。進入第 2 階段百萬旅遊獎金的網路投票，增加限制資格，網友必須先填寫基本資料後才能參與投票，以避免網路投票氾濫。

觀光局再從中選出一組，得獎團隊可以獲得「百萬旅遊金」，但須依中華民國所得税法規定，需扣繳 20% 税金，實際金額為新台幣 80 萬元。

得獎團隊應盡的義務：

1. 得獎團隊必須於 2010 年 2 月至 3 月期間，再次來台進行 1 個月的旅行。
2. 得獎團隊的來回機票、在台食宿交通雜支包含於百萬旅遊金內。
3. 本局將安排電視媒體跟拍得獎團隊之旅遊行程，跟拍影片將用於海外觀光宣傳。
4. 得獎團隊需依本局規定，走訪 7 個國家公園及 13 個國家風景區等景點，探索台灣自然、生態、人文、風俗及美食等特色，每週以影音部落格型式，上傳旅遊新發現及小趣事 (含 250 字文字説明)。

▲ 資料來源：世界最棒的旅遊-旅遊達人台灣走透透官網

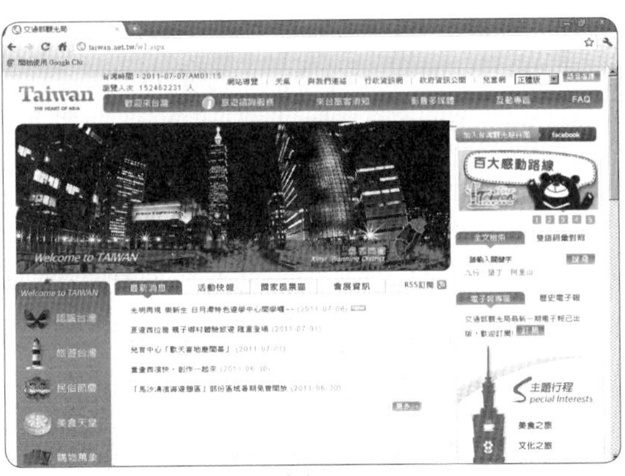

▲ 資料來源：台灣觀光局官網

在活動期間，官方網站的總瀏覽次數達 240 餘萬次，影片總觀看次數達 16 萬次，入選團隊的影片與遊記，也在社群媒體中被廣泛引用與轉載，國內外媒體包括 CNN、BBC 等皆加以報導。

世界上最理想的工作 VS 世界最棒的旅遊超級比一比

	世界上最理想的工作	世界最棒的旅遊
主辦單位	澳洲昆士蘭旅遊局	台灣觀光局
投入資金	170 萬澳幣	不詳
前期媒介	各國重要的平面和網路媒體刊登人才招募廣告	透過 Google 和 YouTube 影音社群平台聯盟合作
活動期間媒介	社群媒體	社群媒體

	世界上最理想的工作	世界最棒的旅遊
參賽國家數	200 多個國家	44 個國家
報名數	34684 人	1123 組
門檻	不分男女老少，不用相關工作經驗，沒有國籍限制，只要你年滿 18 歲、英語溝通能力良好、熱愛大自然、會游泳、勇於冒險嘗試新事物，並能享受昆士蘭熱帶的氣候與生活方式 (參加門檻低) 。	需提出各具創意的旅遊台灣計畫 (相對參賽者必須對台灣具備某種程度的認識才有辦法參加) 。
目標屬性	聚焦式：大堡礁腹地。	分散式：全台各縣市。
活動範圍	探索大堡礁水域內群島，用以發掘新景點。	得獎團隊需依本局規定，走訪 7 個國家公園及 13 個國家風景區、各縣市重點景點…等，探索台灣自然、生態、人文、風俗及美食等特色。
獎勵	15 萬澳幣 (現值 460 多萬新台幣，平均每月 76 萬多元薪資)	100 萬新台幣
期間	6 個月，每日工作 3 小時	1 個月內全台跑透透。
參賽方法	1. 製作一支不超過 60 秒的英文短片，介紹自己為何是最適合的人選來勝任這份保育員的工作。 2. 上網填妥申請表，並上傳自我介紹短片。 3. 到大堡礁參加最後決賽。	1. 參賽者提出創意的旅遊台灣計畫。 2. 台灣觀光局提供旅遊津貼，由團隊自行安排來台旅遊，並將 4 天 3 夜的創意旅遊編輯成短片與旅遊札記。 3. 第 2 階段活動，需在限定時限前完成行程及 4 日遊程影片剪輯。
網友票選活動	有	有
廣告效益	經澳洲昆士蘭旅遊局最保守估計的統計之下，至少賺進超過 1.1 億澳幣以上的廣告費用，投資報酬率超過 64 倍以上。	不詳

問題討論

1. 2009 年台灣觀光局為了行銷台灣之美，砸下新台幣 1900 萬元，和搜尋引擎業者合作，買下 13 國一共 543 個關鍵字，估計全球放送可以帶來超過 7 千萬次的曝光數，若與澳洲昆士蘭旅遊局所推行的大堡礁保育員人才招募活動相較，何者網路行銷效益和投資報酬率會是最高？
2. 您覺得台灣觀光局推出「世界最棒的旅遊」百萬旅遊金發現台灣活動，與澳洲昆士蘭旅遊局推出「世界上最理想的工作，誠徵澳洲大堡礁保育員」活動相比較，台灣觀光局有達到澳洲昆士蘭旅遊局的網路行銷效益嗎？
3. 您覺得該如何為台灣觀光局企劃一個能與澳洲昆士蘭旅遊局一較長短的網路行銷活動？
4. 澳洲昆士蘭旅遊局大堡礁保育員人才招募活動的參賽單位是個人，百萬澳幣獎勵旅遊活動的參賽單位是公司，您覺得參賽單位的不同，是否也會影響網民的參與度和最後網路行銷的實際效益？
5. 如果台灣觀光局徹底 1：1 完全比照澳洲昆士蘭旅遊局所舉辦的大堡礁保育員人才招募的活動模式，您覺得台灣觀光局是否也能創造投資報酬率超過 64 倍以上的廣告行銷效益嗎？

參考資料

1. 澳洲昆士蘭官方旅遊網，網址：http://www.islandreefjob.com。
2. 澳洲昆士蘭台灣官方旅遊網，網址：http://www.queensland.com.tw。
3. 昆士蘭獎勵遊，網址：http://www.queenslandincentives.com/zh-Hant/home。
4. 台灣觀光局，網址：http://www.taiwan.net.tw。
5. 世界最棒的旅遊 - 旅遊達人台灣走透透，網址：http://www.taiwanbesttrip.net。
6. 蘋果日報，網址：http://tw.nextmedia.com。
7. TVBS，網址：http://www.tvbs.com.tw。

該如何經營 Yahoo 拍賣並超越夜市營業額

個案背景

2009 年，周女士因丈夫外遇而離婚，需養育二女，希望能靠自己的力量謀生，因為自己和兩個女兒都非常喜愛小狗，經常為自己的小狗縫製狗服裝，每當帶小狗到公園裡蹓躂時，自己縫製的狗服裝總是讓其他狗主人讚譽有佳，因此，決定將畢身的積蓄投入寵物服裝這個行業。

周女士目前在夜市裡有一個四坪大的門市，可以展示 100 多種寵物服飾，以及與寵物相關的周邊產品，如：玩具、飼料、狗鍊…等等，周女士也接狗主人量身訂做的案子，兩女兒下課後會幫母親看店，也會設計特殊造形的狗頸圈等商品。

2010 年初大女兒的國中同學，鼓動周女士應該將所有商品上架到 Yahoo 拍賣裡，這樣就不必擔心沒辦法繳交學費的煩惱，累積至今 Yahoo 拍賣已經有：

1. 15 個分類，500 多種寵物周邊商品，其中周女士與兩位女兒自己手工製作的部分有 250 多種商品，其他都是廠商批貨在門市銷售的商品。
2. 目前只使用 Yahoo 拍賣系統上架販賣，沒有使用其他電子商務交易系統。
3. 周女士所有手工縫製的商品，不但外觀美麗，且真材實料，品質相當不錯，又耐穿，買過的顧客超過 50%以上都會再回來購買，甚至也會幫忙口碑宣傳。
4. 因為人力有限無法大量製作，周女士所有設計的商品，只能一件件慢慢手工縫製。
5. 經營一年以來正面評價超過：3000 多，普通評價：0，負面評價：0。
6. 運送方式與費用：中華郵政標準箱 70 元，貨到付款 100 元，每次購買 1500 元以上免運費，未使用 7-11 取貨付款。
7. 社群媒體使用狀況：自從父母離異之後，大女兒有將心情點滴，發表在她自己無名的部落格中，每當母親有新設計縫製好的狗服裝，還有她與妹妹創作的狗頸圈，也都會拍照貼文在部落格上，目前部落格每天平均點閱率在 550 左右，沒有特別進行任何網路行銷，純粹分享心情點滴。因為周女士設計的狗服飾，外觀美麗價格又低廉，每篇貼文都有不少回應詢問在哪可以買到，以及可不可以量身訂做…等等回應，大女兒會再導流到周女士的 Yahoo 拍賣中。

問題討論

1. 在夜市承租的門市月租金相當高，周女士想退掉門市，改純以 Yahoo 拍賣來接單，但又擔心少了門市，營收會大幅度降低，將導致生活會發生困境。該如何經營，可以讓周女士單憑 Yahoo 拍賣，就可達到門市的銷售量？
2. 您覺得周女士該不該除了 Yahoo 拍賣之外，再另外建立一個專屬的寵物服飾商務網站？
3. 周女士如選擇建立一個專屬的寵物服飾商務網站，那該加入哪些元素、服務與機制，才能進行市場區隔有效拓展網路商機？
4. 有顧客建議周女士應該開版大量製作所設計的狗服飾，再透過其他 B2C 和 B2B 商務平台，銷售到全台和其他國家，如真要如此行之，那麼整體的商務網站該如何規劃？
5. 周女士另一個想法是除了網路商店以外，再結合寵物美容中心和寵物醫院擺設商品專櫃來銷售商品，如真要如此行之，那麼整體的商務網站該如何規劃較佳？

重點整理

網路公關又可稱為線上公關、e 公關，是指企業利用網際網路來發展各種公共關係，以科技的手法、工具來打造企業形象，和公眾維持良好的關係，提升市場的知名度，促進品牌的推廣，進而帶來更多的商機。

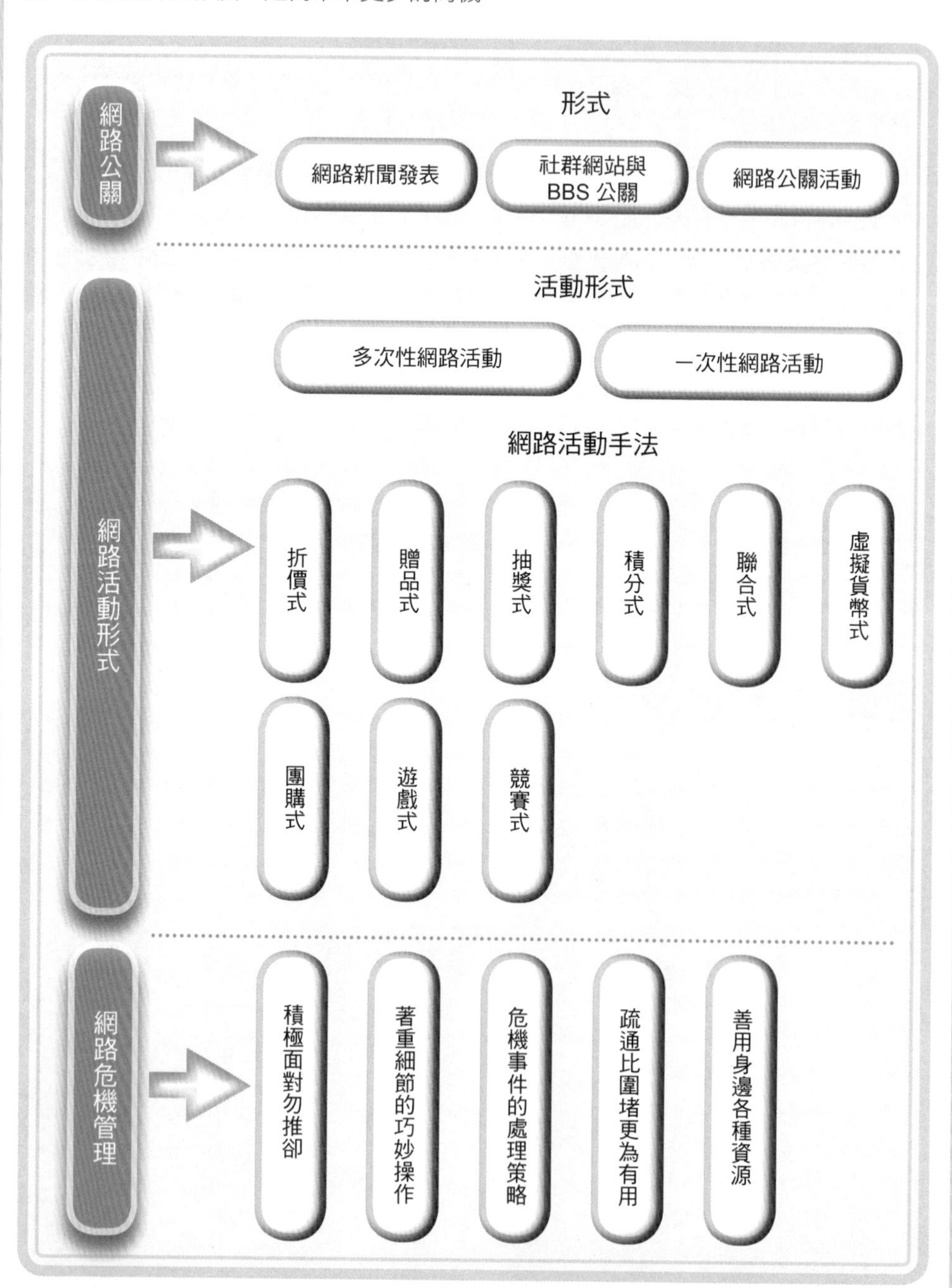

1. 請問以網路媒體所進行的網路公關，其形式可以分為哪三種？
2. 請問最常使用的網路活動手法，可分為有哪些類型？
3. 請問規劃網路活動的方案的方向是什麼？
4. 請問若要實施網路活動的話，可以朝哪六個方向來著手？
5. 請問若要做好網路危機管理的工作，可以朝哪幾個面向來著手？

NOTE